2021 年上海市重点图书

光 LIGHT AND HEALTH 与健康

Research	研究
Design	设计
Application	应用

郝洛西　曹亦潇 / 著

同济大学出版社·上海

图书在版编目（CIP）数据

光与健康：研究 设计 应用 / 郝洛西，曹亦潇著
. -- 上海：同济大学出版社，2021.5（2023.6 重印）
ISBN 978-7-5608-9732-5

Ⅰ.①光… Ⅱ.①郝… ②曹… Ⅲ.①建筑光学－采
光－关系－健康 Ⅳ.① TU113.1 ② R161

中国版本图书馆 CIP 数据核字（2021）第 089451 号

光与健康：研究 设计 应用

郝洛西　　曹亦潇 / 著

责任编辑：张　睿
责任校对：徐逢乔
版面制作：朱丹天
封面设计：陈益平

出版发行：同济大学出版社
地　　址：上海市四平路 1239 号
电　　话：021-65985622
邮政编码：200092
网　　址：http://www.tongjipress.com.cn
经　　销：全国各地新华书店
印　　刷：上海安枫印务有限公司
开　　本：710 mm×960 mm　1/16
字　　数：580 000
印　　张：29
版　　次：2021 年 5 月第 1 版
印　　次：2023 年 6 月第 3 次印刷
书　　号：ISBN 978-7-5608-9732-5
定　　价：298.00 元

本书若有印装质量问题，请向本社发行部调换。

推荐

光孕育生命，光守护健康，光与建筑共生。

人类为了克服自然光的时空局限性，不断地探索和改进人工光照明。从油灯发展到白炽灯、荧光灯、LED 灯，现代人在夜间延续使用建筑和城市空间的能力有了无限的扩展。但是这些人工光环境的亮度、颜色和变化规律符合人的视力需求和身心健康吗？不良的光和色彩会对人产生哪些负面影响甚至伤害呢？这是照明技术和照明设计人员面临的一个深层次问题。

本书作者关注这一课题，并与医务工作者合作，出色完成了许多研究项目，其成果收录于本书。此外，作者在书中对国际上相关领域的研究成果和动向也作了广泛介绍。

本书的问世将对提高我国照明产品研究开发和照明设计水平产生深远影响。

—— 清华大学建筑学院　詹庆旋教授

光是人类生命的源泉，在人类对自然的不断探索中，对光的研究也不断深入，既研究了光的物理性质，它的光谱组成、测量方法、颜色显示，也研究了光对人类健康的影响。

促进健康，提高生命质量，"光与健康"的研究，是一个很重要的课题。

众所周知，光在医学上有很多应用。近年来，关于人居健康的研究越来越受到高度关注。本书系统地介绍了光的基本物理性能，特别是光对人类健康的影响，光的健康效应、心理疗效。通过光环境来改善亚健康人群的健康状态。作者在"光与健康"领域做了很多探索性工作。

本书内容广泛，涵盖了人类生存中各种光环境的应用，是一本很有价值的参考文献。

—— 浙江大学光电科学与工程学院　叶关荣教授

2002 年，戴维·布森发现了第三类感光细胞。锥状细胞和杆状细胞负责视觉，而第三类感光细胞控制人的生理节律。2017 年诺贝尔生理学或医学奖颁给了三名科学家，表彰他们在控制生理节律机制研究中的成就。兼顾人的视觉和生理需求，成为健康照明的使命。作者郝洛西教授采用循证学的方法对各种场合（尤其是各类医院）下光的视觉和生理效应进行深入研究，积累了大量的数据，经科学分析从中提炼出宝贵的结果，使本书具有非常坚实的基础。郝洛西教授是分管国际照明委员会（International Commission on Illumination, CIE）出版工作的副主席，教学科研工作繁重，能和博士研究生曹亦潇合作完成这部大作，实属不易。感谢她们为健康照明所作的杰出贡献。

—— 复旦大学信息学院光源与照明工程系　周太明教授

建筑技术是工程类学科，它密切配合人居活动多个方面（例如视觉、听觉、体感等）的需求，也涉及提高工作效率、改善环境、节约能源以及人类功效和健康等问题，学科交叉范围很是广泛。

本院郝洛西教授及其研究团队积十年之功，聚焦于光与健康的科学研究，总结了丰硕的设计实践经验，著成《光与健康：研究 设计 应用》一书。这是"研究、设计、应用和评估"密切结合的成果，反映了作者可贵的创新理念和求索精神，为建筑技术学科开拓了新的领域。

—— 同济大学建筑与城市规划学院　王季卿教授

近年来，建筑光环境的研究从视觉层面进入生理节律及情绪的健康层面，为人类更好地感知环境、利用环境提供了新的视角。郝洛西教授团队近十年专注于健康照明研究领域，结合其在人居空间的设计实践，将健康研究通过循证设计的研究方法应用于医养、学校、工厂等空间，连接起了基础研究与设计应用。本书是她的心血之作，也希望健康照明的理念通过这本书能够更加深入人心。建筑光环境作为建筑与城市规划中的重要一环值得更多学者的持续研究。

—— 同济大学建筑与城市规划学院　杨公侠教授

The nexus between light and health was known from ancient times but was forgotten by many designers as building technology disconnected people from outdoor world. Technology provided better shelter, greater safety and long-lasting buildings, and the invention of air-conditioning and mechanical ventilation, along with the electric lamp meant that there was no need for a human link with the outdoors. But humans are not machines and they need an intimate relationship with the environment for their wellbeing in the broadest sense. Modern technology, particularly solid-state light sources and electronics, can assist in restoring that symbiosis. This book explores the issues. Professor Hao has been a national, regional and international leader in research in the application of light for not only better and more enjoyable seeing conditions but also promoting wellbeing.

—— **Warren Julian, Emeritus Professor, School of Architecture, Design,**

and Planning, The University of Sydney

前言

　　照明在人类文明发展中具有不可或缺的作用，具有赋予人们幸福感、获得感和安全感的功能。随着技术的进步、社会的发展，人们对照明的研究更加深入，特别是近年来健康照明的理念受到愈来愈多的重视，研究成果也在不断融入实际应用之中。

　　地球上所有生命物种的诞生都源于太阳光的作用，所有生命物体的生长过程也都离不开阳光，因此，所有生命体内都蕴藏着与"光"紧密相关的"密码"。同济大学郝洛西教授所著的《光与健康：研究 设计 应用》就是关于如何破解这些"密码"，如何用光给人们带来健康的力作。

　　我们知道人类眼睛接收到可见光，经由视网膜的锥状细胞和杆状细胞产生视觉信号，传递到大脑，产生客观世界的视觉图像，实现对周边的观察与了解。2002 年，美国布朗大学的戴维·布森（David Berson）等发现了哺乳动物视网膜的第三类感光细胞——内在光敏视网膜神经节细胞（ipRGC），这类感光细胞能参与调节许多人体非视觉生物效应，包括人体生命特征的变化、激素的分泌和兴奋程度。光对人体非视觉通道的发现，推开了照明科学的又一扇大门，为照明科学注入了新的研究内容，把照明科学的重要性推向了一个新的高度。同时也对照明科学的研究方法提出了新要求，照明质量由原来单一的视觉效果评价过渡到视觉效果和非视觉效果的双重评价，前者注重视觉功能性，后者则与人体健康密切相关。

　　人类眼睛的非视觉光生物效应表明了光和照明与人类健康、精神状态、舒适度、警觉性、注意力、工作效率等有着密切的关系，随着照明科学、医学和生物学的深入研究，揭示了光可以通过刺激褪黑激素分泌起到调节人体生物节律的作用，从而可以通过控制照明参数和照明环境来创造符合人体健康的照明环境，还可以通过特别设计的照明环境来干预人的负面情绪，改善某些疾病病况。

　　特定的照明环境需要定制光谱、光亮度等参数，这在 LED 照明时代以前难以做到，但随着近年来 LED 照明技术的出现和发展，现在已经基本可以做到对照明光谱的精确控制，这为健康照明的研究注入了强劲动力。

　　郝洛西教授是光与健康研究领域的先驱者和领军者，近年来，郝教授在此领域的教学、科研与产业应用等方面都取得了令人瞩目的成就。非常荣幸能拜读郝教授的《光与健康：研究 设计 应用》书稿，该著作是郝教授近些年教学与科研生涯凝聚的精华，它既是一本非常好的专业教材，也是一本学术价值很高的科研用书，更可以作为实际应用设计的指导材料。在照明科技快速发展的今天，本书的出版非常及时，相信该著作的出版会对光与健康领域的教学与科研发展产生很大的推动作用，对指导相关产业的发展也具有深远的意义。本书可以说是目前光与健康领域成果的集大成者，内容系统全面，包含较多的专业和技术方面的知识增长点，该书适合大学生和研究生、技术开发人员，科研人员的学习，也可作为工程师、相关管理层人员的参考书。

就在我写以上文字的时候，一位从事光学研究的资深教授来到我办公室，他翻看我案头的这本书稿，爱不释手，连连问道在哪里可以买到此书。我笑着对他说："你是慧眼识珠啊！不急，很快就会发行。"在此，祝贺郝洛西教授又一力作的出版，感谢郝洛西教授将最前沿的知识、她的经验和智慧与我们分享！

梁荣庆

上海市照明学会 理事长
复旦大学信息学院光源与照明工程系 教授

写在开头的话

　　眼下新冠肺炎疫情在全球肆虐，人类正经历着一场前所未有的生存危机，这让所有人不得不重新审视和思考人类健康与地球环境的关系。联合国环境规划署执行主任英格·安德森女士（Inger Andersen）在 2020 年世界环境日致辞中特别发出呼吁："是时候听听地球的警告了！人类对自身赖以为生的生态系统和物种多样性已造成严重破坏，我们不仅失去了一个健康的自然界，更将人类未来暴露于更大规模流行病爆发的风险中。敬畏生命，保护地球，我们必须处理好矛盾中的两个指向关系命题：以人为本？抑或以自然为本？"

　　作为负责人，我曾经带领团队完成了"2010 上海世博园区夜景照明规划与设计"等诸多科研与工程实践，那个阶段的工作更多聚焦于建筑与城市光环境。2009 年，我在上海市第十人民医院心内科的一次住院经历，引发了我对光在建筑环境中疗愈效应的思考。在徐亚伟主任的热情鼓励和支持下，开启了光对射频消融手术心脏病患者的疗愈探索。经过数十年的深耕，研发出一套"情绪与节律改善的健康型光照系统"，并进行了广泛应用。

　　过去的十年里，在国家自然科学基金及科技部国家重点研发计划的支持下，我们光健康研究团队的足迹从心内科到妇产科，从急诊手术室到重症监护室，从眼科医院到血液科病房，从大学生心理健康中心到养老院，从大、中、小学教室到南极长城站、中山站。今天，健康照明在国家政策的引导下，除了在医养、极地之外，我们还在教室、城市等场所陆续开展了健康光照循证研究。

　　我与团队继承"光疗"先驱、诺贝尔奖获得者丹麦科学家尼尔斯·吕贝里·芬森（Niels Ryberg Finsen）的衣钵，努力去研究分析各类环境中人的负面情绪及心理产生的诱因，尝试用光与色彩进行非侵入式、非药物干预，缓解病患在就医期间的心理压力，促进康复并提高生命质量。

　　我做过多场关于"光与健康"主题的讲座，如"提升教学质量与学习绩效的儿童健康光照环境研究与设计""面向 5G 时代的人居健康照明""视觉残障人群的光健康循证研究与实践""城市照明与人居健康"等。目前我们正在尝试用光去帮助那些整夜不能入睡、与我同龄的姐妹们。我深知女性睡眠障碍往往来自心理上的焦虑，期待能够用光引导睡眠，摆脱长期服用各类安眠药物带来的副作用。总而言之，面对民生疾苦，发挥专业作用，让光发挥健康的功效，是我的理想与目标。于是我时常关注航空航天、生命科学、医学睡眠、老年医学、神经认知和照明技术等不同领域的前沿动态。去年，我当选国际照明委员会副主席，负责出版工作，有了更多机会接触从事这个领域的国际学者。我们来自不同的大学院所、研究机构，采取不同的研究方法和技术路线，关注的学术问题也不尽相同，但都聚焦于光与健康的研究与实践。

从美国能源部节能建筑认证到 WELL 健康建筑认证的陆续出现，建成环境设计从追求建筑性能向关注人居健康转变。十年来，我们通过循证研究、医工合作，尝试更多先进的实验手段，获得了更多的客观实证数据，通过使用后评估（Post-Occupancy Evaluation, POE）与医疗机构、工业界共同研发了具有实效的产品和技术。我深知光与健康研究问题高度复杂，涉及人体、伦理、生命、光的科学，远超我个人的专业能力所及。十年过去了，解决这类问题，我依然做不到像完成一个工程项目那样思路清晰。研究对象和空间换了，问题也变了。但就是这样，我们一点点、一步步积累了研究经验，逐渐领悟并形成了相对成熟的研究思路。今后对我来说，最具挑战的大概就是时间了，我需要更多的时间深入课题，需要更多的时间在现场身体力行，需要更多的时间去更为洞见地对问题整体把握和独立思考。

本书合著者曹亦潇博士生从硕士阶段起便协助我进行教学、科研工作，我们朝夕相处、谋划探索，她的孜孜不倦以及她对前沿热点问题的高度敏锐和深度把握，成就了本书的框架结构，除了感谢她，我亦深深地祝福她！感谢团队的"设计总监"邵戎镝高工为全面推进系统研发和工程落地所付出的巨大努力，她在硕士生期间曾负责世博园区夜景照明规划的文本统筹，其博士生论文选题是"光照对心境障碍患者的干预作用研究"。感谢硕士生李一丹、王雨婷、管梦玲，博士生汪统岳、冯凯，博士后曾堃为本书所作出的贡献。此外，梁润淇博士对本书进行了专业知识的校对，博士生代书剑、王燕妮、李娟洁以及硕士生张淼桐、李仲元协助绘制了本书的插图，本书的前期排版由硕士生罗路雅、罗晓梦完成，在此一并致谢！

感谢我所在的同济大学建筑与城市规划学院提供的坚实科研平台和自由探索的学术氛围，让光健康研究付诸实践。

感谢同济大学出版社以及本书的责任编辑张睿，让光与健康的研究思路和实践经历成为了一种记录，与大家一同分享。

光，作为对人体最为重要的健康授时因子，我们的研究才刚刚开始。

2020 年 10 月 22 日
于同济大学文远楼

致谢

郝洛西教授的光与健康研究，得益于以下诸位热心人士的提携与帮助。在此特别向他们致谢！

同济大学科研管理部部长贺鹏飞教授（时任）

同济大学医学院党委书记张军教授

上海市第十人民医院心脏中心主任、同济大学医学院泛血管病研究所所长徐亚伟教授

上海市第十人民医院心内科陆芸岚总护士长

中国极地研究中心张体军副主任

国家海洋局极地考察办公室吴雷钊博士

自然资源部第三海洋研究所妙星先生

上海长征医院郑兴东院长（时任）

上海长征医院院务处（营房处）李玲女士

厦门莲花医院李力院长

温州医科大学眼视光医学部主任瞿佳教授

温州医科大学附属眼视光医院院长助理、发展规划处（院地合作处）处长曹敏女士

上海市第三社会福利院张黎菲院长（时任）

河南科技大学第一附属医院血液科主任秦玲教授

同济大学附属养志康复医院院长靳令经教授

同济大学附属同济医院副院长、血液肿瘤中心主任梁爱斌教授

中国第 35 次南极科学考察队中山站崔鹏惠站长

中国第 36 次南极科学考察队长城站站长助理魏力先生

同济大学心理健康教育与咨询中心副主任刘翠莲博士（时任）

最后，致谢曾经与郝洛西教授团队共同开展研发工作的各位照明工业界同仁！

CONTENTS
目录

CONTENTS
目录

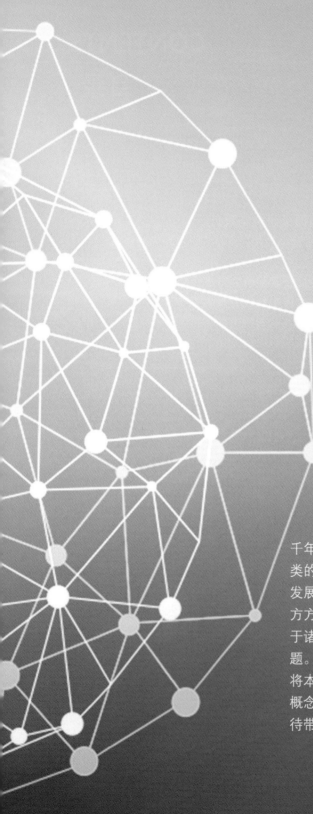

第 **0** 章

　　光与健康的研究、设计与应用是延续千年却历久弥新的前沿科学课题。它与人类的生活息息相关，涉及地球生态、城市发展、人居环境、医疗健康、卫生保健等方方面面。它内容繁多、体系复杂，是处于诸多科学与工程学科交叉领域的热点问题。本书开篇利用科学知识图谱的方法，将本书所阐述的关于这个领域的重要知识概念与发展进程作一个可视化的呈现，期待带给读者一个更好的阅读体验。

光与健康研究概览

　　生命起源于光。对光的探索与应用是最古老也是最活跃的人类科学领域。多项诺贝尔奖授予光学研究：1901年，首位诺贝尔物理学奖得主德国物理学家伦琴（Wilhelm Conrad Röntgen）发现了X射线，开创了医疗影像技术先河，拯救了数以万计的生命；1903年，丹麦医生尼尔斯·吕贝里·芬森凭借光线放射治疗狼疮和其他皮肤疾病荣获诺贝尔生理学或医学奖；到了21世纪，2009年的诺贝尔物理学奖由英国华裔科学家高锟（Charles Kuen Kao）的光纤通信技术突破与美国科学家威拉德·博伊尔（Willard Boyle）和乔治·E. 史密斯（George Elwood Smith）共同发明的电荷耦合器件（CCD）摘取，这些技术已渗透到现代人类日常生活的方方面面；2014年，诺贝尔物理学奖在半导体照明领域诞生，蓝色发光二极管（LED）让人类拥有了更加持久、高效的白光光源；2018年，诺贝尔物理学奖由光镊技术夺下，其利用光与物质之间的相互作用产生的微力来移动、捕获微小物体，极大地扩展了生命科学研究的深度和精度。一直以来，光基技术在提高社会福祉、满足人类需求、改善人类生活质量以及实现可持续发展上发挥着核心作用，全球各领域的学者纷纷被这个充满希望且意义深远的科研领域所吸引，共同推动着光与健康研究的发展。

　　光健康是处于诸多科学与工程学科交叉领域的研究议题，其内容复杂而庞大。尽管人类在理解光与健康的复杂关系方面刚刚跨入门槛，但已有初步的成果。Web of Science中"光"与"健康"相关话题的文献记录多达34 988条（截至2020年9月），涵盖生物机制、技术方法、应用策略、规范标准等多个方向。在光健康研究风起云涌的发展过程中，激光医学、内窥镜光纤、光动力治疗、光遗传技术、视觉功效、非视觉光照、光生物安全、光生物调节、光与色彩疗愈、光疗美容、红外紫外光疗、杀菌净水、光污染防控等数百个研究主题相继出现。可以说，光健康的概念在不断被拓展和颠覆。本书在开篇之前，借助科学知识图谱（Mapping knowledge domains）方法，通过关键词分析图、关键词时间线图、国家与作者合作分析图、机构合作分析图等对光与人居健康研究的知识结构及其热点进行可视化直观呈现，期待读者通过阅读，对本书的主题——光与健康的研究、设计和应用形成初步概念[1-2]。

　　图谱分析的数据来源于Web of Science的核心数据库Web of Science Core

Collection，通过 TS = (light AND health) OR (health AND lighting) OR (human-centric AND lighting)，(lighting AND human) OR (lighting AND environment)，(light AND human AND research) OR (light AND human AND design) OR (light AND human AND application) 三个检索式，检索了时间跨度为 1990 年至 2020 年的文献记录后，我们手动剔除检索结果中动物研究、基因研究、环境治理等与光与人居健康研究关联度较低的记录，共收入了 3 389 条检索信息。由于光与人居健康研究关联广泛，涉及非常多的关键词检索，我们筛选出来的文献并未覆盖所有数据，且倾向地选择了与本书章节相关性较高的代表性条目。我们的分析并非为了全面呈现光与健康研究及其发展的全貌，仅对光与健康研究全景进行一个侧面的速写。

研究热点与动态分析

在科学知识图谱绘制软件 Citespace 中，以关键词为节点进行运算，可以了解

图 0-1　关键词聚类分析图谱

1990 年至今国内外光与人居健康研究的关注热点及其发展。关键词聚类分析图谱（图 0-1）显示，光与人居健康研究的关键词共现网络结构聚集度高，关键词对相关性强，各个研究领域间呈现相互影响、共同演进的态势。主要研究议题包括日光系统、人体昼夜节律、光疗、绩效、视觉效应、光暗周期、光污染、光照对行为的影响、室内照明、光照参数、紫外线辐射、光偏好等方面。这些内容既涵盖了对视觉光照环境的关注，也覆盖了对光照非视觉生物效应、光生物安全和光照杀菌消毒等方面的探索。研究问题除了聚焦于光照对人眼、激素分泌、睡眠、节律相位、压力、体温、精神状态（唤醒度、警觉度）以及癌症等人体自身生理指标和健康水平产生的作用，也关注到了光照刺激对老人、儿童、病患、夜间轮班工作者等特殊人群所带来的影响，显现出多元化、细分化趋势。

　　从表 0-1 检索到的光与人居健康研究重要关键词来看，高强度光照的作用与应用、光照非视觉节律效应作用机制及其对睡眠觉醒状态的影响、光照健康干预手段等几部分内容是研究者们非常感兴趣的话题。例如，托马斯杰斐逊大学乔治·布雷纳德教授（George C. Brainard）于 1984 年起便致力于昼夜节律和神经内分泌系统光生物调节的研究 [3]，除了开展通过放射免疫测定、放射酶测定以及标准化的心理物理和精神病学测试技术，探讨光对人体神经内分泌、节律、神经行为影响等机理性研究以外，乔治·布雷纳德教授还进行了将机理转化为非临床疗法和临床疗法的应用研究 [4-6]，他

表 0-1　光与人居健康研究重要关键词（出现频率 1~20）

1	Bright Light（明亮光照）	16	Alertness（警觉性）
2	Circadian Rhythm（昼夜节律）	17	Natural Light（自然光）
3	Light Exposure（曝光）	18	Action Spectrum（作用谱）
4	Light Therapy（光疗）	19	Shift Work（轮班工作）
5	Human Health（人类健康）	20	Lighting System（照明系统）
6	Visual Comfort（视觉舒适）	21	Circadian Disruption（昼夜节律破坏）
7	Performance（绩效）	22	Light Treatment（光疗）
8	Artificial Light（人工光）	23	Breast Cancer（乳腺癌）
9	Sleep（睡眠）	24	Mood（情绪）
10	Melatonin（褪黑激素）	25	Circadian Phase（节律相位）
11	Light Pollution（光污染）	26	Color Temperature（色温）
12	Lighting Condition（光照条件）	27	Lighting Design（照明设计）
13	Seasonal Affective Disorder（季节性情感障碍）	28	Office Building（办公建筑）
14	Light Intensity（光照强度）	29	Retinal Ganglion Cell（视网膜神经节细胞）
15	Light Emitting Diode（发光二极管）	30	White Light（白光）

与美国国家航空航天局（National Aeronautics and Space Administration, NASA）太空生物医学研究所开展合作，利用光照对策解决航天员在太空飞行中经历的睡眠和昼夜节律紊乱问题[7]。布朗大学的神经学教授戴维·布森（David Berson）则将注意力集中于视网膜神经元上，探索眼睛向大脑传递的信息。2002 年，他发现了人眼第三类感光细胞——内在光敏视网膜神经节细胞，开启了非视觉光生物效应与健康照明的研究热潮[8]。拉什大学查曼·伊斯玛教授（Charmane I. Eastma）来自精神病学与行为科学领域，她重点研究了针对轮班工作、跨时区航空飞行、早班等人为昼夜节律"紊乱"的光照策略，发表了 100 多篇相关论文[9]。此外，光健康效应的应用，即如何利用光来创造更好的人居品质、提高生命质量也是高频出现的研究关键词，如照明系统、光照参数、照明设计、光照模式、办公及工作场所光照等。这些问题的研究范围更广，涉及多学科交叉内容，也具有相当的探索性，近年来的关注热度持续上升。

在时间线分析图（图 0-2）中，光与健康研究的关键词按照它们出现的年份，在所属的聚类中排列，使人们可以直观地追踪学术动态，了解各个时间段内的研究关注重点与前沿趋势。如图 0-2 所示，近 30 年来，光与人居健康研究的热度逐年增加，光对人体健康带来的影响得到了越来越多的关注和重视。2010 年前后为一个增长高峰，关键词数量与种类明显增多，光健康开始成为照明研究的核心板块。光照对人体昼夜节律系统的影响、光疗、光与人的行为、室内照明环境等是人居光健康研究从 1990 年至今的经典话题与热点。1998 年以后，人居光健康关注点更为多元，与人居和人类行为的关系也更加密切。研究者关注到了夜间光线暴露与城市光污染造成的癌症风险，亦致力于将光作为癌症的新型精准治疗手段，利用光来减轻患者的痛苦；关注到了过量紫外辐射导致的角膜炎、视网膜病变、红斑反应、皮肤癌等一系列问题，亦致力于借助特定波段紫外光辐射促进人体维生素 D 合成、杀菌消毒和免疫调节；关注到了缺少光照以及不正常的光暗周期节奏引起的情感障碍与睡眠失调，亦致力于将光作为情绪与节律的改善工具，帮助人体维持正常的新陈代谢。

随着时间的发展和探索的深入，光与健康研究导向渐渐由现象、机制研究向关键技术突破与设计解决方案发展，健康光照研究开始走出实验室，去解决人类生活中的健康问题。如人们通过日光采集系统、立面表皮与遮阳设计和城市建筑规划布局的研究来有效利用日光资源，增强建筑物的健康性能；通过探究环境光照刺激对警觉性、认知能力、睡眠节律的影响，制定适宜的光照模式来提升人们的生活质量，并将它们应用于医院重症监护病房、养老居室中，成为环境健康干预策略的一部分；通过动态光照、模拟黎明、光谱定制等手段，提升太空飞行舱、深海载人潜水器、

图 0-2　时间线分析图谱

地下和水下设施、大型客机等无自然光空间及非 24 小时光周期环境的适居性；通过探索光照的长期、累积效应，消除人居环境中的健康风险因素，助益青少年视力健康防控、宜居城市建设等公共卫生政策的实施。可以预见，为光照健康效应理论向现场应用搭建桥梁是未来研究的大势所趋。

重要机构与学者团队

全球各国研究人员已纷纷加入到了光与健康的研究队伍。从论文成果产出方面看，北美地区居于核心地位，无论是参与学者还是发文数量以及中心度均是最高，其成果获得了各国的广泛引用，具有很强的实力和影响力。扎实的产业基础和充足的资金支持，为北美光与健康研究与创新的科研布局带来助力。乔治·布雷纳德、玛丽安娜·G. 菲盖罗 (Mariana G. Figueiro)、马克·S. 雷亚 (Mark S. Rea)、史蒂文·W. 洛克利 (Steven W. lockley)、芭芭拉·普利特尼克 (Barbara Plitnick)、珍妮弗·A. 韦奇 (Jennifer A. Veitch) 等学者在各自科学领域为光与健康的研究贡献了相当多的成果，撰写了多篇高被引科学文章。伦斯勒理工学院照明研究中心 (Lighting Research Center，LRC)、哈佛医学院、哈佛公共卫生学院、费城大学、布莱根妇女医院、俄亥俄州立大学等是从事这一方面研究的主要机构。北美照明工程协会 (Illuminating Engineering Society，IES) 也成立了光与人类健康研究委员会，主席由乔治·布雷纳德教授担任，该委员会于 2019 年出版了最新的技术报告 IES TM-18-18 Light and Human Health: An Overview of the Impact of Optical Radiation on Visual, Circadian, Neuroendocrine, and Neurobehavioral Responses (IES TM-18-18 光与人类健康：光辐射对视觉、昼夜节律、神经内分泌和神经行为反应影响的综述)，描述了当光辐射信号转换成神经信号从而形成视觉并影响其他生理功能的视网膜机制 [10]。

欧洲地区照明文化历史悠久，其对光与健康研究应用亦很早布局，群体呈现态势明显。拥有德国的欧司朗（OSRAM）和荷兰的飞利浦（Philips）等龙头照明企业，欧洲深厚的照明产业根基大力推动了健康照明技术的发展。欧洲照明协会（Lighting Europe）于 2017 年年初发布了"2025 年战略路线图"，该路线图展望了欧洲照明市场的十年（2015—2025）发展图景，协会认为"Human Centric Lighting"（"以人为本的照明"）是带来市场增长、带动产业复苏的重要驱动力。欧洲人因照明理念在商业和居家照明领域得到了大量应用。除照明企业外，荷兰、加拿大、德国、英国、丹麦等国家的高校、医院也活跃于光健康的研究舞台，如埃因霍芬理工大学吕克·J. M. 施兰根教授（Luc J. M. Schlangen）团队、曼彻斯特大学罗伯特·J. 卢卡斯教授（Robert J. Lucas）团队等。值得关注的是，欧美国家的医院、高校、照明企业间形成的良好医工交叉合作关系，极大地增强了研究力量。

亚太地区日本、韩国和澳大利亚都具有较强的研究能力，文章发表数量居于前列。韩国的首尔半导体（SEOUL SEMICONDUCTOR）和三星电子（SAMSUNG）、日本的松下（Panasonic）在光健康产业链中实力雄厚。首尔半导体拥有 12 000 多项专利技术，其中包括了 Sunlike 全光谱合成技术，提供接近太阳光谱极高品质的白光照明。日本松下汇集健康、养老的先进技术产品为人居场景提供光照解决方案，已形成人与社会全面健康的品牌理念。

我国光与健康研究尽管起步相对较晚，但发展迅速，发文数量、参与学者数量已位于世界前列。伴随 LED 的广泛普及，相关产业市场接近千亿元规模，产品从性能到

图 0-3 光与健康研究国家与研究者合作图谱

质量已具有向国际领先水平看齐的实力。然而从图谱节点中心度来看，我国节点的中心度与美国、英国、加拿大等欧美国家以及日本相比较小，这意味着我国不仅要更多地参与光健康领域研究，还要致力于科研成果的影响力提升，获得学术话语权。研究者们应积极地将以中国人种为对象开展的光健康研究与实践和其他原创性工作对外分享（图 0-3、图 0-4）。光健康的意义绝不仅仅是引导消费和概念输出，更在于民生建设，面向生命全周期、健康全过程，为不同的应用场所和人群提供科学的用光指导与产品技术支持。借助 14 亿巨大人口基数和国家对半导体照明产业、健康产业的高度重视、大力扶持，我国光与人居健康研究有着非常良好的发展预期。

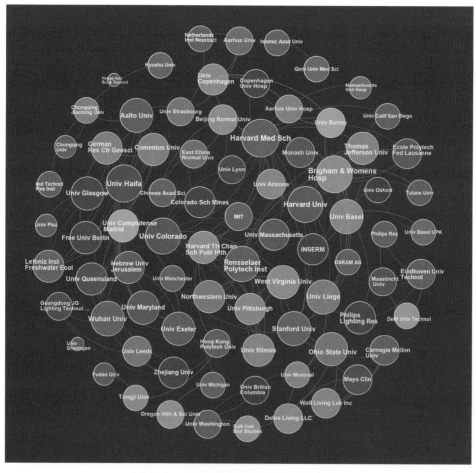

图 0-4　光与健康研究机构合作网络图谱

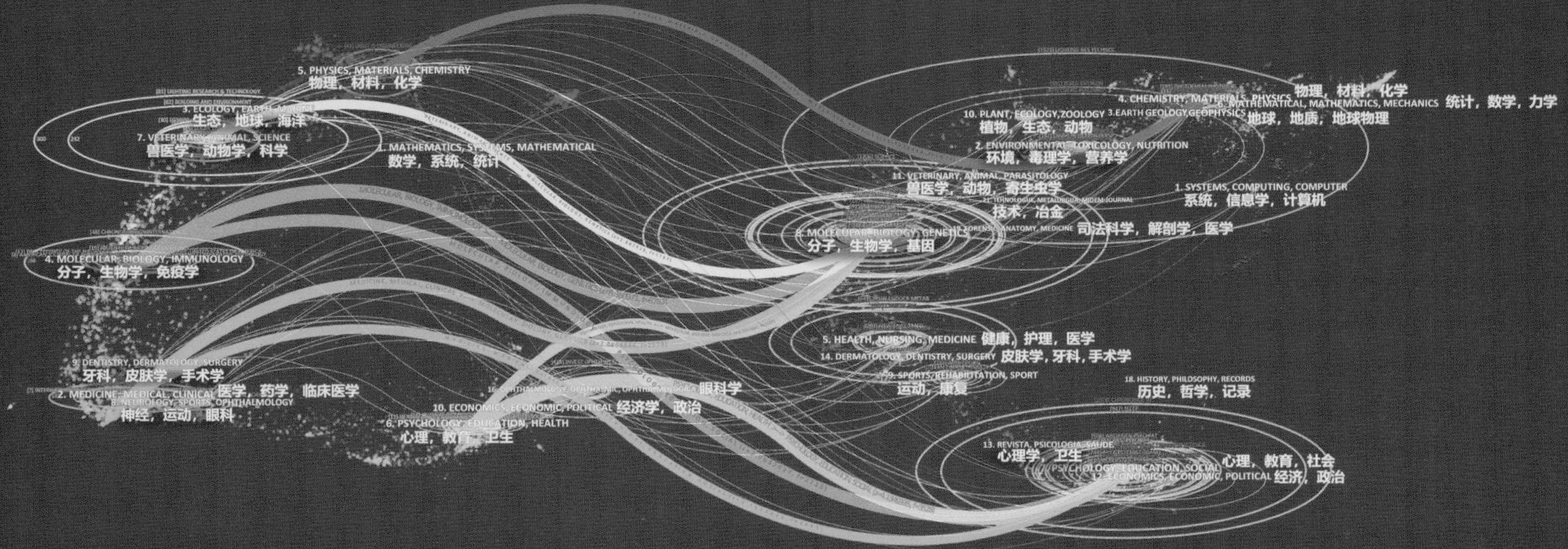

图 0-5 光与健康研究文献的双图叠加分析

研究与应用领域的变迁

　　研究文献双图叠加图谱（图 0-5）在同一视图里显示了文献数据施引期刊与被引期刊的状况，以跨学科视角展现了知识流动过程和发展脉络。如图 0-5 所示，左侧为施引文献期刊的情况，右侧为被引文献期刊的情况。白色圆圈的大小代表学者人数和发表的文献数。彩色线条表示由施引文献期刊某一领域向被引文献期刊领域的发展状况。彩色线条的粗细则表示引用关系在统计学上的显著性。可见，光与人居健康研究领域知识传递线路非常之多，除涉及原有物理、材料、化学、分子、免疫学、医学、神经、心理、教育、卫生以外，环境、生态、信息学、护理、社会、经济等学科也关注到了光与健康问题，这表明光健康研究已从机制研究与基础研究层次进展到应用研究阶段，所涉及的跨学科知识越来越多，学科交叉也越来越复杂。"交叉""融合""跨界""平台"将成为光与健康研究的全新方法。

　　展望未来，光健康研究、应用的发展与变革将超越每一个人的想象。大数据、云计算、物联网、移动互联网、人工智能等新一代信息技术的快速突破和广泛应用将带动社会的发展和人居健康需求的转型，更有可能颠覆光健康研究的方法与内容。我们期待着各个领域的研究者、产业链上下游从业者的陆续加入，共同擘画光健康的发展版图，让更多的光与健康研究成果贡献于科技进步、民生福祉和国防建设，帮助人们实现对美好生活的向往。

参考文献

[1] Shiffrin R M, Börner K. Mapping knowledge domains[J]. PNAS, 101 (suppl 1): 5183-5185.

[2] Chen C. The citespace manual[J]. College of Computing and Informatics, 2014, 1: 1-84.

[3] Brainard G C, Richardson B A, King T S, et al. The influence of different light spectra on the suppression of pineal melatonin content in the Syrian hamster[J]. Brain research, 1984, 294(2): 333-339.

[4] Brainard G C, Hanifin J P, Greeson J M, et al. Action spectrum for melatonin regulation in humans: evidence for a novel circadian photoreceptor[J]. Journal of Neuroscience, 2001, 21(16): 6405-6412.

[5] Zaidi F H, Hull J T, Peirson S N, et al. Short-wavelength light sensitivity of circadian, pupillary, and visual awareness in humans lacking an outer retina[J]. Current biology, 2007, 17(24): 2122-2128.

[6] Reibel D K, Greeson J M, Brainard G C, et al. Mindfulness-based stress reduction and health-related quality of life in a heterogeneous patient population[J]. General hospital psychiatry, 2001, 23(4): 183-192.

[7] Brainard G C, Coyle W, Ayers M, et al. Solid-state lighting for the International Space Station: tests of visual performance and melatonin regulation[J]. Acta Astronautica, 2013, 92(1): 21-28.

[8] Berson D M, Dunn F A, Takao M. Phototransduction by retinal ganglion cells that set the circadian clock[J]. Science, 2002, 295(5557): 1070-1073.

[9] Burgess H J, Sharkey K M, Eastman C I. Bright light, dark and melatonin can promote circadian adaptation in night shift workers[J]. Sleep medicine reviews, 2002, 6(5): 407-420.

[10] IES TM-18-18. Light and Human Health: An Overview of the Impact of Optical Radiation on Visual, Circadian, Neuroendocrine, and Neurobehavioral Responses[S]. Illuminating Engineering Society of North America, 2008.

图表来源

图 0-1 曹亦潇 绘
图 0-2 曹亦潇 绘
图 0-3 曹亦潇 绘

图 0-4 曹亦潇 绘
图 0-5 曹亦潇 绘
表 0-1 曹亦潇 制

第 **1** 章

　　在所有的光源中，自然光拥有着从红外线、可见光到紫外光最全的光谱，为地球上的生命带来了丰富的健康效益，包括更佳的视觉质量、更高的舒适感和幸福感、更积极的心态、更强的免疫力、更平衡的循环与代谢以及更稳定的生理节律等。不过，阳光既是身心健康的良药也是风险，无保护、过度的阳光暴露，也将造成红斑、晒伤、日光性角膜炎甚至皮肤癌等严重后果。本章将揭开关于自然光与人体健康的诸多奥秘，指导建筑物中阳光的采集和利用，让人们科学地、安全地享受阳光。

最健康的光——自然光

阳光之下，万物生长。

太阳崇拜几乎遍存于人类所有的古老民族，我们的祖先尚未理解太阳的奥秘，却已在与太阳朝夕共处中观察到这个发光天体对生命的哺育与庇护。太阳神——拉是古埃及的最高之神，拉神之眼及后来的荷鲁斯之眼的右眼都象征着完整无缺的太阳，这是古埃及人的图腾，它被用来避邪驱灾及治愈疾病。阿玛纳风格的埃及壁画（图 1-0-1）和雕像中亦记载着法老阿肯纳顿和他的王后奈菲尔提蒂的"自然主义"生活方式，他们认为太阳光照能给予生命以力量，使精神和身体达到完美。古埃及人热衷裸泳、日光浴，让身体更多地接触阳光。印度阿育吠陀是世界上最古老的医学体系，吠陀记载着古代印度人日出之时向太阳神致敬，祈求活力、健康的仪式，这是古印度流传至今最经典的瑜伽体式——拜日式的由来。

人类利用阳光来治病和强身健体早在千年之前就已开始。医学之父希波克拉底（Hippocrates）说"人间最好的医生是阳光、空气与运动"。希波克拉底在游历埃及时了解到太阳光的疗愈力量后，他开始在许多疾病的治疗中广泛采用日光疗法，并建设了用于治疗皮肤疾病的日光浴室 [1,2]。东方医学借用阴阳五行、天人关系来说明自然光的健康作用，三国时期嵇康《养生论》中的"晞以朝阳"、唐朝孙思邈《千金翼方》中的"宜时见风日"，以及道家上清派的"采日精、补元阳"之说都主张人体维持健康需要沐浴阳光，以通畅百脉、温煦阳气。

19 世纪末，人们逐步开始通过生命科学的研究方法探索自然光的健康促进效应。瑞士人阿诺德·里克利（Arnold Rikli）被称作"阳光医生"，他提出了日光浴理论和实践方法来治疗慢性疾病和机体功能紊乱，是现代日光治疗的先驱者 [3]；1877 年，英国的阿瑟·汤恩斯（Arthur Downes）和托马斯·布兰特（Thomas Blunt）进行了一系列试管实验，探究阳光对细菌和微生物生长的影响，他们发现了直射阳光对细菌的杀伤力，并得出太阳光谱中的蓝紫色区域可起到杀菌作用的结论。获得 1905 年诺贝尔生理学或医学奖的德国细菌学家罗伯特·科赫（Robert Koch）发现了结核病的病原菌——结核杆菌，也发现了结核菌的"终结者"——阳光，他鼓励疗养院设计者利用阳光帮助患者康复 [4]。在罗伯特获奖的前两年，出生于丹麦法罗群岛的尼尔斯·吕贝里·芬森（图 1-0-2）

图 1-0-1 古埃及阿玛纳壁画描绘的日光浴场景

图 1-0-2 丹麦医生尼尔斯·吕贝里·芬森

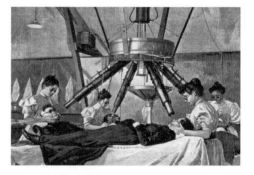

图 1-0-3 尼尔斯·吕贝里·芬森发明的弧光灯被应用于临床

成为了第一个获得诺贝尔奖的临床医生。有一天，芬森医生向窗外凝望，他注意到一只栖息于屋顶的猫每当在阴影快遮住它时，便向着阳光明媚的地方移动。这让芬森开始思考阳光除温暖以外的其他益处，查阅了大量资料后，他提出了光疗的设想。芬森医生以阳光为光源，通过一定的透镜组合将光线分离，排除掉可能导致烧伤的热光线，借助"压皮镜"让紫外光精准照射在皮肤结核部位进行光疗。寻常狼疮病患者们在芬森医生哥本哈根的"光疗院"中，接受这一革命性的光疗法，获得了新生。20 世纪早期的欧洲，日光作为一种新的、进步的医学方法被大力宣传（图 1-0-3）[5]。

现代物理学、生物学、医学、光学等学科的变革式发展与融合为自然光疗愈作用的探索和利用开辟了更广阔的空间。从光谱构成、光热效应、光合作用、动物视觉等光化学反应，人们对自然光有了更深入、系统的了解。从参与维生素 D 合成、调节生物节律、影响激素分泌到消毒杀菌，人们更清晰地认识到阳光对维持人体视觉、神经、心血管、内分泌、生殖、免疫等系统的健康与稳定的重要意义。在医疗建筑中，日光减少了患者的止痛药物需求，缩短了住院患者的康复时间；教室中明亮舒适的自然光线提升了学生的学习表现；办公室中的日光成为改善工作条件和提高工作满意度最重要的一个因素。

如今，人类早已告别了农耕时代受太阳支配"日出而作，日落而息"的生活习惯。人工照明技术以惊人的速度发展，扩展了人类可利用时间与空间，改变了人类生活节奏与场所，颠覆了生活方式。人们在室内生活、工作、休憩、娱乐，度过近 90% 的时间[6]。然而这种缺乏与日光接触的生活方式却打乱了人体固有的生物节律，还带来了近视、代谢紊乱、免疫下降、情绪障碍等一系列健康困扰。"拥抱阳光，收获健康"这个古老而新颖的研究课题，再度受到人们的广泛关注。健康专家纷纷倡议民众走出户外，接触阳光。城市规划与建筑设计越来越重视回归自然，引入阳光。人工照明也向着自然光靠近，开展基于阳光与人体健康关联的研究，建立人与自然更友好的关系[7]。

1.1 自然光的构成及健康效应

　　太阳的热核聚变产生持续不断的巨大能量，以电磁波的形式传递给茫茫宇宙。本书中提及的自然光是指由经大气层吸收、反射、散射作用后照射到地球表面的太阳辐射构成。地球大气上界太阳辐射的能量集中在波长 0.15~4.0 μm 之间。这段波长范围可分为三个区域，即大约 50% 的太阳辐射能量分布的可见光谱区（波长 0.38~0.78 μm），7%的太阳辐射能量分布的紫外光谱区（波长 <0.4 μm）和包含剩下 43% 的太阳辐射能量的红外线谱区（波长 >0.78 μm）。如图 1-1-1 和图 1-1-2 所示，区间连续不同波段的光具有不同的生物效应，对人体健康带来截然不同的影响。

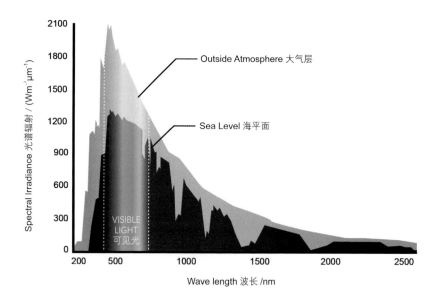

图 1-1-1　太阳辐射光谱组成

图 1-1-2　电磁波谱与太阳光谱

1.1.1　阳光下的益处与风险——紫外线

紫外线在大气传播中大幅衰减，真正到达地球表面的紫外辐射量只占总辐射量的4%左右，然而它对人体健康的影响却不容小觑。自 1801 年德国物理学家约翰·威廉·里特（Johann Wilhelm Ritter）发现紫外线后，1877 年阿瑟·汤恩斯和托马斯·布兰特证实了紫外线的杀菌能力，这是人们第一次注意到紫外线对生命系统的影响。

紫外线为不可见光，它在电磁波谱中波长范围为 10~400 nm。最大波长始于可见光的短波极限，最短波长与长波 X 射线相重叠。国际照明委员会根据波长将 100~400 nm 之间的紫外线分为三个波段[8]：

近紫外线（UV-A）：波长范围 315~400 nm，又称长波黑斑效应紫外线。

中紫外线（UV-B）：波长范围 280~315 nm，又称中波红斑效应紫外线。

远紫外线（UV-C）：波长范围 100~280 nm，又称短波灭菌紫外线。

UV-A 的生物学效应相对温和，但具有很强穿透力（图 1-1-3），可造成长期、慢性、持久的健康损伤。它直达皮肤真皮层，破坏弹性纤维和胶原蛋白纤维，将我们的皮肤晒黑，加速皮肤衰老，是引起皮肤光老化的主要因素，因此 UV-A 也称为"年龄紫外线"[9]。UV-B 则对人和动植物有较强的生物效应，能促进体内矿物质代谢和维生素 D 的形成，亦能造成即时严重的光损害。UV-B 损伤皮肤表皮层，可使皮肤在

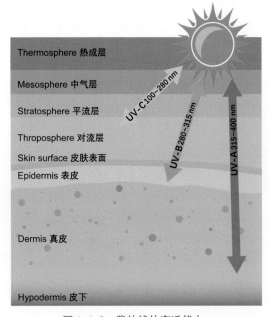

图 1-1-3　紫外线的穿透能力

短时间内晒伤，引起红、肿、热、痛反应，是引发皮肤癌的主要因子之一。UV-C 极易被生物体的 DNA 吸收并破坏 DNA，导致细菌、霉菌、酵母等各类微生物突变或死亡，是一种广谱高效的杀菌消毒方式。其中，波长 253.7 nm 左右的紫外线杀菌消毒的效果最佳。UV-C 的穿透力很弱，日光中含有的 UV-C 几乎完全被臭氧层吸收，但它对人体的伤害却极大，短时间照射即可灼伤皮肤。

日光的光谱中波长 290~320 nm 范围内的紫外线，具有很强的生物效应，在健康保健和支持生长发育上最具效果。人体骨骼生长、体内维生素 D 合成、预防贫血和肺结核都离不开这个波段的紫外线。人们用它的发现者卡尔·多诺（Carl Dorno）的名字将这个波段的紫外线命名为"Dorno-rays"，并称其为"健康线"[10]。

紫外线的光子能量很大，可引起一系列的光学反应，对人体的酶系统、活性递质、原生质膜、细胞代谢、机体免疫功能和遗传物质等产生一系列直接和间接的复杂生物学作用。紫外线是重要的皮肤病治疗手段，促进维生素 D 生成，预防、治疗佝偻病和骨软化症以及抗菌消炎，这些健康效益已广为人知。近年的科学研究和临床工作还证明了紫外线的内分泌调节功能和强化免疫作用，人工紫外线治疗疾病在医学领域已广泛应用。

但是我们必须意识到紫外线也是一种伤害性光线。2006 年，世界卫生组织（World Health Organization，WHO）发布了《太阳紫外线辐射的全球疾病负担》报告[11]，指出太阳紫外线辐射造成了相当大的全球疾病负担，导致每年多达 6 万人死亡。皮肤恶性黑素瘤以及在皮肤的不同细胞层中形成的非黑素瘤皮肤癌（鳞状细胞癌和基底细胞

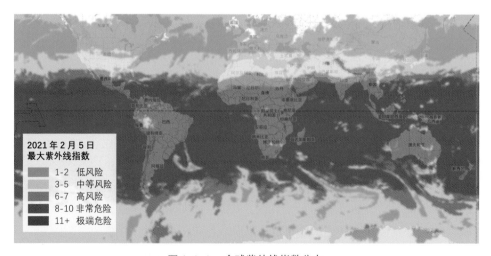

图 1-1-4　全球紫外线指数分布

癌）是紫外线辐射过度暴露最主要的不良后果。2011 年，世界卫生组织将所有类别的紫外线辐射归类为 1 级致癌物质——最高等级致癌物质。此外，不当的紫外线照射还将引起诸多人眼和皮肤的健康损害，它是白内障、结膜炎等疾病的发生及加重病情的元凶。阳光中的紫外辐射非常危险，但这些风险可以有效预防，前提是人们学会正确采取防护措施，避免过度紫外辐射（图 1-1-4）。

1.1.2　与健康息息相关的可见光

可见光是太阳光谱中可以被人眼感受到的部分，可见光支持植物光合作用，也参与诸多动物和人体生命活动的调节。其光谱范围无精确限制，下限一般取 360~400 nm，上限取 760~830 nm[12]。通常，人们称 380~780 nm 为可见光波长范围。

我们看见的自然光便是这一区域内不同波长的单色光混合而成的复色白光。1666 年，艾萨克·牛顿（Isaac Newton）将可见光谱分成紫、蓝、青、绿、黄、橙、红 7 个部分，这一说法一直沿用至今。因为太阳光是连续光谱，相邻两色间并没有明显的界限，波长区间采用近似（图 1-1-5）。

图 1-1-5　可见光光谱分布

虽然可见光是电磁辐射中很窄的一段，却是太阳辐射中能量最集中的区域，地球大气对可见光区域的吸收极小，有利的地球自然条件让可见光更容易被生物体感知识别。从分子层面上看，可见光的能级与分子中化学键的能量大致相当，如果细胞光敏机制对电磁波进行响应，实现信息传递，那么可见光是最合适的波段。人眼是人体最为重要的感官，人类从外界获得的信息近 90% 需通过眼睛采集与传递。因为可见、可感，可见光能够从"视觉—生理—心理"三个维度给人类的身心健康带来至关重要的影响。

可见光的视觉效应、昼夜节律调节与情感干预作用，以及它们的设计和应用是本书的核心内容，将在后面的章节具体展开。

可见光消毒、可见光通信这两项突破照明的创新技术为人类建造更加智能、健康的光环境提供了极大的助力。短波紫外线 UV-C 可以杀死包括细菌、病毒、真菌在内的大多数病原体，但同时也杀死了健康细胞，对人眼和其他器官极其危险。斯特拉思克莱德大学等机构研究人员，致力于开发光谱为 405 nm 的高强度窄谱光线环境消毒系统，可以杀死医院和疗养院中耐甲氧西林金黄色葡萄球菌、难辨梭状芽孢杆菌等多种细菌 [13]。重症监护病房临床试验也显示，这套系统有助于防止环境传播病原菌，减少院内感染概率，保障病人安全。更重要的是，窄带 LED 可与医院内普通白光照明系统整合，对人体没有伤害，可在房间中 24 小时不间断使用。这项技术已在美国多家医疗机构取得实际应用并获得良好成效，未来更可推广应用于运动训练场所、医院公共卫生间、大学宿舍等细菌聚集的人居空间。可见光通信利用照明光源发出的肉眼看不到的高速明暗闪烁信号来传输信息，通过专用的、能够接发信号的移动信息终端，只要在室内灯光照到的地方，就可以长时间下载和上传数据（图 1-1-6）。光和射频信号间无相互干扰，适用于医院、核电站、飞机机舱等电磁干扰敏感的特定场所。在医疗建筑中可见光通信技术实现了病患动态监控、生理体征参数传输、医疗器械定位监管等，将医务人员的工作从层层线材和导管连接中解放出来，提高了医疗服务的质量与效率，用科技手段促进全民健康。

可见光驱动光催化新型材料的不断问世，为人类健康带来了福音。在水资源短缺和饮用水污染日益严重的全球现状之下，快速、高效的水净化技术尤为重要。阳光中的紫外辐射对饮用水杀菌消毒具有良好的作用，然而到达地球表面的太阳光辐射能量紫外线仅占 4%，净化效率较低，需要长时间的照射。如果能利用阳光中能量含量更高的可见光净水，阳光净水速度提升指日可待。斯坦福大学崔屹课题组研制了垂直排列的多层 MoS_2（FLV-MoS_2）纳米薄膜材料，在可见光下可作为催化剂用于水体消毒。这种新型材料利用光诱导产生的活性氧物种来实现杀菌。在 MoS_2 薄膜中沉积其他催化剂

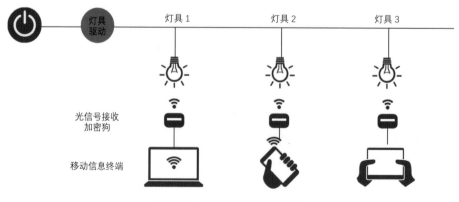

图 1-1-6　可见光通信概念示意

（金属材料 Cu、Au 等）后，活性氧物种的产生量被提高，杀菌速度也得到加快，使得材料在可见光激发下 20 分钟内可以催化灭活的微生物达到 99.999%[14]。尽管该技术对实际水体中不同细菌种类以及病原体的催化灭活作用还需要进一步探讨，但这为解决全球用水紧缺问题提供了新的思路。

可见光是人们生活中不可或缺的一部分，但它的危害也不可轻视。可见光谱中 400~450 nm 的紫 / 蓝色带中的高频高能光被称作高能可见光（High-energy visible light, HEV），具有较高能量，能够穿透晶状体直达视网膜，导致视网膜色素上皮细胞萎缩和死亡，光敏感细胞因缺少养分而衰亡，使人眼受到不可逆的损伤[15]。人眼视网膜中央附近卵圆形染色区域——黄斑区吸收过量的高能蓝光后，将造成细胞结构损伤，使眼底黄斑病变加速，从而导致白内障等眼病。此外，与 UV-A 紫外线一样，高能蓝光照射也能使细胞产生氧化应激和细胞毒性，生成加速皮肤老化的氧自由基，使皮肤色素沉淀、弹性减弱[16]。尽管阳光中包含着高能短波蓝光成分，但没必要对此过度恐慌，只有达到一定辐射强度和辐射时间才会有实质性的"蓝光伤害"，在强烈的太阳光下，只要采取得当的防护措施，涂抹有效的防晒产品即可保证室外活动时的光安全。

1.1.3　健康多面手——红外线

1800 年，英国天文学家威廉·赫歇尔（William Herschel）透过测试滤光片观测太阳黑子时，察觉到红色滤光片产生了大量的热。在进行了一系列实验后，赫歇尔得出结论：在可见光谱以外，还存在一种波长介于红光和微波之间的不可见光——红外线。此后，人们不断地在军事、工业、医疗、农牧、化工等各个领域对这种具有强烈热效应的光进行探索研究、开发利用。自然界的所有高于绝对零度（-273°C）的物体都是红外辐射源，时时刻刻向外辐射红外线，人们利用这种红外线的光电效应发明了红外夜视仪，即使在漆黑的夜晚也能像白天一样自如活动。研制出红外探测器，人们可以透过薄雾和烟尘，适应恶劣天气，观察探测目标，深入宇宙与海底，穿越黑暗环境，寻找生命痕迹。生物医学领域，人们利用红外线谱分析技术对人体细胞和组织进行无损检测，对人类机体功能进行非介入、非破坏的医疗诊断。20 世纪 70 年代，红外线治疗开始兴起，基于红外线生物学效应的医疗手段和医疗保健产品以惊人的速度发展，层出不穷。

红外辐射（IR）占据超过一半的太阳辐射能量，波长在 0.78 μm~1 mm 之间。国际照明委员会将红外线划分成以下三个区段[17]。

红外线 -A（IR-A）：波长范围为 0.78~1.4 μm。

红外线 -B（IR-B）：波长范围为 1.4~3 μm。

红外线-C（IR-C）：波长范围为 3 μm~1 mm。

红外线是在所有太阳光中最能够深入皮肤和皮下组织的射线，它对人体的健康作用非常广泛，包括止痛、缓解肌肉紧张、改善循环、减肥、皮肤美容、增强免疫系统功能和降低血压等。红外线通过其显著的温热效应和共振效应来实现人体健康调节。

温热效应是红外线光疗的基础。红外辐射被物体吸收后转化为热能，使物体温度升高或是人们最熟知的红外线健康效应的由来。红外线对于皮肤、皮下组织具有一定穿透力，红外线对肌肉、皮下组织等产生的温热效应，可加速血液循环，促进新陈代谢和细胞增生，能够起到消炎、镇痛、按摩、促进瘢痕软化、减轻瘢痕挛缩等效果，对于缓解肌肉和骨骼的疼痛，以及治疗或辅助治疗急/慢性软组织损伤、颈椎腰部酸痛、风湿病等疾病具有一定作用（图 1-1-7）[18]。

图 1-1-7　用红外线灯照射双脚来去除脚气真菌

红外线还具有显著的非热生物效应——共振效应，这种非热生物效应主要是生物体内的细胞或组织吸收红外线后产生的生物化学反应，如改变人体内参与生化反应分子的浓度或活性等。人体细胞中水分子及细胞膜上磷脂质、蛋白质和糖类的最有效吸收频率为 6.27 μm，恰好介于波长为 4~14 μm 的红外线的波长范围内，这使得红外线对人体健康大有裨益，被称为生育光线（Growth ray）。再者，人体约有 70% 是水分，血液中水分的比率更高达 80%。红外线与人体内体液、血液及细胞内外水分子振动频率相近，促使大水分子团产生共振。共振让水分子之间的氢键断裂，大水分子团变成独立水分子（即 2 个氢原子和 1 个氧原子结合），小水分子更容易进入细胞内，又促进了人体机体代谢、免疫等生物化学反应的进行。

　　红外线光疗相比其他波长的电磁波应用更为广泛、形式更加多样。除了医院内配备的红外线理疗仪器和装有红外线源的家用照灯产品之外，红外辐射材料制成的保健型服装和家居用品及便携穿戴式红外治疗仪器，无需任何外部电源装置，也能提供红外治疗效果，受到人们的广泛欢迎。美国国家航空航天局为航天飞机任务中的植物生长实验而开发的红外线照射技术，在一项为期两年的临床试验中，成功地减少了骨髓和干细胞移植患者因化疗和放疗而产生的痛苦副作用，让人们看到了未来在更多领域应用红外线光疗的可能 [19]。而 NASA 的这套"Warp75 光传送系统"红外线治疗设备本身比医院一天的住院费还要低，将是一种经济有效的治疗方法，为患者带来福音。

　　红外线对健康有着诸多好处，但不正确的应用和过量的暴露也将产生不亚于紫外线、可见光所造成的健康风险。短时间较大强度的红外线照射，使皮肤局部温度升高，出现红斑反应，引起烧灼样疼痛感，严重时将导致灼伤。红外线也参与了外源性皮肤老化的进程，有学者认为红外线中的近红外线（IR-A）和部分中红外线（IR-B）能够到达皮肤组织深层，引起氧化应激反应，降解胶原蛋白。长期暴露于低能量红外线或将引起慢性充血性睑缘炎，短波红外线被晶状体和虹膜吸收可致角膜蛋白凝结，晶状体局部混浊引起"红外线白内障"。不仅钢厂、纺织厂、造纸厂和玻璃制造厂，任何使用激光、弧光灯或电辐射加热器等红外线暴露风险较高的地方都需要完善的防护工作。长时间在日光或户外高温下工作时，也要考虑红外线可能带来的健康伤害。

1.2 维生素 D3: 阳光维他命

维生素 D 是一类脂溶性维他命，属类固醇化合物，以其在维持骨骼健康中的重要作用而闻名。维生素 D2（麦角钙化醇）和维生素 D3（胆骨化醇）被合称为钙化醇，是与人体健康有着密切关系的最主要的两种维生素 D。维生素 D2 是由紫外线照射植物中的麦角固醇产生，但在自然界的存量少，人体也无法合成。维生素 D3 虽然可以从膳食中获取，但是能够提供维生素 D 的食物种类很少，而且含量低、不稳定。因此，人体所需的大部分维生素 D（占 80%~90% 或更多）还要通过人体皮肤暴露于阳光的紫外线中而合成。阳光中波长 290~315nm 的紫外线穿透人体皮肤，皮肤中 7- 脱氢胆固醇经紫外线照射后双键激活，变构转化为维生素 D3 前驱物质，维生素 D3 前驱物质需在人

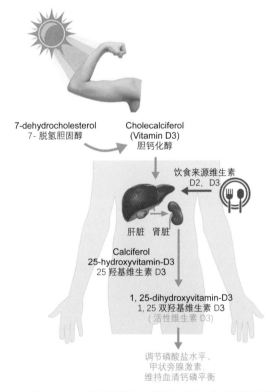

图 1-2-1　阳光照射下人体维生素 D 合成机制示意图

体内经历两种羟化作用来激活，从而发挥生物效应（图 1-2-1），所以人们将维生素 D3 称为“阳光维他命”[20-22]。维生素 D 的主要功能是与甲状旁腺激素和降血钙素协同作用，来平衡血液中钙离子和磷的含量，维持骨骼和肌肉的强壮与健康。我们熟知的佝偻病、软骨病、骨质疏松等以骨骼病变为特征的全身性慢性疾病，在很多情况下都是由于体内维生素 D 摄取不足，导致钙、磷代谢紊乱而产生的 [23]。

维生素 D 的靶器官除了人们熟知的骨骼、肾脏、肠道外，维生素 D 受体（VDR）还广泛分布于血液淋巴系统 (如 T 淋巴细胞、B 淋巴细胞等)、泌尿生殖系统 (如乳腺、前列腺、卵巢等)，以及神经系统、甲状旁腺等人体内各组织细胞中，它们控制着涉及人类全基因组的 3%、约 200 种的人类基因 [24]。因此，缺少维生素 D 的影响不仅局限于骨骼和肌肉系统，还与自身免疫疾病、心血管疾病、老年帕金森症、肥胖、恶性肿瘤等病症相关 [25-27]。

在大多数工业化国家，维生素 D 缺乏症状在婴儿、儿童和成年人中都较为常见，被认为是所有年龄组的流行病。全球维生素 D 缺乏症的主要原因之一便是低估了阳光的关键作用。在合适的条件下，每周几次 10~15 分钟的手臂和腿部晒太阳，可以产生满足我们需要的维生素 D3 数量。因此必须鼓励在天气晴朗时，尤其是冬季，积极参与室外活动，接触阳光，以保证人体足够的维生素 D 合成来维持机体健康（图 1-2-2）。

夏季 正午

阳光暴露部位与面积		北纬 44°—46° 40′ 哈尔滨市 青年人 平躺	北纬 44°—46° 40′ 哈尔滨市 青年人 站立	北纬 30° 40′—31° 53′ 上海市 青年人 站立	北纬 30° 40′—31° 53′ 上海市 老人 站立
手和面部	12%	42 分钟	84 分钟	168 分钟	504 分钟
小臂和面部	26%	19 分钟	38 分钟	76 分钟	228 分钟
小腿、小臂和面部	46%	11 分钟	22 分钟	44 分钟	132 分钟
上半身、小腿和面部	72%	7 分钟	14 分钟	28 分钟	84 分钟

春秋季日光照射时长 ×2　　深肤色日光照射时长 ×2

肥胖体型日光照射时长 ×2　　阴雨天日光照射时长 ×2~×4

图 1-2-2　获取充足的维生素 D 所需要的每日日照时长

1.3 "目"浴阳光　健康"视"界

2011 年，《纽约时报》发表文章《太阳是最好的视光学家》（*The Sun Is the Best Op-tometrist*）。那么阳光如何帮助视觉发育，为人类带来"健康视界"？

近年来，人们已关注到自然光对眼睛的发育与预防近视的益处。儿童时期经常在户外活动、晒太阳，将拥有更好的视力。伦敦国王学院、伦敦卫生与热带医学学院和其他机构的研究人员对 371 名有近视症状和 2797 名没有近视症状的 65 岁以上老人进行了视力检查，采集血液样本，并详细采访了他们的教育、职业背景以及不同阶段的生活经历，以评估被试在上午 9 点至下午 5 点和上午 11 点至下午 3 点之间接受阳光照射的数量。结果显示视力水平与接受阳光照射量（尤其是 UV-B 紫外线的照射量）间有很强的相关性。在 14~19 岁青少年时期，接受日光照射多的人，发生近视的可能性降低近 30%；在 20~29 岁成年早期，接受日光照射同样可以减缓近视发病 [28]。

太阳光谱连续且平缓，显色性好，对于人眼来说是最健康、最舒适的照明光源。相较于那些光谱有明显高峰和低谷、低频闪烁的人工光源，在柔和稳定的自然光环境下进行视觉作业，可避免光源频闪引起的视觉能力受损、头疼、癫痫风险和其他的潜在健康影响，同时更清晰地视看有色彩的作业对象，从而减少视疲劳的发生。

室外阳光的光照强度比室内光照强度高出数十倍乃至数百倍，高强度光照令瞳孔缩小、景深加深，成像清晰度提高，可抑制近视发生。此外，长时间近距离的视看工作易发生视疲劳，导致视网膜周边远视性离焦，长此以往，将使眼轴长度延长形成近视。户外活动、接触阳光，动态的光环境和景物让眼睛得到了休息放松。也有研究认为阳光保护视力健康可能与刺激人眼多巴胺分泌有关，光照可刺激视网膜中神经递质多巴胺的释放。动物模型研究显示，近视眼的视网膜多巴胺水平低于正常视力。多巴胺神经元及其受体广泛存在于视网膜中，参与视觉系统的信号传递和调控，在视觉发育、信号传导和屈光发育等方面发挥着重要的调节作用 [29]。

尽管阳光照射对于近视预防的诸多生理机制还有待探明，但是阳光对于视力健康的积极作用已得到公认。为了视觉健康，应积极鼓励儿童、青少年走出户外，"目"浴阳光。

1.4 拨动"生命时钟" ——自然光与人体生物节律

冬去春来，花开花谢；潮起潮落，月盈月缺；周而复始，循环往复。从分子、细胞到机体、群体，自然界万物的活动都按照一定周期和规律运行。调控生物体生命活动内在节律的时间结构如一只无形的"时钟"，人们称之为"生物钟"（图 1-4-1）。

1972 年，科学家通过损毁神经组织确认位于下丘脑的视交叉上核 (Suprachiasmatic

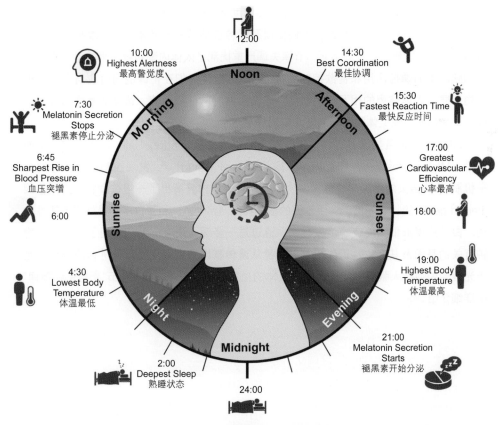

图 1-4-1 生物钟与人一天的活动

Nucleus, SCN）是协调哺乳动物的昼夜节律的中枢生物钟（Central Clock）[30]，它负责感受外部世界光线的变化，并将光照的时间信息，以激素和自主神经系统信号的形式传递到外周器官，并使全身的外周组织生物钟（Peripheral Clock）保持与中枢生物钟相同的节律，人的机体健康运转。太阳的光暗变化是生命内源性节奏最强有力的影响因子。以接近 24 小时为周期的昼夜节律参与调控人体很多重要的生理过程，掌控着人类每日的睡眠、觉醒、进食、体温、激素分泌和新陈代谢等各种生理活动的周期循环[31]。

每日自然光的光暗周期变化是生物节律最重要的授时因子，而不同季节清晨与傍晚太阳光照刺激强度与时刻的变动同样影响着生物的节律，使人体身心健康表现出季节相关性。比如夏季日出时间早、日照强度大，人体昼夜节律相位相对其他季节提前，即使在相同室内温度条件下，人体夏季睡眠时间较其他季节更短、起床时刻相对提前。季节性情绪失调症（Seasonal Affective Disorder，SAD）每年同一时间发作，秋末冬初开始、春末夏初结束，在季节变化明显的高纬度地区较为高发[32]。

肥胖、多种癌症、神经退行性病变以及精神疾病等都与节律紊乱高度相关。两项美国的临床试验研究结果就显示，节律失调严重扰乱了人体内葡萄糖水平的动态平衡，影响胰岛素的调控作用和食欲控制能力[33,34]。因此，人们在忙碌的同时应当学会重视生物节律与人体健康的相互作用机制，遵循自然界的昼夜节律，选择健康生活方式，白天享受阳光，晚上体验黑暗，与太阳同作息。

2017 年，来自美国的三位遗传学家杰弗理·霍尔（Jeffrey Hall）、迈克尔·罗斯巴希（Michael Rosbash）和迈克尔·扬（Michael Young）因"发现控制昼夜节律的分子机制"荣获诺贝尔生理学或医学奖。他们从果蝇体内分离出了一组被命名为周期基因（Period gene）的特定基因，这组基因的核糖核酸（mRNA）和蛋白水平呈昼夜节律性变动，白天浓度降低，而夜晚浓度升高。通过进一步深入研究，他们发现了更多与生物钟有关的基因及其产生、运作机制。这是从遗传基因角度对生物节律进行的解释。至于光信号如何被人眼感知，进而调控人体的生物节律将在本书第 2.2 节"光与生物节律"中详细介绍。

1.5 阳光下的快乐荷尔蒙——多巴胺、血清素、内啡肽

研究表明"给点阳光就灿烂"有充足的科学依据。

阳光可影响多巴胺（Dopamine）、血清素（Serotonin）和内啡肽（Endorphin）这三种神经递质的分泌，它们调节着人们生理、心理和情感体验，影响着情绪、大脑功能运转、疼痛反应和认知能力，极为重要[35-37]。一旦人体内这些神经递质含量异常，往往会引发负面情绪及情绪波动，同时还会产生节律紊乱、缺乏睡眠、高血压、营养不良等其他健康问题[38,39]。

多巴胺
$C_6H_3(OH)_2-CH_2-CH_2-NH_2$

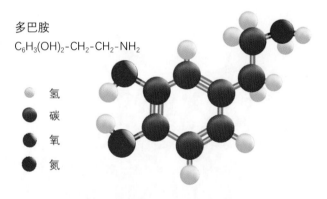

○ 氢
● 碳
● 氧
● 氮

图 1-5-1　多巴胺的化学分子式三维图

多巴胺（图 1-5-1）是下丘脑和脑垂体腺中分泌的一种儿茶酚胺类神经递质，它传递兴奋和开心的信息，也与上瘾行为有关，中脑—大脑皮质、中脑—边缘叶的多巴胺通路更直接参与精神和情绪活动。因此人们称多巴胺为"爱情灵药"，因为它让人有了爱的感觉，享受爱的幸福与甜蜜，为爱疯狂，意乱情迷。

然而受多巴胺支配的不仅仅是情欲与快感，自 1957 年瑞典科学家阿尔维德·卡尔森（Arvid Carlsson）首先发现多巴胺以后的半个多世纪里，现代神经科学的研究不断发现，包括机体运动功能的调节、动机与奖赏、学习与记忆、情绪与智力、睡眠等在内的一系列复杂的生理、心理过程，与多巴胺的含量、分布以及信号转导密切相关。

多巴胺代谢失常将关系到注意缺陷多动障碍、阿尔兹海默症、帕金森症、抑郁症、双相性精神障碍、暴饮暴食、成瘾、赌博和精神分裂症等众多神经退行性疾病和精神障碍疾病的发生发展。多巴胺系统对脑内"惩罚—奖赏"机制起着重要的作用。研究发现，多巴胺的缺乏与阿尔兹海默症病人的淡漠症状存在相关性。临床研究表明，多巴胺摄取抑制剂"利他林"能够明显地改善阿尔兹海默症病人的淡漠症状[40,41]。

　　大脑纹状体（多巴胺富集区）中多巴胺 D2、D3 受体对日照水平的变化高度敏感[42,43]，即使是在常年光照充足的亚热带地区[44]。美国的一项实验研究也发现，在 10 分钟 7 000 lx 的强光照射下，大脑纹状体的血流量增加[45]。通过面部情绪识别的方式，人们研究了光、多巴胺与情绪间的相互作用，结果显示，相对于强光组的实验参与者，在昏暗光线条件下的参与者能更准确地识别悲伤的面部表情，人们推测在光线昏暗的条件下，当多巴胺分泌水平低时，会对悲伤情绪造成更大的影响。因此，能够提供高强度的光照刺激的阳光，有助于人体内多巴胺更好地发挥作用，可以说是最自然健康的"多巴胺补充剂"。

内啡肽
$C_{158}H_{251}N_{39}O_{46}S$

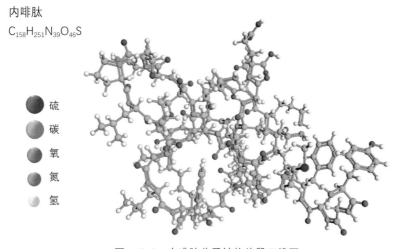

硫
碳
氧
氮
氢

图 1-5-2　内啡肽分子结构片段三维图

　　在轰轰烈烈的激情热恋过后，人们需要一种不同于多巴胺的，让恋人双方感到平静、安逸、温暖的爱情物质来稳固感情，这种物质就是由脑下垂体和脊椎动物的丘脑下部所分泌的氨基化合物内啡肽（Endorphin）（图 1-5-2）。在它的激发下，人的身心将处于轻松愉悦的状态中，感受到喜乐和幸福。内啡肽还参与疼痛管理，具有"类吗啡效应"，β- 内啡肽通过与突触前和突触后神经末梢处的阿片受体(特别是 mu 亚型)

结合产生镇痛效果[46]。 紫外线能够刺激内啡肽的分泌，哈佛医学院首席科学家大卫·费雪（David Fisher）团队调查了实验室剃光毛发的小鼠受紫外线照射与阿片受体通路之间的联系，在接受 UV 辐射一周后，小鼠血液中 β- 内啡肽的分子水平高于未接受此辐射的小鼠。小鼠皮肤对紫外线的生物反应与人类非常相似，这项结果也适用于人体[47]。内啡肽——身体天然的"快乐丸"是阳光让人乐观、开朗的奥秘所在。

血清素
$C_{10}H_{12}N_2O$

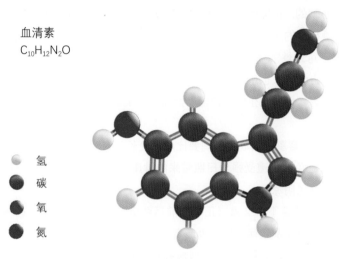

氢

碳

氧

氮

图 1-5-3　血清素的化学分子式三维图

阳光灿烂帮助我们对抗抑郁与焦虑，让我们心平气和，愉悦快乐。血清素（又称 5- 羟色胺）（图 1-5-3）是与多巴胺类似的一种单胺型神经递质，人们的情绪、行为动机、学习记忆能力、睡眠饮食、性欲皆受其影响[48]。大脑血清素水平降低时，愤怒、焦虑、抑郁等负性情绪将加剧，女性月经前和绝经期的情绪波动大，易陷入焦躁或低落状态也与雌激素分泌低导致血清素水平下降有关[49,50]。而人们熟知的抗抑郁药物 "百忧解"便是一种选择性血清素再吸收抑制剂，通过增加血清素含量来缓解抑郁症状。维持和提高健康血清素水平离不开阳光照射，光暗周期驱动血清素合成[51]，明亮的光线可通过刺激视网膜上的特定区域，引起血清素释放[52]。澳大利亚的伊丽莎白·兰伯特（Elisabeth A. Lambert）教授采集了 101 名健康男性 12 个月中每月的静脉血样本，结果显示冬季血清素水平最低，同时晴朗天气血清素水平高于阴雨天。综合考虑温度、降雨量、每日光照时长和大气压力等各种天气要素，研究人员认为光照是影响血清素水平的一个最重要的环境因子[53]。因此，季节性抑郁症、非季节性抑郁症、广泛性焦虑症等情感障碍患者，更应积极走出户外，接受"阳光处方"。

1.6 如何安全地享受阳光？

阳光对健康是必须的，也是危险的。日光性眼炎、白内障、黄斑变性、皮肤光老化、光敏性皮炎等与日晒相关的疾病一个比一个来者不善。阳光紫外辐射对眼睛及皮肤的损伤具有"累积性"和"不可逆性"，即使每天只有几分钟短暂的过量阳光暴露，累积下来的伤害对于紫外线耐受力低的人也足以导致病变。好在人们可以通过简单、有效的方法来预防太阳对人体的伤害。世界卫生组织提出了六项措施来确保安全地享受太阳[54,55]。如图 1-6-1 所示。

（1）保护儿童：儿童室外活动的时间要比成人更长，对紫外线辐射耐受度低，应采取特别防护措施，避免他们遭受强烈日照带来的健康损伤。12 个月以下的婴儿要避免阳光直射，宜置于通风阴凉处。

（2）限制上午 10 点至下午 2 点（正午的前后两小时）的阳光暴露，这一时段太阳紫外辐射能量最强，晒伤及致病的风险也最高。

（3）使用遮阳物，当阳光照射强度高时应寻找遮阳处。行走在阳光下，人们要留意自己的影子，身影短粗时，便需要采取遮阳措施。

（4）穿戴防护衣、编织紧密的宽边帽和宽松服装能够提供防晒保护，过滤 UV-A 和 UV-B 辐射的紫外线防护太阳镜能够大幅降低眼损伤的危险。

紫外线指数	1 2	3 4 5	6 7	8 9 10	11+
风险等级	低风险	中等风险	高风险	非常危险	极危险
防护措施	佩戴太阳镜如地面有雪或高反射表面，应涂抹防晒霜	佩戴太阳镜防晒霜阳光强烈时寻找遮蔽处	佩戴太阳镜SPF≥15防晒霜防晒服装太阳帽正午前2小时到之后3小时减少户外活动	同"高风险"防护措施，同时需特别注意紫外防护	采取所有的保护措施并避免户外活动

图 1-6-1　世界卫生组织针对不同紫外线指数的建议防护措施

　　（5）使用防晒霜，使用足够量、防晒指数（SPF）为 15+ 的广谱防晒霜并每 2 小时涂抹一次，在室外工作或运动阶段补涂有助于减少紫外线辐射效应导致的皮肤损伤。

　　（6）了解紫外线指数，紫外线指数越高，皮肤和眼睛损伤的风险就越大。当紫外线指数预报辐射级别为 3（中度）以上时，应积极采取安全防护措施。为了在最小的疾病风险下获取最佳的健康收益，人们需要正确地选择接受日照的时间、时长以及部位。正午前 2 小时到之后 3 小时即上午 10 点至下午 3 点这段时间，阳光最为猛烈，是紫外线照射高峰。人们需避免在此期间长时间户外活动，尤其在夏天更应减少阳光下暴露。夏季上午 9~11 点、下午 4~6 点的太阳光线相对温暖柔和，是晒太阳的"黄金时间"。

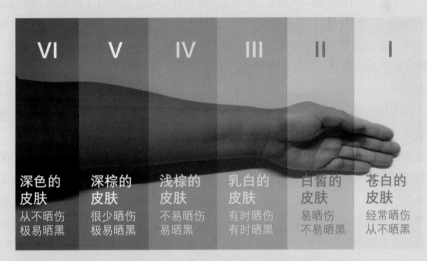

图 1-6-2　Fitapatrick-Pathak 皮肤分型图示

　　皮肤光型又称日光反应性皮肤分型，根据人类皮肤经日光照射后产生红斑或黑化的不同反应来划分确定。这一概念首先在 1975 年由美国哈佛医学院皮肤科医生托马斯·菲塔帕特里克（Thomas B. Fitapatrick）提出，他只对白种人的皮肤在日光照射后的反应进行了研究，将他们的皮肤分成四种类型。而后玛杜·帕萨克（Medha M. Pathak）在原来的基础上，增加了黑色皮肤和棕色皮肤的分类，从而形成了一直沿用至今的 Fitapatrick-Pathak 的皮肤分型系统（图 1-6-2）。Fitapatrick-Pathak 系统将人的皮肤分为六种类型。一般认为欧美白种人的皮肤基底层黑色素含量少，属于 I 型、II 型；东南亚地区黄皮肤为 III 型、IV 型；非洲人皮肤基底黑色素含量高，为 V 型、VI 型。中国人的皮肤普遍位于 III 型、IV 型，也有少部分位于 II 型和 V 型[56]。

1.7 日光与建筑

1.7.1 自然光在建筑中的重要性

日光是建筑师们最青睐的设计语言，日光的直射、漫射、折射、透射、明暗、光影、色彩让建筑的形体、空间、细部、界面肌理得以呈现，创造了丰富的美学效果。

众多建筑因其出色的日光设计而成为经典。勒·柯布西耶（Le Corbusier）、密斯·范德罗（Ludwig Mies van der Rohe）、阿尔瓦·阿尔托（Alvar Aalto）、路易斯·康（Louis Isadore Kahn）等现代主义最具影响力的建筑师们的经典之作，在日光设计上都有着精妙的思考。美国的范斯沃斯住宅使用大面积玻璃幕墙，最大限度地扩大采光面积、开放视野，赋予建筑简单、纯粹的透明性，展现了"少既是多"的思想。俄罗斯的维堡市立图书馆（图 1-7-1）阅览大厅顶部阵列布置的 57 个采光井，光线通过天花的层层过滤，柔和、均匀地弥漫在空间中，营造了一个不受阴影干扰的明亮阅读环境。美国的金贝尔美术馆（图 1-7-2）摆线拱顶上由条形天窗、人字形穿孔反光板组成的采光系统，让入射室内的自然光线重新分配，缓缓流入，均匀照亮屋顶银色的混凝土，塑造了优雅静谧的艺术展示空间，这是建筑自然光设计最广为人知的佳作。法国费尔米尼的圣皮埃尔教堂（图 1-7-3）中的红、黄、蓝三个采光口、侧壁线性采光带、填充有机玻璃材料不规则圆孔及荡漾浮动的神秘线性光波，共同在教堂锥形素混凝土的内部空间置入了仿若白天黑夜轮回交替的宇宙星空。光驾驭着人们的情绪，打开了灵魂的诗意境界。华人建筑大师贝聿铭设计的法国巴黎卢浮宫玻璃金字塔，通过光与玻璃材料出神入化的应用，完美地实现了传统与现代、功能与艺术的平衡，征服了世界。在文学作品中，谷崎润一郎（Tanizaki Junichiro）的《阴翳礼赞》，用细腻的文字缓缓讲述了东方建筑光影之美，房屋、家居、器物的光与影、明与暗形成的和谐关系，造就了精神和心灵的安养之境。

除了作为建筑美学与艺术的表达，自然光在决定建筑性能方面也有着不可撼动的主导地位。建筑的自然采光过程往往伴随着热量传递，采光窗是建筑物热量传递最主要的通道。透过玻璃进入室内的阳光不仅提供满足人员活动需求的光照，也影响着房间的热舒适性。采光设计统筹考虑它对光、热环境的交叉影响，才能取得最理想的效果。多数采光构件兼具通风功能，调节室内小气候，改善室内空气质量，减少空气传播疾

图 1-7-1　维堡市立图书馆阅览厅

图 1-7-2　金贝尔美术馆采光拱顶

图 1-7-3　费尔米尼的圣皮埃尔教堂

病的发生。顶部天窗与中庭空间形成的"烟囱效应"是重要的通风策略。此外，通常状况下，建筑物电量能耗的 30% 左右用于照明，大量电力被用来提供白天照明，良好的自然采光使这部分的消耗降至最低，有效减少供暖、通风和空调的电力成本。自然光不仅是节能设计最有效的选择，也是取之不尽、用之不竭的绿色能源。当建筑被动式节能效果达到它的极限，为了建造更高性能的节能建筑，利用可再生能源将成为必不可少的发展环节。国际能源署（International Energy Agency, IEA）于 2020 年 11 月 10 日发布的《可再生能源 2020—2025 年的分析和预测》（"Renewables 2020 — Analysis and forecast to 2025"）报告预测，可再生能源将在 2025 年取代煤电近 50 年的统治地位，成为全球最大的电力来源。我国的太阳能资源丰富、分布范围较广，全国总面积 2/3 以上地区年日照时长在 2000 小时以上，年辐射量在 5000MJ/m^2 以上，技术可开发的太阳能光伏资源可达到大约 22 亿 kW。太阳能将是未来最具竞争力的可再生能源。将太阳能发电（光伏）产品集成到建筑上的光伏建筑一体化技术（Building Integrated Photovoltaic, BIPV）在生态文明时代将迎来大规模运用。

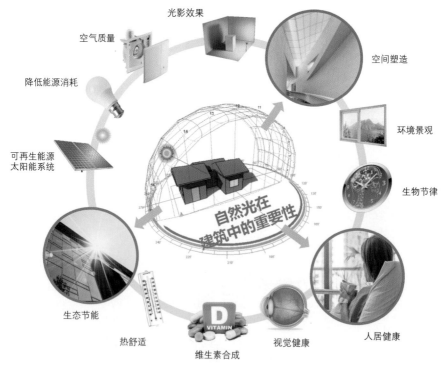

图 1-7-4　自然光在建筑中的重要作用

日光对健康的诸多好处在建筑设计领域也备受关注。生产屋顶窗和天窗的国际制造公司威卢克斯（VELUX）下属基金会与 Villum Fonden 私人慈善基金会、Villum Fonden 基金会这三个非营利机构共同创立的"建筑日光奖"（Daylight Award）是专门表彰和支持建筑日光研究和应用的国际奖项。约翰·伍重（Jorn Utzon）、史蒂文·霍尔（Steven Holl）、妹岛和世和西泽立卫事务所（SANAA）等建筑大师都曾是这一奖项的得主。牛津大学教授、纽菲尔德眼科实验室主任、睡眠与昼夜节律神经科学研究所所长罗素·福斯特（Russel Foster）是 2020 年的三位获奖者之一，他通过解释光非视觉作用影响大脑的神经原理，展示了光对人类健康的广泛作用[57]。而在以重型机械操作车间为代表的高风险工业环境中，劣质的天然采光增加了事故发生的概率，事故的后果往往非常严重，除了经济损失以外，更可能导致员工受伤甚至死亡，建筑自然采光状况与健康风险紧密联系。

由此可见，无论从技术、艺术、人文、福祉、生态等任何角度出发，日光都是建筑中不可或缺的一部分（图 1-7-4），是实现人居健康的重要基础。

1.7.2　创造健康阳光空间：自然光的采集、控制、利用与优化

过去的 20 年里，阳光对睡眠节律、生理健康、精神运动警觉性、工作记忆表现以及病患康复、老人护理所产生的积极作用，已通过大量的研究被人们广泛地认知并接受。在宣传和倡导理念的基础上，将健康自然光的知识转化为设计语言、建筑构件，让优质的自然光线照入人们居住、生活、工作的空间，让人们享受这份大自然对健康的馈赠，应是设计人员需要承担的使命。

自然光的采集、控制与优化利用是建筑日光设计最主要的问题，它囊括了光气候、建筑规划布局、建筑形体、平面与剖面、采光构件、建筑表皮与界面材料、遮阳系统、日光定向与日光偏转、环境传感与智能控制等多项研究和设计内容。

1. 光气候

建筑内部空间的自然光环境，随室外光线的变化而改变。由太阳直射光、天空扩散光、地面反射光形成的天然光平均状况被称为光气候（图 1-7-5）。了解太阳辐射、室外照度、天空亮度的分布等地域光气候信息是开展采光研究和设计的基础工作，建筑布局、开窗面积皆与之有关。例如，达到相同的室内采光标准，位于Ⅳ类光气候区的上海地区采光窗面积要比位于Ⅲ类光气候区的北京地区大 10%。

2. 建筑规划布局

"采光权"指不动产的所有权人或使用权人获取适当自然光照的权利，也是受到法

律保护的权益。我国《物权法》第 89 条规定："建造建筑物，不得违反国家有关工程建设标准，妨碍相邻建筑物的通风、采光和日照。"建筑群规划，建筑高度、朝向、间距的确定，日照均是首要考虑要素。在城市居住区规划设计中，医院病房楼、休（疗）养院住宿楼、幼儿园、托儿所和大／中／小学教学楼对特定日期的满窗日照有效时间都有着严格的规定（图 1-7-6）。在快速的城市化进程下，城区建筑高密度与适居性的矛盾日益突出，由日照采光引起的纠纷事件屡见不鲜。在城市与建筑区域规划开展过程中，科学准确的日照研究与分析，对实现城市发展与和谐社会的共赢，具有重要的推动作用。

3. 建筑形体、平面与剖面

建筑体量、平面进深、房间组织形式、剖面层高、窗户朝向均直接影响建筑的采光效果。因此，在建筑的方案设计阶段就应充分考虑采光问题，对阳光在建筑中入射的角度、广度和深度进行考虑，这也将事半功倍地提升建筑的节能效果和使用性能。通过加大楼面长宽比或形体弯曲等手段，增加建筑东西向的长度，减小南北向进深，

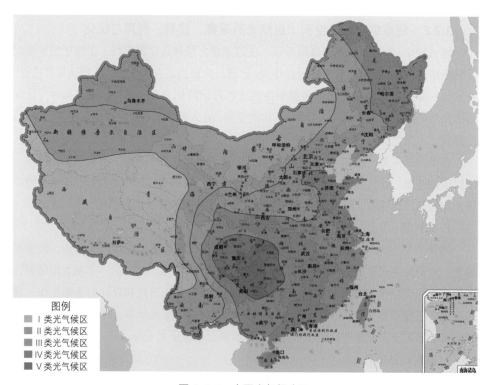

图 1-7-5　中国光气候分区

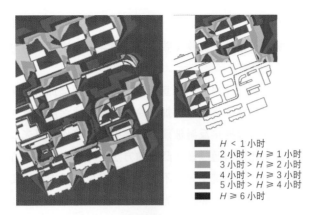

H < 1 小时
2 小时 > H ≥ 1 小时
3 小时 > H ≥ 2 小时
4 小时 > H ≥ 3 小时
5 小时 > H ≥ 4 小时
H ≥ 6 小时

图 1-7-6　居住区规划采光分析

有利于增强南北向的自然采光，获得更好的采光效果。采用退台形式的建筑形体组合，增加了采光面，克服了单一方向采光的局限。英国伦敦泰晤士河畔由诺曼·福斯特（Norman Foster）设计的伦敦市政厅（图 1-7-7）整体外形为逐层向南倾斜的椭球体。基于全年太阳轨迹的分析，椭球体倾斜 31°，减小建筑暴露在南向阳光直射下的面积，实现了上一层楼板对下一层的遮阳作用，并增加了北向的采光面积。该建筑的能源消耗仅相当于相同规模的办公楼的 1/4，是一栋真正意义上的节能建筑。

南向直射阳光

图 1-7-7　伦敦市政厅采光设计分析

4. 采光构件

阳光通过采光构件进入室内，窗洞口是最主要的采光构件，但采光构件设计与设置绝不是简单的"建筑开洞"。采光构件的形式、数量、面积大小、布置位置以及玻璃透光材料，由人在空间中的活动、视觉作业、房间尺寸（进深）、户外景观、室内家具布置、阳光透过采光构件所需营造的光影视觉效果和环境氛围所决定，同时也要考虑建筑通风、保温、隔热等综合因素。

改进采光构件设置是优化采光的最直接策略。当需要增加房间深处的采光时，可通过抬高侧窗上沿高度或在采光口外部加设涂有高反射比涂层的反光板来实现。当需要控制建筑得热时，则可选择热反射玻璃、低辐射玻璃等作为采光口透光材料，提升建筑热工性能，节省能耗。而通过设计凸窗的方法，可使来自多个方向的自然光射入室内，在一定程度上弥补了建筑朝向的不足。由此可见，采光口既实现了对进入空间太阳辐射数量和波长的控制，又实现了光照路径和空间光分布的改变；既实现了日光的采集，又实现了日光的控制，是建筑采光最重要的一部分。

5. 建筑表皮与界面材料

自然采光设计的成功之处，往往在于它对材料光学性能的恰当应用及其对材质肌理的生动展现，问题的关键在于了解材料折射、反射、吸收、透射、散射、色散的光学性能，并通过空间设计将其充分地发挥出来。史蒂文·霍尔（Steven Holl）的建筑语言常常通过运用白色磨砂玻璃等半透光材料消减直射阳光产生的强烈明暗对比，让室内获得柔和、舒缓的日光，带来放松的心理感受（图1-7-8）。材料的应用也是提升室内自然光质量、优化光线分布的重要手段。房间进深处远窗端的光照主要来源于顶棚和内墙表面的反射，增加室内界面材料的光反射比对提高空间亮度效果非常显著。化学和材料科学的快速发展浪潮不断将新材料推向建筑市场。自替代玻璃的聚碳酸酯板

图1-7-8　史蒂文·霍尔设计的马吉癌症医疗中心，
半透光材料创造阳光疗愈空间

和"软玻璃"ETFE膜材料作为透光材料在建筑上有了丰富应用后，各类实现超强可视光透过率，解决红外线、紫外线透过，以及通过微结构棱镜实现日光重定向的纳米技术薄膜相继问世，建筑设计步入了超低能耗的高性能时代。

6. 遮阳系统

建筑遮阳是为了阻断直射阳光射入室内、避免阳光过分照射，防止眩光，阻挡日光辐射热所采取的必要措施，也是备受建筑师青睐的立面设计元素。遮阳系统对实现建筑性能和人居舒适度提升的作用显而易见，对建筑采光设计起着举足轻重的作用。建筑遮阳设计应遵循如下几个重要的原则。

（1）根据建筑物所处地理位置、气候特征、建筑类型、建筑朝向、建筑功能等因素，选择适宜的遮阳方式，因地制宜，权衡设计。

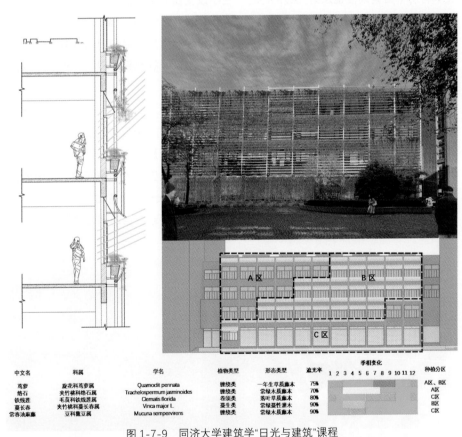

图 1-7-9　同济大学建筑学"日光与建筑"课程
——基于日光分析的同济大学建筑与城市规划学院明成楼立面垂直绿化改造方案

（2）兼顾采光、视野、通风、隔热和散热的多方面需求。

（3）基于太阳辐射强度水平，考虑遮阳设计的优先顺序，并选择适合的形式。

（4）遮阳构件应与建筑设计同步考虑、一体设计，成为功能、艺术和技术的结合体，比如遮阳系统与建筑光伏系统、建筑垂直绿化的集成设计（图1-7-9）。

2019年最新颁布的《绿色建筑评价标准》（GB/T 50378—2019）已关注到遮阳对室内人居环境质量的影响，在"健康舒适"部分提出了遮阳系统的设计要求，同时对可调节遮阳措施的条文进行了调整，预示着未来遮阳技术向环境适应性方向的发展 [58]。

7. 日光定向与日光偏转技术

受到建筑布局、形体、功能设计的诸多限制，并非所有空间都能获得理想的采光条件，在高密度城区建筑设计与建筑改造项目中这一情况尤其普遍。光定向与光偏转技术利用平面镜或棱镜反射光线的原理，在不改变日光光谱的条件下，通过可控的技术方式，重新定向入射光线的方向和强度，优化室内的光照分布，解决不良采光问题（图1-7-10）。日光定向与日光偏转系统通常根据太阳辐射的入射和到达位置安装于建筑的内部和外墙，定日镜、可调节角度的室内外遮阳百叶等都是典型的日光定向与偏转系统。

8. 环境传感与智能控制

"新基建"赋能数字信息技术飞速发展，健康人居迈向智能互联的脚步不断加速。建筑采光融入智能控制运行系统将成为必然的趋势。采光是一个综合设计理念，不仅涉及自然光与建筑及其环境因素的自身平衡，还涉及与人工光的平衡问题。先进控制技术使更多地自然光利用诉求能够实现。例如，借助探测人员活动感知室内外环境照度、追踪太阳方位的传感器，实现遮阳—采光—室内照明联动，自动闭合或开启遮光帘与

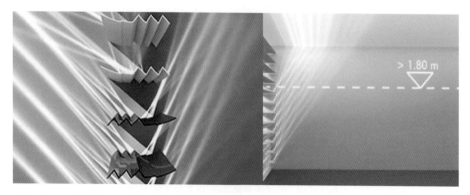

图 1-7-10　德国 Köster Lichtplanung 公司工程师 Helmut Köster 设计的日光重定向百叶窗系统

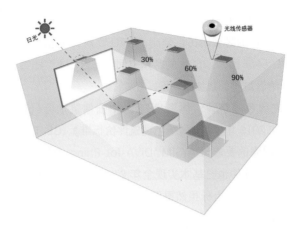

图 1-7-11　传感器实现室内自然光与人工光平衡利用

人工照明设备，创造人工光与自然光平衡的优质室内采光的同时也达到节能减排目的（图 1-7-11）。

9. 动态日光设计

太阳是一个高强度的动态光源，在它的影响下，不同区域、不同纬度、不同季节、不同天气状况以及一天中不同时刻的室内自然采光状况都不相同。采光系数（DF）即在房间中某个平面的某个点上由于假定或已知亮度分布的天空接收的光所引起的照度与该平面上半球天空不受阻碍所引起的在水平面上的照度之比。以往的建筑自然光研究普遍采用全阴天天空模型下室内各点的采光系数作为研究方法，便捷易懂，计算简单。但是采光系数研究手段具有很强的局限性，室内天然光亮度和空间体验随时间的动态变化、某一时刻的光线是否足够用来读书和写字、晴天下不同朝向的窗口是否存在眩光情况、自然采光全年节省的总耗电量等信息，人们都无法从中获取。鉴于此，两个重要的指标——空间日光自治指数（spatial Daylight Autonomy，sDA）和年日照曝光量（Annual Sunlight Exposure，ASE），被引入了建筑采光的研究与设计。

空间日光自治指数（sDA）是描述室内环境日光水平是否满足使用需求的年度指标。这一指标的数值表征的是面积百分比，即在指定的一段运营时间内，分析区域中符合最低日光照度水平区域面积所占百分比。50% 的使用时间至少能获得 300 lx 以上的阳光照射（缩写为 sDA300, 50%）是最常被用来研究的动态日光情况。WELL 健康建筑标准（the WELL Building Standard™, WZLL™）中规定健康的室内采光，至少应有 55% 的常用空间达到空间日光自治指数（sDA300, 50%）。

年日照曝光量（ASE）评价了空间的自然采光环境是否存在会引起视觉不适的高亮

日光。它指的是在所有没有遮阳设备的情况下，分析工作面照度超过制定照度水平且超过指定时长（小时）的区域所占百分比。WELL™ 对 ASE 指标也进行了规定，它要求达到年阳光照射度（ASE1000, 250）的常用空间不超过 10%，即每年有 250 小时以上照度都超过 1 000 lx 的区域不超过 10%。

全球最知名的绿色建筑评价体系 LEEDs、中国建筑学会《健康建筑评价标准》(T/ASC 02 — 2016) 和 2019 年修订的《绿色建筑评价标准》(GB/T 50378 — 2019) 对动态采光指标都提出了明确的要求。DAYSIM、DIVA-for-Rhino、DALI、Ladybug+Honeybee、SPOT 国内外很多采光软件也已基本实现全年 8 760 小时的逐时照度的动态采光分析和计算功能 (图 1-7-12)。量化指标虽然重要，却并不是全部，与利用静态自然光一样，动态日光设计既是科学也是艺术。

关于日光与建筑研究、设计和控制，已有非常丰富和完善的理论、方法、工具。然而在自然采光和人居福祉方面，尽管人们已经熟知日光对视觉健康、睡眠节律、情绪、免疫、杀菌消毒等方面的影响以及一些安全、舒适性指标范围，然而无论从可用数据、理论发展的角度，还是从成熟技术系统、真实效应评估的角度，我们才刚刚起步。

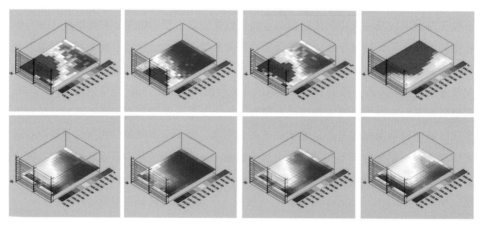

图 1-7-12　建筑空间的动态自然采光照度分布模拟

参考文献

[1] Wikipedia.Hippocrates [EB/OL].(2021-04-17). https://en.wikipedia.org/wiki/Hippocrates.

[2] Abdel-Kader M H. Photodynamic therapy[M]. Berlin: Springer-Verlag , 2016.

[3] Biologic Effects of Light 2001: Proceedings of a Symposium, Boston, Massachusetts, June 16-18, 2001[M]. Berlin: Springer Science & Business Media, 2002.

[4] Richard Cohen. Chasing the sun[M]. New York: Random House,2013.

[5]The Nobel Prize organization.The Nobel Prize in Physiology or Medicine 1903[EB/OL]. (2021-02-18). https://www.nobelprize.org/prizes/medicine/1903/summary/.

[6] WELL Building Standard®[EB/OL]. (2021-01-22). https://www.wellcertified.com/.

[7] 瞿佳 . 未来人工照明：向阳光靠近——人工智能照明与视觉健康 [J]. 中华眼视光学与视觉科学杂志 , 2017, 019(010):513-517.

[8] CIE.Ultraviolet radiation[EB/OL]. (2021-04-23) . https://cie.co.at/eilvterm/17-21-008.

[9] 叶希韵 . 紫外线致皮肤光老化研究进展 [J]. 生物学教学 , 2015(11):2-5.

[10] Wikipedia.Cholecalciferol [EB/OL]. (2021-03-31) . https://en. wikipedia.org/wiki/Cholecalciferol.

[11] World Health Organization.Solar ultraviolet radiation: Global burden of disease from solar ultraviolet radiation, Environmental Burden of Disease Series, No. 13[EB/OL]. (2021-01-05). https://www.who.int/uv/publications/solaradgbd/en/.

[12] CIE.Visible radiation[EB/OL]. (2021-04-23) . https://cie.co.at/eilvterm/17-21-003.

[13] Maclean M, Mckenzie K, Anderson J G, et al. 405 nm light technology for the inactivation of pathogens and its potential role for environmental disinfection and infection control[J]. Journal of Hospital Infection, 2014, 88(1):1-11.

[14] Liu C, Kong D, Hsu P C, et al. Rapid water disinfection using vertically aligned MoS2 nanofilms and visible light[J]. Nature Nanotechnology, 2016, 11:1098–1104.

[15] Hanlin P. The effects of visible light and UVR upon the visual system[J]. Review of Optometry, 2004, 141(3).

[16] Mahmoud B H, Hexsel C L, Hamzavi I H, et al. Effects of Visible Light on the Skin[J]. Photochemistry and Photobiology, 2008, 84(2):450-462.

[17] CIE.Infrared radiation [EB/OL]. (2021-04-23). https://cie.co.at/eilvterm/17-21-004.

[18] 吕晓宁，李鸣皋 . 远红外线生物学效应及其在组织修复中的临床应用 [J]. 中国组织工程研究与临床康复 ,2009,13(46):9147-9150.

[19]NASA. NASA Light Technology Successfully Reduces Cancer Patients Painful Side Effects from Radiation and Chemotherapy [EB/OL]. (2020-06-30) . https://www.nasa.gov/topics/nasalife/features/heals_photos.html.

[20] Walker V P, Modlin R L. The Vitamin D Connection to Pediatric Infections and Immune Function[J]. Pediatric Research, 2009, 65(5):106–113.

[21] Chung M, Balk E M, Brendel M, et al. Vitamin D and calcium: a systematic review of health outcomes[J]. Evidence report/technology assessment, 2009 (183): 1-420.

[22] Nair, Rathish. Vitamin D: The "sunshine" vitamin [J]. Journal of Pharmacology & Pharmacotherapeutics, 2012, 3(2): 118–126.

[23] Giacomoni P U. Sun protection in man[M]. Amsterdam:Elsevier, 2001.

[24] Carlberg C, Seuter S, de Mello V D F, et al. Primary vitamin D target genes allow a categorization of possible benefits of vitamin D3 supplementation[J]. PLoS One, 2013, 8(7): e71042.

[25] Holick, Michael F. Vitamin D deficiency in 2010: health benefits of vitamin D and sunlight: a D-bate[J]. Nature Reviews Endocrinology, 2011, 7(2):73-75.

[26] Deluca H F. Overview of general physio-logic features and functions of vitamin D[J]. American Journal of Clinical Nutrition, 2004, 80(6):1689S–1696S.

[27] Ramagopalan SV, Heger A, Berlanga AJ, et al. A ChIP-seq defined genome-wide map of vitamin D receptor binding: associations with disease and evolution[J]. Genome Res, 2010, 20: 1352–1360.

[28] Williams K M, Bentham G C G, Young I S, et al. Association between myopia, ultraviolet B radiation exposure, serum vitamin D concentrations, and genetic polymorphisms in vitamin D metabolic pathways in a multicountry European study[J]. JAMA ophthalmology, 2017, 135(1): 47-53.

[29] Zhou X, Pardue M T, Iuvone P M, et al. Dopamine Signaling and Myopia Development: What Are the Key Challenges[J]. Progress in Retinal and Eye Research, 2017, 61: 60-71.

[30] Moore R Y, Eichler V B. Loss of a circadian adrenal corticosterone rhythm following suprachiasmatic lesions in the rat[J]. Brain Research, 1972, 42(1):201-206.

[31] Farhud D, Aryan Z. Circadian rhythm, lifestyle and health: a narrative review[J]. Iranian journal of public health, 2018, 47(8): 1068.

[32] Brancaleoni G , Nikitenkova E , Grassi L , et al. Seasonal affective disorder and latitude of living[J]. Epidemiologia e psichiatria sociale, 2009, 18(4):336-343.

[33] Bi JL, Huang Y, Xiao Y, et al. Association of lifestyle factors and suboptimal health status: a cross-sectional study of Chinese students[J]. BMJ Open, 2014, 4(6): e5156.

[34] Mason I C, Qian J, Adler G K, et al. Impact of circadian disruption on glucose metabolism: implications for type 2 diabetes[J]. Diabetologia, 2020, 63(3): 462-472.

[35] Welberg L. Affective disorders: Less SAD with more sun and serotonin[J]. Nature Reviews Neuroscience, 2007, 8(11):812-812.

[36] André Nieoullon, Coquerel A. Dopamine: a key regulator to adapt action, emotion, motivation and cognition[J]. Current Opinion in Neurology, 2003, 16 Suppl 2(6):S3.

[37] J A J Schmitt, M Wingen, J G Ramaekers, et al. Serotonin and Human Cognitive Performance[J]. Current Pharmaceutical Design, 2006, 12(20): 2473-2486.

[38] Von K L, Almay B G, Johansson F, et al. Pain perception and endorphin levels in cerebrospinal fluid[J]. Pain, 1978, 5(4):359.

[39] Jose P A, Eisner G M, Felder R A. Renal dopamine receptors in health and hypertension[J]. Pharmacology & therapeutics, 1998, 80(2): 149-182.

[40] Mitchell R A, Herrmann N, Lanctt K L. The Role of Dopamine in Symptoms and Treatment of Apathy in Alzheimer's Disease[J]. CNS Neuroscience & Therapeutics, 2011, 17(5):411-428.

[41] 王可，董林，张曦，等 . 多巴胺与神经退行性疾病研究进展 [J]. 生命的化学 , 2014(02):184-192.

[42] Cawley E I, Park S, Aan Het Rot M, et al. Dopamine and light: dissecting effects on mood and motivational states in women with subsyndromal seasonal affective disorder[J]. Journal of Psychiatry & Neuroscience, 2013, 38(6): 388-397.

[43] Cawley E, Tippler M, Coupland N J, et al. Dopamine and light: Effects on facial emotion recognition[J]. Journal of Psychopharmacology, 2017, 31(9):1225-1234.

[44] Tsai H Y , Chen K C , Yang Y K , et al. Sunshine-exposure variation of human striatal dopamine D2/D3 receptor availability in healthy volunteers[J]. Prog Neuropsychopharmacol Biol Psychiatry, 2011, 35(1):107-110.

[45] Diehl D J, Mintun M A, Kupfer D J, et al. A likely in vivo probe of human circadian timing system function using PET[J]. Biological Psychiatry, 1994, 36(8):562-565.

[46] Sprouse-Blum A S, Smith G, Sugai D, et al. Understanding endorphins and their importance in pain management[J]. Hawaii Medical Journal, 2010, 69(3):70-71.

[47] Fell G, Robinson K, Mao J, et al. Skin β-endorphin mediates addiction to UV light[J]. Cell, 2014, 157(7):1527-1534.

[48] Alfredo, Meneses, Gustavo, et al. Serotonin and emotion, learning and memory[J]. Reviews in the Neurosciences, 2012, 23 (5-6):543-554.

[49] Hariri A R, Holmes A. Genetics of Emotional Regulation: The Role of the Serotonin Transporter in Neural Function[J]. Trends in Cognitive Sciences, 2006, 10(4):182-191.

[50] Veen V D, Frederik M, Evers, et al. Effects of Acute Tryptophan Depletion on Mood and Facial Emotion Perception Related Brain Activation and Performance in Healthy Women with and without a Family History of Depression[J]. Neuropsychopharmacology, 2007, 32(1):216-224.

[51] Ferraro J S, Steger R W. Diurnal variations in brain serotonin are driven by the photic cycle and are not circadian in nature[J]. Brain Research, 1990, 512(1):121-124.

[52] Young S N. How to increase serotonin in the human brain without drugs[J]. Journal of Psychiatry & Neuroscience, 2007, 32(6):394-399.

[53] Lambert G W, Reid C, Kaye D M, et al. Effect of sunlight and season on serotonin turnover in the brain[J]. Lancet, 2002, 360(9348):1840-1842.

[54] World Health Organization. 阳 光 与 健 康：如 何 安 全 地 享 受 太 阳 [EB/OL]. （2006-12-13）. https://www.who.int/uv/publications/solaruvflyer2006_zh.pdf?ua=1.

[55] 六大措施避免烈日晒伤 [P]. 上海：浦东时报, 2010-08-02.

[56] Wikipedia.Fitzpatrick scale[EB/OL]. （2021-04-05）. https://en.wikipedia.org/wiki/Fitzpatrick_scale.

[57] The VELUX FOUNDATIONS.About the Award[EB/OL]. （2021-03-03）. https://thedaylightaward.com/.

[58] GB/T50378—2019. 绿色建筑评价标准 [S]. 中华人民共和国住房和城乡建设部，2019.

图表来源

图 1-0-1 Wikimedia Commons
https://commons.wikimedia.org/wiki/File:Akhenaten,_Nefertiti,_and_their_children.jpg
图 1-0-2 akg-images
https://www.akg-images.fr/C.aspx?VP3=SearchResult&ITEMID=2UMDHUFR214R&LANGSWI=1&LANG=Englishniels-ryberg-finsen-7310.php
图 1-0-3 thefamouspeople
https://www.thefamouspeople.com/profiles/niels-ryberg-finsen-7310.php
图 1-1-1 Fondriest Environmental
https://www.fondriest.com/environmental-measurements/parameters/weather/photosynthetically-active-radiation/
图 1-1-2 Fondriest Environmental
https://www.fondriest.com/environmental-measurements/parameters/weather/photosynthetically-active-radiation/
图 1-1-3 曹亦潇 绘
图 1-1-4 Sunburn Map
https://sunburnmap.com
图 1-1-5 李仲元 绘
图 1-1-6 郝洛西 绘
图 1-1-7 郝洛西 摄

图 1-2-1 郝洛西 绘
图 1-2-2 郝洛西 绘
图 1-4-1 李仲元 绘
图 1-5-1 李仲元 绘
图 1-5-2 李仲元 绘
图 1-5-3 李仲元 绘
图 1-6-1 曹亦潇 绘
图 1-6-2 曹亦潇 绘
图 1-7-1 Iwan van Wolputte
https://i.pinimg.com/originals/2c/8e/67/2c8e671253f65081daa7526d530beb54.jpg
图 1-7-2 Shutterstock Images
图 1-7-3 王振宇 摄
图 1-7-4 曹亦潇 绘
图 1-7-5 罗晓梦 绘
图 1-7-6 刘聪 绘
图 1-7-7 曹亦潇 绘
图 1-7-8 Iwan Baan 摄
图 1-7-9 徐雍皓 绘
图 1-7-10 Köster Lichtplanung
https://www.glassonweb.com/article/energymanagement-daylight-control
图 1-7-11 曹亦潇 绘
图 1-7-12 李俊良 绘

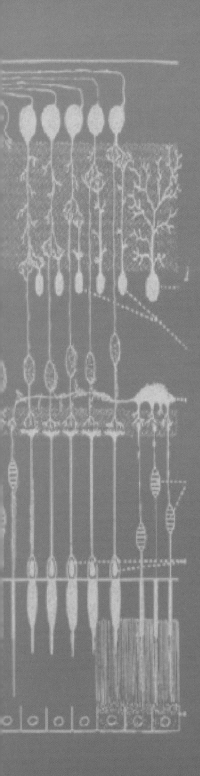

第 2 章

光作用于人眼和皮肤，经过视觉与非视觉神经通路，对人体视觉发育、视力健康、生物节律、情绪认知、新陈代谢、体温调节与免疫应答等产生广泛的影响，为人类提供了巨大的健康福祉。从非视觉光生物调节到色彩疗愈环境，从新生儿高胆红素血症治疗、儿童青少年近视防控、老年阿尔兹海默症状干预到睡眠质量改善、情感障碍症状缓解、镇痛以及皮肤病治疗，本章将带领读者纵览光的健康效应及其人居应用。

光的健康效应

光虽无形，却对人类的健康福祉带来巨大影响。

光革新现代医学。激光手术、体内照明成像、生物医学影像诊断等生物医学光子学技术不断改变着常规药物和手术治疗方法，并为医疗诊断提供了精准手段。利用光物理、光化学机制产生的生物作用的光疗法在皮肤病、癌症、精神疾病、新生儿黄疸、心脑血管病变、佝偻病、骨质疏松等病症的预防和治疗方面大放异彩，已成为具有确切疗效且安全的成熟临床方法 [1-7]。非侵入、低损伤、安全、经济的优势，使医疗领域的光学技术得到广泛重视和大力发展，通过研究者们持续不断开展的积极探索，借助光疗攻克阿尔兹海默综合征退行性病变、帕金森症等诸多医学难题，使更多的人从中受益。

光带来疗愈。"治疗"（Curing）和"疗愈"（Healing）是不同的两个概念。治疗关注病症本身，通过药物、手术等方法消除疾病，让人从患病或受伤的状态尽快恢复。疗愈则与现代医学所推崇的主动健康观念相契合，从人的诉求出发，关注病症和非健康状态产生的背后原因，通过施加可控刺激，增强人体的调节、适应能力并改善健康水平。治疗和疗愈二者相辅相成，疗愈不能代替专业的医疗方法治愈疾病，却可以对医疗无能为力的病痛提供帮助，让人的身心不适得以舒缓。光与色彩的疗愈作用在于"视觉—生理—心理"三个方面，适宜的光照策略可以为人们带来视觉健康、情绪、睡眠、认知、工作效率等多方面的提升，并提高生活质量。实际上，人居环境的光与色彩就是一类非常有效的疗愈手段，作为积极的刺激要素，它们的累积作用帮助人们恢复并维持健康稳定的身心状态，减轻各种生理和心理应激的负面影响，实现了人、环境与健康的紧密结合。

光照也存在着健康风险。除了过强或者过长时间的自然光与人工光源对人眼和皮肤造成的光辐射损伤之外，错误的光照时刻和低品质的光环境，例如城市光污染、作业空间照度不足、阴影、眩光等也将引起诸多生物节律紊乱和心理不适 [8-10]，并成为乳腺癌等疾病的诱发因素 [11]。这些风险既有可察觉的急性损伤，也有难以发现的长期累积影响，但它们对健康造成的伤害若没有及时干预，都将造成不可逆转的严重后果。

光可以是人类的朋友也可以是敌人，这取决于对它的应用和控制，这需要人们从生物机制、技术系统、设计应用等多个方面对光的健康效应进行探索。

2.1 光与视觉健康

视觉是人类最主要的感官，外界传输到人脑的所有信息中，90% 是视觉信息。视觉在生活的各个方面以及生命的各个阶段都起着至关重要的作用，当出现视觉健康问题时，人类的生活将会受到严重的影响，不仅是视看能力的限制，还将使儿童错失智力发育的时机、学生学习困难、工人作业效率低下、老人失去自理能力。由此可见，保护视觉健康是打造健康光环境重要的第一步。

2.1.1 眼见为实——视觉生理机制

人眼是视觉系统的外周感觉器官，接收千变万化的视觉刺激（光刺激），将它们转换为视觉信息（视神经冲动），再传导至大脑皮质视觉中枢进行编码加工和分析，使人们得以辨认物体的形状、大小、明暗、色彩、动静，从而了解外部世界[12]。这一视觉过程包括了折光、感光、传导和中枢处理四项生理机制。

人眼折光系统由角膜、房水、晶状体和玻璃体组成[12]。光线入射人眼，经过角膜前、后表面，晶状体前、后表面四个不同屈光度的折射面，在角膜、房水、晶状体、玻璃体四种不同折射率的介质中透射与折射，聚焦于视网膜上形成倒置的左右换位的物像（图 2-1-1）。眼视光学上讲的"屈光"，指的就是光线由一种介质进入另一种不同折射率的介质时，光线传播方向发生偏折的现象。当眼睛无法对外界的物像进行清晰地聚焦，而导致视力模糊时就发生了屈光不正。当下最突出的视觉健康问题——近视，多数是由于眼球前后径过长，或角膜、晶状体曲率过大，折光力过强，光线聚焦成像于视网膜前所形成的。近视可通过佩戴凹透镜来进行矫正。反之，由于眼球前后径过短，

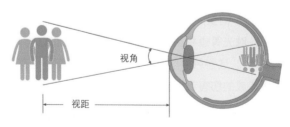

图 2-1-1　视网膜折光机制

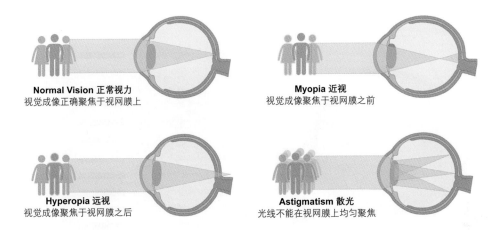

图 2-1-2　正常视力、近视、远视和散光示意图

以致光线成像焦点在视网膜之后，平行光线在到达视网膜时尚未聚焦，于是形成了远视，这时需佩戴凸透镜矫正。角膜或晶状体表面不同方向的弯曲度不一致，致使各子午线方向上的屈光率不同，光线不能准确地聚焦在视网膜上形成清晰物像的情况称为散光（图 2-1-2）。散光分为规则散光和不规则散光，规则散光可用适当的圆柱镜矫正，而不规则散光则无法矫正[13]。

　　视网膜是贴于眼球后壁部的一层非常薄却又结构复杂的透明薄膜，它是视觉信号处理的第一站。这里发生着光电转化过程，光信号被转化为电信号经过加工后向脑内的外膝体和视皮层传递，进行更进一步的信息处理与整合。视网膜外层分布的感光细胞首先接收视觉信号，然后经一系列复杂的生物化学反应，将这些信息以膜电位改变的形式传递给双极细胞，再由双极细胞传递给视神经节细胞，在这个过程中，水平细胞和无长突细胞也参与了电信号的调控过程（图 2-1-3）。经过传递和整合的信息最后由视神经节细胞从视网膜传出[14]。视网膜上有两个重要的特征点"中央凹"与"盲点"，中央凹是视网膜中光强和色彩感受最灵敏的区域。鹰视之锐利，凌空千里，仍能看清猎物，便得益于黄斑处有两个中央凹。盲点位于视神经盘（又称视神经乳头），此处是神经纤维进出的地方，因没有感光细胞，不能产生神经脉冲，影像落在这个地方不能引起视觉。

　　光感受器是指能感受光刺激，并由此向中枢神经传递冲动的感觉器官。人们通常认为视觉系统的光感受器包含视杆细胞（Rod Cells）和视锥细胞（Cone Cells）两类（图 2-1-4）。视网膜里一共约有 600 万个视锥细胞和 1.25 亿个视杆细胞。视杆细胞

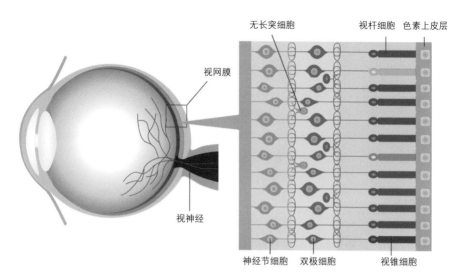

图 2-1-3　视网膜解剖结构

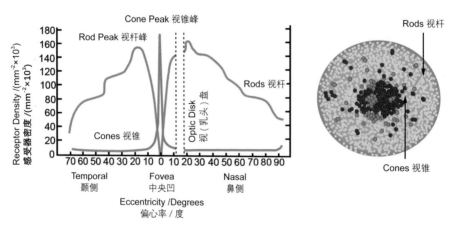

图 2-1-4　视网膜视杆细胞和三种视锥细胞的分布

分散在视网膜中心外围，负责昏暗光线下的视物。视锥细胞则集中分布在黄斑周围负责处理色彩和细节[15]。光刺激落在视网膜上引起光化学反应，暗光刺激的感受器视杆细胞外节膜盘上镶嵌着感光物质——视紫红质，在弱光作用下，视紫红质分解为视黄醛和视蛋白，引起视杆细胞外段膜出现了超极化型感受器电位，双极细胞兴奋，光信号转化为电信号进一步传递。这一光化学反应是可逆的，视紫红质在亮处分解，在暗处又可重新合成，该可逆反应的平衡点决定于光照强度。亮光下，视紫红质更多地处于分解状态，视杆细胞几乎失去了感受光刺激的能力，视锥细胞代之而成为强光刺激的感受器。视锥细胞膜盘上也含有特殊的视色素吸收光线发生化学反应，长波长敏感型（L-cones）、中波长敏感型（M-cones）和短波长敏感型（S-cones）三种视锥细胞的感光色素分别对峰值为 566 nm 红光、544 nm 绿光和 420 nm 蓝光附近光线敏感，从而形成三色视觉[16]。以上便是视觉过程中的感光换能机制。

根据国际照明委员会的定义：亮度超过 5 cd/m² [17] 的环境，此时视觉主要由视锥细胞起作用，称为明视觉；环境亮度低于 0.005 cd/m² 时 [18]，视杆细胞是主要起作用的感光细胞，称为暗视觉。明视觉和暗视觉之间还存在着中间视觉[19]，视锥细胞和视杆细胞同时响应，根据明亮程度不同，两种细胞的活跃程度也发生变化。夜间户外和道路照明场景提供的亮度水平都处于中间视觉范围（图 2-1-5）。

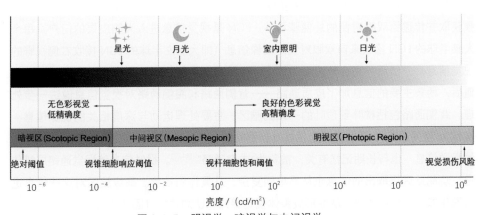

图 2-1-5　明视觉、暗视觉与中间视觉

2002 年，美国布朗大学的戴维·布森等人通过实验研究证实了哺乳动物视网膜上存在着第三类感光细胞——内在光敏视网膜神经节细胞[20]。这一细胞在昼夜节律调节和瞳孔光反射等光的非视觉生物效应上起着关键性作用，再次证明了人眼感光细胞不仅仅只有视锥细胞和视杆细胞。而随着研究的深入，人们发现参与视觉加工的感光细

胞也并非只有视锥细胞和视杆细胞两种。ipRGCs 的非 M1 亚型将光刺激信号投射到用于视觉形成的大脑区域外侧膝状体核，也参与到成像视觉的加工过程[21]。ipRGCs 与亮度知觉相关，而具体如何量化 ipRGCs 在亮度感知过程中所起的作用以及它与三类锥体感光细胞间如何相互作用，还需更深的探索。

视觉传导通路有三级神经元。视网膜的感光细胞接受光刺激后，将神经冲动传至第一级神经元双极细胞，随后再传至第二级神经元视网膜神经节细胞。神经节细胞位于视网膜的最内层，其树突主要与双极细胞联系或通过无足细胞横向联系，其轴突集合成视神经簇。神经节细胞是眼睛和大脑之间沟通的唯一桥梁，又难以自我修复或再生，神经节细胞一旦受到损伤，即便在眼睛和大脑功能都正常的情况下，也会永久性的视力丧失。视神经簇入颅腔后在大脑额叶的底部视交叉处，将根据视野进行划分，把来自双眼的信息在此进行交汇并被分别传递到对侧（左侧和右侧）的大脑半球进行处理。右侧视野的信息在左视束中进行传递，而来自左侧视野的信息在右视束中传递。两侧视束终止于丘脑的感觉中继核团——外侧膝状体核（LGN），视觉传导的第三级神经元位于外侧膝状体核内[22]。

通常视觉神经元只对映射到视网膜特定区域内的光刺激产生选择性反应，这个区域被认为是该神经元的感受野。视皮层与视网膜神经节细胞的感受野存在点对点的映射关系。明暗变化、颜色、运动速度与方向等视觉信息要素以"串行"信息的形式被视网膜获取并传递给双眼对侧的外侧膝状体。LGN 是视觉信息进入大脑皮层的门户，每个大脑半球的 LGN 接收来自双眼对侧的图像信息（即大脑左半球的 LGN 接收右侧视野的视觉信息），然后将整合分流后的信息传递给与之同侧的大脑初级视觉皮层（V1）。随后，两条主要的信息加工皮质通路——背侧通路和腹侧通路对视觉信息做进一步处理。背侧通路包括枕叶到顶叶的一系列脑区，主要处理运动与深度相关的视觉信息，被称为"空间通路"；腹侧通路包括枕叶到颞叶的一系列脑区，主要处理形状和颜色有关的视觉信息，也与长期记忆有关，被称为"内容通路"[14,22]。视觉信息随视觉通路层级传递，功能脑区提取出的信息也从简单到复杂、从具体到抽象。高级脑区对这些信息进行深化加工与整合处理，从而形成整体视觉感知和认知功能（图 2-1-6）。

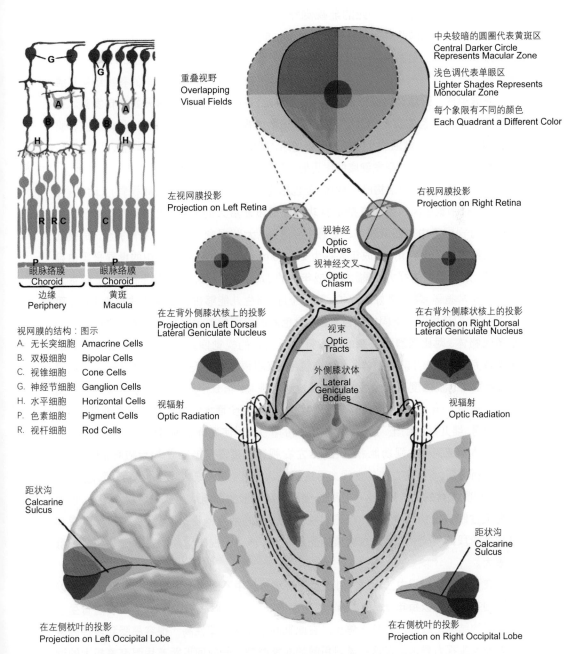

中央较暗的圆圈代表黄斑区
Central Darker Circle
Represents Macular Zone

浅色调代表单眼区
Lighter Shades Represents
Monocular Zone

每个象限有不同的颜色
Each Quadrant a Different Color

重叠视野
Overlapping
Visual Fields

左视网膜投影
Projection on Left Retina

右视网膜投影
Projection on Right Retina

视神经
Optic
Nerves

视神经交叉
Optic
Chiasm

在左背外侧膝状核上的投影
Projection on Left Dorsal
Lateral Geniculate Nucleus

在右背外侧膝状核上的投影
Projection on Right Dorsal
Lateral Geniculate Nucleus

视束
Optic
Tracts

外侧膝状体
Lateral
Geniculate
Bodies

视辐射
Optic Radiation

视辐射
Optic Radiation

眼脉络膜
Choroid

眼脉络膜
Choroid

边缘
Periphery

黄斑
Macula

视网膜的结构：图示
A. 无长突细胞 Amacrine Cells
B. 双极细胞 Bipolar Cells
C. 视锥细胞 Cone Cells
G. 神经节细胞 Ganglion Cells
H. 水平细胞 Horizontal Cells
P. 色素细胞 Pigment Cells
R. 视杆细胞 Rod Cells

距状沟
Calcarine
Sulcus

距状沟
Calcarine
Sulcus

在左侧枕叶的投影
Projection on Left Occipital Lobe

在右侧枕叶的投影
Projection on Right Occipital Lobe

图 2-1-6 弗兰克·奈特（Frank H. Netter）创作的艺术化视觉神经通路示意图

2.1.2　目外之见——光的非视觉作用通路

人的一生中，眼睛也要历经胚胎、发育、成熟、老化四个阶段。

胚胎2周时，前脑神经褶出现凹陷——视凹，这是胚眼的原基。胚胎22天，胚胎上人眼结构始基——视沟、视泡、视杯等逐步形成。到了第7周人眼的各组织初具雏形，胚眼形成，眼球壁、眼球的内容物、视神经系统、眼附属器官开始各自发育。在妊娠25周（6个月左右）胎儿已开始拥有微弱的视觉体验。光能够透过母体皮肤、肌肉、脂肪到达子宫，激活胎儿眼球光应答通路，帮助眼睛血管和视网膜神经元正常发育。可见在胎儿时期，光对视觉健康的作用便已显现[14]。

出生伊始，人眼的结构已经成形，但包括光觉、色觉、形觉（视力和视野）、动觉（立体觉）和对比觉在内的各项复杂视觉功能还需依靠后天的发育（图2-1-7）。由于新生儿出生时视网膜中央凹黄斑区、视觉神经通路、大脑视觉中枢尚未发育完全，角膜到视网膜距离仅16~17 mm（成年人约为23~25 mm），因此新生儿眼中的世界是黑白且模糊的，这时他们的视力很弱，仅有成年人的1/30到1/20，也没有固视能力。新生儿的眼睛非常脆弱，需要良好的呵护。第2个月，新生儿能够进行简单的注视和追视。第3个月，他们开始区分不同的颜色刺激，对色彩的辨别能力也将持续增强。波长较长的红黄色物体、对比强烈和复杂的图案符合新生儿的视觉偏好。第4个月，视网膜黄斑区发育完成，婴儿可识别物体的形状、颜色，双眼辐辏功能发育协调，立体视觉开始建立。新生儿的视敏度在出生后的半年里快速地提高，第6个月时的视力（视敏度）是刚出生时候的5倍，视觉也已具有一定深度感，能够更全面地认识世界的三个维度。出生6~8个月，婴儿从卧到坐，活动和认知范围的扩大，也使视野范围得到了扩展。1岁时，婴儿基本形成完善的视功能，视力在0.2左右，视野宽度慢慢接近成人，后随着年龄增长，视力不断提高。6岁左右的儿童视力可达到成人标准，进入成人视觉。婴幼儿阶段（0~3岁）是视觉发育的关键期，这一时期是受到各种因素的影响从而造成弱视、斜视、近视和先天性眼病发病的危险期，也是弱视等视力问题治疗的窗口期。因此了解视觉发育过程各阶段的视觉特征，建立健康的光照环境，辅助于视觉健康发育的干预和矫正意义重大。

在人眼发育过程中，眼球尺寸在适应环境过程中不断增长。正常情况下，12岁以前眼轴基本平均以每年0.3~0.4 mm的速度增长，12岁以后减缓，20岁左右随着生长发育期的结束，眼轴增长基本停止。在此期间，眼球可塑性高，很容易受到多种因素影响而发生视力异常。在这一学习用眼的非常时期，长时间近距离用眼有着极大的近视风险。因此，为了保障青少年的视力健康，帮助他们养成科学的用眼卫生习惯，应根据青少年成长过程中学习、生活不断变化的需求，对用光环境进行精细的研究。

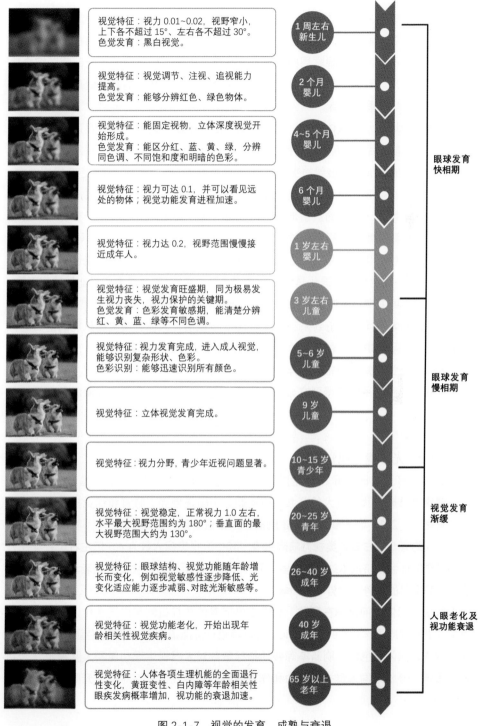

视觉特征：视力 0.01~0.02，视野窄小，上下各不超过 15°、左右各不超过 30°。
色觉发育：黑白视觉。
（1 周左右 新生儿）

视觉特征：视觉调节、注视、追视能力提高。
色觉发育：能够分辨红色、绿色物体。
（2 个月 婴儿）

视觉特征：能固定视物，立体深度视觉开始形成。
色觉发育：能区分红、蓝、黄、绿，分辨同色调、不同饱和度和明暗的色彩。
（4~5 个月 婴儿）

视觉特征：视力可达 0.1，并可以看见远处的物体；视觉功能发育进程加速。
（6 个月 婴儿）

视觉特征：视力达 0.2，视野范围慢慢接近成年人。
（1 岁左右 婴儿）

视觉特征：视觉发育旺盛期，同为极易发生视力丧失，视力保护的关键期。
色觉发育：色彩发育敏感期，能清楚分辨红、黄、蓝、绿等不同色调。
（3 岁左右 儿童）

视觉特征：视力发育完成，进入成人视觉，能够识别复杂形状、色彩。
色彩识别：能够迅速识别所有颜色。
（5~6 岁 儿童）

视觉特征：立体视觉发育完成。
（9 岁 儿童）

视觉特征：视力分野，青少年近视问题显著。
（10~15 岁 青少年）

视觉特征：视觉稳定，正常视力 1.0 左右，水平最大视野范围约为 180°；垂直面的最大视野范围大约为 130°。
（20~25 岁 青年）

视觉特征：眼球结构、视觉功能随年龄增长而变化，例如视觉敏感性逐步降低、光变化适应能力逐步减弱、对眩光渐敏感等。
（26~40 岁 成年）

视觉特征：视觉功能老化，开始出现年龄相关性视觉疾病。
（40 岁 成年）

视觉特征：人体各项生理机能的全面退行性变化，黄斑变性、白内障等年龄相关性眼疾发病概率增加，视功能的衰退加速。
（65 岁以上 老年）

眼球发育快相期
眼球发育慢相期
视觉发育渐缓
人眼老化及视功能衰退

图 2-1-7　视觉的发育、成熟与衰退

61

人眼发育成熟后，视功能趋于稳定。如今，人们的日常工作生活中越来越难以离开电脑、手机等屏幕终端，用眼强度和频率越来越高，用眼过度导致的视物模糊、眼睛干涩、眼部不适、眼及眼眶周围疼痛乃至头痛、眩晕、精神疲倦等眼部疲劳综合症状在人群中越来越普遍，严重影响了人们的生活质量。光环境的舒适健康，不管在任何年龄阶段，都有重要价值。

随着年龄增长，晶状体硬化、弹性减弱，睫状肌收缩功能衰退，眼调节能力逐渐下降。步入中老年后，在近距离阅读或电脑操作时出现视近困难，这一现象称为"老视"，这是随着年龄的增加必然出现的生理现象。眼睛是未老先衰的器官，实际上在 40 岁左右，人眼晶状体、视网膜、角膜、巩膜、玻璃体等组织结构均开始出现老化，例如角膜直径缩小、曲率增大，对光的散射增加、透光度下降，玻璃体凝胶液化，在视野中出现小黑点、碎屑飘来飘去，视网膜神经节细胞、视觉皮层神经元数目减少等 [23]。其中晶状体和视网膜的老化表现最为明显，直接导致了老视、白内障和黄斑变性等年龄相关性眼病的出现。视觉功能的退化具体表现在明暗视力变差、辨色能力和对比敏感度下降、静态和动态视野变窄、景深感觉减弱、对眩光刺激更敏感等诸多方面 [24-26]。"读屏时代"更让许多人的老视问题提前到来。老年期（65 岁以后）人体各项生理机能的全面退行性变化，加速了视功能的衰退，增大了年龄相关性眼疾的发病概率。

人眼的感觉和知觉特征随着年龄及各人生活体验不同不断发生变化，这些变化在光健康的研究和应用中须得到充分的关注，只有这样才能保证光环境能满足人们的需求（图 2-1-7）。

2.1.3 光环境与视觉健康

2020 年 6 月 6 日是第 25 个全国"爱眼日"，主题是"视觉 2020，关注普遍的眼健康"。视觉健康早已成为我国重大的公共卫生问题。中国是世界上眼盲和视觉损伤人数最多的国家之一，2015 年《国民视觉健康报告》数据显示，截至 2012 年，我国 5 岁以上人口中，约有 5 亿左右各类视力缺陷患者，其中近视患病人数为 4.5 亿左右，各类视力缺陷导致的社会经济成本达 6 800 多亿元，并且呈现近视低龄化、各类老年性视力缺陷患病年龄提前的趋势，形势非常严峻。

解决视觉健康问题重在预防。除了健全完善的防控机制和广泛宣传以外，光环境也是推进眼健康工作开展的重要基础。光环境设计应厘清亮度、照度、色温、显色指数、光谱构成、频闪、色域、刷新率等各项指标参数对人眼视生理功能和大脑视觉认知功能的影响，分析不同人群视觉能力和作业内容的差异性需求，对空间光照的数量与质量进行合理控制，关注视觉舒适并消除引起视觉疲劳和视觉损伤的风险因素。

光刺激对人眼视觉系统产生的影响非常广泛，首当其冲的便是对人眼前端由角膜、房水、晶状体、玻璃体等透明组织构成的屈光系统的影响。光照强度、光照周期、光的分布、光源光谱等光环境属性和视疲劳、近视的发展与防控皆有关联[27-29]。为看清不同距离和亮度的目标，人眼如同精密的光学仪器，眼部肌肉及屈光系统有非常强的自动调节能力，根据光环境的特性收缩睫状肌，调节瞳孔大小、晶状体的弯曲度，以控制进入眼睛的光通量，使物像清晰地落在视网膜上[30]。在不良光环境下（过亮/过暗/均匀度低/不稳定/频闪），眼睛的调节幅度和频度很大，调节负担过度，长此以往，将引起视疲劳，导致视力下降乃至无法逆转的屈光问题[31,32]。

其次，光刺激对视网膜及视功能发育相关的眼底影响也是非常重要的一个部分。明亮光线增加视网膜上神经递质多巴胺的释放，从而抑制近视的发展[33]。视觉发育期间，视网膜需要得到足够的光刺激来参与视觉发育过程，否则将产生弱视，且很难获得良好的干预效果[34]。而过亮、过强的光照将导致视网膜细胞凋亡及视网膜病变，其损害程度与波长、能量及照射面积大小、距离、照射时间等密切相关。高能短波蓝光会提升视网膜黄斑变性的诱发概率[35]，过强的近红外线会导致视网膜热损伤[36]。这需要从组织、细胞、分子层面对光刺激的影响展开探讨。

光线进入大脑视皮质后还将影响认知能力与大脑功能。认知负荷是大脑在处理信息过程中所消耗的认知资源。环境对认知行为产生直接影响，大脑皮层根据视觉任务的目标和以往的知识经验，将视觉通路传递的色彩、强度、方向等外部环境信息整合处理。加工信息数量的增加也加重了认知负荷，长时间连续的视觉信息输入、大量的层次结构混乱和无规则的视觉信息将致使大脑处理加工信息能力下降、疲劳程度增加[37]。不同光环境下视觉加工所产生的脑力负荷可通过眼动、脑电信号、脉搏波、瞳孔尺寸等手段测量[38-40]。

照度、光源色温、显色性、频闪及眩光控制等光照参数对视觉功能、视觉舒适度、安全度及视觉美感均有较大影响，应严格把控。诸多规范对空间光照的数量与质量作出了规定，以保障人们工作、活动的光环境需求得到满足（表2-1-1）。在2018年国家半导体照明工程研发及产业联盟标准化委员会（CSA标委会）发布的《健康照明标准进展报告》（T/CSA/TR 007-2018）[41]基础上，表2-1-1总结了部分有关视觉健康国内外室内照明标准技术文件，作为选定光环境设计参数的参考。考虑到健康需求的复杂性、健康主体的差异性，健康照明在满足规范的基础上，还需思考光如何改善人眼健康，从视觉行为、用眼负荷等方面展开精细研究。

表 2-1-1　视觉健康相关照明标准规范

序号	类别	标准号	标准名称
1		GB/T 13379—2008 (ISO 8995: 2002)	视觉工效学原则　室内工作场所照明
2		GB/T 26189—2010 (ISO 8995: 2002) (CIE S 008/E: 2001, IDT)	室内工作场所的照明
3		GB 50034—2013	建筑照明设计标准
4		GB/T 51268—2017	绿色照明检测及评价标准
5		ISO 8995-1:2002(E)/ CIE S 008/E: 2001)	Lighting of work places — Part 1: Indoor
6		ANSI/IESNA RP-1-04	American National Standard Practice for Office Lighting
7	综合型	UNE EN 12464-1: 2012	Light and lighting — Lighting of work places — Part 1: Indoor work places
8		CIE 205: 2013	Review of Lighting Quality Measures for Interior Lighting with LED Lighting Systems
9		CIE 218-2016	Research Roadmap for Healthful Interior Lighting Applications
10		CIE 227:2017	Lighting for Older People and People with Visual Impairment in Buildings
11		CIE S 026/E:2018	CIE System for Metrology of Optical Radiation for ipRGC-Influenced Responses to Light
12		ISO/CIE 8995-3:2018	Lighting of Work Places — Part 3: Lighting Requirements for Safety and Security of Outdoor Work Places
13		CIE 240:2020	Enhancement of Images for Colour-Deficient Observers
14		GB/T 31831—2015	LED 室内照明应用技术要求
15		CIE 15:2004	Colorimetry
16	色温	JIS Z 8725:2015(E)	Methods for determining distribution temperature and colour temperature or correlated colour temperature of light sources
17		ANSI C78.377-2017	Electric Lamps — Specifications for the Chromaticity of Solid State Lighting Products

续表 2-1-1

序号	类别	标准号	标准名称
18	显色指数	CIE 13.3-1995	Method of Measuring and Specifying Colour Rendering Properties of Light Sources
19		GB/T 5702—2003	光源显色性评价方法
20		GB/T 26180—2010 (CIE 13.3-1995, IDT)	光源显色性的表示和测量方法
21		CIE 177:2007	Colour Rendering of White LED Light Sources
22		IES TM-30-15	IES Method for Evaluating Light Source Color Rendition
23		CIE 224:2017	CIE 2017 Colour Fidelity Index for Accurate Scientific Use
24	眩光	CIE 117-1995	Discomfortable Glare in Interior Lighting
25		GB/Z 26212—2010 (CIE 117-1995, IDT)	室内照明不舒适眩光
26		CIE 190: 2010	Calculation and Presentation of Unified Glare Rating Table for Indoor Lighting Luminaires
27		CIE 232:2019	Discomfort Caused by Glare from Luminaires with a Non-Uniform Source Luminance
28		IEEE Std 1789™—2015	IEEE Recommended Practices for Modulating Current in High-Brightness LEDs for Mitigating Health Risks to Viewers
29		CIE 243:2021	Discomfort Glare in Road Lighting and Vehicle Lighting
30	频闪	CIE TN 006:2016	Visual Aspects of Time-Modulated Lighting Systems — Definitions and Measurement Models
31		CIE TN 012:2021	Guidance on the Measurement of Temporal Light Modulation of Light Sources and Lighting Systems
32		IEC TR 61547-1 2017	Equipment for general lighting purposes - EMC immunity requirements - Part 1: objective light flickermeter andvoltage fluctuation immunity test method
33	其他	CIE 95 1st Edition1992	Contrast and Visibility
34		ISO/CIE 20086:2019(E)	Light and Lighting — Energy Performance of Lighting in Buildings
35		ISO/CIE TS 22012:2019	Light and Lighting — Maintenance Factor Determination — Way of Working
36		CIE 150:2017	Guide on the Limitation of the Effects of Obtrusive Light from Outdoor Lighting Installations, 2nd Edition

2.2 光与生物节律

　　凌晨 3 点蛇床花悄然开放，黎明野蔷薇吐露芬芳，万寿菊在午后阳光里热烈盛情绽放，昙花在入夜后吐露幽幽芬芳。植物在每日特定时刻的开花，严格地受到生物节律驱动。18 世纪，瑞典的植物学家卡尔·林奈（Carl Linnaeus）将开花时间不同的花卉依照方位种在花坛中，制成钟表盘，欲知何时，花开便知（图 2-2-1）。不仅仅是开花，植物的生长、萌发、光合活性和香味释放等都表现出周期性的节律行为。不仅仅是植物，动物和人体内同样拥有着无形的时钟，调节各项生命活动。生物的节律具有"内源自主性"，这是生物体适应地球环境，并在长期进化过程中形成的生命特征。生物的节律同时也接收外界环境刺激信号，被影响和重置，与环境同步化。

　　时间生物学（Chronobiology）研究生物体节律的产生、运行机制及其相关影响。这个学科的奠基人科林·皮特里格（Colin Pittendrigh）提出"生物钟可以被周期性的环境信号所牵引"。而这个具有牵引作用且可以使节律与环境同步化的环境信号被称为"授时因子"(Zeitgeber)。在进食时间、环境温度、社交活动、药物调节等诸多因素之间，光照是在生物钟同步化过程中最强有力的授时因子。如同钟表对时，生物体根据光照信号的变化，调节和重置生命活动的内在节律。光照不是产生节律的原因，但光照提前、延迟、增强昼夜节律的能力已在受控的实验室条件下被多次证明。生物钟调控着人们睡眠—觉醒周期，也影响着包括学习、注意、新陈代谢等在内的诸多行为和生理过程 [42-46]。人体核心体温、激素分泌、血压、心率、运动能力都呈现节律性的振荡 [47-52]。

　　光的节律效应打开生命时钟，人们尝试利用人工光和自然光来重塑生物节律，优化生命活动，维持机体的稳态，更健康地生活。光已不只是作为照亮空间，营造用于阅读、交谈、行走、休闲舒适环境的工具，更成为了生命活动的调节器，在光与健康方面存在着不可估量的价值，更颠覆了人们对光的研究与应用。光照的节律效应研究具有高度的学科交叉性，备受生物学、环境学、医学等学科的瞩目，从光对生物节律的调控机制到评价模型，从光节律效应的影响因素到疗愈性光环境设计，诸多方面已取得了一定的进展与突破，本节从人居健康应用的视角对其进行简单阐述。

图 2-2-1　艺术家绘制的瑞典植物学家卡尔·林奈的花钟，展示了一天不同时间段内
不同植物依次开花和闭花的顺序，花朵开放顺序如下：

蛇床花：开花时间在 3:00 左右；　　　　鹅鸟菜：开花时间在 12:00 左右；

牵牛花：开花时间在 4:00 左右；　　　　万寿菊：开花时间在 15:00 左右；

野蔷薇：开花时间在 5:00 左右；　　　　紫茉莉：开花时间在 17:00 左右；

龙葵花：开花时间在 6:00 左右；　　　　烟草花：开花时间在 19:00 左右；

芍药花：开花时间在 7:00 左右；　　　　昙花：开花时间在 21:00 左右。

半支莲：开花时间在 10:00 左右；

2.2.1　不见而视——光的非视觉神经通路

有些先天失明的盲人，视锥细胞和视杆细胞丧失功能，但是他们瞳孔仍能对光线有所反应，并维持着正常的生物节律[53]，而有些摘除了眼球的盲人则患有昼夜节律紊乱、睡眠失调等症状[54]，人们推测视网膜上除视杆细胞与视锥细胞外还有其他的光受体。这些光受体就是哺乳动物视网膜上存在着第三类感光细胞——ipRGCs。ipRGCs是视网膜神经节细胞的一个子集，数量极少（约占神经节细胞数量的1%~2%），但能够表达黑素蛋白（Melanopsin），具有光敏性。ipRGCs有多种亚型，不同的亚型具有独特的细胞特性，并发挥着不同的作用[55]。它们可直接感受光刺激并经视网膜下丘脑神经束（Retinohypothalamic Tract, RHT）将光信号投射到主昼夜节律控制的中枢视交叉上核——在昼夜节律调节以及生物节律与环境24小时光暗周期保持同步方面发挥着关键作用（图2-2-2），并投射到橄榄顶盖前核(OPN，瞳孔光反射的控制中心)、腹侧视前核（VLPO，睡眠控制中心）等十余个脑区，形成"神经投射网络"，参与包括瞳孔光反射、睡眠、情绪调节、视觉加工等多项光响应（图2-2-3）[55-57]。

下丘脑前侧、视交叉上方一个针头大小的区域——视交叉上核（SCN）是哺乳动物昼夜节律系统的中枢调节器，支配着整个生命体的昼夜节律。SCN被破坏的大鼠，昼夜节律彻底消失，而SCN重新移植入大鼠脑中，其昼夜节律又恢复正常[58]。视交叉上核由2万多个神经元组成，分为腹侧的核心控制区和背侧"壳区"两个区域。背侧区域神经细胞具有内源性24小时生物钟，能够在黑暗条件下保持运转。腹部两侧神经细胞接收光信号，其基因表达受光调控，ipRGCs的细胞亚型位于视网膜下丘脑束（RHT），它捕捉外界环境的光信号并将其传到与其轴突相连的SCN；光线变化信息在SCN中激活、由CLOCK/BMAL等正向调节因子和CRY/PER/REV-ERBs等负反馈因子组成的时钟分子振荡环路，实现对昼夜节律的调控[59]。接下来，就像交响乐团指挥一样，SCN以自主神经调节和激素分泌的方式输出节律信号，同步其他组织器官的外周时钟系统，完成生物节律的"校时"。

人体最小的器官——松果体中分泌着一种能够对睡眠—觉醒模式与昼夜节律功能调节产生影响的激素——褪黑激素（Melatonin）。光信号从视交叉上核（SCN）传出，经下丘脑室旁核(PVN)—脊髓的中间外侧细胞柱—颈上神经节(SCG)到达松果体(Pineal Gland)，从而影响褪黑激素分泌。褪黑激素也被称为"黑暗荷尔蒙"，黑暗会刺激松果体中的褪黑激素分泌，反之光亮则会使其分泌抑制。褪黑激素具有较广泛的生理活性作用，对抗氧化、自由基清除、免疫调节、生殖系统、胃肠道功能、抑制肿瘤生长等方面均存在影响。大量研究提示，睡眠障碍、抑郁综合征、阿尔兹海默症乃至胃癌、乳腺癌

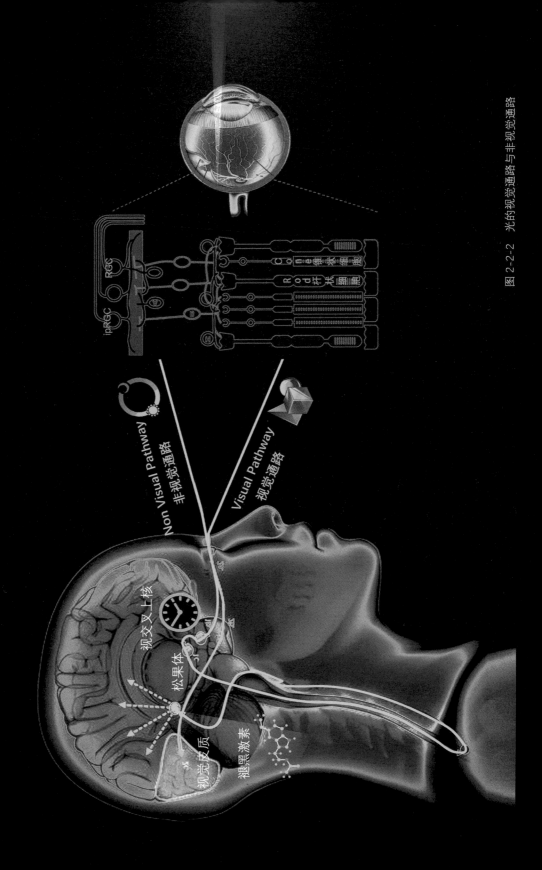

图 2-2-2　光的视觉通路与非视觉通路

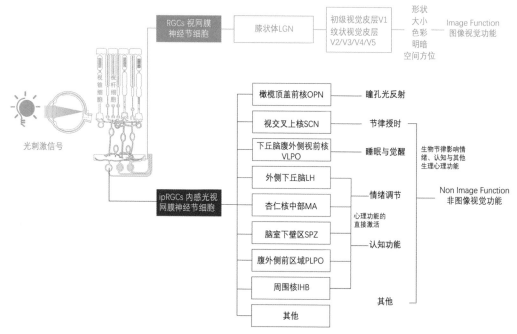

图 2-2-3　光照刺激的投射脑区及其功能影响

等癌症的发病过程中都存在褪黑激素分泌异常的现象[60-63]。褪黑素的分泌量不仅有很大的个体差异，随着年龄的增长，人体内褪黑激素的分泌量也会逐渐减少，老年睡眠障碍患者体内的褪黑素下降较为明显[64,65]，褪黑激素也正是老年保健品"脑白金"的主要功效成分。

　　通常状况下，褪黑素的分泌量呈现明显的节律周期性变化，白天明亮环境下受到抑制，而夜间大量增加，引起困倦、促进入睡。通常血浆中褪黑素浓度于夜间 21:00—22:00 开始升高，凌晨 2:00—4:00 达到峰值，清晨 7:00 左右下降。唾液或血浆中褪黑素浓度的昼夜节律，或尿液中褪黑素代谢产物 6- 硫氧基褪黑素（aMT6S）浓度的昼夜节律，是视交叉上核功能的一个重要表征。昏暗光线下褪黑素释放（Dim Light Melatonin Onset，DLMO）常作为评估人类昼夜节律相位的首选指标，已被用于临床评估睡眠和情绪障碍患者的时相分型和确定外源药物治疗时间点[66]。

　　皮质醇（Cortisol）是另一种维持机体稳态和新陈代谢的重要激素，它是人类应激内分泌轴——丘脑—垂体—肾上腺轴（HPA 轴）的终端产物，能直接反映 HPA 轴活动，还以反馈形式影响 HPA 轴的功能，在应对压力调节中起重要作用，也被称为"压力荷尔蒙"。不正常的皮质醇周期性波动与多种疾病相关，如慢性疲劳综合征、失眠和倦怠

等 [67,68]。皮质醇分泌受到下丘脑视交叉上核调节，其浓度也呈昼夜节律性波动 [69]。与褪黑激素相反，皮质醇的分泌在清晨醒来后 30 分钟至 1 小时内急剧升高，达到峰值，这种皮质醇急剧升高的现象被称为皮质醇觉醒反应。之后皮质醇浓度将缓缓下降，夜间 12 点左右到达最低谷，直至次日凌晨，身体内的皮质醇浓度都维持在一个很低的水平。皮质醇觉醒反应作为一种叠加于基础皮质醇节律上的神经内分泌现象，受到认知和情绪研究领域的关注 [70]。光照刺激同样能够影响皮质醇的合成与分泌，强光照射能刺激皮质醇的释放，帮助人们迎来活力清醒的状态，起到唤醒作用。弗兰克·A. J. L. 舍尔（Frank A. J. L. Scheer）、吕德·布吉（Ruud Buijs）的清晨高强度白光光照刺激实验（角膜处照度 800 lx，1 小时）和丽莎·索恩（Lisa Thorn）团队的黎明模拟光照刺激实验（30 分钟内照度增加至 250 lx）的结果都显示，晨间光照促进了觉醒后的皮质醇分泌 [71,72]。伦斯勒理工学院照明研究中心的玛丽安娜·G. 菲盖罗和马克·S. 雷亚发现在早晨的短波长蓝光（40 lx，470 nm）显著增强了睡眠不足青少年的皮质醇觉醒反应 [73]。现实生活中由于学习负担等原因，青少年长期睡眠不足的问题在国内外都非常普遍，光照或将缓解因睡眠问题而产生的青少年身心压力。

2.2.2　影响生物节律的关键光照参数

人们普遍了解早晨的光照促进觉醒，夜晚的强光会影响入睡，使节律推迟，而特定的光照刺激，将具体带来怎样的节律影响则是研究者们高度关注的问题。国际照明委员会"光生物与光化学"第六分部成立了多个工作小组专门研究光的非视觉生物效应对健康的影响——TC 6-11: Systemic Effects of Optical Radiation on the Human(关注光对人体神经内分泌系统的综合影响）；TC 6-62: Action Spectra and Dosimetric Quantities for Circadian and Related Neurobiological Effects (探讨针对生物节律和相关神经生物学效应的光谱响应及定量评价方法）；TC 6-63: Photobiological Strategies for Adjusting Circadian Phases to Minimize the Impact of Shift Work and Jet Lag(研究通过光生物策略调节人体节律，减轻夜班工作和长途飞行的负面影响）。根据已有的机理研究和实验室条件有限条件研究，目前已确定了除个体的光生理响应特点和昼夜节律特征以外，光照强度、光照时长、光照时刻、光源光谱分布、历史光照暴露情况这五项光照参数主要决定着外部光照刺激对生物节律的响应（图 2-2-4）。

相位响应曲线（PRC）理论是早期研究生物节律的重要手段，它直观地呈现了光照刺激对内源性节律的影响。PRC 表征了不同阶段、不同的光照刺激引起节律振荡幅度和位移的变化。

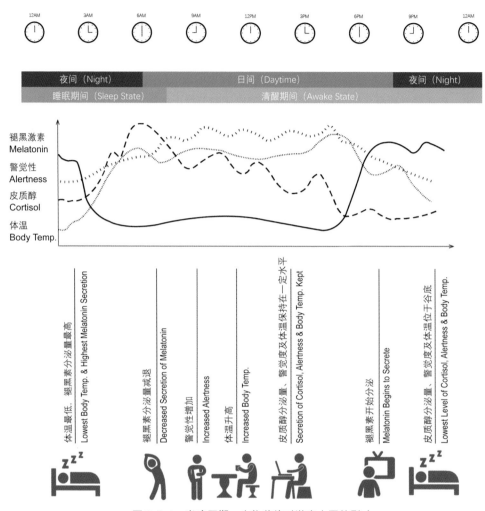

图 2-2-4　光暗周期、生物节律对激素水平的影响

1. 光照强度

　　光照刺激引起的昼夜节律系统影响是呈剂量依赖性的，与光照刺激的强度密切相关，强光疗法是改善昼夜节律问题的有效机制。约翰逊和肯尼迪航天中心曾在机组人员宿舍，使用 7 000~10 000 lx 高亮度的白色荧光灯照明作为应对发射前的宇航员昼夜节律干扰对策[74]。20 世纪 80 年代末，人们就开始了解到昼夜节律系统的相位移动和褪黑激素分泌抑制的能力受光强度的影响。1989 年，墨尔本大学的伊恩·M. 麦克林提尔（Iain M. McIntyre）团队研究了午夜时长 1 小时的五种不同强度的人工光对夜间褪黑

素浓度的影响。3 000 lx、1 000 lx、500 lx、350 lx 和 200 lx 强度的光照褪黑素的最大抑制率分别为 71%、67%、44%、38% 和 16%。1 000 lx 的光照强度足以将褪黑素抑制到接近白天的水平 [75]。哈佛医学院的杰米·赛泽（Jamie M. Zeitzer）等人在生物白天早期阶段，用 0 lx、12 lx、180 lx、600 lx、1 260 lx 和 9 500 lx 几个不同照度水平实验组进行了 3 个周期、时长 5 小时的光刺激对比实验，结果显示接受强光照射的被试出现显著的相位提前，而在昏暗或全黑环境下的实验对象则表现出轻微的相位推迟（图 2-2-5）。这种相位延迟与人体平均自然节律的时相保持一致 [76]。

ipRGCs 对光的响应机制与视杆细胞和视锥细胞具有响应极性差异，ipRGCs 的直接光响应是去极化的，其对光线刺激的敏感度远低于传统的光感受器，只有在相对明亮的光线下黑视蛋白才能起到光转导作用 [77]。因此人们最初认为只有 2 500 lx 以上强度的光照刺激才具有节律干预的效果 [78,79]。白天，在室外阳光直射下光照强度可高达 100 000 lx，这解释了为什么接触自然光能够使节律系统良好地运转，而在缺乏光照的房间长期生活容易出现节律紊乱的问题。不过，ipRGCs 及其下游响应却能够回应中等强度甚至低强度的光照刺激。伊恩·M. 麦克林提尔的实验结果显示，350 lx 左右室内照明的光强度已能使夜间褪黑素水平显著下降 [75]。杰米·赛泽的另一组实验在生物白天晚期及生物夜晚早期对被试进行 3~9 100 lx、时长 6.5 小时的单次光照刺激，并观察节律系统的相位变化，发现光照强度与生物钟重置反应、褪黑激素抑制呈非线性相关，昼夜节律相移响应随着照度增加而快速增加。仅用最高强度的 1%（100 lx）的光刺激，即获得了最大相移位的 50% 幅度（用 9 100 lx 刺激获得）。200 lx 的光线即达到褪黑激素抑制的饱和相位，550 lx 的光照强度引起昼夜节律系统的饱和相位移动。后来的研究中，人们发现在一定条件下，低于 1 lx 或更低光照也可以抑制褪黑激素分泌 [80]，人类的昼夜节律系统对微弱光线也是非常敏感的，日常生活中的室内光线强度足以影响昼夜节律，这意味着不恰当的室内照明会影响使用者的睡眠节律，也意味着由衰老、轮班工作和快速时区变化引起的节律紊乱及睡眠障碍问题，通过室内节律光照也可改善，无需再借助专门的高强度光疗设备。

2. 光照时刻

作用于 24 小时不同时刻的光照对昼夜节律系统的影响是不同的。接受光刺激的时刻影响着节律周期波动的方向（提前或延迟）和幅度。在人类自然唤醒时间点前后的几小时内，是核心体温的低谷，也是昼夜节律相位延迟和相位前移之间的交叉点（图 2-2-6）。在生物夜间早期或生物白天晚期，即核心体温低谷之前接受光照刺激，人类昼夜节律系统将相位延迟，这意味着就寝时间和醒来时间的推迟。而在生物夜间晚期

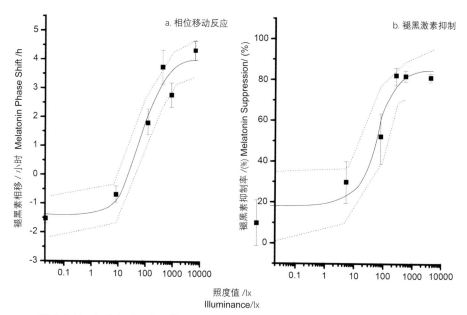

图 2-2-5　年轻人对 3 个周期、5 小时光刺激作出相位移动反应和褪黑激素抑制
情况，相位移动的大小与光刺激照度 [单位：勒克斯 (lx)] 有关

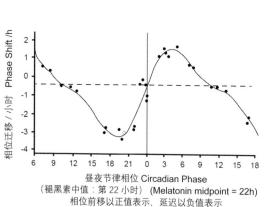

图 2-2-6　被试对单次强脉冲光刺激的相位响应曲线

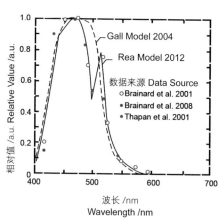

图 2-2-7　昼夜节律光谱敏感性的实验数据与拟合模型

和生物白天早期，即核心体温低谷之后，暴露于光线刺激，则使相位前移，人的就寝时间和清醒时间提前（图 2-2-6）。杰米·赛泽等人对一系列不同时间点光照刺激实验结果进行了综述 [81]，文章指出光刺激引起的大幅度相位移动可达 12 小时，并且这些实验中人类相位响应曲线在生物日期间并没有表现出"死区"，在 24 小时任意时间点的光照刺激都能够对人体节律系统运行产生影响。这可使人们开展光照干预时间表或动态照明模式的设计，应对跨时区飞行、轮班以及睡眠相位延迟等节律错位状况。就人体节律系统对光照刺激响应的敏感程度而言，人类和其他有机体一样，在生物夜间对光刺激极为敏感，所以应特别关注夜间光照带来的昼夜节律紊乱风险，世界卫生组织下属的国际癌症研究机构已将夜间轮班工作分类为可能的人类致癌物（2A）。

3. 光照持续时间

光照持续时间也是影响昼夜节律振荡的关键因素之一，光照持续时间与相位移动和褪黑激素抑制间存在非线性关系，且响应幅度随光照持续时间的增加而增加。光照引起的昼夜节律系统的响应是急性的，大部分的相位移动发生在光照刺激开始时段，光照持续时间增加与单位时间的总光子引起相移之间的正向关联性尚未得到重复证明。也就是说接受一定时长的光照以后，再延长光照的时间不一定对节律调节仍有促进作用，为了取得更好的光照干预效果，还需依靠光照策略的调整。

大卫·W. 里默（David W. Rimmer）的实验让被试以 25 分钟或 90 分钟的间隔，间歇性地接受强光暴露。与连续 5 小时的强光刺激相比，25 分钟或 90 分钟间隔性强光照射的有效持续时间分别为 31% 或 63%。与连续 5 小时的强光相比，间歇性的光照干预引起的节律重置效果几乎是同样的 [82]。安妮·玛丽·张（Anne-Marie Chang）团队的实验进行了 0.2 小时、1.0 小时、2.5 小时和 4.0 小时的不同持续时间的 10 000 lx 脉冲强光刺激。结果显示，暴露于 0.2 小时延迟昼夜节律振荡的有效期是 4.0 小时实验组的 5 倍以上 [83]。此外，珍妮·F. 达菲的团队在生物夜间晚期和生物白天早期时段，将 4 段"46 分钟亮光—44 分钟暗光环境"和 13 段"5.3 分钟亮光—19.7 分钟暗光环境"两种间歇性光照模式的节律影响结果与连续 5 小时亮光刺激或连续 5 小时黑暗刺激的节律影响结果进行了比较。尽管两个间歇光实验组的光照时长仅分别为连续光实验组的 63% 和 31%，但可以观察到它们对昼夜节律相位明显的改变。接受 63% 光照持续时间的间歇光实验组与连续光实验组的相位移动无显著差异，而其响应达到了连续光组的 88%；接受 31% 光照持续时间的间歇光实验组显示相位推迟，其响应约为连续光组的 70%[76]。人类的昼夜节律系统对短时的脉冲光也可以产生响应，同时它可以整合同序列的短时脉冲光刺激带来的节律效果，这一点在现实应用中意义重大。

光照刺激中间即使中断，治疗效果也可以得到保证。长时间的光照干预可以缩短或是分割，光刺激帮助人们适应生物节律的方式可以变得更加灵活。

4. 历史光照暴露情况

黑素蛋白对光照刺激的响应需要更高辐照度和更长的激活持续时间。但被黑素蛋白捕获的光子将会引起延续时间更长的光照响应。不同阶段多次光照刺激的影响之间也存在相互联系。光照刺激的持续时间和相对强度将影响后续光照干预的效果。在一段时间暗光环境后的强光刺激将引起更强的响应，而在强光环境下施加的明亮光照刺激，其干预效应是下降的。哈佛医学院的研究在生物夜间将被试暴露于 6.5 小时 200 lx 的光刺激下，并测量了褪黑激素抑制的程度。在光刺激之前，2 组被试 15 小时分别处于照度低于 0.5 lx 非常昏暗的房间与光照强度 200 lx 的房间。结果显示，处于昏暗房间的被试对光刺激的响应显著强于明亮房间的被试[84]。人类 24 小时内接受的光照状态都将对后续光响应和节律产生影响，白天的光线照射可以提高夜间睡眠质量，同时让人在白天活动时的觉醒度更高。由此可见，真正改善昼夜节律的光照设计或许不只是光照强度、光谱、光照时刻的参数组合，而是从人体自身节律运行特点出发，分析昼夜节律系统对光照响应的连续、动态变化，建立全时段光照策略。

5. 光谱能量分布

光谱能量分布（Spectral Power Distribution，SPD）决定了光源的光度学参数以及光照环境的许多物理特性，如色温、显色指数等，同时它也是决定光照刺激节律效应最关键的部分。光谱响应曲线描述了人眼视网膜感光细胞中的光色素对不同波长光的敏感性。这条曲线由一定条件下心理物理实验测得，但与国际照明委员会给出明确标准的明视觉光谱响应曲线 $V(\lambda)$ 和暗视觉光谱响应曲线 $V'(\lambda)$ 不同，非视觉效应中起着重要作用的黑视蛋白光感受器作用光谱还没有成熟的心理物理学评估方法测得。国际照明委员会 2018 年发布的最新标准 CIE S 026/E: 2018 System for Metrology of Optical Radiation for ipRGC-Influenced Responses to Light（CIE S 026/E: 2018 内在光敏视网膜神经节细胞受光响应的光辐射计量系统）中指出，黑素蛋白的作用谱已达成共识，可以近似于视蛋白维生素 A 感光作用谱，峰值约为 480 nm。既有的研究对 ipRGC 光谱响应峰值的报告值从 450 nm 到 490 nm 不等（图 2-2-7），个体间巨大的光敏性差异是其主要原因之一。CIE S 026/E: 2018 标准中阐述了年龄和视野对 ipRGCs 非视觉光响应带来的影响，并提出了校正方法。

LED 光谱可调特性决定了其光源性能的可调性。通过调整光谱峰值波长、半高宽、发射强度等参数将实现光照节律效应的优化。结合数字照明技术，精确地定制生成光谱功率分布，实现节律调节目标的"可调光引擎"，正受到研究者和制造商们的日益关注。

2.2.3　校准"健康钟"：光照节律效应的量化与应用

将光环境作为调节人体昼夜节律、神经行为的有效非药物干预方法是研究者和设计者的共同愿景，量化光对人体产生的节律影响是实现这一目标的重要基础，很多团队在建立符合人体非成像响应规律的光度量方法方面进行了尝试。曼彻斯特大学生命科学学院的罗伯特·卢卡斯等提出了等效 α-opic 照度（Equivalent α-opic illuminance）[79]，马克·S. 雷亚 [85] 等提出了昼夜节律刺激值（Circadian Stimulus）。国际照明委员会也提出一种用于量化光照节律效应的方式，α-opic 等效日光（D65）照度 [α-opic Equivalent Daylight (D65) Illuminance]，它表示由 CIE 标准光源 D65 产生相同的视黑素等效照度时，该 D65 标准光源的照度数值（表 2-2-1）[86]。

贾齐·艾伦齐（Jazi al Enezi）等人基于人眼晶状体光谱吸收特征校正后的视黑素光谱光视效能函数，提出了计算"视黑素照度"的概念，用来预测人体节律系统中视黑素被光线激活的程度 [87]；罗伯特·卢卡斯等人将其改进为视黑素等效照度（Equivalent Melanopic Lux，EML），分别描述光照对五种感光细胞的等效照度值 [79]。维多利亚·雷维尔（Victoria Evell）等人研究发现，视黑素光谱光视效能函数并不能有效预测常人在多色混合光源的照射下夜间激素分泌及神经行为的响应程度 [88]。由于视杆细胞和视锥细胞在不同光环境下的非成像光响应有所不同，低照度环境下，暗视觉的光谱光视效能函数比视黑素的光谱光视效能函数更加适合。EML 量化方法已在《WELL 健康建筑标准》等建筑设计导则中作为节律照明设计指标获得应用。

昼夜节律刺激值（Circadian Stimulus, CS）是马克·S.雷亚等人从下游结果指标出发，基于视网膜光辐射及其抑制松果体褪黑激素合成影响的心理物理学研究，提出的昼夜节律光转导量化模型，该模型利用非线性的函数曲线，对单色光谱和多色光谱不同强度下褪黑素抑制效果进行了预测 [85]。该模型以内在光敏视网膜神经节细胞为核心要素，基于视网膜神经生理学和神经解剖学的基础知识，与电生理和基因研究结果的一致性，考虑了 ipRGCs 感光细胞、S-cones 型视锥细胞和视杆细胞的共同影响。不过，褪黑素抑制并不是光刺激引起昼夜节律系统的唯一生理响应，睡眠、警觉度和皮质醇分泌水平都与视交叉上核的节律输出紧密相关。同时，由于昼夜节律系统的光谱敏感度在不同时段发生变化，并且能够自行加工间断的光照刺激影响，光照发生时间、持续时间以及过往受光经历等光照条件要素以及更系统的视网膜神经处理过程和神经行为反应

表 2-2-1　光照节律效应的量化方法比较

名称	来源	特点
α-opic 等效照度 (The equivalent α-opic illuminance)	罗伯特·卢卡斯等提出	(1) 分别量化光辐射对五种视网膜感光细胞即三种视锥细胞、视杆细胞和含有黑视蛋白的 ipRGCs 的等效照度值 (2) 可根据场景选择适宜的感光细胞等效照度值，比如在低照度环境下，主导暗视觉的视杆细胞光谱光视效能函数比视黑素的更加适合
昼夜节律刺激值 （Circadian Stimulus）	马克·S. 雷亚等提出	(1) 昼夜节律刺激值对应褪黑素抑制率百分比，物理含义明显 (2) 基于光对褪黑素抑制率的实验数据提出的数学模型，可以有效预测短期内褪黑素分泌的受抑制程度 (3) 考虑了 ipRGCs 感光细胞、S 型视锥细胞和视杆细胞的共同影响
α-opic 等效日光 (D65) 照度 [α-opic Equivalent Daylight (D65) Illuminance]	卢克·普莱斯（Luke L. A. Price）等提出 CIE S 026/E: 2018 标准	(1) 参照标准日光（D65）光谱换算的生理等效照度值 (2) 可记录五种感光细胞的生理等效照度值 (3) 参照 32 岁的标准观察者，提出了不同年龄人群晶状体光谱透射率的光谱校正函数 (4) 提出了实际环境中视野和视线方向对眼部照度和光谱的影响 (5) 可支持非标准的计算方式，考虑年龄变化导致的晶状体光谱透射率变化和视野的影响等因素

还需在节律刺激模型中进一步优化 [89]。

　　国际照明委员会基于罗伯特·卢卡斯的研究，考虑光辐射对五种视网膜光感受器即三种视锥细胞、视杆细胞和含有黑视蛋白的 ipRGCs 的非视觉反应，并进一步地考虑了视野、年龄的影响，定义了量化人类非视觉光反应的技术指标，同时国际照明委员会于 2019 年公布了节律光照的量化计算工具，可从其官方网站上下载。

　　光照是修复破碎生物钟的强大工具，被普及应用于许多病症的治疗（表 2-2-2）。比如明亮光线是应对多种睡眠障碍的有效办法，治疗睡眠时相延迟综合征患者可采用每日清晨 1~2 小时 2 000~10 000 lx 强光照射同时限制晚上接触明亮光线，辅以服用褪黑激素的方法进行 [90,91]。居住在疗养院的阿尔兹海默症和相关认知症的患者在白天时段，接受高色温多色光源（蓝白光）照明干预，可改善他们的睡眠和认知的能力 [92,93]。然而从长期来看，医疗性的光照干预并不是适合所有人的最佳解决方案。一方面，高强度的光照疗法要求治疗期间人眼靠近高亮表面的专用设备，将有可能带来眼疲劳、畏光、偏头痛、皮肤灼伤等副作用，也有人在使用灯箱时会烦躁不安。另一方面，连续几周乃至几个月每天固定时间重复接受一定时长光疗，给人们安排日常作息造成了诸多不便，

表 2-2-2　改善睡眠的光照刺激疗法

睡眠障碍	症状	预期效果	治疗方法
睡眠相位提前综合征 （Advanced Sleep-Phase Syndrome， ASPD）	睡眠和清醒时间提前，晚上易困倦，早上清醒时间早，老人中较为常见	入睡和清醒周期延后	夜间睡前强光刺激，醒来后保持昏暗的光线
睡眠相位后移综合征 （Delayed Sleep-Phase Syndrome， DSPD）	睡眠和清醒时间后移，睡眠初期失眠，早晨清醒困难	入睡和清醒周期前移	夜间睡前保持光线昏暗，早晨醒来后接受强光刺激
非 24 小时睡醒周期障碍 （Non-24-Hour Sleep-Wake Disorder， N24SWD）	自身节律与环境 24 小时节律脱节，无法按照白天或黑夜的常规睡眠模式作息	诱导正常的睡眠—觉醒节律形成	在夜间睡眠清醒后的清晨接受强光刺激
轮班工作睡眠障碍 （Shiftwork Sleep Disorder， SWSD）	失眠，清醒时疲劳、困倦，嗜睡症	使节律适应轮班工作，节律相位大幅向后延迟	严格遵照的睡眠—唤醒时间，傍晚 / 夜间强光刺激，下班后保持光线昏暗
时差反应（向东飞行） Jet Lag (Eastward Travel)	入睡失眠，白天清醒困难，嗜睡和疲劳	入睡和清醒周期前移	清醒后（出发地时间）强光刺激，睡觉前保持光线昏暗
时差反应（向西飞行） Jet Lag （Wastward Travel）	过早清醒，白天嗜睡和疲劳	入睡和清醒周期延后	睡前（出发地时间）强光刺激，清醒后保持光线昏暗

光疗反而成为了负担。建筑的光环境足以影响人体的昼夜节律系统，利用光照节律调节的疗愈作用，通过照明控制，精准匹配不同空间、不同人群的节律调节需求，量身定制 24 小时节律照明方案，提供全天候的室内健康照明是可行而有效的替代作法，也应该是光健康研究与健康建筑设计的聚焦点。

昼夜节律照明设计与视觉照明设计有一定差别。视觉照明强调光环境的可见性、美观性与舒适性。照度、照明均匀度、眩光、频闪的控制、显色性等指标，关注于对环境和物体的呈现、塑造及对人视觉心理感受的影响。基于非视觉效应的节律照明则聚焦于进入人眼的环境光线所引起的视网膜神经效应，角膜照度、光谱功率分布等是其重要的指标。在空间设计中，节律照明设计与视觉照明设计的需求应得到统一的考虑，既要从空间功能、视觉作业、行为需求出发，也要从神经、生理、解剖学等人因角度进行研究，建立一个系统、动态、全时段的光环境设计与控制策略。

CIE 158: 2009 Ocular Lighting Effects on Human Physiology and Behavior （CIE 158:

2009 人眼照明对于人体生理和行为的影响）的第七部分"建筑和生活方式应用"阐述了健康照明通则，并提出测定光照射量要综合考虑眼睛直接从光源接收的和从周围表面反射的光，房间表面的颜色和反射光影响不可分割，明亮的房间垂直表面优于深色表面，以及利用太阳光、重点作业区域提高照明水平、只提供适度需要的光、夜班工作生物有效照明等概念 [94]。节律调节光环境的设计需求随着场所不同而不同。德国标准化学会（Deutsches Institut für Normung e.V., DIN）发布的指南 DIN SPEC67600 – 2013 Biologically Effective Illumination — Design Guidelines（DIN SPEC67600 – 2013 生物效应照明设计指南）针对教育设施、老人的家居与疗养院、医疗建筑、办公建筑、控制室和交通枢纽提出了设计建议，规定了在不同地方使用生物效应光照的推荐指数（最高为 3、最低为 1) [95]。CIE 218: 2016 Research Roadmap for Healthful Interior Lighting Applications（CIE 218: 2016 室内健康照明路线图）将光健康相关问题分成了六大类，分别为基本过程（包含即时作用、神经生理学、视网膜敏感度及其他）、日常模式（包含幅度、频率及二者结合）、长期模式、应用（包含光源与设计）、特殊应用（轮班制工作）和个体差异（包含年龄、疾病、视觉缺陷、压力源及其他），为节律照明的研究和应用提出了待解答的问题，指出了未来方向 [96]。

国内外大量照明产品也植入了节律调节概念。奥德堡（Zumtobel）通过 MELLOW LIGHT V Tunable White 灯具和 LITECOM 照明控制系统的结合使用，提供从 3 000~6 000 K 之间不同色温的照明环境，以及基于日光状况和天气条件提供有助于节律稳定的光生物效应照明解决方案。飞利浦在学校、办公、工业空间等场所的室内健康照明工程都采用了混合不同灯具的光输出来实现冷暖照明平衡专用光学技术，模仿白天和黑夜的自然节律，照明可根据环境作出调整，使人的身体作出响应。

值得注意的是，尽管通过电气光源和照明系统已可以实现模拟自然节律的动态光照，然而它并不能替代自然光照和户外景观对人体健康的实质性影响，自然采光仍是室内光环境最重要的一部分，在光环境设计过程中不能被忽视。

2.3 光的情感效应

20 世纪后半叶，人类疾病谱发生了重大转变。随着医疗技术的进步以及人口结构、生活方式、生存环境的变化，感染性疾病与营养不良性疾病发病率大幅下降，心脑血管病、癌症、心境障碍、阿尔兹海默症等慢性非传染疾病和心身疾病的患病率急剧增加，成为对人类健康、生命威胁最大的劲敌。21 世纪"疾病医学"向"健康医学"转变，人类疾病防治与健康防护朝向多元化发展，"生物—心理—社会"的医学模式应运而生。人们认识到疾病的发生和发展取决于多种生物学因素、心理因素、社会因素（经济、家庭、人际）和自然环境因素间的交互作用。1943 年，美国医生哈雷德（James Halliday）提出了心身疾病的概念并强调心理因素可以引起疾病[97]。

美国执业医师约翰·辛德勒（John A. Schindler）（图 2-3-1）在其著作《病由心生》（*How to Live 365 Days a Year*）（图 2-3-2）中指出，高达 76% 的疾病与不良情绪（此

图 2-3-1　约翰·辛德勒（John A. Schindler）

图 2-3-2　约翰·辛德勒的著作《病由心生》

处指隐藏的基础情绪）相关 [98]。长期存在的不良情绪不仅使人们罹患各种精神疾病或心理障碍，更在神经系统和内分泌系统中引起负面反应，导致躯体器质性病变和功能性障碍。譬如，人体胃肠道被称为情绪的调色板，焦虑、抑郁、愤怒等负面情绪都有可能影响胃肠功能，引起腹泻和胃痛等症状 [99,100]，胃溃疡和十二指肠溃疡便是最为典型的心身疾病。通过合理的方法调理情绪，保持乐观积极心态是防治疾病、促进身心健康的重要手段。光照通过视觉和非视觉作用产生显著的情感干预效应，亦影响着记忆、注意、决策等大脑认知加工过程，具有不容小觑的健康效用，应得到深入研究和广泛应用，让光点亮空间的同时照亮心灵。

2.3.1 探秘情绪

情绪是一种极其复杂的心理生理学现象，反映了人的主观意识认知、内在生物神经系统与外部环境之间的相互作用。人类自古希腊文明时期就开始孜孜不倦地探索情感的奥秘，从不同的学科角度上解释情绪的产生，对其进行定义与分类。而如今情绪不仅是心理学研究的重要对象，更是多学科交叉研究的国际前沿和热点问题。

查尔斯·罗伯特·达尔文（Charles Robert Darwin）在《人类和动物的表情》（*The Expression of Emotion in Man and Animals*）一书中论述了情绪的生物学基础，强调了环境对情绪行为的作用 [101]。詹姆斯·兰格（James Lange）认为刺激引发自主神经系统的活动，产生生理状态的改变，情绪是这一过程的产物 [102]。坎农·巴德（Cannon Bard）主张丘脑是情绪活动的中枢，当信号直接从感受器或从皮层下行到丘脑时，产生专门性质的情绪附加到简单的感觉之上。当人们面对同样的刺激情境，由于对情境的估量和评价不同，个体会产生不同的情绪反应 [103]。斯坦利·沙克特（Stanley Schachter）与杰罗姆·E·辛格（Jerome E. Singer）提出个体体验如心率加快、胃收缩、呼吸急促等高度的生理唤醒以及个体对生理状态的变化进行认知性的唤醒是产生特定情绪的两个必需因素。可以说，情绪状态是由认知过程（期望）、生理状态和环境因素在大脑皮层中整合的结果 [104]。此外还有玛格达·B.阿诺德（Magda B. Arnold）的"评定 — 兴奋学说 [105]"、詹姆斯·帕佩兹（James Papez）提倡的激动回路 [106]、伊扎德（Carroll Ellis Izard）的"动机 — 分化"[107] 等诸多关于情绪产生的说法。

人有七情六欲："喜、怒、哀、惧、爱、恶、欲。"《礼记》中说"弗学而能"，这七种情绪，为人类和动物共有，与生俱来。美国心理学家保罗·艾克曼（Paul Ekman）定义了六种人类基本情绪：愤怒、恶心、恐惧、愉悦、难过、惊讶。如同三原色混合出多种色彩，基本情绪相互组合，从而派生出了紧张、焦虑、抑郁等各种各

样的复合情绪 [108]。人类内心世界极度丰富和微妙，已超越了语言能够阐明的范围。情绪维度模型被逐步建立起来，用以表示各种情绪之间的关系、解释人类情感、描述情绪状态。威廉·冯特（Wilhelm Wundt）最早明确地提出情绪维度（Emotional Dimension）理论，即情绪由愉快 — 不愉快、激动 — 平静、紧张 — 松弛这三个维度组成。每一种具体情绪分布于三个维度、两极之间不同的位置上 [109]。美国心理学家普拉奇克（R. Piutchik）认为情绪包括强度、相似性和两极性三个维度，并采用倒锥体来形象地描述情绪三个维度间的关系（图 2-3-3）[110]。查理斯·E. 欧斯古德（Charles E. Osgood）的研究从评价、力度、活跃性这三个维度来评价情绪体验 [111]。阿尔伯特·梅拉宾（Albert Mehrabian）和詹姆士·拉塞尔（James A. Russell）基于此观点，于 1974 年提出了 PAD 三维情感模型，即情感拥有愉悦度、激活度和优势度三个维度：P 为愉悦度（Pleasure — Displeasure），表示个体情感状态的正负特性；A 为激活度（Arousal — Nonarousal），表示个体的神经生理激活水平；D 为优势度（Dominance — Submissiveness），表示个体对情景和他人的控制状态，用以说明情绪是个体主观发出还是受客观环境的影响。具体情感可由这三个维度的值代表，在空间坐标中表示（图 2-3-4）。各维度上的数值范围为 -1~+1，+1 表示在此维度上的高值，-1 表示在此维度上的低值 [112]。PAD 是目前认同度较高的情感维度模型之一，被广泛地应用在情绪心理学、人格心理学、市场营销、产品满意度等基础领域和应用领域。

　　从前，情绪的研究相当艰难，由于伦理学问题，人们无法人为制造头脑损伤或病理改变来研究特定脑区的功能，解剖学研究难以通过尸体观察神经纤维投射的功能；动物实验可以实时了解动物的情绪反射和神经投射，但低等动物的情绪反应可能和人类情绪有着较大区别 [113]。先进的无损神经成像技术的发展，包括脑电波、磁共振功能成像等，为人们探究情绪大脑机制提供途径。20 世纪 80 年代以来，大量研究表明，大脑中的回路控制着人们的情绪，整合加工情绪信息，产生情绪行为。1952 年，保罗·D. 麦克林（Panl D. MacLean）正式提出边缘系统（Limbic System）的说法，边缘系统由一系列神经核团和大脑皮层组成，包括扣带回、海马回、杏仁核、隔区、下丘脑、乳头体等部分，是和情绪关联最为密切的大脑结构 [114]。杏仁核是情绪加工的关键核团。研究认为，杏仁核很可能是机体的情绪整合中枢，将感觉信息整合并投射到皮层、下丘脑和脑干诸核团，形成意识水平的情感以及躯体和内脏的情绪反应 [115]。识别、表达恐惧、抑郁等消极情绪、情绪面孔的感知、情绪性记忆等都与杏仁核有关。下丘脑在情绪调节中有着极其重要的作用，它是植物神经皮质下的最高中枢，边缘系统、网状结构的重要联系点。海马体负责学习和记忆，也参与情绪调节。开展情绪脑机制方面

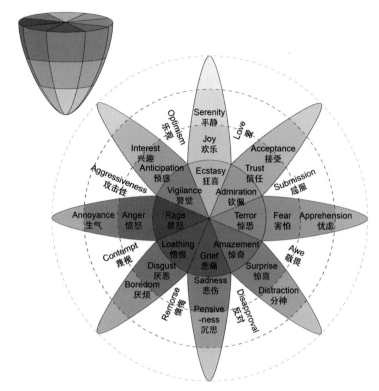

图 2-3-3　普拉奇克情绪维度模型

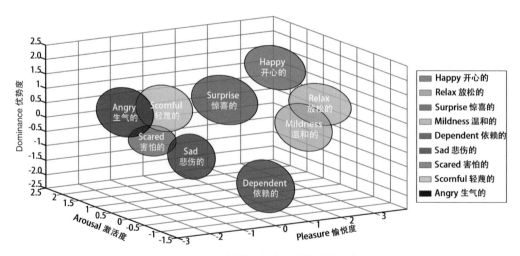

图 2-3-4　PAD 情绪空间中九种情绪状态的分布

的研究是必要而迫切的，将有助于人们更有依据、更系统地探索光照的情感疗愈作用，从而制定出更有实际效果的健康光照策略。

2.3.2　光与心理疗愈

社会生活的多元化发展，生活节奏日趋加快，工作学习竞争日益激烈。在各种心理应激源的催化下，人们经常遭受情绪亚健康、情绪障碍等不同程度情绪问题的困扰，各类心身疾病、精神疾患发病率升高。心理健康问题的解决重在预防与及时干预，情感疗愈是未来重要的生命课题。

1. 视觉环境的情绪激发

光与空间共同形成光环境，光环境是视觉通道的情绪载体。明暗、色彩等人眼接受的可见光信息，由大脑后部枕叶的视觉皮层进行加工和处理，通过皮层通路与皮层下通路传递至杏仁核。杏仁核的信息投射到脑的高级部位（如前额叶、扣带回、眼眶叶）并下行到运动系统，在这样一个复杂的网络中进行情绪加工，产生个体的情绪唤醒和行为反应，视觉信息与情绪发生联系。正如照明心理学研究的先行者约翰·弗林（John Flynn）所主张的那样，光环境拥有情感语言，让人们产生社会心理印象，如私密、轻松、愉悦和温暖等 [116]。

烛光晚餐、月光漫步、日出与日落，空间中的光影响着人们对环境的感知和评价，并创造出具有情感意义的环境氛围。人们通过对光照强度、色彩（色温）、方向、分布等参数指标的控制和组合及各种光艺术装置的定制设计，赋予空间美学特征，消除空间环境中不利因素的影响，创设有利情境以诱导积极情绪和行为的产生。生活和工作场所良好质量的光环境，对于人们高效安全地完成视觉任务及保持身心舒适至关重要。低质量光环境中光照不足、过度照明、光源显色性不佳、眩光频闪等问题使环境昏暗、封闭、沉闷、嘈杂，则会引起疲劳和不舒适感受，降低情绪的控制能力。

光照强度与情绪强度相关联。在明亮的光线下，情绪反应更为强烈，无论是积极情绪还是消极情绪。研究人员认为明亮环境让人感受到更多热量，人们情感反应的强度也随之增加 [117]。而空间光强分布和光源出光方向改变着空间的心理印象，空间中存在一般照明（通常是均匀的）、任务照明（专注于任务区域）和重点照明（聚焦于感兴趣的物体）多个层次，对不同层次照明光线的明暗控制和细节调整为相同的空间创造了多种给人以不同主观印象的光照场景。例如来自眼部上方的光线，提供了具有限制性和正式感的光环境；来自眼部下方的光线，突出个体，营造非正式的氛围。当人们接触到陌生的环境时，倾向于在新环境寻找记忆中里熟悉的元素。利用光照亮空间中的重要对象或

表 2-3-1　不同光分布和光照效果所带来的情绪感受

Psychological Impact 心理影响	Lighting Effect 光效	Light Distribution 光分布
Tense 紧张的	Intense direct light from above 来自上方的强烈直射光	Non-uniform 不均匀的
Relaxed 放松的	Lower overhead lighting with some lighting at room perimeter, warm color tones 适当增加房间周边暖色调照明来降低顶部照明强度	Non-uniform 不均匀的
Work/Visual Clarity 工作 / 视觉清晰度	Bright light on workplane with less light at the perimeter, wall lighting, cooler color tones 采用较冷的明亮灯光照亮工作表面，较弱的灯光照亮周围和墙面	Uniform 均匀的
Spaciousness 空间感	Bright light on workplane with less light at the perimeter, wall lighting, cooler color tones 墙壁和天花板安装有明亮的照明灯具	Uniform 均匀的
Privacy/Intimacy 隐私 / 亲密感	Bright light on workplane with less light at the perimeter, wall lighting, cooler color tones 较弱灯光照亮活动空间，配合周边少量照明，其他空间为暗区	Non-uniform 不均匀的

边界，突出显示部分区域以吸引人们的注意力，可以帮助人们快速找到熟悉的物体，通过空间和构造来理解环境，减少新环境的陌生和恐惧感。北美照明工程学会（Illuminating Engineering Society of North America，IES）总结了各种不同的光分布和光照效果所带来的情绪感受（表 2-3-1）[118]。

　　色彩作为光的主要特征之一，关系着空间情绪的传递，在直接生理刺激和间接性的联想与象征这两个层次上产生心理效应。比如不同的色调与情绪唤醒水平有关，蓝色使人平静，红色则让人处于兴奋状态。再如，波长较长的光色使人感到兴奋或温暖，而波长较短的颜色则令人放松和凉爽。在移情作用下，人们见到绿色光便联想到郁郁葱葱的草地、树木和森林，产生镇静平和的感觉，从而压力与焦虑得到舒缓。詹姆斯·特瑞尔（James Turrell）一系列有关光与空间的沉浸式艺术作品，基于精密的科学计算与视知觉研究，创造了超越现实的视觉体验，脱离图像形式构成提供的视觉刺激，以空间中弥漫的各种光线和戏剧性的色彩调动着人类的感知与情绪（图 2-3-5）。值得一提的是，情绪对光色的响应因人、因时、因环境而异。地区、文化背景、年龄和人种等差异造成了人们不同的光色偏好。纽卡斯尔大学的神经科学专家安雅·赫伯特（Anya Hurlbert）的研究发现，对于男女性被试都偏好的蓝色，女性喜欢的色调更明显偏向于红紫色区域，男性偏好蓝绿色，但趋势却不十分明显[119]。在中国，红色象征着吉祥如意，中国被试组对蓝色谱系中红紫色区域的偏好也强于英国被试组。同济大学郝洛西教授光健康研究团队的"彩色光对 CICU 病患和医护人员的情绪干预实验"研究结果则显示：男性与女性被试均偏好接近自然光的暖黄色系（苍黄、浅黄）和浅青色，在鲜艳醒目的色彩（玫红、湛蓝）光照条件下，被试主观情绪体验较差；女性被试偏好红色系，但红色系（玫红、淡粉）光环境却对女性被试的情绪负面影响较大。综上可见，在一个环境中产生预期效果的情绪干预措施在另一个环境中可能毫无作用，甚至有负面影响，因此引入彩色光设计调节情绪，需建立在科学实证的基础之上。

多感觉通道信息整合是人类信息处理的主要特点，光线、色彩、声音、气味等不同的感官通道传递的情感信息在大脑的多个处理水平上相互作用和影响，形成完整的知觉体验。在大脑整合来自环境的不同感官形态的情感刺激的过程中，多感官刺激信息的一致性增强了情绪、认知和行为反应。以视觉、听觉、触觉、味觉、嗅觉不同通道的感官刺激，营造沉浸式多感官刺激环境，将成为情感疗愈的新方式，这也是光的情感设计的一条全新思路（图 2-3-5）。

图 2-3-5　詹姆斯·特瑞尔的沉浸式光艺术作品

2. 光照非视觉生物效应的情感疗愈作用

光照是一种广为人知的季节性情绪障碍的非药物治疗方法，患者每天清晨醒来或者在白天一段固定的时间里使用光疗盒接受 30 分钟 10 000 lx 或者 1~2 小时 2 500 lx 的光照刺激，持续 2~4 周，抑郁症状将得到平稳的改善[120]。大量研究亦证明了亮光光照还能够作为辅助疗法帮助非季节性重度抑郁症、双相情感障碍、创伤后应激障碍和产前/产后抑郁症的患者从抑郁、焦虑等负面情绪中解脱出来[121-124]。此外，随着现代社会科技的蓬勃发展，手机、平板电脑、电视机使用频繁，夜班工作成为常态，人们不断受到夜间光照的刺激。在全球面临精神健康危机、青少年和上班族日益成为各类抑郁障碍和焦虑障碍高发人群的情况下，越来越多的人陆续关注到光的非视觉生物效应对情绪与认知产生的正负面影响，并就光照用于情感干预的技术途径展开研究。

光通过非视觉神经通路调控生物节律，影响睡眠觉醒、激素分泌、神经可塑性、神经传导或基因表达等，进而间接影响人们的情绪（图 2-3-6）。昼夜节律和情绪之间存在复杂而紧密的关联。季节性情绪失调症（SAD）在高纬度地区的患病率更高，因为这些地区昼夜长度的季节性变化相对明显。SAD 的症状出现与秋冬季节白天日照时间减少呈现一致性。人们提出了褪黑激素节律改变和昼夜相移两个假说来解释 SAD 的发病机制。双相情感障碍、严重抑郁障碍的发病症状通常伴有昼夜节律失调和褪黑激素分泌失调。昼夜节律及其调节环路更是抗抑郁药开发的重要靶点之一。同样，节律紊

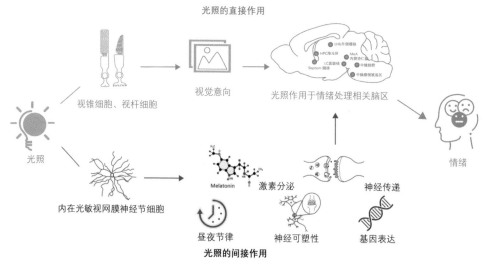

图 2-3-6　光对情绪产生影响的视觉直接作用与非视觉间接作用途径

乱也易使人陷入消极情绪。英国格拉斯哥大学招募了 9.1 万名被试，进行了一次超大规模的研究，以探究生物钟紊乱和情绪障碍间的联系。结果显示，与生活作息遵循自然节律即白天活动、夜间充分休息的人相比，生物钟紊乱、昼夜颠倒的被试，情绪紊乱的概率高出 6%~10%，同时他们孤独感、情绪不稳定性更明显，幸福感和健康满意度较低，认知功能也相对差一些。睡眠障碍是诱发情绪障碍的一个重要因素 [125]。哈佛大学研究者承世耀（Seung-Schik Yoo）利用磁共振功能成像的研究发现，经过睡眠剥夺后个体观看负性情绪图片时，大脑杏仁核激活程度增强 [126]，其他使用瞳孔反应测定的研究也得到了相似结论 [127]。

罗森塔尔（Norman E. Rosenthal）于 1984 年首次提出了季节性情绪失调症并率先使用光疗法进行治疗，接受 2 500 lx 强光治疗的患者被观察到显著的抑郁评分改善 [128]。随后的一些研究也证明了特定光照在季节性情绪失调症治疗上和抗抑郁药物具有一样的效果 [129-131]。在清晨照射模拟日光波长的光，人们将更好地应对焦虑和抑郁等负性情绪 [132]。通过对 25 项不同研究中 332 名被试实验研究结果的交叉分析，一周以后，在晨间治疗的患者症状缓解率（53%）明显高于晚上（38%）或中午（32%），即使每天其他时间两次光照治疗也不比早上接受仅一次光照治疗的效果更好 [133]。而另一项对 29 名非季节性复发性严重抑郁症住院患者进行的盲法试验发现，经过 3 周晨光治疗（5 000 lx，2 小时），患者的情绪量表评分提高了 64.1%，与每天服用 150 mg 抗抑郁药物的治疗对照组的结果无显著差异 [134]。"黎明模拟器"模拟自然日出的光线动态，在人们清醒前的一段时间内逐渐增加光照强度，除了用于调节昼夜节律，更起到情感疗愈的作用。此外，它不需要人们长时间坐在灯箱前，更加实用。

然而清晨并非所有情绪障碍治疗的最佳时间段，双相情感障碍（Bipolar Disorder，BD）是一类以极端情绪波动为特征，即从极度抑郁到极度躁狂的心境障碍。双相情感障碍抑郁阶段，有效的药物治疗方法相当有限，而且常有明显不良反应，因此其非药理学治疗方法引起了人们极大的兴趣。晨光疗法对患者抑郁症状改善有一定效果，但也使部分患者发展成为躁狂与抑郁症状同时或交替出现的混合状态。在每天中午到下午 2:30 之间进行光治疗，6 周后患者症状得到了稳定的缓解，且无情绪极性转换出现 [135]。光照治疗妊娠期抑郁症状的疗效和副作用似乎与剂量有关。对 5 周 7 000 lx、60 分钟的唤醒光治疗无反应的患者，当疗程延长到 75 分钟时，其症状可完全缓解 [136]。但是在产后抑郁症的治疗方面，结论却出现偏差 [137]。不列颠哥伦比亚大学的玛利亚·克拉尔（Maria Corral）等人在每天早上 7:00 到 9:00 之间用 10 000 lx 灯箱对患者进行 30 分钟的亮光治疗，患者的主观报告情绪和其他抑郁症状均有充分改善 [138]。后续研究招募了

18 名患有产后抑郁症的妇女，她们在早上 7:00 到 9:00 之间接受 60 分钟 10 000 lx 明亮光照或 600 lx 红光（对照组）治疗。结果显示 10 000 lx 强光和 600 lx 红光照射 6 周后，两组妇女的抑郁指标均出现显著的改善，光生物效应具体如何产生积极的干预效果还需进一步研究 [139]。目前光疗对围产期抑郁症状干预效果的实验研究为数不多，且样本量较小，研究结果存在一定局限性，使用光照作为临床治疗范式缓解孕产妇的抑郁情绪仍有待积累更大量的数据支撑。

营造情感疗愈光环境需个体化、针对性地考虑改善各类情绪问题的光照策略，然而践行这一理念却遭遇到困难重重的现实问题。目前关于情感障碍光照干预疗法的有效性研究数量较少，研究人员尚未就各种光照参数组合所引起的情绪响应达成共识。一方面，由于部分研究样本量小，导致一些假设检验结果未能得出预期结论。另一方面，个体之间的差异性、情绪的复杂性使得阐明光照的情感效应难度大幅增高。未来还需进一步扩大临床实验研究，深入了解情感与光环境之间的关联作用，得到光照疗愈的有效可行方案。

2.4 光环境中的人因工程学

　　人因工程学亦称工效学、人机工程学，是一门研究人与机器、环境之间交互作用关系的学科，它致力于使人—机—环境系统与人的需求、能力、行为模式更加兼容，从而提升人们的工作效能，保障人们的健康、安全与舒适。提起人因工程学设计，桌子、椅子、鼠标、餐具、枕头等日常生活用品，跃然浮现在人们的脑海。其实不然，作为一门涉及解剖学、生理学、心理学、工程学等多专业、多领域的交叉学科，人因工程聚焦于一切由人制造、受人使用的产品和系统，范围广泛，从国之重器、超级工程到精密工艺，从载人航天、载人深潜到深地钻探，从互联网、医疗、生物技术、先进制造等尖端领域再到人们日常生活的方方面面，都蕴含着人因工程理论及方法的应用。

　　光环境的研究因人类需求而诞生，人类对光的追求推动着照明与日光利用技术的发展和创新。随着人生理、心理对光环境刺激响应机制的逐渐清晰，光照在"视觉—节律—情绪"多方面的健康效益被不断地发现，人因照明相关的研究、设计、应用项目大量涌现，并逐步从对人能力和极限的可用性研究向全面关注人生理心理各项需求的健康性研究扩展（图 2-4-1）。2016 年，欧洲照明协会发布了十年战略路线图，提出了"以人为本的照明"这一核心发展理念，确认了通过 LED 产品、智能照明系统以及人因照明、循环经济来提升照明质量，使其成为欧洲照明市场增长新动力的策略，并将制定政策以支持人因照明相关产业的发展。中国台湾工研院组建了 LED 人因照明实验室，开展了"提高工作绩效之 LED 智慧人因照明研究""夜间健康居家照明的高值化 LED 人因照明研究"等科研项目，并发布了"LED 室内人因照明系统与 Android 体感遥控系统""复合人因智能光环境系统"等应用产品。科技终将回归以人为本，关注人类健康福祉，人因工程学亦将引领光健康研究与实践的未来。

　　人们在昏暗的光线或者阴影下阅读，在强反光的纸面上书写，在高亮度的电子屏幕前工作，这些不符合人体工程学的照明将导致眼疲劳，产生模糊视觉，引起头痛和全身不适，导致作业绩效、精神警觉性降低及其他诸多问题。长期处于闪烁、不合适的照度、不均匀的光分布、频闪、眩光的光环境下，将产生视觉损伤等更严重的后果。可见，人因工程学在光环境设计中绝不容忽视。

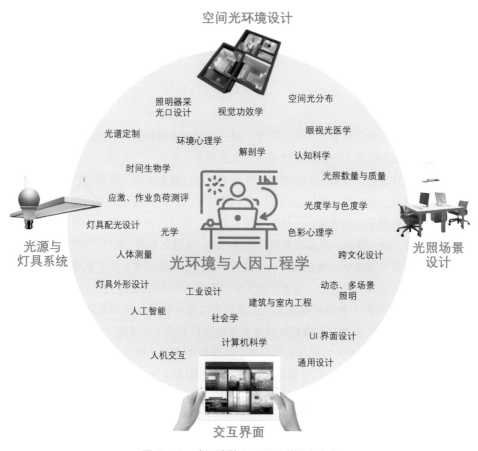

图 2-4-1　光环境的人因工程学研究内容

　　系统性思维是人因工程学的魅力所在。光环境中人因工程学是兼顾视觉特性、作业任务、环境条件三部分及相互之间协调性的综合研究，其目的是使人轻松、准确地辨识视觉目标，高绩效地完成视觉作业，创造满足最大舒适度的同时保护视觉健康的光环境，并避免不良照明条件造成的身体损伤，保证安全。未来智能照明将愈加普遍，人与光环境的多样化交互方式及其发光界面也成为了光健康人因研究的重点内容。

2.4.1　人因照明核心——视觉功效

　　视觉功效，即人借助视觉器官完成视觉作业的能力，通常以视觉作业的速度和准确度来评价。在办公室、教室、实验室、工厂车间等进行视觉作业的场所，特别是要求精细化作业的视觉空间的光环境设计，视觉功效是为首考量的因素。而针对驾驶和体育运动还需关注动态视觉功效。视觉功效由视看者的视觉能力、视觉作业特性、照明环境、工作空间四方面因素决定[140]。国际标准化组织（International Organization for Standardization, ISO）提出了 ISO 8995: 2002 Principles of Visual Ergonomics — The Lighting of Indoor Work Systems（ISO 8995 2002 视觉工效学原则——室内工作系统照明）[141]、国际照明委员会发布了 CIE 191: 2010 Recommended System for Mesopic Photometry Based on Visual Performance（CIE 191: 2010　基于视觉功能的中间视觉光度学推荐系统）[142]、CIE 19.22-1981 An Analytic Model for Describing the Influence of Lighting Parameters Upon Visual Performance: Volume Ⅱ: Summary and Application Guidelines（CIE 19.22-1981 用于描述照明参数对视觉性能影响的分析模型）[143]、CIE 145: 2002 The Correlation of Models for Vision and Visual Performance（CIE 145：2002 视觉模型与视觉功效的相关性）[144]等描述与测量照明环境对视觉功效影响的模型和系统，我国标准中的《视觉工效学原则　室内工作场所照明》（GB/T 13379—2008）[140]也可作为研究的参考。

1. 视觉特性

研究视觉功效需要清晰地了解人类的视觉系统，了解人眼在正常视觉、视觉受损、视觉老化及视觉疲劳不同状态下的视觉能力与局限，以及跑跳、行走、站立、坐、卧等不同静态和动态下的视觉感知特点。在人眼的视觉功能——光觉、色觉、形觉（视力）、动觉（立体觉）和对比觉所涉及的众多视觉特性和功能指标中，视敏度、对比敏感度、视野、视觉适应和色觉与视觉功效关系密切。

1）视敏度

视敏度又称视力，它是人眼对物体形态精细辨别的能力，也是视功能检查最常用、最重要的指标，其大小通常以临界视角的倒数来表示（图 2-4-2）。视看者年龄、眼睛的健康状况等生理因素，照明条件，物体与背景的亮度比，物体大小以及人与视看目标的移动速度等物理因素皆可影响视敏度的大小。譬如随着年龄增长，老人的视敏度显著减退[145]。近视、远视、散光这些屈光异常，使物像不能准确在视网膜上聚焦，使视敏度降低；在一定范围内，随着照度、背景亮度、物体与背景对比度递增，视敏度增加；随着物体运动速度的增加，视敏度下降。现实生活中的视觉刺激往往是动态的，1949 年，路埃列克·J. 路德维格（Elek J. Ludvigh）和詹姆斯·W. 米勒（James W. Miller）提出了动态视敏度（Dynamic Visual Acuity, DVA）的概念[146]，这一动态视敏度指标在驾驶、体育运动、视频游戏、滚动信息的相关研究中极为重要。

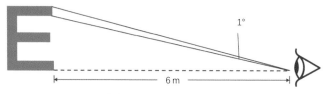

图 2-4-2　视敏度大小通常以临界视角的倒数来表示

2）视野

视野是人眼（单眼或双眼）固视正前方所见的空间范围，以角度为单位表示。通常人眼视野呈水平方向宽、上下方向窄的椭圆形。人眼视野极限随着年龄、眼屈光不正和种族不同有所差异，最大垂直视角在视平线上方 50°附近、下方 70°附近，水平向最大时角为鼻侧 65°左右、颞侧 90°左右。即水平方向人的双眼视角极限 180°左右，垂直方向视角极限 130°左右。在各种姿态下，人的自然视线低于标准视线。一般站立时自然视线低于标准视线 10°；坐姿时低于标准视线 15°[147]；在放松的状态下，站立和坐

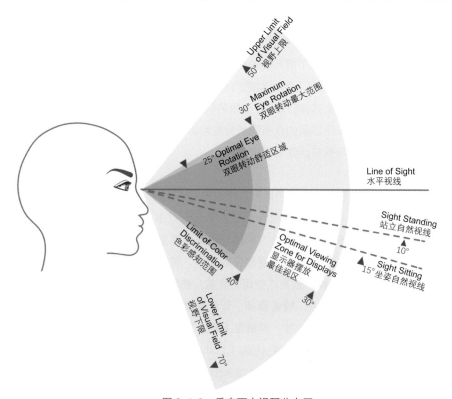

图 2-4-3　垂直面内视野分布图

姿的自然视线分别在标准视线下 30°和 38°（图 2-4-3）。在同样光照条件下，白色视野最大，其次为黄色、蓝色、红色，而绿色视野最小[148]。

3）视觉对比敏感度

视觉对比敏感度用于衡量系统分辨物体与背景的能力，比如区别相似色调，辨别图案轮廓等。在日常生活中，良好的视觉对比敏感度十分重要，它让人们可以区分路缘和台阶，辨识人脸细节。对比敏感度可以通过改善照明条件（增加照度、提高光源显色性、控制眩光）或眼镜片上佩戴特殊的滤色镜（浅黄色、中黄色和浅或中紫色比较常用）等方法来增强。

对比敏感度测试方法通常包括不同的物体—背景亮度对比度的字母或数字组合，字母和数字亮度越来越趋近于背景，直到它们不再可见为止（图 2-4-4）。有时也使用具有不同空间频率的平行条状光栅来代替字母测试对比敏感度。

4）视觉适应

应对不断变化的外界环境，视觉系统作出适应性调整，使接收到的视觉信息得到更好的接收与分析，这一过程称为视觉适应。从光刺激物停止作用，形象感觉不立刻消失而是逐渐减弱，在大脑中仍残留的视觉后像现象到由于频率增加，引起了人眼融合或连续的光感知的闪光融合—间断现象。从亮度适应、对比适应、色彩适应到运动适应和面孔适应，生活中各种视觉适应现象随处可见，它们既可以改变人们对物体外观的知觉，形成视错觉，带来安全隐患；也可以用来帮助人们避免异常情况下光线对眼睛的伤害。

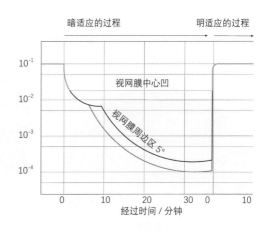

图 2-4-4　视觉对比敏感度测试　　　　图 2-4-5　明暗适应过程曲线

亮度适应即暗适应和明适应是视网膜最重要的基本功能。从明亮环境走入暗处，人眼视觉感应性逐渐增强，经过一段时间后才可看清暗处的物体，这一过程称为暗适应。暗适应过程时间相对较长，一般需要 20~30 分钟才能完成。相反，长时间在暗处的人突然进入明亮处时，耀眼的光亮使人不能即刻看清物体，需要几秒钟才可看清，这个过程则称为明适应。相比暗适应，明适应的进程快很多（图 2-4-5）。了解明适应、暗适应的机理，对维护视觉健康来说尤为重要。比如在塌方矿井下掩埋多日的工人，被抢救出来时需要眼罩遮住眼睛，以避免强烈日光灼伤双眼；又如夜班飞行员和消防队员，在值勤之前带上装有红色镜片的眼镜在室内灯光下活动，以加快眼睛的暗适应过程。

5）立体视觉

立体视觉是感知三维空间物体远近、前后、高低、深浅和凸凹的高级视觉功能。人类双眼捕捉到的图像略有差异，这种差异称为双眼视差或视网膜视差。两个不同的视网膜图像经视知觉系统的精细加工融合，产生了具有深度的三维感知图像，这一过程就是立体视觉的形成过程。许多职业如驾驶、绘画 / 雕塑、手术、精细加工等均要求从业人员具有良好的立体视觉。立体视觉显示是计算机视觉领域的一个重要课题，火遍全球的虚拟现实便以其作为重要的技术支撑。

6）中央视觉和周边视觉

人对环境和物体的辨识由中央视觉和周边视觉共同完成（图 2-4-6）。中央视觉又称中心凹视觉，它依靠视网膜中心视锥细胞的作用，处理精细和高分辨率的视觉信

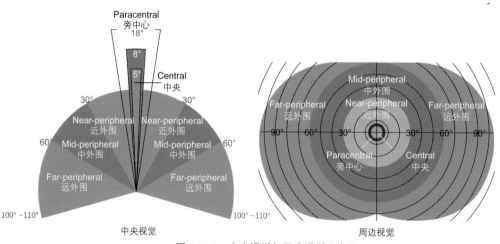

图 2-4-6　中央视觉与周边视觉示意图

息，是辨别前方事物的细节与色彩的视觉能力。周边视觉依靠位于视网膜黄斑（中心）外的视杆细胞的工作，人的周边视觉对细节和色彩信息的处理能力较弱，如同透过磨砂镜看物体一样。但周边视觉对物体运动的检测能力很强，在骑行、驾车、运动时，人们都将依赖于周边视觉的快速反应，及时避免危险发生。周边视力丧失使人在昏暗的光线下视物不清和行走时导航能力下降。中度和重度的周边视力丧失更如同通过狭窄的管道看东西，这一症状被称为"隧道视力"。

7）色觉

对丰富色彩环境的良好感知与辨识是保证视觉质量的前提。视觉信息始于视网膜上 L、M 和 S 三种视锥细胞和大约 1.2 亿个视杆细胞光感受器，通过复杂的视觉神经传导通路向大脑皮层传递，经大脑皮层视觉中枢的编码处理形成色觉。一般人眼可以分辨大约 1 000 万种不同的颜色[149]，同时由于神经系统行为存在的个体差异和时空差异，颜色感知也是一种高度主观的视觉能力，对单一颜色的感知也将根据光照环境和视看者的不同而改变。

2. 作业任务与照明环境照明

视觉任务若要毫无障碍和无不适感地完成，需要适宜的光照环境支持。与视觉作业任务需求不适配的光照环境将降低视觉作业绩效，并带来视功能下降、视觉疲劳、头痛、注意力分散、衰性视力模糊、反应迟缓、作业失误增加等问题[150-153]。因此在设定光照数量与质量参数前，应对视看目标的视距、尺度大小、对比度、信息源（纸面信息、电子显示屏幕）、表面性质、运动状态等进行认真分析。对于办公室、书桌、眼科检查室等空间进行多类视觉作业的空间，光环境宜按照多场景、可调光设置，并满足对光照数量与质量的最佳需求。

1）最佳视距

视距即视看物和视看者之间的距离。物体、画面、显示屏幕、字符，每个视看对象都存在最佳视距，使人们能够在舒适的视角下清晰地辨识信息。特别是道路、隧道照明以及发光屏幕、媒体立面尺寸和内容的设计，视距都是非常重要的影响参数。

停车视距是驾驶员在发现障碍物到完全制动停住所需要的最短距离，它由反应距离、制动距离、安全距离三部分构成。驾驶员的反应时间、车况、天气等均是影响停车视距的众多因素。道路与隧道照明均以停车视距作为安全照明设计的重要原则，使驾驶员在不利的天气情况与最高车速的情况下，能及时发现障碍物，保障行车安全。隧道亮度大小基于驾驶员隧道行车的视觉适应特点，根据不同区段取值，出、入口段根据洞外亮度往往需要加强照明，这两个区段的长度通常也取决于停车视距。

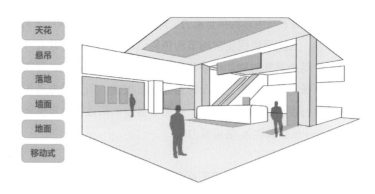

图 2-4-7　建筑空间中的各类媒体立面

自发光媒体屏幕具有极佳的视觉传播优势，其应用覆盖了医院、商场、机场、车站、建筑立面等大量的室内外人居场景（图 2-4-7）。但很多自发光媒体屏幕却没有取得良好的视觉效果，缺少对空间尺度和视看者位置的考虑是一个主要原因。媒体屏幕最佳视距主要由对角线图像大小与像素密度决定：像素间距越小，越适合近距离的视看；而图像画幅越大，像素密度越低，则需要更大视看距离。因此，为了远距离、高视角、且在运动状态下观看而设置的媒体屏幕应避免呈现过多的信息。美国电影电视工程师协会建议显示屏幕边距位于 30°左右视野范围内，以获得舒适的视看体验[154]。理论上认为人眼能辨识所视物的最小视角是 0.78 弧分（1 弧分 = 1/60 度）[155]。在理论数据的基础上，考虑到环境光线对成像质量的影响，应用中通常认为人眼的最小视角为 1 弧分。像素间距在人的视野内小于 1 弧分，则像素结构就不会可见。这可以简单地理解为在 1 m 处，具有最优视力的人眼能够看到的最小点径或最小直径是 0.291 mm。这个数值常通过如下公式被用来确定各类尺度空间的电子显示屏的适宜清晰度与适宜尺寸。

像素间距 = 视距 × tan（弧分） = 视距 × tan（0.016 7°） = 视距 ×0.000 291

各个显示屏的生产厂商也给出了不同型号显示屏适宜视距的粗略估算建议，例如发光屏幕供应商 Pixel Flex 建议屏幕像素间距每增加 1 mm，视距增加 3.28 ft（约 1 m）（图 2-4-8）。但需要关注的是，环境亮度、背景对比度、视看者的视觉状况与屏幕传达的信息类型等都将对最佳视距产生影响，对于不同的应用情况还需进行细化研究和实验验证。

2）视看目标、光照数量及光照分布

视觉作业区域及其周围环境光照的数量与光照的分布对作业者快速、安全、顺利地辨识和理解视看目标起着关键的影响作用。一般来说，视觉辨识的难度越高，要求

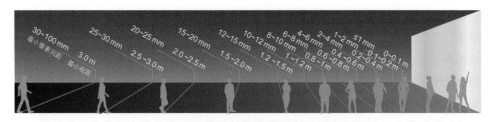

图 2-4-8　不同电子屏幕像素间距与最小视距推荐

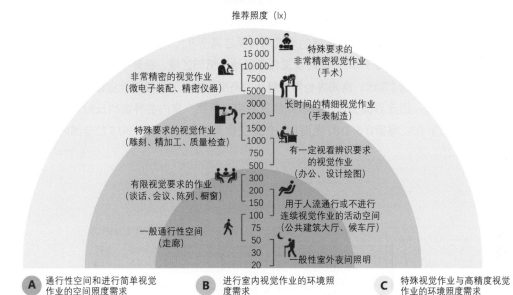

图 2-4-9　不同精细度视觉作业的照度要求

平均光照水平越高（图 2-4-9）。各国标准中对不同作业空间和场所的光照数量需求都作出了规定。我国《建筑照明设计标准》（GB 50034—2013）[156]与《室内工作场所的照明》（GB/T 26189—2010）[157]两项标准规定了建筑空间内作业面的维持平均照度值要求，并指出了进行特别重要视觉工作、长时间连续视觉作业、对精确度和作业效率要求高、产生差错造成损失较大、识别低对比度或移动对象、作业者视觉能力低于正常水平等应提升照度水平的特殊情况。

　　照度对视觉对象的可见性起着关键性的影响，然而它不是决定物体可见性的唯一指标。但视觉对象的可见性可以采用多种方式提高，其中最重要的一个手段便是通过改变光照分布、表面反射性质、阴影或物体本身颜色所产生的亮度对比度。韦斯顿·休伯特·克劳德（Weston, Hubert Claude）[158] 的模型也提出了相同的物体在同等照度水平下，提高对比度，视觉功效将显著增加（图 2-4-10）。马可·S.雷亚等人建立了一个相对视觉性能（RVP）的定量模型（图 2-4-11），阐释了任务变量（视看目标大小与对比度）、照明变量（视网膜照度）和相对视觉功效之间的非线性关系[159]。该模型呈现为"高原与陡崖"的形式，视觉功效随着靶目标的大小、亮度对比度以及视网膜照度的增加而改善，当 RVP>0.9 时，可获得良好的可见性，但获得良好视觉功效以后，对比度和亮度的增加便不会带来视觉性能的大幅提升，反而引发过强视觉刺激及眩光等不舒适感受。视野中需要保持一个平衡的亮度比，使视觉功效和视觉舒适性需求同时被满足。一般情况下，作业区域的照度均匀度应高于 0.7，作业范围外 0.5 m 周围区域环境照度均匀度须高于 0.5，同时视觉任务区域、相邻区域、视野中较远延伸表面的亮度比值应不超过 1:3:10。房间内也需要舒适的亮度分布，光环境设计应以整个空间为对象整体考虑，因此界面材质反射率 ρ 的选择相当重要，室内各界面的反射率需控制在天花板 0.6~0.9、墙面 0.3~0.8、地面 0.1~0.5、工作面与较大物体 0.2~0.6 的范围内[160]（图 2-4-12）。

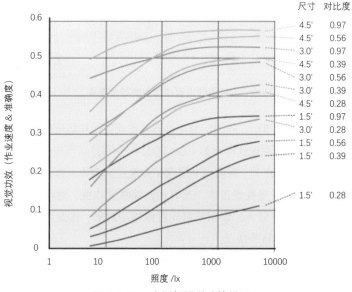

图 2-4-10　韦斯顿视觉功效模型

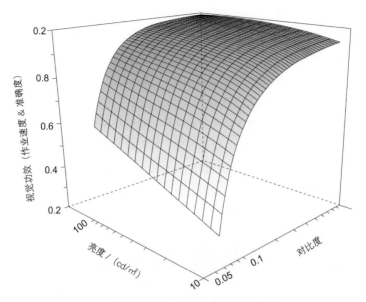

图 2-4-11　视觉功效的 RVP 模型

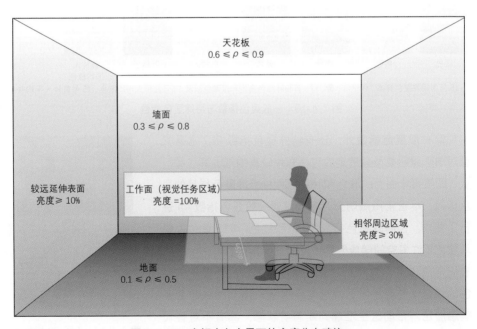

图 2-4-12　空间中各个界面的亮度分布建议

3）显色性与显色指数

颜色感知是视觉感知的重要组成部分。将物体和人的皮肤的颜色自然地、正确地显现，对于视觉功效和舒适感二者都极其重要。描述光源呈现真实物体颜色能力的量值称为显色指数（Color Rendering Index，CRI），值越高，光源的显色能力越好。一般显色指数是光源对国际照明委员会规定的八种标准颜色样品显色指数的平均值，用 Ra来表示。低显色性的灯光减少物体呈现的准确性，降低视敏度和视觉功效，容易导致视疲劳，也会在很大程度上影响人的心情和食欲。特别是对于青少年和儿童来说，长期在过低显色指数的光环境下学习，将对双眼色觉发育造成极为不利的影响，而且引起的视觉疲劳问题，是造成近视发生发展的诱因。因此，教室、办公室、家庭居室等大多数需要正确判断色彩的空间都提出显色指数 Ra 大于 80 的要求（图 2-4-13）。

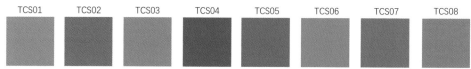

一般显色指数是 1-8 号 CIE 颜色样品显色指数的算术平均值，其中 1-8 号颜色样品是具有中等饱和度与大致相同明度的代表性色调。

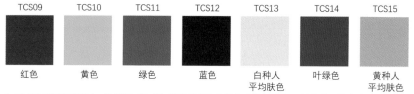

9-15 号为特殊颜色样本，包括红、黄、绿、蓝和叶绿色高饱和度颜色以及 13 号白种人平均肤色、15 号黄种人平均肤色。

图 2-4-13　一般显色指数与特殊显色指数

除一般显色指数外，还有特殊显色指数 Ri，它是光源对国际照明委员会选定的包括彩度较高的红、黄、绿、蓝、欧美青年妇女的肤色和叶绿色六种标准颜色样品的显色指数，尽管常用照明光源多数仅对一般显色指数 Ra 进行了要求，但特殊显色指数 R9 饱和红色、R15 黄种人平均肤色是许多空间健康照明涉及的重要指标（图 2-4-14）。它们常被应用于演播厅、摄影棚等需要真实再现皮肤颜色的场合，并在手术时准确呈现血液、器官组织颜色及病患脸色，帮助医生准确判断患者状态，具有不可替代的作用。

R9=90

R9=0

图 2-4-14　不同 R9 指数光源照明效果对比

3. 消除光环境中的视觉不适

视觉不适是指眼睛或眼睛周围的不适、疼痛、发红、发痒或流泪，通常还伴有头痛、恶心等症状，光照不足、阴影、眩光、频闪、闪烁、过多视觉信息刺激等均是可能导致视觉不适的光照条件。其中，无眩光和无频闪往往是消费者们竞相追逐的健康照明热点概念，然而却对这两个问题缺少正确的理解与认识。

1）眩光控制

建筑玻璃幕墙、刺眼日光直射、路灯光污染、汽车远光灯、道路补光监控灯，随处可见的眩光引起了人们极大的烦恼与不适。国际照明委员会发布的《CIE S 017/E：2020 国际照明词典（ILV）》（ILV: CIE S 017/E: 2020 International ligting Voabulary, 2nd Edition）[161]中对于眩光作了以下的定义："眩光是一种视觉条件。这种条件形成是由于亮度分布不适当，或亮度变化的幅度太大，或空间、时间上存在着极端的对比，眩光将导致视觉不舒适或降低观察物体的能力，或同时产生这两种现象。"眩光按来源可分成由视野内的光源直接引起的直接眩光（Direct Glare）和由视野内物体表面的反射光而带来的反射眩光（Reflected Glare）（图 2-4-15）。按照其对眼睛造成的影响可分为不影响视力但造成不舒适感受的不舒适眩光（Discomfort Glare）和造成暂时性视觉系统障碍的失能眩光（Disability glare）。在工作场所或在居室生活空间中，无论是哪一种眩光，若不进行有效控制将会致使人作业时感到吃力，引起烦躁情绪，增加事故发生风险，并带来视觉健康损伤。

眩光防控是必须注意的照明细节。在各个版本的照明设计标准中，眩光都是重要的照明质量指标。针对眩光的评价，根据照明应用场所的不同，国内外多项技术报告或标准，提出了不同的眩光评价指标及相应的限值范围，如道路照明中用阈值增量（TI）评价失能眩光，体育场馆中常用眩光指数（GR），而室内建筑空间常用统一眩光指数

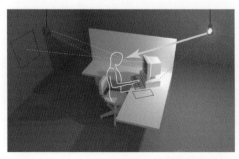
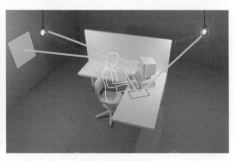

(a) 直接眩光　　　　　　　　　　　　　　　　(b) 间接眩光

图 2-4-15　直接眩光与间接眩光图示

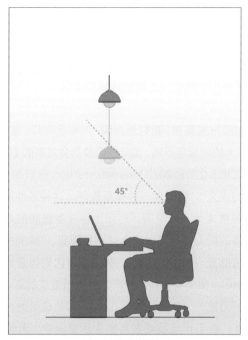

(a) 改变灯具布置高度

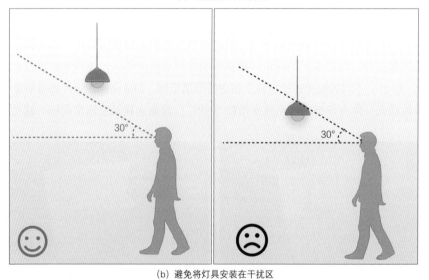

(b) 避免将灯具安装在干扰区

图 2-4-16　光环境设计眩光防控办法

（UGR）来评价。办公室、教室等的 UGR 限值一般为 19，而老人和视觉障碍患者对眩光更敏感，眩光控制要求相对更加严格，老年活动场所 UGR 指标需控制在 16 以下[162]。

　　眩光防控可以从光源的亮度、光源的位置、光源的外观大小与数量、周围的环境亮度四个方向上考虑。光源亮度越高、位置越接近视线、表观面积越大、数目越多，眩光则越为强烈。所以在设计光环境过程中，应注意限制灯具亮度，避免将灯具安装在干扰区内，同时控制灯具的投射方向，避开人的正常活动范围（图 2-4-16）。选用的灯具也应经过光学设计优化（图 2-4-17、图 2-4-18），筒灯遮光角应在 30°以上，最好达 45°左右，防止直接裸露于人眼视线范围。而平板灯需加装扩散材料制成的防眩光板 / 膜将高角度的光收束到工作面上。此外，室内表面还要避免采用过高光泽度的装饰材料。

　　2）暂态光调制（频闪）控制

　　固态照明光源能够在几个纳秒（ns）内对输入电流的波动非常快速地响应，一方面

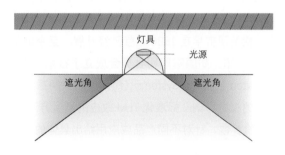

图 2-4-17　防眩光灯具遮光角

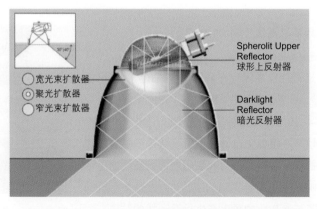

图 2-4-18　ERCO 防眩光灯具光学设计

实现灵活调光，另一方面也使得照明设备的光输出随着电调制波动而变化，这种变化被称为暂态光调制（Temporal Light Modulation，TLM）。光健康行业中反复提及的频闪（Stroboscopic Effect）即是光调制的一种。暂态光调制不但使人厌烦还对健康具有危害性，影响主要包括视觉感知、视觉功效、生物神经三个方面。暂态光视觉效应（Temporal Light Artefacts，TLA）指在具体环境中，随时间波动的光刺激引起观察者视觉感知的变化。TLA 有不同的类别，它包含人眼能直接感知到的"闪烁（Flicker）"，也包含有当静态的观察者附近有运动物体时才能够感知到的"频闪效应"。使人感知到闪烁的光变化频率为 0~80Hz 之间，使人感知频闪效应的光变化频率为 80~2000Hz。另一种暂态光视觉效应——幻影阵列效应（Phantom Array Effect）又称鬼影，是波动的光刺激引起的静态环境中的非静态观察者对物体形状或空间位置的感知变化。TLA 无论是否可被人直接察觉，都将带来一定视觉不适，降低视觉绩效，诱发头疼、视疲劳、偏头痛、癫痫等症状，也是安全事故隐患[163-165]。TLM 的大小、周期和频率等取决于诸多因素，如光源类型、电源频率、驱动器/镇流器技术、应用的光调制技术类型、调光器兼容性、电源电压波动等。国际照明委员会、国际电工委员会（International Electrotechnical Commission，IEC）对这个问题相当关注，相关研究早在 1936 年就已经开展，至今仍是研究热点。国际上成立了多个 TLM 的研究小组，如国际照明委员会成立了技术专家小组 TC 1-83 Visual Aspects of Time-Modulated Lighting Systems（时间调制照明系统视觉方面），专门研究照明系统暂态光调制的视觉影响。标准化 TLM 效应的测量方法和量值、建立 TLM 对人体健康风险的完善评价参数、针对不同产品或应用给出具体的限值，是目前各个专家小组的工作重点。

能否利用手机摄像头测"频闪"？

用手机摄像头对着光源，看屏幕上是否有条纹从而判断光源是否存在频闪也许只是个"伪命题"。手机摄像头可以对光随时间的变化作出响应，在显示屏上出现条纹（图 2-4-19）。但摄像头的卷帘快门效应、手机屏幕的刷新帧率、摄像头自动挡设置参数等手机屏幕和摄像头自身的技术规格，都会对最后屏幕上条纹的显示效果产生影响。手机所检测到的"频闪"或许只是手机的摄像刷新帧率与光变化的频率产生相互干扰的结果。

图 2-4-19　手机屏幕测频闪

2.5 色彩科学与光健康

2020 年全球抵御新冠疫情之际，国际色彩研究机构彩通（Pantone）公布了 2021 年年度流行色，极致灰（Ultimate Grey，PANTONE 17-5104）和亮丽黄（Illuminating，PANTONE 13-0647）两种独立的色彩传递安静的力量与温暖的希望。以双色组合出现的年度色彩，持久耐看，鼓舞人心，赋予在疫情肆虐、经济低迷环境之下生活的人们坚韧不拔的意志和乐观向上的精神，创造美好未来。色彩让人平静、让人兴奋，能够抚慰、能够激励，影响生理、心理和行为。光让人们看见色彩，色彩让光健康的研究更为精彩纷呈。

2.5.1　色彩与视觉

颜色不是物体的本质属性，而是人眼和大脑协作参与的生理心理过程，在人类视网膜中有超过 1 亿个感光细胞将接收到的外部信息传递给大脑进行信号处理，产生颜色视觉。颜色的感知从视杆细胞和视锥细胞对光的响应开始。视杆细胞分辨明暗差异，向大脑提供图像黑白灰度信息，描绘出颜色的明暗与饱和度，同时它们还负责感知物体的大小和形状。视锥细胞包括对红色长波长光敏感的视锥细胞 L-cones、对绿色中波长光敏感的视锥细胞 M-cones、对蓝色短波长光敏感的视锥细胞 S-cones，这三种类型的视锥细胞共同工作分辨入射人眼光线的波长差异，从而分辨色调（图 2-5-1）。例

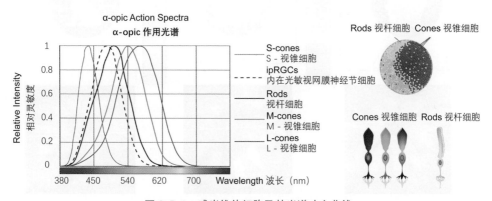

图 2-5-1　感光锥体细胞及其光谱响应曲线

如当人眼看到的是黄色物体时，L-cones 和 M-cones 视锥细胞同时工作，使大脑感知到黄色。

当人类的视锥细胞有缺陷时，会减弱其色彩辨别的能力，红色盲、绿色盲、蓝色盲因为各自缺失对某色光可以感应的视锥细胞，看到的色彩不同于视锥细胞发育健全的群体。剑桥大学的加布里埃尔·乔丹（Gabriele Jordan）和约翰·D. 莫伦（John D. Mollon）发现了一位拥有第四类视锥细胞的四色体女性，遗憾的是第四锥体的峰值并不在紫外线范围内，位于 M 椎体和 I 椎体峰值之间，即 530~560nm 之间，某种程度上暗示人眼对于自然光的识别仍停留在 380~780nm 附近的可见光波段[166]。

不同生物对不同光波段的敏感度和对色彩的捕获能力也是不一样的（图 2-5-2）。猫和狗只有两种视锥细胞，它们分辨颜色种类比人类少，是天生的色盲。但是猫的视杆细胞与视锥细胞数量之比为 20∶1，而人类仅有 4∶1，所以猫的夜视能力特别发达。鸟类对色彩的分辨超出了人类的"可见光谱"，它们拥有四种类型的视锥细胞，能够看到紫外线。开花植物在紫外光下有类似靶心或花蜜向导作用的特殊标记，吸引授粉昆虫。蜜蜂和大黄蜂有三色视觉，对红色不敏感，但对紫外光敏感，帮助寻找到花朵，采集花粉和花蜜。蛇的视力很差，但是它们拥有红外线光感受器，能够在黑暗中感受到热量。金鱼也能看见红外线，它们还能看见紫外线，被认为是世界上唯一既能看见紫外线又能看见红外线的动物。而动物界拥有最复杂的彩色视觉系统的是口形目动物如螳螂虾，它们的视觉系统拥有 12~16 种光受体类型。这也意味着人类看到的是独一无二的色彩世界。

图 2-5-2　人类和动物不同的色彩视觉

2.5.2　色彩与材质

人们对于材质的感知很大程度上是通过视觉和触觉进行的，而色彩感知占视觉感知的 70%。正确把握不同材质的质地和色彩机理，为不同的空间和人群设计恰当的色彩设计方案显得尤为重要。

1. 木质材料

人类 700 万年的演化历程中，99.99% 以上的进化发生在自然环境中，形成了亲近自然的天性。木材是一种天然材料，帮助人们建立与自然的连接，从而起到了消除压力、放松情绪、增加舒适性的作用，这种疗愈功效是其他类型建筑材料难以替代的（图 2-5-3）。除了视觉上的和谐感，木材还可以吸收紫外线，反射减少紫外线对人眼和皮肤的伤害。同时木材具有吸声隔音性能、保温、室内湿度调节性能，还能够挥发具有生理活性、杀菌消毒性能的芳香物质，对人体身心健康带来巨大的积极影响。

2. 塑料

塑料具有耐酸碱腐蚀、容易着色、易清洁、可被加工成各种形状等特点，由它做成的塑料制品广泛应用在室内装修的各个方面，如塑料贴面装饰板有各种颜色的表现，在建筑室内、车船、飞机及家具等上都有所应用（图 2-5-4）。通过对国际获奖作品的色彩与质感研究，目前的色彩趋势为黑白色系、蓝色系、粉色系、金属色系，质感趋势为珠光漆面、光滑科技、高光金属、磨砂微软。

图 2-5-3　室内空间中的木材应用　　　图 2-5-4　室内空间中的塑料应用

3. 石材

石材是一种独特的建筑材料，具有丰富的色彩和品种（图 2-5-5）。抛光、酸洗、哑光、拉槽等各类加工形式，让石材的纹理结构、凹凸质感更为多样。大理石、花岗石等是室内常用的石材类型，大理石的颜色主要包括白色、黑色、绿色、灰色、红色、咖啡色等；花岗石的颜色也丰富多变，一般为浅色，灰、灰白、浅灰、红、肉红等以及混合色，主要取决于组成的矿物成分的种类和比例。不同颜色和质感的石材应用于室内地面、墙面、柱面等界面的装修装饰，创造出不同的视觉、心理、情感效应。

4. 金属材料

金属材料具有适应性强、易于加工、造型灵活的特点，因此不锈钢、铁艺、黄铜等不同纹理、光泽度、粗糙度的金属材料，一直都是室内空间中的常见元素，创造出时尚现代、稳固厚重、洁净卫生、简洁冰冷的空间氛围（图 2-5-6）。合理利用金属材质与其他材质的组合，如小面积的家具、水龙头、艺术小品等也将使空间观感更加丰富。然而以抛光金属为代表的具有强烈的反光效果的金属材料应谨慎地使用，其所产生的光污染将对健康带来不利影响。

5. 玻璃材质

玻璃材质通过其独特的光线传输和折射性能，在建筑空间中创造了丰富的视觉效果和空间氛围（图 2-5-7）。透明作为玻璃最重要的材质特性，在塑造空间通透性和视

图 2-5-5　室内空间中的石材应用：粗糙石材与抛光石材

图 2-5-6　室内空间中的金属材质

图 2-5-7　室内空间中的玻璃材质

觉穿透性中起到重要作用。全透光玻璃使空间轻盈通透、视线流通，有助于减小空间的压抑和封闭感。半透光的乳白玻璃和磨砂玻璃使室内光线柔和、均匀、无炫目和阴影，有益于增强视觉和心理舒适。通过加入金属的氧化物、盐类成分或贴附光学膜，玻璃可呈现丰富色彩，在与光线的交互作用下，使色彩弥漫空间，从而唤起特定的情绪体验，产生积极的心理效应。

2.5.3　色彩认知与色彩心理

2000 年，苏格兰格拉斯哥市安装了蓝色路灯来改善市容，意外地发现安装了新的蓝色路灯，犯罪率下降。日本奈良紧随其后也实验性地建设了"蓝光街道"，街道的犯罪率也有所下降，蓝色光线减少了人们的冲动行为，帮助情绪镇定。海军军官吉恩·贝克（Gene Baker）和朗·米勒（Ron Miller）借鉴亚历山大·绍斯（Alexander Schauss）的色彩实验，将海军基地牢房涂成粉红色，使它们看起来像"小女孩的卧室"，来减少犯人们的暴力倾向，起到镇静作用，这种粉色被称作"贝克·米勒粉红"（图 2-5-8）。色彩是日常生活不可或缺的一部分，不仅体现在它对环境的装饰和美化，更体现在它是人类行为和认知选择的决定因素之一，色彩对人类认知、行为的影响已成

R:255
G:145
B:175

图 2-5-8　贝克·米勒粉红

为一个独立的研究领域——色彩心理学。

1875 年，欧洲博士庞扎（Ponza）搭建了具有不同玻璃、墙壁和家具色彩的实验房间，开展色彩效应实验[168]。实验主要对红色和蓝色的色彩刺激进行了研究。实验发现，在红色的房间里食欲不振、连续几日没有进食的被试开始渴望食物。在蓝色的房间中休息 1 小时后，好斗的病人平静了下来。这是由于红色比蓝色对视觉活动和自主神经系统功能具有更大的刺激作用，并引起了呼吸模式、脉搏、血压和肌肉紧张的变化。通过脑电图捕捉进入人眼的各种颜色所触发的大脑活动变化，脑电 α 带、θ 带和 θ-β 带宽总功率显示，红色对大脑中央皮质区感知和注意力的生物激活效果比蓝色更加显著[169]。事实上除了红、蓝两种色彩，橙、黄、绿、青、靛、紫、粉红等不同色彩的视觉刺激都具有不同的情感象征意义和生理、心理效应（图 2-5-9）。从日常的杂货、图标设计到产品包装，色彩引起的生理、心理效应已被广泛地运用到各个设计领域。

色彩是人类大脑根据已有视觉和认知经验，对于各种客观存在的有着特定波长光线物质的主观加工过程，因此色彩偏好对于色彩产生的生理、心理效应有非常大的影响。文化背景与色彩偏好密切相关。中国自古以来崇尚饱和度较高的正色，而日本则大多使用饱和度偏低的间色，这一特征可以从两国的传统色上体现出来（图 2-5-10）。颜色偏好还取决于生活环境的温度。寒冷地区的人喜欢温暖的颜色，如红色和黄色，而生活在热带地区的人则偏好冷色调，如蓝色和绿色。颜色偏好还取决于年龄和性别，研究显示，女性和男性分别喜欢"温暖"和"凉爽"的色彩。儿童的色彩偏好可以改变，而成人颜色偏好通常不具有可塑性。

不过探讨色彩的生理、心理影响不能只通过色调单一属性进行简单讨论，色调仅仅是构成颜色的三个维度中之一。色调、亮度和饱和度组合决定了色彩对人身心的整

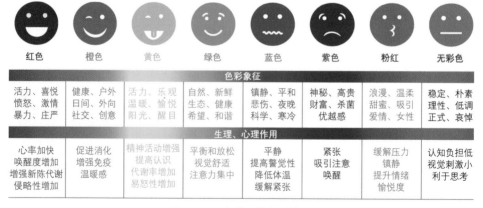

	红色	橙色	黄色	绿色	蓝色	紫色	粉红	无彩色
色彩象征								
	活力、喜悦 愤怒、激情 暴力、庄严	健康、户外 日间、外向 社交、创意	活力、乐观 温暖、愉悦 阳光、醒目	自然、新鲜 生态、健康 希望、和谐	镇静、平和 悲伤、夜晚 科学、寒冷	神秘、高贵 财富、杀菌 优越感	浪漫、温柔 甜蜜、吸引 爱情、女性	稳定、朴素 理性、低调 正式、哀悼
生理、心理作用								
	心率加快 唤醒度增加 增强新陈代谢 侵略性增加	促进消化 增强免疫 温暖感	精神活动增强 提高认识 代谢率增加 易怒性增加	平衡和放松 视觉舒适 注意力集中	平静 提高警觉性 降低体温 缓解紧张	紧张 吸引注意 唤醒	缓解压力 镇静 提升情绪 愉悦度	认知负担低 视觉刺激小 利于思考

图 2-5-9 色彩及其心理效应

图 2-5-10　中国家庭与日本家庭装修配色体现差异性的色彩偏好

体影响。红色使人兴奋、唤醒，蓝色使人沉静、放松，但是高亮度、高饱和的蓝色比低饱和暗淡的红色具有更强的唤醒效果。丽莎·威尔姆斯（Lisa Wilms）和丹尼尔·奥伯菲尔德（Daniel Oberfeld）开展了实验研究，对三维色彩空间独立变化的色调（蓝、绿、红）、饱和度（低、中、高）、亮度（暗、中、亮）进行析因设计组合，形成多个色彩场景，在 LED 显示屏上呈现，并连续测量皮肤电导和心率指标，从效价和觉醒两个维度评估被试的情绪状态。评分显示，高饱和和明亮的颜色与较高的觉醒水平有关，且与色调有关，颜色引起的心理响应是三个维度共同作用的结果，在研究与应用中要全维度地考虑[170]。

2.5.4　人类对色彩环境的需求

人类对色彩环境的需求主要包括生理需求、心理需求和物理需求三个方面。

色彩对人的生理影响可以通过心率、血压、脑电、呼吸频率等表现出来。人类视觉可以捕捉到的可见光谱段有不同的电磁波长和不同的色彩表现，通过视觉转化成神经冲动到达大脑，从而调节身体各种腺体分泌激素，进而调节身体内色谱平衡（图 2-5-11）。露易丝·斯威诺夫（Lois Swirnoff）经过实验发现高饱和度的红光让人兴奋，而蓝光给人带来冷静的感受[171]。纳文（K. V. Naveen）和泰尔斯·雪莉（Telles Shirley）发现当人体（被试闭着双眼）暴露于蓝光环境下，呼吸频率和血压均降低[172]。德克萨斯大学建筑学院南锡·克瓦勒克教授（Nancy Kwallek）团队的研究发现，在红墙办公室中工作的被试平均焦虑感和压力值更高[173]。设计者可以根据实际情况，通过分析空间的场所氛围感、使用者的行为特点、色彩生理需求，设计符合使用者色彩生

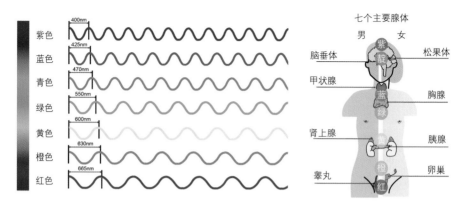

图 2-5-11　不同彩色光调节身体健康

理需求的固体色设计或彩色光设计方案。安静的空间可选偏冷色调的颜色，活动性的房间可以考虑选择暖色调的色彩设计。

色彩对人的心理影响来源于生理影响，大量学者对于色彩如何影响人们的心理做了相关实验和探索，发现暖色调可以引起人们激动的情绪，而冷色调有平静的作用：可见光谱有不同的电磁波长和引起不同人眼的颜色感觉，分别对应调节控制人的不同腺体。帕特里夏·瓦尔德斯（Patricia Valdez）和阿尔伯特·迈赫拉比安（Albert Mehrabian）使用 PAD 情绪三维评估模型，发现蓝色、蓝绿色、绿色、红色和紫色使人愉快[174]。在实际色彩设计中，应从使用者的心理需求出发，设计出符合其心理需求的色彩设计方案。

颜色的视觉感受与物理量度存在对应关系，影响人对空间和物体冷暖、远近、轻重、大小等性质的判断。在空间设计中，颜色的这一效应被广泛需求，如冷色系和明度较低的色彩装修，给人以后退、远离的感受，应用其使空间产生宽阔感、开敞感。明度和纯度影响颜色的轻重感，明度和纯度高的颜色使人感到轻盈，如蓝天白云。藏蓝、黑、棕黑、深红等颜色让人感觉物体的重量增加，空间看上去更加沉稳、庄重。暖色系和明度高的色彩具有前进、凸出的效果，使空间看上去更加紧凑（图 2-5-12）。医院手术中心、病区及一些地铁站设施往往都有一个狭长的走廊，非常单调沉闷，这时应使用纯度高的橙色、黄色，让空间显得紧凑，减少人们的烦闷。

色彩的导视作用主要体现在空间识别、空间导向、安全标志等上，尤其是对于人流量或车流量较大的空间，如地下停车场、医院、办公楼、商场等流向复杂的建筑场所，可以利用色彩和照明设计增强人们的方位辨别感，快速疏散人流（图 2-5-13、图 2-5-14）。

冷色产生后退感　　　　暖色产生前进感
(a) 颜色的前进与后退

饱和度高、明度低，视觉感受更重　　饱和度低、明度高，视觉感受更轻
(b) 色彩饱和度与颜色重量感

图 2-5-12　色彩的视知觉效应

图 2-5-13　色彩导视引导复杂流线

图 2-5-14　色彩导视的醒目作用

2.5.5　特征人群的色彩偏好

1. 儿童

儿童对颜色的偏好思维方式、认知水平和日常活动有较大关联，总体而言，儿童偏好色彩明度和饱和度更高的纯色，如红色、黄色、绿色等，这或许与他们的视锥细胞发育不完全或缺乏色彩记忆有关，高饱和度的鲜艳色彩能引起更多的视觉刺激，更能够吸引儿童的注意。不过在儿童居住学习空间中，大面积刺激性的饱和色彩应克制

使用，以免引起视觉疲劳。各年龄段儿童视觉与信息处理能力上存在差异，因此婴幼儿、学龄儿童、青少年视觉环境的色彩丰富度也应相应调整（图 2-5-15）。

2. 女性

相对于男性，女性更善于区分颜色，尤其在不同色调之间的细微差异和对色彩进行描述方面。假如男性只能描述一个颜色为红色，那么女性则可以将它们描述为葡萄红、樱桃红、石榴红等多种色彩[175]。成年后的颜色偏好可能归因于心理、生理、职业和文化背景等原因。不同国家、不同信仰、不同教育背景的女性对于颜色偏好也不相同。相比偏好于明亮对比色的男性而言，女性更喜欢柔和的色调以及紫色、粉色、粉橘、黄绿等带有纯真、温柔意向的色调。女性生活空间的色彩搭配需营造一种温馨、轻松的氛围，特别是对处于孕产分娩、生理期等特殊阶段的女性，饱和度低、明度高、复杂度低的色彩组合，给视觉、心理、生理带来的刺激相对小，更容易被接纳。

3. 老人

色彩设计是适老空间无障碍设计的重要内容，也将给老人带来舒适和关怀，弥补老人生理和认知增龄性退化造成的损失。老人对色彩的偏好与生活质量有一定相关性。随年龄增长，老人眼晶状体变硬、变厚、变黄，同时色觉的细胞敏感度下降，视野中的景物饱和度下降，很难分辨色调的细微变化。老人需要通过色彩环境的视觉线索，确保无障碍出行、活动，因此他们偏好于饱和度高、对比性强的色彩及组合（图 2-5-16）。行动不变、长期照护会使老人感到孤独和恐惧，老人空间组合色

图 2-5-15　上海儿童医学中心宝贝之家

彩的应用还应考虑积极的情感效应，结合具体情境利用色彩组合调动情绪，用作情感支撑。

4. 病患

疗愈是针对病患人群色彩设计的核心。出于对病患生理、心理状态的考虑，病患所处空间色彩设计宜在环境中引入自然元素和自然色彩，如绿叶、青山、天空、花朵、树木等，用自然色彩对其心理带来正面干预，改善患者焦虑、抑郁等不良情绪，激发他们对生活的积极向往，促进疗愈（图 2-5-17）。

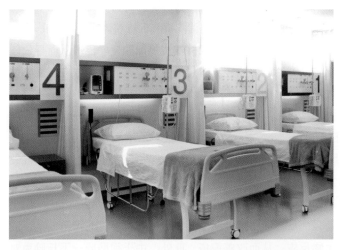

图 2-5-16　隔离带色彩设计帮助老人寻找床位

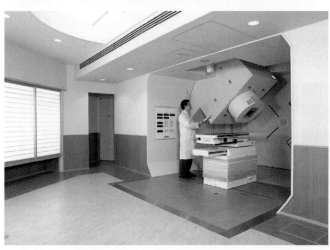

图 2-5-17　日本静冈癌症中心用亲近自然的色彩和材料带给病患情感安慰

2.6 光疗法

　　光照的疗愈作用已沿用了数千年，起初人类利用自然光强健身体、治疗疾病，随着可见光谱以及随后紫外光谱、红外光谱的发现，光疗的应用范围也被日益拓展。时至今日，光照的疗愈作用已覆盖新生儿黄疸、皮肤美容、抑郁症及癌症治疗等包含各年龄段人群的各医疗领域（图 2-6-1）。根据维基百科的定义，光照疗法（Light Therapy）具体指以日光或特定波长的光为光源，防治疾病和促进机体康复的方法。

　　光疗的理论基础是生物组织吸收光能并将光能转变成热能和化学能，从而导致体内产生一系列连锁的化学反应。光的理化效应具体包括热效应、光化学效应、光电效应和荧光效应，而不同的效应会对机体产生不同的作用效果。光疗的作用效果主要与波长、照射剂量和照射方式有关，利用各色光子作用于机体产生不同的光化学反应，以达到治疗伤口和美容等目的。

　　在光疗中可利用各波段光的不同特性，针对性地发挥功效（图 2-6-2）。其中红外光及红光的光热效应显著，能够使组织温度升高，促进血液循环，加速伤口愈合，从而能够促进血液循环、加速伤口愈合。蓝光的光化学效应已被广泛应用：首先，由于蓝光对胆红素的水解作用最强，从而能够治疗新生儿黄疸；其次，蓝光可与痤疮丙酸杆菌内的卟啉发生光化学生物反应，从而改善痤疮；此外，由于视网膜—下丘脑束对蓝光最为敏感，蓝光还与节律调节密切相关。紫光及紫外光能量较大，可使细胞分子产生光化学反应，如光分解效应、光化合效应、光聚合作用和光敏作用等，因而具有消炎、镇痛、治疗骨骼疾病等作用。

(a) 蓝光治疗新生儿黄疸　　　　(b) 光疗美容　　　　(c) 皮肤病光疗

图 2-6-1　光疗应用场景

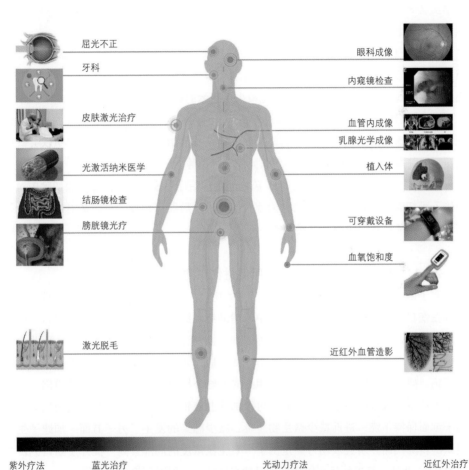

屈光不正

牙科

皮肤激光治疗

光激活纳米医学

结肠镜检查

膀胱镜光疗

激光脱毛

眼科成像

内窥镜检查

血管内成像

乳腺光学成像

植入体

可穿戴设备

血氧饱和度

近红外血管造影

紫外疗法　　　蓝光治疗　　　　　　光动力疗法　　　　近红外治疗

图 2-6-2　光疗法的广泛应用

光疗作为新兴的有效治疗手段，与药理性治疗相比具有诸多优势。

（1）安全性：国内外的研究充分表明，各色光对机体或细胞进行照射时仅会对异常的组织细胞产生一定的作用，不会对正常的组织细胞产生不良的影响。因此作为非药理性手段，光疗法副作用小，在机体内无残留，且不存在后遗效应。

（2）广泛性：由于光丰富的理化效应，光疗的领域涉及肿瘤科、精神科、骨科、医学美容等医疗领域的方方面面，而其中在各类癌症治疗中，光动力疗法又对不同细胞类型的癌组织都具有功效。

（3）低创伤性：在治疗过程中对于皮肤类疾病多采用体外照射，而光动力治疗多用穿刺针、光纤、内窥镜等介入技术，将光源引导到体内深部进行治疗。相比手术而言，光疗能够做到无创或微创，最大限度地减少了患者的创伤和痛苦。

（4）高选择性：在光疗中可通过对病菌、肿瘤等攻击目标进行针对性的光源、波长、剂量的选择，达到精准作用的效果而不损伤其他组织，如在癌症治疗中仅会破坏光照区的肿瘤组织，在痤疮治疗中仅杀死痤疮杆菌等。

（5）高辅助性：光疗可与手术、药物等多种治疗手段相结合，如肿瘤切除中对于初始不可切除的肿瘤先进行光动力治疗，使其缩小后即可切除；再如在治疗失眠时采用蓝光与褪黑素共同作用，效果更佳。

2.6.1 修复之光——红外线光照促进伤口愈合

对于诸如烧伤、溃疡、外科手术等产生的伤口，依靠机体自然生长愈合速度缓慢，且存在伤口感染的风险，因此在医疗中常借助红外线或红光来加速伤口的愈合。由于光疗的修复效果优异且副作用极小，可以加快恢复速度并减少病患的痛苦，因此应用的领域非常广泛且适用于全年龄段人群，如剖腹产术后、新生儿术后、严重烧伤、慢性溃疡、痔疮等。修复光疗的机理利用红光及红外线可穿过皮肤，直接使肌肉、皮下组织等产生热效应的特点：一方面，可以加速血液物质循环、加速组织间液的吸收，利于创面保持干燥，进而减少微生物生存、减少感染的发生；另一方面，加速了生态组织的新陈代谢。研究表明可能是由于一氧化氮浓度的局部升高，提升了伤口的自愈能力[176]。此外，红外线还可以降低神经的兴奋性，起到缓解疼痛的作用。

在实际应用中，各波段成分的配比十分重要。应用于光疗的红外线可分为中短波红外线和长波红外线。其中长波红外线的穿透性相对较弱，多被表层皮肤吸收；而中短波红外线的穿透性最强，可以直接对深层肌肉、血管组织加热，治疗效果也更好（图2-6-3）。因此，中短波红外线比例的高低是影响修复光疗效果的重要因素之一。

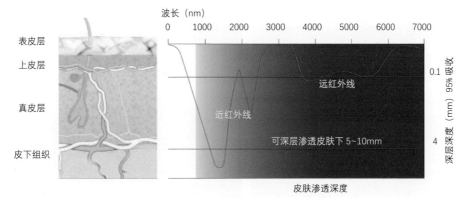

图 2-6-3　不同波段红外线的穿透能力

2.6.2　美丽之光——光与皮肤美容

光疗在皮肤美容领域的应用可分为紫外光治疗皮肤病及可见光祛痘嫩肤两大类。在治疗皮肤病方面，国内外临床试验表明，窄谱中波紫外线光疗可有效治疗白癜风，其治疗机制可能与其较强的穿透性、抑制免疫系统作用及调节各种细胞因子和炎性介质的平衡有关。紫外光在银屑病治疗中的应用也十分广泛，主要通过调节皮肤免疫系统、抑制表皮细胞增殖来发挥作用 [177]。此外，窄谱中波紫外线对于光敏性皮病、扁平苔藓和脂溢性皮炎等其他皮肤病也有良好的治疗效果 [178]。

而在美容领域，不同波段的可见光具有各异的功效。NASA 的医学实验证明，波长为 650nm 左右的红光照射可提高细胞线粒体新陈代谢水平，促进胶原蛋白形成，使其比人体正常细胞分化所产生的数量大幅提高 [179]。而波长在 580nm 左右的黄光，可增强肌肤胶原细胞的活性，促进胶原蛋白合成，增强皮肤的胶原纤维和弹性纤维，因此可用于美白 [180]。至于波长在 415nm 左右的蓝光，国内外临床实验研究表明，可有效杀灭痤疮丙酸杆菌，还能减少粉刺和炎性皮损数量，促进组织修复，改善肤质（图 2-6-4）[181]。

当下家用 LED 美容灯如红蓝光治疗仪、嫩肤仪等十分火爆（图 2-6-5），然而与医疗机构相比，它们的功效甚微，这是因为出于防止光损伤的安全角度考虑，牺牲了波长及照射距离。首先，医用的蓝光治疗仪使用最利于杀灭痤疮丙酸杆菌的波长为 415nm 左右，但此波段的光存在光损伤的风险，因此家用美容仪改用较为安全的 460nm 波长，灭菌效果也会降低；其次，医院治疗时将光板放置在距离皮肤表面 1~4cm 处，而家用推荐距离多为 10~30cm，因此功效也会大幅衰减。此外，对于医美光源的排布方式，LED 光疗美容仪多以点阵列摆放，这不宜于面部每个细小部位受光均

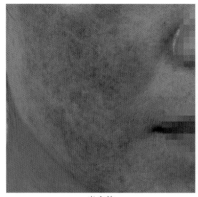 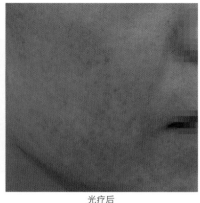

光疗前 　　　　　　　　　　　　　　　　光疗后

图 2-6-4　痤疮光疗前后效果对比

图 2-6-5　蓝光美容治疗仪

匀，而且 LED 灯还会随着发光时间的延长温度升高，如果没有一个完善的散热优化设计，光疗美容效果会受到一定的影响，因此，发光均匀、散热问题小的面光源如 OLED（有机发光二级管）面板在光疗美容中将获得较广泛的应用前景。

　　光疗法不仅美容还能解决许多人都受到的"脱发困扰"。红色或近红外激光具有促进组织修复和再生的功能，在临床实践中，作为低水平激光治疗（LLLT）、低强度光疗法（LILT）被广泛应用。红光或近红外低强度光刺激线粒体，并可通过抑制性一氧化氮与细胞色素 c 氧化酶的光解改变细胞代谢，增强三磷酸腺苷（ATP）的生成，从而促进细胞内能量转移以及促进循环，增加毛囊的营养，刺激新的毛发生长。美国北卡罗来纳州的光疗设备开发商 Revian 开发了由手机 App 控制的光疗帽子，通过 620nm 和 660nm 双波长 LED 灯照亮头皮治疗脱发（图 2-6-6）。

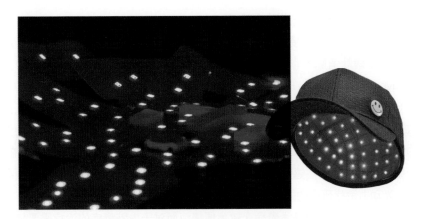

图 2-6-6 Revian 开发的脱发光疗棒球帽

2.6.3 听见之光——光学人工耳蜗

人工耳蜗是一种将声波转换为电信号，然后将电信号发送到听觉加工神经细胞的生物医学装置。哥廷根大学医学中心的科研团队结合 LED 与基因操作技术制造了一个可以成功恢复耳聋者声音感知能力的光学人工耳蜗（图 2-6-7），光纤取代电子电极、光刺激取代电流激活耳蜗听觉神经元，并解决传统人工耳蜗声音信号的分辨率和清晰度问题。目前该项技术已完成了以成年沙鼠为对象的动物听觉行为测试[182]。

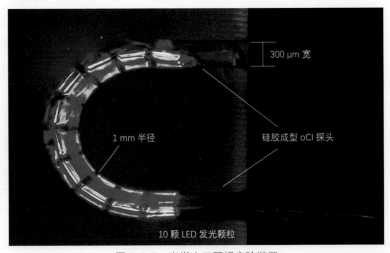

图 2-6-7 光学人工耳蜗实验装置

2.6.4　希望之光——光动力治疗

传统癌症治疗形式主要通过外科手术切除、化学治疗、放射治疗来破坏或抑制癌细胞，存在病灶清除不彻底、副作用对人体机能损伤大等各类问题。光动力疗法（Photodynamic Therapy，PDT）是用光敏药物和激光活化治疗肿瘤疾病的一种新方法（图2-6-8），它是将会选择性聚集于肿瘤组织的感光剂注入人体，用特定波长光照射肿瘤位置，使光敏药物活化，从而诱发光化学反应达到破坏肿瘤的目的。光动力治疗突出的优势在于精准、靶向、创伤小、可重复治疗。光动力治疗必备的三要素为感光剂、光源和细胞中的氧分子，感光剂及光波波长的选择是光动力治疗的关键。新型高效的光敏剂是光动力治疗研究的关键部分。

光动力疗法应用于治疗浅表病变较为便捷，而对于内脏癌症的治疗需要借助光纤或内视镜将光源照射病理部位。对于浅表病变及光纤可到达的区域，光动力疗法可应用于皮肤癌、膀胱癌、肺癌等治疗，此外对于其他病变如皮肤病、老年黄斑变性、龋齿等也有很好的疗效。

2.6.5　生命之光——光遗传学

光遗传学（Optogenetic）是一门诞生于2005年，结合了光学、软件控制、基因操作、电生理等技术前沿交叉生物工程的学科。一直以来，研究大脑和心理疾病主要

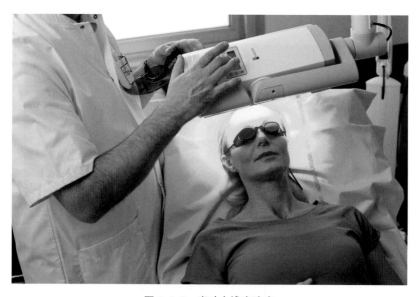

图2-6-8　光动力浅表治疗

是通过电极或药物刺激特定大脑区域来进行，然而这些方法的速度和精度都难以满足人们的需要，同时还具有侵入性。神经科学家们希望找到一种方法，在不改变其他条件的情况下，精准地对大脑内的神经元进行操控，以便调查神经元的功能，了解大脑神经网络连接，探究人类病理生理过程、情感和行为背后的复杂神经机制。美国斯坦福大学的卡尔·戴瑟罗斯（Karl Deisseroth）和麻省理工学院的爱德华·博伊登（Edward Boyden），采用慢病毒基因载体将一种天然的海藻蛋白质视紫红质通道蛋白 2（channel rhodopsin-2,ChR2）进行改造，并用蓝光成功实现了动作电位与突触传导的兴奋抑制性控制，实现了对神经细胞的毫秒级靶向操控，他们取得了科研竞速的胜利，一个新的研究领域自此诞生[183]。

　　卡尔·戴瑟罗斯团队将光线照射到小鼠的大脑中，通过光开关操纵相关神经元的兴奋与抑制之间的平衡关系（E/I 平衡），改善了自闭症小鼠的社会行为缺陷和多动症，证实了光遗传技术通过调节大脑神经回路作为自闭症治疗手段的潜力（图 2-6-9）[184]。光遗传学的手段还有望用于恢复阿尔兹海默症患者的记忆，以及治疗帕金森症、嗜睡症、抑郁症和焦虑症等。光遗传技术工具为神经科学、细胞生物学信号通路研究方面带来革命性的促进作用，2007 年麻省理工科技评论（*MIT Technology Review*）将其评为十大最有影响的生命科学技术之一。光遗传学技术精准控制特定细胞在空间与时间上的活动。尤其是时间上精准程度可达到毫秒，潜在应用非常广泛，甚至覆盖我们从出生到衰老整体生命阶段的疾病。即使光遗传学还是一门基础科学研究，光控特异性、移植元件侵入性等难题还有待解决，但其造福于人类健康指日可待。

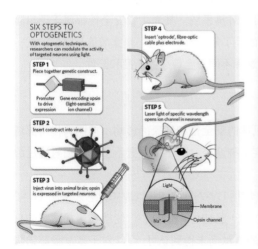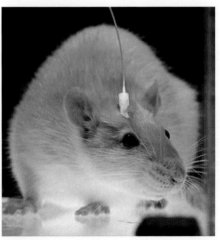

图 2-6-9　光遗传学操作的六个步骤

2.7 光生物安全与防护

　　有害光辐射可对人体组织特别是皮肤和眼睛产生诸多不良影响，包括白内障、结膜炎、视网膜炎、皮肤弹性组织变性等一系列的症状。光生物安全即是对光辐射的安全性问题进行的研究。主要研究内容包括光辐射对人体生物效应的定量关系、灯具与照明系统产生的光生物安全辐射的测量与评价、对光辐射的安全限制和防护方法几个方面。不同波段的光辐射，以及 LED、白炽灯、卤素灯、荧光灯、高强气体放电灯、弧光灯以及灯组阵列等各种类型的光源及发光体均存在着潜在的光生物安全问题，即包括光辐射对人体的直接损伤，也涵盖光对人体健康产生的相关影响。近年来，半导体材料科学和技术的极大进步，提高了 LED 照明产品的功效和稳定性，亦大幅降低了成本，各类 LED 照明产品，特别是大功效的 LED 有了广泛的应用。随着市场扩容，产品品种繁多、质量参差不齐等问题亦浮出水面，促使人们开始关注照明产品的品质与安全。根据暴露于光辐射的组织部位、入射光辐射波长、光辐射暴露强度和持续时间，将造成不同类型、不同程度的影响，在严重有害光辐射暴露的情况下，这些影响可能是永久的。但在常规应用的情况下，无需对灯具与照明系统的光毒性、光损伤过度恐慌。目前光生物安全检测已被国家纳入强制性检测范围，成为照明产品进入市场的准入许可。基本上市场上获得质量合格认证的灯和灯具系统，其光生物安全性都属于无风险或低风险类别。对于使用者来说，更重要的是了解可能的风险、暴露阈值与防护方式，以安全监测报告为依据，为不同应用场合选择不同安全等级的产品和配件。

2.7.1　光辐射危害作用部位

　　光生物安全主要研究光辐射对生物机体的安全性和健康的影响，按照其作用部位可分为对眼部产生伤害和对皮肤产生伤害两种途径。图 2-7-1 显示了不同辐射通过眼部组织的传播。

　　紫外光辐射 (Ultraviolet Radiation) 包括 UV-A、UV-B 和 UV-C，绝大部分 UV-C 会被大气层吸收，能够到达人眼晶状体的部分是 UV-B 和 UV-A，能够到达视网膜的只有 UV-A。紫外光辐射对于视觉感知方面的贡献尚未得到认可，而其对于多重眼部结构的损伤却是真实存在的。因携带比可见光更高的能量，暴露在高剂量紫外光辐射下会导致直接的眼部细胞损伤,如光致性角膜炎、白内障和黄斑病变等,并对癌症的发展有着重要作用。

紫外光辐射过量作用于角膜,会导致角膜和结膜的灼伤,引起眼部疼痛、泪水增多、眼部抽搐, 在面对强光和瞳孔收缩时感到不适, 例如雪盲症;紫外光辐射过量作用于晶状体,随着时间推移会发展成晶状体浑浊,表现症状如视力下降、视力障碍、失明等;紫外光辐射过量作用于视网膜, 带来视网膜病理性损伤, 表现症状如视力模糊、视力下降等。

红外光辐射 (Infrared Radiation) 包括 IR-A、IR-B 和 IR-C 三种红外线。不同于紫外光造成的光化学危害,红外光辐射危害主要是热灼危害。红外光的频率与大多数物质分子的固有振动频率相近, 非常容易被物质吸收而引起热效应。高功率光辐射使人眼组织温度上升,当温度上升超出阈值,组织内蛋白成分将发生变性凝固, 而产生损伤。不同波长的红外线, 对人体的影响也是不一样的。IR-C 可伤及眼睛外表和角膜,IR-B 能够到达晶状体, 而 IR-A 则会对视网膜发生热灼伤, 严重时可造成不可逆的损伤, 甚

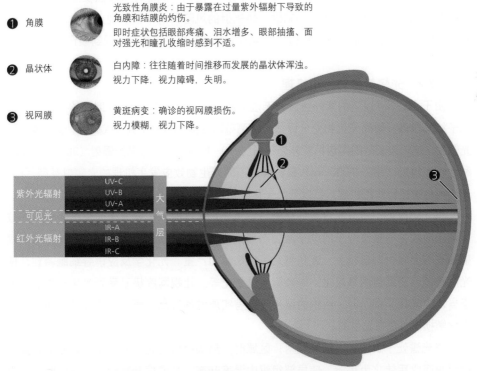

图 2-7-1　不同光辐射对眼部组织作用传播示意图

至导致视力丧失。

蓝光辐射是指光源 400~500 nm 的蓝光波段。蓝光直接与视觉感光细胞中的视觉色素反应或者与视网膜色素上皮细胞中的脂褐素反应，这些光化学反应都会产生大量具有细胞毒性的自由基，破坏细胞的正常生长。皮皮·阿尔格维尔（Peep V Algvere）等人的研究表明蓝光对视网膜有很大影响[185]。吉安卢卡·托西尼（Gianluca Tosini）[186]和吴智惠（Ji Hye Oh）[187] 的研究表明，蓝光危害会引起节律紊乱，影响人的心理健康。吉娜·格里克曼（Gena Glickman）和乔治·布雷纳德的研究讨论了高强度蓝光引发乳腺癌的风险[188]。

光辐射到达人体皮肤时，一部分的入射光被反射，剩余的光透射进入表皮和真皮。短波光辐射如紫外光辐射照射到皮肤上，一方面会直接损伤 DNA，导致皮肤晒伤；另一方面 UV 激发产生活跃的自由基攻击 DNA 和其他细胞，如胶原蛋白。而胶原蛋白对皮肤弹性有重要影响，胶原蛋白损伤造成弹性组织变性，从而最终引发皱纹和皮肤老化。皮肤在反复的紫外辐射下会产生防卫机制，这将导致皮肤上层表皮增厚，以减少紫外辐射的穿透效应，并制造吸收紫外光的黑色素，使色素沉淀造成皮肤变黑。长波光辐射如红外辐射 IR，主要表现为热辐射，热辐射的风险目前常被忽视，因为通常人只有在感到疼痛时才会察觉到过量辐射，而实际上在没有痛感前细胞已受到损伤。

2.7.2　光辐射危害作用机理

由于 200 nm 以下的紫外线波段无法穿透大气，大于 3 000 nm 以外的远红外光谱光子能量较低，因此光生物安全评估与检测范围覆盖 200 nm 到 3 000 nm 波长范围的光辐射，这一波长范围内包括紫外光辐射（200~400 nm）、可见光辐射（380~780 nm）和红外光辐射（780~3 000 nm）三种具有不同光生物效应发生机理的光辐射类型[189]。光辐射危害按照作用机理，可以分为光化学伤害和热辐射伤害两种类型。

当光辐射处于短波长（紫外辐射与可见光）区域时，主要发生光化学损伤。光被生色团吸收并导致该分子的电子激发态形成时，光化学损伤发生。光化学反应与光辐射波长与光辐射剂量相关，波长越短，损伤越为严重。光化学反应诱导细胞凋亡、使光感受器件受到自由基攻击，导致脂质过氧化等，让视网膜极易受到光化学损伤。由于当发生光化学损伤时，组织的温度不会有实质性的升高，所以无论人是否注意到，光化学损伤也是在发生的。

当光谱处于长波长（红外辐射）区域时，热辐射机制起主要作用。高能量光辐射被组织吸收后转化为热能，使局部组织内温度升高，当温度升高到一定限度时，将引起组织内的各种蛋白质成分（包括酶系统）发生变性凝固从而产生损伤；只有很高强度的红外光辐射才能引起热损伤，日光、室内照明以及使用桑拿浴红外线灯情况下引起损伤的情况非常罕见，但操作红外激光束设备、长时间强烈日光下活动，长期高温作业时需对此进行防护。此外，极短时间内的强光照射，眼内细胞组织在光子的冲击下将发生机械性损伤，引起视网膜出血和穿孔。

　　国际电工委员会标准 IEC/EN 62471: 2006 Photobiological Safety of Lamps and Lamp System（IEC/EN 62471: 2006 灯和灯系统的光生物安全标准）将照明产品 200~3000nm 波段中的紫外辐射、可见光辐射（蓝光辐射）和红外辐射对人体的光生物危害分为八类，对应的波长范围、作用部位和机理如表 2-7-1 所示[190]。针对不同类型光源及应用场所的照明产品，其光生物安全考察和测量的侧重点各有不同。白炽灯、卤素灯为利用热辐射发光的光源，应关注它们的视网膜和皮肤热危害及红外辐射的危害，如 IEC 60432-2: 1999 Incandescent lamps — Safety specifications — Part 2: Tungsten halogen lamps for domestic and similar general lighting purposes（IEC 60432-2: 1999 白炽灯安全规范　第 2 部分：家庭及类似场合普通照明用卤钨灯）中所规定的[191]。荧光灯由灯管内的紫外线激发灯管内壁的荧光粉产生白光，应关注到它的紫外线辐射问题。LED 光源灯具与照明模块，光谱中蓝光部分占比较多，应特别关注它的蓝光危害。国际电工委员会于 2012 年对各类照明产品的安全标准展开全面修订，增加以上关于蓝光危害等光生物危害的考量要求。欧盟 ErP（Energy-related Products) 能效指令 (EC 244/2009) 及我国现

表 2-7-1　各波段光辐射对人体的影响

危害	波长范围 /nm	基数	生物学效应	
			眼睛	皮肤
光化学紫外危害（皮肤和眼睛）	200~400（加权）	辐照度	角膜—角膜炎 结膜—结膜炎 晶状体—白内障	红斑 弹性组织变性 皮肤癌
UV-A 危害	315~400	辐照度	晶状体—白内障	—
视网膜蓝光危害	300~700（加权）	辐亮度	视网膜—光致视网膜炎	—
视网膜蓝光危害（小光源）	300~700（加权）	辐照度		—
视网膜热危害	380~1 400（加权）	辐亮度	视网膜—视网膜灼伤	—
视网膜热危害（低视觉刺激）	380~1 400（加权）	辐亮度	视网膜—视网膜灼伤	—
红外辐射危害（眼部）	780~3 000	辐照度	角膜—角膜灼伤 晶状体—白内障	—
皮肤热危害	380~3 000	辐照度	—	皮肤—灼伤

表 2-7-2　光生物安全危险评级及对应

危险评级	分类科学基础
0 类危险（无危险）	无光生物危害
1 类危险（低危险）	在曝光正常条件下，灯无光生物危害
2 类危险（中度危险）	灯不产生对强光和温度不适敏感的光生物危害
3 类危险（高危险）	瞬间辐射会造成光生物危害

表 2-7-3 各类危害产生之前所需的辐曝时间（单位：秒）

危害	0 类危险	1 类危险	2 类危险	3 类危险
光化学紫外危害	30 000	10 000	1 000	—
UV-A 危害	1 000	300	100	—
蓝光危害	10 000	100	0.25	—
蓝光危害（小光源）	10 000	100	0.25	—
视网膜热危害	10	10	0.25	—
视网膜热危害（低视觉刺激）	1 000	100	10	—
红外辐射对眼睛危害	1 000	100	10	—

有产品标准对灯或灯具的特定有效紫外辐射功率 (mW/klm)、蓝光危害等也有相应规定。

多个国际组织已出台相应灯和灯系统的光生物安全、光辐射安全的技术标准，并不断进行更新完善，如国际照明委员会和国际电工委员会发布了灯和灯系统的光生物安全的联合标准 CIE S 009/IEC 62471:2006 Photobiological Safety of Lamps and Lamp Systems，考虑了国际非电离辐射防护委员会（International Commission on Non Ionizing Radiation Protection, ICNIRP）规列出的所有可能影响皮肤和眼睛的光生物危害（热危害和光化学危害），并引入了风险组的概念，这些风险组取决于为每种类型的光生物危害评估的最大允许暴露持续时间。欧盟基于在 2008 年出版了 EN 62471:2008 Photobiological Safety of Lamps and Lamp Systems，考虑了欧盟人工光辐射指令 2006/25/EC 指令的要求，限值更为严格。国际电工委员会还针对灯和灯具系统的蓝光危害评价推出补充标准 IEC/TR 62778：2014 Application of IEC 62471 for the Assessment of Blue Light Hazard to Light Sources and Luminaires，服务于 LED 光源推广应用过程中蓝光危害的评价工作。此外，美国国家标准学会（American National Standards Institute, ANSI）还发布了 ANSI/IES RP-27 Recommended Practice for Photo-biological Safety for Lamps and Lamp Systems—Measurement Techniques。这些标准将光源的光生物风险等级分为 RG0（无危险级）、RG1（低风险）、RG2（中风险）和

RG3（高风险）四个等级（表 2-7-2）。在此标准下，太阳光在所有等级中是危险性最高的，在遵守光辐射限值和暴露时间的规定情况下，除非是长时间凝视光源，常规用户所接触到的产品和光源都属于光生物危害低风险等级（RG0、RG1）。

2.7.3　人居照明的光生物安全性和控制措施

对于日常照明产品的选用可以充分参考当前测量标准给出的建议。对于白炽灯、卤钨灯（特殊用途除外）、荧光灯、高低压气体放电灯和 LED 灯而言，其红外辐射等级、蓝光辐射等级和紫外辐射等级都属于无风险或低风险等级。对于非自屏蔽灯具（如手持式灯具），灯具安装说明书中会注明安装距离和安全使用规范，此类灯具的蓝光辐射危害通常不需要进行进一步评估（除非使用窄光束光学元件）。对于儿童的灯具使用安全性而言，采用 LED 白光的儿童台灯，看起来比采用 LED 黄光的灯具光色更冷，可能包含更多的蓝光成分。经使用评估表明，在合理可预见的使用状态下，灯具并不会超出蓝光危害曝光限值，且此种曝光程度通常低于观视蓝天时的蓝光暴露程度。考虑到儿童对光的敏感性，国际照明委员会建议儿童可能看到的玩具和其他设备不使用蓝光指示灯，或将蓝光曝光极限值降低为原限值的 1/10，家长在替儿童选购玩具和同类设备时，也应加以注意[192]。

光损伤也有急性和慢性之分，短时强烈的有害光辐射暴露导致的人眼和皮肤光损伤表现为灼伤、刺痛、畏光、流泪、视力骤降等，可以直接被察觉，治疗及时可得到恢复，急性损伤风险的灯具光生物安全测量方法与标准已发展得相对成熟。人眼持续不断地暴露在日光与室内照明的外部光源气中，氧化和光化学作用也将会促成慢性累积性损伤，当到达一定临界点之后，病理症状出现，很难被逆转。灯具与照明系统长期光生物安全性，特别是在人居空间多光源组合的照明环境和曝光位置离光源距离不确定情况下的光生物安全性还有着更深层的探索空间。新型照明光源与照明形式层出不穷，现有光生物安全理论研究方法、测量方法和安全标准也要得到相应的更新，使其更适配于光源、灯具与照明系统的特性。

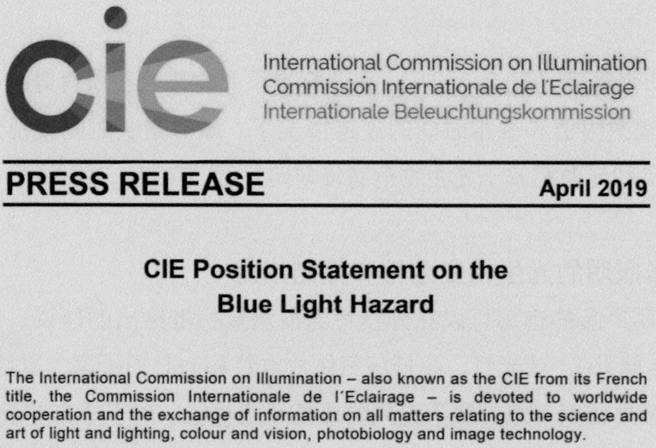

cie

International Commission on Illumination
Commission Internationale de l'Eclairage
Internationale Beleuchtungskommission

PRESS RELEASE   **April 2019**

**CIE Position Statement on the
Blue Light Hazard**

The International Commission on Illumination – also known as the CIE from its French title, the Commission Internationale de l´Eclairage – is devoted to worldwide cooperation and the exchange of information on all matters relating to the science and art of light and lighting, colour and vision, photobiology and image technology.

图 2-7-2　国际照明委员会关于蓝光危害的立场声明

国际照明委员会关于蓝光危害的立场声明[192]

蓝光危害问题被媒体和研究大量报道，甚至引起了公众对 LED 光源的恐慌。为了引导人们对蓝光问题的正确认知，2019 年，国际照明委员会发布了关于蓝光危害的立场声明。声明中提出蓝光危害（Blue Light Hazard，BLH）这个术语被媒体错误地用来表示实际对眼睛损伤的风险和对人体健康的影响，而蓝光危害一词只有在考虑到眼视网膜组织的光化学风险（技术上称为光感病）时才应使用，通常与凝视明亮的光源（如太阳或焊接电弧）有关。由于光化学损伤的风险取决于波长，术语中的"蓝光"是指在435~440 nm 光辐射光谱中达到峰值的蓝色部分。常规照明用的白炽灯和 LED 中，相同色温的灯具其蓝光危害曝光极限是相同的，合理使用状态下，灯具是不会超出蓝光危害曝光限值的，尚无证据表明人体偶尔暴露在限值范围内的光辐射下会对健康产生任何不利影响（图 2-7-2）。

白光光源对人眼健康存在不利影响的研究大多数是基于非常规状态的，它们包括：

（1）长时间曝光；

（2）高色温 LED 灯（蓝光成分非常多）；

（3）显著超出国际非电离辐射防护委员会规定的曝光极限的曝光；

（4）凝视光源；

（5）使用夜行动物模型或人体离体细胞。

暴露在蓝光下或与老年性黄斑病变的风险有关，这种说法目前只是推测性的，尚未得到同行评议文献的支持。同时国际照明委员会认为"蓝光危害"一词不应在描述光刺激导致的昼夜节律紊乱或睡眠障碍时使用。

参考文献

[1] Kemény L, Varga E, Novak Z. Advances in phototherapy for psoriasis and atopic dermatitis[J]. Expert review of clinical immunology, 2019, 15(11): 1205-1214.

[2] Dolmans D E, Fukumura D, Jain R K. Photodynamic therapy for cancer[J]. Nature reviews cancer, 2003, 3(5): 380-387.

[3] Slomski A. Light Therapy Improves Nonseasonal Major Depression[J]. Jama, 2016, 315(4): 337-337.

[4] Maisels M J, McDonagh A F. Phototherapy for neonatal jaundice[J]. New England Journal of Medicine, 2008, 358(9): 920-928.

[5] Liebert A, Krause A, Goonetilleke N, et al. A role for photobiomodulation in the prevention of myocardial ischemic reperfusion injury: a systematic review and potential molecular mechanisms[J]. Scientific reports, 2017, 7(1): 1-13.

[6] Jarrett P, Scragg R. A short history of phototherapy, vitamin D and skin disease[J]. Photochemical & Photobiological Sciences, 2017, 16(3): 283-290.

[7] Sato Y, Iwamoto J, Kanoko T, et al. Amelioration of osteoporosis and hypovitaminosis D by sunlight exposure in hospitalized, elderly women with Alzheimer's disease: a randomized controlled trial[J]. Journal of Bone and Mineral Research, 2005, 20(8): 1327-1333.

[8] Grubisic M, Haim A, Bhusal P, et al. Light pollution, circadian photoreception, and melatonin in vertebrates[J]. Sustainability, 2019, 11(22): 6400.

[9] Mork R, Falkenberg H K, Fostervold K I, et al. Discomfort glare and psychological stress during computer work: subjective responses and associations between neck pain and trapezius muscle blood flow[J]. International archives of occupational and environmental health, 2020, 93(1): 29-42.

[10] Boyce P R, Wilkins A. Visual discomfort indoors[J]. Lighting Research & Technology, 2018, 50(1): 98-114.

[11] Stevens R G, Brainard G C, Blask D E, et al. Breast cancer and circadian disruption from electric lighting in the modern world[J]. CA: a cancer journal for clinicians, 2014, 64(3): 207-218.

[12] Wikipedia.visual pathway[EB/OL]. （2021-02-25）. https://kdocs.cn/l/cgE8w2a9wmtv.

[13] 葛坚，王宁利. 眼科学 [M]. 第三版. 北京：人民卫生出版社, 2015.

[14] 刘晓玲. 视觉神经生理学 [M]. 北京：人民卫生出版社, 2004.

[15] 维基百科. 视网膜 [EB/OL]. (2014-10-18). https://zh.wikipedia.org/wiki/%E8%A7%86%E7%BD%91%E8%86%9C.

[16] Smith V C, Pokorny J. Spectral sensitivity of the foveal cone photopigments between 400 and 500 nm[J]. Vision research, 1975, 15(2): 161-171.

[17] CIE.17-22-016 photopic vision[EB/OL]. (2021-01-20). https://cie.co.at/eilvterm/17-22-016.

[18] CIE.17-22-017 scotopic vision[EB/OL]. (2021-01-20). https://cie.co.at/eilvterm/17-22-017.

[19] CIE.17-22-018 mesopic vision[EB/OL]. (2021-01-20). https://cie.co.at/eilvterm/17-22-018.

[20] Berson D M, Dunn F A, Takao M. Phototransduction by retinal ganglion cells that set the circadian clock[J]. Science, 2002, 295(5557): 1070-1073.

[21] Sonoda T, Schmidt T M. Re-evaluating the role of intrinsically photosensitive retinal ganglion cells: new roles in image-forming functions[J]. Integrative and comparative biology, 2016, 56(5): 834-841.

[22] Michael S Gazzaniga, Richard B Ivry, George R Mangun. 认知神经科学：关于心智的生物学 [M]. 周晓林, 高定国, 等译. 北京：中国轻工业出版社, 2011.

[23] Owsley C. Aging and vision[J]. Vision research, 2011, 51(13): 1610-1622.

[24] Andersen G J. Aging and vision: changes in function and performance from optics to perception[J]. Wiley Interdisciplinary Reviews: Cognitive Science, 2012, 3(3): 403-410.

[25] Stuen C, Faye E. Vision loss: Normal and not normal changes among older adults[J]. Generations, 2003, 27(1): 8-14.

[26] Cugati S, Cumming R G, Smith W, et al. Visual impairment, age-related macular degeneration, cataract, and long-term mortality: the Blue Mountains Eye Study[J]. Archives of ophthalmology, 2007, 125(7): 917-924.

[27] Läubli T, Hünting W, Grandjean E. Postural and visual loads at VDT workplaces II. Lighting conditions and visual impairments[J]. Ergonomics, 1981, 24(12): 933-944.

[28] Van Bommel W J M, Van den Beld G J. Lighting for work: a review of visual and biological effects[J]. Lighting research & technology, 2004, 36(4): 255-266.

[29] Gwiazda J, Ong E, Held R, et al. Myopia and ambient night-time lighting[J]. Nature, 2000, 404(6774): 144-144.

[30] Ciuffreda K J. Accommodation, the pupil, and presbyopia[J]. Borish's clinical refraction, 1998: 77-120.

[31] Reinhold K, Tint P. Lighting of workplaces and health risks[J]. Elektronika ir Elektrotechnika, 2009, 90(2): 11-14.

[32] Glimne S, Brautaset R L, Seimyr G Ö. The effect of glare on eye movements when reading[J]. Work, 2015, 50(2): 213-220.

[33] Smith E L, Hung L F, Huang J. Protective effects of high ambient lighting on the development of form-deprivation myopia in rhesus monkeys[J]. Investigative ophthalmology & visual science, 2012, 53(1): 421-428.

[34] Wright K W. Visual development and amblyopia[M]//Handbook of pediatric strabismus and amblyopia. New York: Springer, 2006: 103-137.

[35] Zhao Z C, Zhou Y, Tan G, et al. Research progress about the effect and prevention of blue light on eyes[J]. International journal of ophthalmology, 2018, 11(12): 1999.

[36] Glickman R D. Phototoxicity to the retina: mechanisms of damage[J]. International journal of toxicology, 2002, 21(6): 473-490.

[37] Wikipedia.Visual pollution[EB/OL]. (2021-04-16) .https://en.wikipedia.org/wiki/Visual_pollution.

[38] Jimenez-Molina A, Retamal C, Lira H. Using psychophysiological sensors to assess mental workload during web browsing[J]. Sensors, 2018, 18(2): 458.

[39] Ikehara C S, Crosby M E. Assessing cognitive load with physiological sensors[C]//Hawaii:Proceedings of the 38th annual hawaii international conference on system sciences. IEEE, 2005: 295a.

[40] Zhong W, Cruickshanks K J, Schubert C R, et al. Pulse wave velocity and cognitive function in older adults[J]. Alzheimer disease and associated disorders, 2014, 28(1): 44.

[41] T/CSA/TR 007-2018. 健康照明标准进展报告[S]. 北京 : 国家半导体照明工程研发与产业联盟, 2018.

[42] Fuller P M, Gooley J J, Saper C B. Neurobiology of the sleep-wake cycle: sleep architecture, circadian regulation, and regulatory feedback[J]. Journal of biological rhythms, 2006, 21(6): 482-493.

[43] Aston-Jones G, Chen S, Zhu Y, et al. A neural circuit for circadian regulation of arousal[J]. Nature neuroscience, 2001, 4(7): 732-738.

[44]Chaudhury D, Colwell C S. Circadian modulation of learning and memory in fear-conditioned mice[J]. Behavioural brain research, 2002, 133(1): 95-108.

[45] Huang W, Ramsey K M, Marcheva B, et al. Circadian rhythms, sleep, and metabolism[J]. The Journal of clinical investigation, 2011, 121(6): 2133-2141.

[46] Valdez P. Homeostatic and circadian regulation of cognitive performance[J]. Biological Rhythm Research, 2019, 50(1): 85-93.

[47] Song B J, Rogulja D. SnapShot: circadian clock[J]. Cell, 2017, 171(6): 1468.

[48] Benitah S A, Welz P S. Circadian Regulation

of Adult Stem Cell Homeostasis and Aging[J]. Cell Stem Cell, 2020, 26(6): 817-831.

[49] Refinetti R, Menaker M. The circadian rhythm of body temperature[J]. .Physiology & behavior, 1992, 51(3): 613-637.

[50] Douma L G, Gumz M L. Circadian clock-mediated regulation of blood pressure[J]. Free radical biology and medicine, 2018, 119: 108-114.

[51] Smolensky M H, Hermida R C, Portaluppi F. Circadian mechanisms of 24-hour blood pressure regulation and patterning[J]. Sleep medicine reviews, 2017, 33: 4-16.

[52] Krauchi K, Wirz-Justice A. Circadian rhythm of heat production, heart rate, and skin and core temperature under unmasking conditions in men[J]. American Journal of Physiology-Regulatory, Integrative and Comparative Physiology, 1994, 267(3): R819-R829.

[53]Czeisler C A, Shanahan T L, Klerman E B, et al. Suppression of melatonin secretion in some blind patients by exposure to bright light[J]. New England Journal of Medicine, 1995, 332(1): 6-11.

[54] Sack R L, Lewy A J, Blood M L, et al. Circadian rhythm abnormalities in totally blind people: incidence and clinical significance[J]. The Journal of Clinical Endocrinology & Metabolism, 1992, 75(1): 127-134.

[55] Aranda M L, Schmidt T M. Diversity of intrinsically photosensitive retinal ganglion cells: circuits and functions[J]. Cellular and Molecular Life Sciences, 2020: 1-19.

[56] Rupp A C, Ren M, Altimus C M, et al. Distinct ipRGC subpopulations mediate light's acute and circadian effects on body temperature and sleep[J]. Elife, 2019, 8: e44358.

[57] Lazzerini Ospri L, Prusky G, Hattar S. Mood, the circadian system, and melanopsin retinal ganglion cells[J]. Annual review of neuroscience, 2017, 40: 539-556.

[58] Ralph M R, Foster R G, Davis F C, et al. Transplanted suprachiasmatic nucleus determines circadian period[J]. Science, 1990, 247(4945): 975-978.

[59] 肖利云, 贾兆君, 伍会健. 昼夜节律钟调控代谢的研究进展 [J]. 中国细胞生物学学报, 2013(10):1533-1539.

[60] Xie Z, Chen F, Li W A, et al. A review of sleep disorders and melatonin[J]. Neurological research, 2017, 39(6): 559-565.

[61] Blask D E. Melatonin, sleep disturbance and cancer risk[J]. Sleep medicine reviews, 2009, 13(4): 257-264.

[62] Hardeland R. Melatonin in aging and disease—multiple consequences of reduced secretion, options and limits of treatment[J]. Aging and disease, 2012, 3(2): 194.

[63] Viviani S, Bidoli P, Spinazze S, et al. Normalization of the light/dark rhythm of melatonin after prolonged subcutaneous administration of interleukin-2 in advanced small cell lung cancer patients[J]. Journal of pineal research, 1992, 12(3): 114-117.

[64] Srinivasan V, Maestroni G J M, Cardinali D P, et al. Melatonin, immune function and aging[J]. Immunity & Ageing, 2005, 2(1): 1-10.

[65] Sharma M, Palacios-Bois J, Schwartz G, et al. Circadian rhythms of melatonin and cortisol in aging[J]. Biological psychiatry, 1989, 25(3): 305-319.

[66] Pandi-Perumal S R, Smits M, Spence W, et al. Dim light melatonin onset (DLMO): a tool for the analysis of circadian phase in human sleep and chronobiological disorders[J]. Progress in Neuro-Psychopharmacology and Biological Psychiatry, 2007, 31(1): 1-11.

[67] Roberts A D L, Wessely S, Chalder T, et al. Salivary cortisol response to awakening in chronic fatigue syndrome[J]. The British Journal of Psychiatry, 2004, 184(2): 136-141.

[68] Riemann D, Klein T, Rodenbeck A, et al. Nocturnal cortisol and melatonin secretion in primary insomnia[J]. Psychiatry research, 2002, 113(1-2): 17-27.

[69] Morris C J, Aeschbach D, Scheer F A J L. Circadian system, sleep and endocrinology[J]. Molecular and cellular endocrinology, 2012, 349(1): 91-104.

[70] 施霞. 皮质醇觉醒反应与脑功能的关系研究

[D]. 北京：中国科学院大学中国科学院心理研究所，2018.

[71] Scheer F, Buijs R M. Light affects morning salivary cortisol in humans[J]. Journal of Clinical Endocrinology and Metabolism, 1999, 84: 3395-3398.

[72] Thorn L, Hucklebridge F, Esgate A, et al. The effect of dawn simulation on the cortisol response to awakening in healthy participants[J]. Psychoneuroendocrinology, 2004, 29(7): 925-930.

[73] Figueiro M G, Rea M S. Short-wavelength light enhances cortisol awakening response in sleep-restricted adolescents[J]. International Journal of Endocrinology, 2012(30):19-35.

[74] West K E, Jablonski M R, Warfield B, et al. Blue light from light-emitting diodes elicits a dose-dependent suppression of melatonin in humans[J]. Journal of applied physiology, 2011(8):619-626

[75] McIntyre I M, Norman T R, Burrows G D, et al. Human melatonin suppression by light is intensity dependent[J]. Journal of pineal research, 1989, 6(2): 149-156.

[76] Duffy J F, Czeisler C A. Effect of light on human circadian physiology[J]. Sleep medicine clinics, 2009, 4(2): 165-177.

[77] Do M T H, Kang S H, Xue T, et al. Photon capture and signalling by melanopsin retinal ganglion cells[J]. Nature, 2009, 457(7227): 281-287.

[78] Lewy A J, Wehr T A, Goodwin F K, et al. Light suppresses melatonin secretion in humans[J]. Science, 1980, 210(4475): 1267-1269.

[79] Lucas R J, Peirson S N, Berson D M, et al. Measuring and using light in the melanopsin age[J]. Trends in neurosciences, 2014, 37(1): 1-9.

[80] Dauchy R T, Dauchy E M, Tirrell R P, et al. Dark-phase light contamination disrupts circadian rhythms in plasma measures of endocrine physiology and metabolism in rats[J]. Comparative medicine, 2010, 60(5): 348-356.

[81] Jewett M E, Rimmer D W, Duffy J F, et al. Human circadian pacemaker is sensitive to light throughout subjective day without evidence of transients[J]. American Journal of Physiology-Regulatory, Integrative and Comparative Physiology, 1997, 273(5): R1800-R1809.

[82] Rimmer D W, Boivin D B, Shanahan T L, et al. Dynamic resetting of the human circadian pacemaker by intermittent bright light[J]. American Journal of Physiology-Regulatory, Integrative and Comparative Physiology, 2000, 279(5): R1574-R1579.

[83] Chang A M, Santhi N, St Hilaire M, et al. Human responses to bright light of different durations[J]. The Journal of physiology, 2012, 590(13): 3103-3112.

[84] Smith K A, Schoen M W, Czeisler C A. Adaptation of human pineal melatonin suppression by recent photic history[J]. The Journal of Clinical Endocrinology & Metabolism, 2004, 89(7): 3610-3614.

[85] Rea M S, Figueiro M G, Bierman A, et al. Modelling the spectral sensitivity of the human circadian system[J]. Lighting Research & Technology, 2012, 44(4): 386-396.

[86] CIE S 026/E:2018. CIE System for Metrology of Optical Radiation for ipRGC-Influenced Responses to Light[S]. International Commission on Illumination, 2018.

[87] Enezi J, Revell V, Brown T, et al. A"melanopic" spectral efficiency function predicts the sensitivity of melanopsin photoreceptors to polychromatic lights[J]. Journal of biological rhythms, 2011, 26(4): 314-323.

[88] Revell V L, Barrett D C G, Schlangen L J M, et al. Predicting human nocturnal nonvisual responses to monochromatic and polychromatic light with a melanopsin photosensitivity function[J]. Chronobiology international, 2010, 27(9-10): 1762-1777.

[89] Rea M S, Nagare R, Figueiro M G. Modeling circadian phototransduction: retinal neurophysiology and neuroanatomy[J]. Frontiers in Neuroscience, 2020, 14: 615305.

[90] 韩芳. 昼夜节律性睡眠障碍 [J]. 生命科学，2015, 27(11):1448-1454.

[91] Van Maanen A, Meijer A M, van der Heijden

K B, et al. The effects of light therapy on sleep problems: a systematic review and meta-analysis[J]. Sleep medicine reviews, 2016, 29: 52-62.

[92] Hanford N, Figueiro M. Light therapy and Alzheimer's disease and related dementia: past, present, and future[J]. Journal of Alzheimer's Disease, 2013, 33(4): 913-922.

[93] Dowling G A, Hubbard E M, Mastick J, et al. Effect of morning bright light treatment for rest-activity disruption in institutionalized patients with severe Alzheimer's disease[J]. International psychogeriatrics/IPA, 2005, 17(2): 221.

[94] CIE 158:2009.Ocular Lighting Effects on Human Physiology and Behavior[S]. International Commission on Illumination, 2009.

[95] DIN SPEC67600-2013. Biologically effective illumination - Design guidelines[S]. Berlin: German Institute for Standardization, 2013.

[96] CIE 218: 2016.Research Roadmap for Healthful Interior Lighting Applications[S]. International Commission on Illumination, 2016.

[97] Halliday, J. Concept of a psychosomatic affection[J]. The Lancet, 1943, 242(6275), 692-696.

[98] Schnidler J A. How to live 365 days a year[M]. Englewood Cliffs, NJ: Prentice-Hall, 1954.

[99] Mayer E A, Craske M, Naliboff B D. Depression, anxiety, and the gastrointestinal system[J]. Journal of Clinical Psychiatry, 2001, 62: 28-37.

[100] Levy R L, Olden K W, Naliboff B D, et al. Psychosocial aspects of the functional gastrointestinal disorders[J]. Gastroenterology, 2006, 130(5): 1447-1458.

[101] 达尔文 . 人类和动物的表情 [M]. 周邦立 , 译 . 北京 : 科学出版社 ,1958.

[102] James, William. "What Is an Emotion?" [J]. Mind,1884, 9(34): 188-205.

[103] Cannon W B. The James-Lange theory of emotions: A critical examination and an alternative theory[J]. The American journal of psychology, 1927, 39(1/4): 106-124.

[104] Schachter S, Singer J. Cognitive, social, and physiological determinants of emotional state[J]. Psychological review, 1962, 69(5): 379.

[105] Arnold M B. An excitatory theory of emotion[A]//M. L. Reymert , Ed. Feelings and emotions: The Mooseheart Symposium [M]. New York: McGraw-Hill, 1950:11-33.

[106] Papez J W. A proposed mechanism of emotion[J]. Archives of Neurology & Psychiatry, 1937, 38(4): 725-743.

[107] Izard C E. The psychology of emotions[M]. Berlin: Springer Science & Business Media, 1991.

[108] EKMAN P, FRIESEN W V, ELLSWORTH P. Emotion in the Human Face[M].Oxford: Pergamon Press , 1972.

[109] Robert W Rieber. Wilhelm Wundt and the Making of a Scientific Psychology[M]. Boston:Springer,1980.

[110] Robert Plutchik, Henry Kellerman.Theories of Emotion[M].Massachusetts:Academic Press,1980.

[111] Osgood C E, Suci G J, Tannenbaum P H. The measurement of meaning[M]. Illinois:University of Illinois press, 1957.

[112] Mehrabian A, Russell J A. An approach to environmental psychology[M].Massachusetts: the MIT Press, 1974.

[113] Spunt R P, Ellsworth E, Adolphs R. The neural basis of understanding the expression of the emotions in man and animals[J]. Social cognitive and affective neuroscience, 2017, 12(1): 95-105.

[114] MacLean P D. Some psychiatric implications of physiological studies on frontotemporal portion of limbic system (visceral brain)[J]. Electroencephalography & Clinical Neurophysiology, 1952, 4 : 407–418.

[115] Tsuchiya N, Adolphs R. Emotion and consciousness[J]. Trends in cognitive sciences, 2007, 11(4): 158-167.

[116] Flynn J E, Spencer T J, Martyniuk O, et al. Interim study of procedures for investigating the effect of light on impression and behavior[J]. Journal of the Illuminating Engineering Society, 1973, 3(1): 87-94.

[117] Xu A J, Labroo A A. Incandescent affect: Turning on the hot emotional system with bright light[J]. Journal of Consumer Psychology, 2014, 24(2): 207-216.

[118] IES.ieslightlogic-How Lighting Impacts Our Emotions[EB/OL]. (2021-03-12). http://ieslightlogic.org/how-lighting-impacts-our-emotions.

[119] Hurlbert A C, Ling Y. Biological components of sex differences in color preference[J]. Current biology, 2007, 17(16): R623-R625.

[120] Campbell P D, Miller A M, Woesner M E. Bright light therapy: seasonal affective disorder and beyond[J]. The Einstein journal of biology and medicine: EJBM, 2017, 32: E13.

[121] Lam R W, Levitt A J, Levitan R D, et al. Efficacy of bright light treatment, fluoxetine, and the combination in patients with nonseasonal major depressive disorder: a randomized clinical trial[J]. JAMA psychiatry, 2016, 73(1): 56-63.

[122] Benedetti F, Colombo C, Barbini B, et al. Morning sunlight reduces length of hospitalization in bipolar depression[J]. Journal of affective disorders, 2001, 62(3): 221-223.

[123] Zalta A K, Bravo K, Valdespino-Hayden Z, et al. A placebo-controlled pilot study of a wearable morning bright light treatment for probable PTSD[J]. Depression and anxiety, 2019, 36(7): 617-624.

[124] Oren D A, Wisner K L, Spinelli M, et al. An open trial of morning light therapy for treatment of antepartum depression[J]. American Journal of Psychiatry, 2002, 159(4): 666-669.

[125] Lyall L M, Wyse C A, Graham N, et al. Association of disrupted circadian rhythmicity with mood disorders, subjective wellbeing, and cognitive function: a cross-sectional study of 91 105 participants from the UK Biobank[J]. The Lancet Psychiatry, 2018, 5(6): 507-514.

[126] Yoo S S, Hu P T, Gujar N, et al. A deficit in the ability to form new human memories without sleep[J]. Nature neuroscience, 2007, 10(3): 385-392.

[127] Franzen P L, Buysse D J, Dahl R E, et al. Sleep deprivation alters pupillary reactivity to emotional stimuli in healthy young adults[J]. Biological psychology, 2009, 80(3): 300-305.

[128] Norman E Rosenthal, David A Sack, J Christian Gillin, et al. Seasonal Affective Disorder A Description of the Syndrome and Preliminary Findings With Light Therapy[J]. Arch Gen Psychiatry,1984,41(1):72-80.

[129] Terman M, Terman J S, Quitkin F M, et al. Light therapy for seasonal affective disorder[J]. Neuropsychopharmacology, 1989, 2(1): 1-22.

[130] Glickman G, Byrne B, Pineda C, et al. Light therapy for seasonal affective disorder with blue narrow-band light-emitting diodes (LEDs)[J]. Biological psychiatry, 2006, 59(6): 502-507.

[131] Lam R W, Levitt A J, Levitan R D, et al. The Can-SAD study: a randomized controlled trial of the effectiveness of light therapy and fluoxetine in patients with winter seasonal affective disorder[J]. American Journal of Psychiatry, 2006, 163(5): 805-812.

[132] Gabel V, Maire M, Reichert C F, et al. Effects of artificial dawn and morning blue light on daytime cognitive performance, well-being, cortisol and melatonin levels[J]. Chronobiology international, 2013, 30(8): 988-997.

[133] Terman M, Terman J S, Quitkin F M, et al. Light therapy for seasonal affective disorder[J]. Neuropsychopharmacology, 1989, 2(1): 1-22.

[134] Prasko J, Horacek J, Klaschka J, et al. Bright light therapy and/or imipramine for inpatients with recurrent non-seasonal depression[J]. Neuroendocrinology Letters, 2002, 23(2): 109-114.

[135] Sit D K, McGowan J, Wiltrout C, et al. Adjunctive bright light therapy for bipolar depression: a randomized double-blind placebo-controlled trial[J]. American Journal of Psychiatry, 2018, 175(2): 131-139.

[136] Eastman C I, Young M A, Fogg L F, et al. Bright light treatment of winter depression: a placebo-controlled trial[J]. Archives of general psychiatry, 1998, 55(10): 883-889.

[137] Fitelson E, Kim S, Baker A S, et al. Treatment of postpartum depression: clinical, psychological and pharmacological options[J]. International journal of women's health, 2011, 3: 1.

[138] Corral M, Kuan A, Kostaras D. Bright light therapy's effect on postpartum depression[J]. American journal of psychiatry, 2000, 157(2): 303-304.

[139]Corral M, Wardrop A A, Zhang H, et al. Morning light therapy for postpartum depression[J]. Archives of women's mental health, 2007, 10(5): 221-224.

[140] GB/T 13379—2008. 视觉工效学原则 室内工作场所照明 [S]. 北京：中华人民共和国国家质量监督检验检疫总局，中国国家标准化管理委员会，2008.

[141] ISO 8995:2002.Principles of visual ergonomics—The lighting of indoor work systems[S]. International Organization for Standardization, 2002.

[142] CIE 191:2010.Recommended System for Mesopic Photometry Based on Visual Performance[S]. International Commission on Illumination, 2010.

[143] CIE 19.22-1981. An analytic model for describing the influence of lighting parameters upon visual performance, 2nd ed[S]. International Commission on Illumination, 1981.

[144] CIE 145:2002. The correlation of models for vision and visual performance[S]. International Commission on Illumination, 2002.

[145] Boyce P R. Age, illuminance, visual performance and preference[J]. Lighting Research & Technology, 1973, 5(3): 125-144.

[146] Miller J W, Ludvigh E. The Effect of Relative Motion on Visual Acuity[J]. Survey of ophthalmology, 1962, 7: 83-116.

[147] 丁玉兰. 人机工程学 (修订版)[M]. 北京：北京理工大学出版社,2000.

[148] 晏廷亮，钱兴勇. 生理学 [M]. 杭州：浙江大学出版社,2018.

[149] Wyszecki, Gunter. Color[M]. Chicago: World Book Inc, 2006.

[150] Lesnik H, Poborc-Godlewska J. The relationship between ciliary muscle fatigue and the type of artificial light used to illuminate the area of visual work[J]. Pol J Occup Med Environ Health, 1993, 6: 287-292.

[151] Wilkins A J . 6. Lighting[J]. Visual Stress, 1995:83-104.

[152] Winterbottom M, Wilkins A. Lighting and discomfort in the classroom[J]. Journal of environmental psychology, 2009, 29(1): 63-75.

[153] Boyce P R. The impact of light in buildings on human health[J]. Indoor and Built environment, 2010, 19(1): 8-20.

[154] Hatada T, Sakata H, Kusaka H. Psychophysical analysis of the "sensation of reality" induced by a visual wide-field display[J]. Smpte Journal, 1980, 89(8): 560-569.

[155] Katz M, Kruger P B. The human eye as an optical system[J]. Clinical Ophthalmology, T. D. Duane, 1981, 1:30-33.

[156] GB 50034—2013. 建筑照明设计标准 [S]. 北京：中华人民共和国住房和城乡建设部，中国国家质量监督检验检疫总局，2013.

[157] GB/T 26189—2010. 室内工作场所的照明 [S]. 北京：中华人民共和国国家质量监督检验检疫总局，中国国家标准化管理委员会，2010.

[158] Weston H C. Relation between illumination and visual efficiency-The effect of brightness contrast[M]. London: His Majesty's Stationery Office, 1945.

[159] Rea M S. Toward a model of visual performance: foundations and data[J]. Journal of the Illuminating Engineering Society, 1986, 15(2): 41-57.

[160] 刘加平. 建筑物理 [M]. 第 4 版. 北京：中国建筑工业出版社, 2009.

[161] CIE S 017/E:2020.International lighting vocabulary[S]. International Commission on Illumination, 2020.

[162] CIE 227:2017.Lighting for Older People and People with Visual Impairment in Buildings[S]. International Commission on Illumination, 2017.

[163] Wilkins A J, Nimmo-Smith I, Slater A I, et al. Fluorescent lighting, headaches and eyestrain[J]. Lighting Research & Technology, 1989, 21(1): 11-18.

[164] Wilkins A, Veitch J, Lehman B. LED lighting flicker and potential health concerns: IEEE standard PAR1789 update[C]//2010 IEEE Energy

Conversion Congress and Exposition. IEEE, 2010: 171-178.

[165] Kuller R, Laike T. The impact of flicker from fluorescent lighting on well-being, performance and physiological arousal[J]. Ergonomics, 1998, 41(4): 433-447.

[166] Jordan G, Deeb S S, Bosten J M, et al. The dimensionality of color vision in carriers of anomalous trichromacy[J]. Journal of vision, 2010, 10(8): 12.

[167] Wikipedia.Color vision[EB/OL]. (2021-06-03). https://en.wikipedia.org/wiki/Color_vision.

[168] Ponza (Dr). De l'influence de la lumiere coloree dans le traitement de la folie[M]. Paris:E. Donnaud, 1876.

[169] Küller R. The use of space-some physiological and philosophical aspects[C]// Strasbourgh:Proceedings of the Strasbourgh Conference, 1976: 154-163.

[170] Wilms L, Oberfeld D. Color and emotion: effects of hue, saturation, and brightness[J]. Psychological research, 2018, 82(5): 896-914.

[171] Swirnoff L. Dimensional color[M]. NY:WW Norton & Company, 2003.

[172] Naveen K V, Telles S. Psychophysiological effects of colored light used in healing[J]. Psychology,2006,27(2):599-607.

[173] Kwallek N, Lewis C M, Robbins A S. Effects of office interior color on workers' mood and productivity[J]. Perceptual and Motor Skills, 1988, 66(1): 123-128.

[174] Valdez P, Mehrabian A. Effects of color on emotions[J]. Journal of experimental psychology: General, 1994, 123(4): 394.

[175] Shahenda Ayman. Do Women see More Colors than Men?[EB/OL]. (2017-11-23). https://www.bibalex.org/SCIplanet/en/Article/Details?id=10304.

[176] Hamblin M R, Demidova T N. Mechanisms of low level light therapy[C]//Mechanisms for low-light therapy. International Society for Optics and Photonics, 2006, 6140: 614001.

[177]Wong T, Hsu L, Liao W. Phototherapy in psoriasis: a review of mechanisms of action[J].

Journal of cutaneous medicine and surgery, 2013, 17(1): 6-12.

[178] Gambichler T, Breuckmann F, Boms S, et al. Narrowband UVB phototherapy in skin conditions beyond psoriasis[J]. Journal of the American Academy of Dermatology, 2005, 52(4): 660-670.

[179] Whelan H T, Buchmann E V, Whelan N T, et al. NASA light emitting diode medical applications from deep space to deep sea[C]// AIP Conference Proceedings. American Institute of Physics, 2001, 552(1): 35-45.

[180] Opel D R, Hagstrom E, Pace A K, et al. Light-emitting diodes: a brief review and clinical experience[J]. The Journal of clinical and aesthetic dermatology, 2015, 8(6): 36.

[181] Papageorgiou P, Katsambas A, Chu A. Phototherapy with blue (415 nm) and red (660 nm) light in the treatment of acne vulgaris[J]. British journal of Dermatology, 2000, 142(5): 973-978.

[182] Keppeler D, Schwaerzle M, Harczos T, et al. Multichannel optogenetic stimulation of the auditory pathway using microfabricated LED cochlear implants in rodents[J]. Science Translational Medicine, 2020, 12(553).

[183] Boyden E S, Zhang F, Bamberg E, et al. Millisecond-timescale, genetically targeted optical control of neural activity[J]. Nature neuroscience, 2005, 8(9): 1263-1268.

[184] Yizhar O, Fenno L E, Prigge M, et al. Neocortical excitation/inhibition balance in information processing and social dysfunction[J]. Nature, 2011, 477(7363): 171-178.

[185] Wu J, Seregard S, Algvere P V. Photochemical damage of the retina[J]. Survey of ophthalmology, 2006, 51(5): 461-481.

[186] Tosini G, Ferguson I, Tsubota K. Effects of blue light on the circadian system and eye physiology[J]. Molecular vision, 2016, 22: 61.

[187] Oh J H, Yoo H, Park H K, et al. Analysis of circadian properties and healthy levels of blue light from smartphones at night[J]. Scientific reports, 2015, 5(1): 1-9.

[188] Glickman G, Levin R, Brainard G C. Ocular

input for human melatonin regulation: relevance to breast cancer[J]. Neuroendocrinology Letters, 2002, 23: 17-22.

[189] GB/T 20145—2006. 灯和灯系统的光生物学安全性 [S]. 北京：中国国家质量监督检验检疫总局，中国国家标准化管理委员会，2006.

[190] IEC/EN 62471:2006. Photobiological safety of lamps and lamp system[S].Geneva: International Electrotechnical Commission,2006.

[191] IEC 60432-2:1999. Incandescent lamps - Safety specifications - Part 2: Tungsten halogen lamps for domestic and similar general lighting purposes[S]. International Electrotechnical Commission, 2012.

[192] CIE.Position statement on the blue light hazard [EB/OL]. (2019-04-23). https://cie.co.at/publications/position-statement-blue-light-hazard-april-23-2019.

图表来源

图 2-1-1 曹亦潇 绘
图 2-1-2 曹亦潇 绘
图 2-1-3 Shutterstock
　　　Gritsalak Karalak 绘
　　　曹亦潇 译
图 2-1-4 http://www.webexhibits.org/causesofcolor/1G.html
　　　李仲元 改绘
图 2-1-5 曹亦潇 绘
图 2-1-6 Netterimages
　　　Frank H. Netter 绘
　　　张淼桐 译
图 2-1-7 罗路雅 绘
图 2-2-1 Amusingplanet.com
https://www.amusingplanet.com/2019/07/linnaeuss-flower-clock-keeping-time.html
图 2-2-2 曹亦潇 绘
图 2-2-3 来源文献：LeGates T A, Fernandez D C, Hattar S. Light as a central modulator of circadian rhythms, sleep and affect[J]. Nature Reviews Neuroscience, 2014, 15(7): 443-454.
　　　曹亦潇 改绘
图 2-2-4 李娟洁 绘
图 2-2-5 来源文献：Duffy J F, Czeisler C A. Effect of light on human circadian physiology[J]. Sleep medicine clinics, 2009, 4(2): 165-177.
　　　Jamie M. Zeitzer 绘
　　　李仲元 描图
图 2-2-6 来源文献：Duffy J F, Czeisler C A. Effect of light on human circadian physiology[J]. Sleep medicine clinics, 2009, 4(2): 165-177.
　　　Jamie M. Zeitzer 绘
　　　李仲元 描图
图 2-2-7 来源文献:Dai Q, Cai W, Shi W, et al. A proposed lighting-design space: circadian effect versus visual illuminance[J]. Building and Environment, 2017, 122: 287-293.
　　　戴奇 绘
　　　李仲元 描图
图 2-3-1 Librarything.com
https://www.librarything.com/author/schindlerjohna
图 2-3-2 Amazon.com
https://www.amazon.com/How-Live-365-Days-Year/dp/0762416955
图 2-3-3 王燕尼 绘
图 2-3-4 王燕尼 绘
图 2-3-5 胡国剑 摄
图 2-3-6 曹亦潇 绘
图 2-4-1 曹亦潇 绘
图 2-4-2 罗路雅 绘
图 2-4-3 罗路雅 绘
图 2-4-4 罗晓梦 绘
图 2-4-5 罗晓梦 绘
图 2-4-6 Zyxwv99
https://commons.wikimedia.org/wiki/User:Zyxwv99
　　　张淼桐 绘
图 2-4-7 曹亦潇 绘
图 2-4-8 罗晓梦 绘

图 2-4-9 罗晓梦 绘
图 2-4-10 来源文献：Weston H C. Relation between illumination and visual efficiency-The effect of brightness contrast[M]. London: His Majesty's Stationery Office, 1945.
　　　　罗晓梦 译
图 2-4-11 来源文献：Rea M S. Toward a model of visual performance: foundations and data[J]. Journal of the Illuminating Engineering Society, 1986, 15(2): 41-57, Journal of the Illuminating Engineering Society, 15, 41- 58.
　　　　曹亦潇 改绘
图 2-4-12 罗路雅 绘
图 2-4-13 https://www.provideocoalition.com/tlci-vs-cri-vs-cqs-stack/
图 2-4-14 https://www.alibaba.com/product-detail/-Luvis-Luvis-E100-Examination-LED_1700003484689.html
图 2-4-15 罗晓梦 改绘
图 2-4-16 罗晓梦 绘
图 2-4-17 ERCO 欧科照明 提供
图 2-4-18 罗晓梦 绘
图 2-4-19 曹亦潇 摄
图 2-5-1 VectorStock
https://www.vectorstock.com/royalty-free-vector/retina-rod-cells-and-cone-cells-vector-1057136
　　　　葛文静 改绘
图 2-5-2 Klaus Schmitt 绘
https://earthlymission.com/human-vision-vs-bird-vision/;Gonepteryx Cleopatra Cleo,https://bird-ok.blogspot.com/2019/07/bird-vision-vs-human.html
　　　　罗晓梦 改绘
图 2-5-3 罗晓梦 改绘
图 2-5-4 罗晓梦 改绘
图 2-5-5 罗晓梦 改绘
图 2-5-6 罗晓梦 改绘
图 2-5-7 罗晓梦 改绘
图 2-5-8 曹亦潇 绘
图 2-5-9 曹亦潇 绘
图 2-5-10 曹亦潇 绘
图 2-5-11 李仲元 绘
图 2-5-12 曹亦潇 绘
图 2-5-13 郝洛西 摄
图 2-5-14 郝洛西 摄

图 2-5-15 梁靖 摄
图 2-5-16 https://www.metahospitalar.com.br/noticia
图 2-5-17 https://www.scchr.jp/index.html
图 2-6-1 a. etr Bonek. Shutterstock.com
b. https://www.spalyfe.com/advanced-skin-care
c. http://www.bioptron.com/
图 2-6-2 罗路雅 绘
图 2-6-3 罗路雅 绘
图 2-6-4 王秀丽 摄
图 2-6-5 王秀丽 摄
图 2-6-6 Revian.com
https://revian.com/product/revian-red-system-for-us/
图 2-6-7 D. Keppeler et al.,
来 源 文 献：Keppeler D, Schwaerzle M, Harczos T, Jablonski L, Dieter A & Wolf B, et al. (2020). Multichannel optogenetic stimulation of the auditory pathway using microfabricated LED cochlear implants in rodents. Science Translational Medicine, 12(553), eabb8086. doi: 10.1126/scitranslmed.abb8086
图 2-6-8 Burger/Phanie, Alamy Stock Photo
图 2-6-9 左图 http://www.etudogentemorta.com/wp-content/uploads/2010/05/optogenetics.jpg
　　　　右图 John B. Carnett/Getty Images Photograph: John B. Carnett/Popular Science via Getty Images
图 2-7-1 李娟洁 绘
表 2-1-1《健康照明标准进展报告》（T/CSA/TR 007-2018）
　　　　汪统岳 改制
表 2-2-1 汪统岳 制
表 2-2-2 曹亦潇 制
表 2-3-1 北美照明工程学会
　　　　王燕尼 制
表 2-7-1 IEC/EN 62471 Photobiological safety of lamps and lamp system
　　　　李娟洁 制
表 2-7-2 IEC 62471-2006 Safety of Lamps and Lamp Systems
　　　　李娟洁 制
表 2-7-3 IEC 62471-2006 Safety of Lamps and Lamp Systems
　　　　李娟洁 制

第 3 章

本章面向全龄、生命全周期的健康需求，以问题为导向，提出针对性的光健康研究与设计建议。关注婴幼儿、青少年、妇女、病患等特殊人群的健康需求，开展光健康应用，让光最大化地发挥健康效益，助力全面健康目标的实现。

人因导向的健康光照

2019 年 5 月 16 日是第二个国际光日（图 3-0-1）。联合国教科文组织总干事奥德蕾·阿祖莱女士（Audrey Azoulay）在为国际光日发表的致辞中指出，光在所有人的生活以及在所有领域中都极具重要性。光及对光的处理，不仅是视觉艺术、表演艺术、文学作品、人类思想的核心元素，从宇宙起源到各种新技术，从 X 射线到无线电波，在医学、农业、能源、光学等众多不同领域，光与光基技术还塑造了人类世界，成就了科学的飞跃。光所具备的天然功用及其在科学技术方面的应用是人类日常生活不可或缺的元素，也成为实现联合国《2030 年可持续发展议程》（2030 *Agenda for Sustainable Development*）各项目标的关键所在。对光的理解和运用惠及全人类[1]。从自然光、篝火到弧光灯、白炽灯、荧光灯、金卤灯、半导体 LED 再到第三代半导体照明的光源革新，从功能照明、景观与艺术装饰照明、室内外空间专用照明、绿色节能照明到"光+N"突破照明的工程与应用发展，光与照明技术的创新，不断满足着人类发展的需求，让一个又一个人居梦想得以实现。横跨信息、物理和生物三大领域的第四次工业革命悄然来临，光与照明行业巨大的颠覆性变革正在全速而来，在智能信息技术驱动赋能之下，光健康或将得到超乎想象的发展。我们是时候全面思考、了解自己的人居健康需求，前瞻规划，成为未来光基技术发展创新应用的最大受益者。

图 3-0-1　联合国教科文组织国际光日图标

3.1 我们需要什么样的光？

随着生活水平提升以及对生命健康知识了解的不断深入，人们的健康目标也不断地更新和丰富。从疾病预防、生命质量改善到提升幸福感，再到充分发挥跨生命阶段的健康和福祉潜力，人们对健康的评判维度悄无声息却迅速地变化着，与生活越走越近。2020 年 1 月 14 日，专业医疗健康互联网服务平台丁香医生发布了《2020国民健康洞察报告》，47 138 人次参与者对健康进行了定义，结果出乎意料，排在人们心目中前三位的健康标签分别是"心理健康""睡眠质量"与"肠胃健康"，"不生病"仅位列第四。

3.1.1　健康现实与光健康需求

《2020 国民健康洞察报告》中 97% 的被调查者表示自己存在健康相关困扰，同时"心理问题"跃居健康困扰第一位，85% 的被调查者认为自己可能患有或曾经可能患有抑郁症、躁郁症等一种或多种心理疾病。或是由于现有心理健康服务资源的可及程度、可靠程度与可负担程度，短时间内难以满足庞大的群体需求，以及人们对寻求心理健康医疗帮助存在着固有偏见，在应对心理亚健康状态或心理疾病时，人们多选择用睡觉、网络购物、玩游戏、进食等低成本、能够简单获得且可控的方式排解。皮肤状态、身材管理、睡眠、肠胃消化、视觉健康等也是相当突出的健康问题。人们尝试采取多种手段解决这些问题，然而由于缺少专业指导和长期坚持，仍有许多人对健康问题束手无措。人群健康需要专业的帮助和指导，同样也需要随时可及、简单获取、经济有效的干预策略。光照的主动健康干预效应突出，且应用方便灵活，能良好地融入日常生活，减轻人们的身心健康负担，对实现人居健康目标大有助益。

健康干预策略的有效性仅仅是一部分，其适宜性应用同样非常重要。例如，在信息数字化时代，工作和生活的界限越来越模糊，随时待命、深夜加班成为多数人的生活常态。遵循昼夜节律，远离熬夜、避免睡前过度光照暴露，对于保证睡眠质量非常重要。然而面临繁重的工作学习任务，如果在节律刺激较低的低色温光源下长时间工作，视觉舒适、作业绩效或相应降低，反而延长了工作时间，加重了熬夜加班的健康影响。

健康的光照在不适宜的场景下难以应用甚至成为负担。根据人们生存状态的实际情况，以问题、需求为导向提出光健康策略，或许是更好的解决之道。

3.1.2 面向全龄与生命全周期的健康光照

人人都有自己的健康困扰，《2020 国民健康洞察报告》调研结果显示 00 后、90 后、80 后、70 前不同年龄层的男性、女性分别有着自己的健康问题（图 3-1-1）。年轻人的困扰项更多与生活质量相关，如情绪、外表、肠胃方面的问题。而年长者的健康困扰则转移到与血压、血糖、血脂、骨质关节等与生命质量相关的方面。从婴儿到老年的全生命周期中，人体视觉功能、生物节律以及免疫系统发育、成熟、衰退的变化过程，

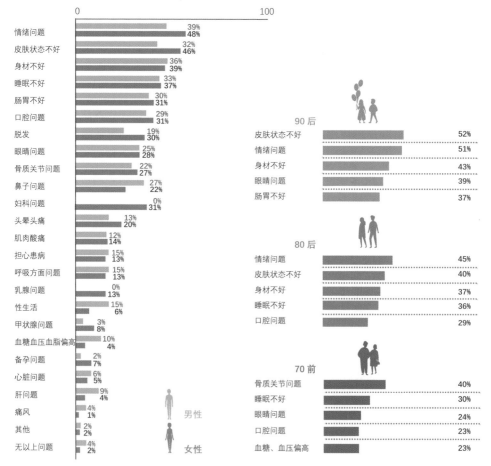

图 3-1-1　男性、女性与不同年龄段人群的主要健康困扰

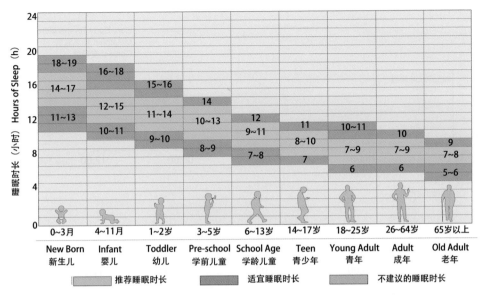

图 3-1-2　美国国家睡眠基金会提出的针对各年龄段人群的睡眠建议

影响着人的身心健康状态，也决定了健康光照干预的目标和策略的差异。

美国国家睡眠基金会针对各年龄段人群的睡眠时间提出了建议，新生儿（0~3 月）需要每天 14~17 小时的充足睡眠来满足生长发育需求，而老人每天 7~8 小时的睡眠则更为合适（图 3-1-2）。老人的日间过度嗜睡反而是多种疾病的预警信号。从人体昼夜节律系统变化特征来看，儿童和青少年时期褪黑激素与皮质醇节律振幅达到高峰，随着年龄增长，视交叉上核的活动节律以及大脑和其他组织中节律性基因表达的振幅逐渐变宽和峰值逐渐降低[2]。峰值出现的时间点也将偏移，针对节律修复的动态光照强度和时间点设定也要根据使用者的情况作出相应调整（图 3-1-3）。

不同年龄层人群情绪着力点与他们日常生活关注点紧密相关，他们受到的负面情绪问题困扰也呈现出不同维度与强度。年轻人（00 后和 90 后）最在意工作学习情况、人际关系和家庭关系，中年人更看重现实、直观的指标，如经济状况、家庭状况等，老人则偏向于关注个人身体健康状况与亲子关系。这意味着改善他们情绪的光照刺激形式与强度间的差别。

个体差异广泛存在，人在成长过程中受到先天因素（遗传性）和后天因素（获得性）的交互影响，在生理、心理、社会行为上表现出高度特异性。相同的光照环境刺激对不同的人带来的具体影响或许截然不同。拉尔夫·威廉·皮克福德（Ralph William Pickford）在他 1949 年的研究中便已指出对于相同的色彩，即使人们能描述出相同的

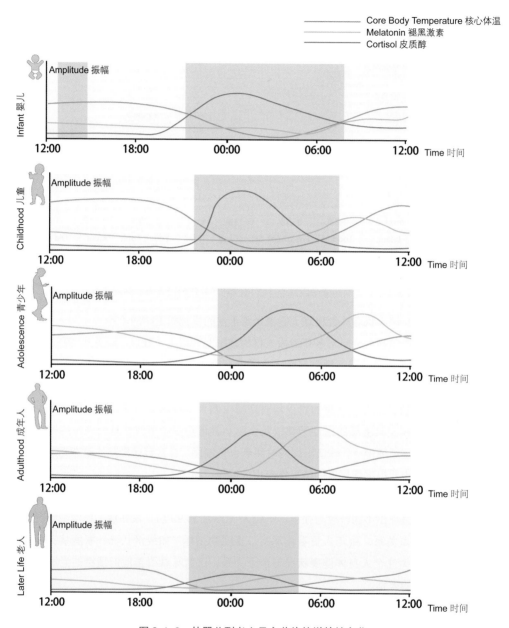

图 3-1-3　从婴儿到老人昼夜节律的增龄性变化

颜色概念，但色彩感受仍然是不一样的[3]。菲利普斯·安德鲁（Phillips Andrew）等人在一个大样本中系统地研究了人类昼夜节律系统光敏感度的个体间差异后指出，个体对光的敏感性存在非常显著的差异，四个对光线刺激最敏感的参与者在昏暗的阅读光环境 10 lx 下，表现出大于 50% 的褪黑激素抑制，而最不敏感的参与者直到暴露在 400 lx 的明亮室内光后才达到相同抑制水平[4]。性别、年龄、习惯性就寝时间、暗灯光下褪黑激素分泌起始点、相位角、晨昏问卷、实验顺序或季节因素或许都无法充分解释这一实验结果。可见开发基于个体生理、心理及需求模式的个性化干预措施的重要性及必要性。不过针对每个个体单独研发光健康策略难度极高，既不现实也无必要。对具有共同属性的一大类人群研究共性的健康光照干预方法，再针对具体的身心健康问题和症状制定特殊的干预模块，构成个性化的光照疗愈方案，将事半功倍，也更能体现光健康研究、设计与实践目标: 面向生命全周期、健康全过程，围绕人的衣食住行对生命实施全程、全面、全要素的光照健康支持（图 3-1-4）。

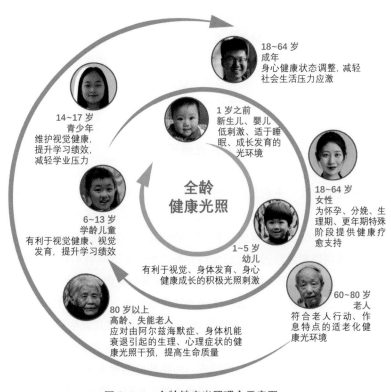

图 3-1-4　全龄健康光照理念示意图

3.2 亚健康人群与光照环境

　　亚健康状态（Suboptimal Health Status，SHS）是指机体由于生理功能和代谢过程功能低下导致人体出现介于健康与疾病之间的健康低质状态，虽然没有明确的机体器质性病变和指标异常，但在生理和心理上却出现种种不适的感觉和症状，呈现出生理功能下降、反应能力和对外界适应能力降低等状况[5]。"亚健康"是国内流行的说法，国外也有"第三状态""次健康状态""中间状态"和"灰色状态"等相似名称，其概念及诊断标准尚未统一，大致可分为躯体亚健康、心理亚健康和社会交往亚健康三种类型，疲劳虚弱、失眠健忘、头晕头痛、注意力不集中、反应迟钝、情绪易于波动、急躁易怒、抑郁焦虑、失去正常的社交能力[6]等症状，被认为是典型的亚健康状态。

　　世界卫生组织对健康的定义不仅仅是没有疾病或虚弱，而是身体、心理和社会适应的完好状态[7]。真正能达到健康标准的人占5%~15%，患疾病者占15%~20%，而处于亚健康状态的人占60%~70%[8,9]。亚健康已成为严重的公众健康问题，它具有双向性转化特点，既可发展为疾病状态，又可逆转为健康状态（图3-2-1），亚健康出现时应及时进行干预和调理，促进人体的健康状态回归。

3.2.1　聚焦"治未病"，亚健康的光照干预

　　中医"治未病"的思想首见于《黄帝内经》，提倡预防为主、防患于未然，在处于健康状态时，要注意养生，未病先防；在疾病初发、出现征兆时，要及时调理和治疗，防止发展为疾病[10]。"未病"包括健康、先兆、萌芽、微病、欲病和未传之脏腑，而先兆、萌芽、微病和欲病都相当于亚健康状态[11]。亚健康状态通过适当的健康管理[12]，针对各人不同的健康问题和危险因素进行全面分析，配合生活环境和行为习惯方面的调整和改善，可让健康关口前移，降低疾病风险、促进身心健康。

　　造成亚健康的原因主要有心理、生理和社会等方面[13]，具体包括精神压力过大、不良的生活方式（饮食不合理、作息不规律、缺乏运动和滥用药物等）、环境污染（空气污染、噪声、光污染和水污染等）、心理刺激、应激性生活事件和遗传因素等[14,15]。其中光环境相关的因素包括长期日照缺乏、手机和电脑等电子显示屏的过度依赖、不合理照明导致的视觉疲劳、夜间光污染和光生物危害等。在光环境设计时，应特别予

以注意，尽力消除其影响。此外，针对睡眠困难、情感障碍、慢性疲劳、抑郁焦虑、神经功能紊乱等身心应激方面的问题，应让光照发挥它的疗愈作用，调节人体昼夜节律、情绪和神经功能[16]，加快自我恢复的进程和健康状态的良性转化。

健康状态　　　　　　亚健康状态　　　　　　患病状态

图 3-2-1　亚健康与健康和疾病状态之间的相互转化

3.2.2　躯体亚健康症状的光照疗愈方法

躯体亚健康主要表现为不明原因或排除疾病原因的疲劳乏力、睡眠紊乱、失眠多梦、肌肉及关节酸痛、头晕头痛、食欲不振、便溏便秘、身体虚弱、易于感冒、眼部干涩等症状[17]。疲劳是亚健康最典型和常见的症状，包括身体疲劳、脑力疲劳和心理疲劳等方面[18,19]，在工厂、办公室和教室等工作场所，人群体力、脑力疲劳问题普遍存在，可通过提高自然采光[20]、改变光照色温和照度等参数[21]、采用动态照明等方式进行光照干预来创造有利健康的工作环境[22]，进而提高警觉性和工作效率，避免长期疲劳的产生，同时改善睡眠质量，提高个体压力耐受力。

人因工程研究者库斯·迈耶（Koos Meijer）等基于海上石油轮班工作的特点进行光照治疗，结合特殊的光眼镜，降低了轮班船员的疲劳感和失误率，同时船员们能更好地适应轮班，工作睡眠激素分泌水平和体力恢复速度也有所提升[23]。

对于睡眠紊乱、失眠多梦等节律健康问题，光的非视觉效应对于睡眠及其质量有着直接而显著的影响，白天高强度的光照刺激，尤其是短波光谱能够调节人体昼夜节律，改善睡眠质量[24]。光照疗法具有对轮班睡眠障碍患者昼夜节律的恢复作用，光照疗法可有效改善其睡眠质量，使昼夜时相的体温节律发生位移，纠正紊乱的昼夜节律使之逐步恢复至正常状态，是治疗睡眠障碍的有效手段[25]。此外，夜间过量的光照会抑制褪黑激素的分泌，扰乱生物节律，引发睡眠障碍[26]，增加肥胖和乳腺癌等疾病的风险[27]，应注意控制入睡前的光照刺激和电子显示设备的使用。通过合理的节律照明设计，有助于人们维护节律的稳定，改善睡眠质量，调整节律相位，从而促进机体组织修复、肌肉生长和大脑清洗白天积累的记忆障碍蛋白等[28]，进一步增强身心健康。

疼痛和肥胖等症状也可利用光照进行辅助治疗。欧洲分子生物学实验室在一项小鼠研究的基础上开发了一种光敏化学物质，通过近红外线照射，它可以缓解慢性神经性疼痛[29]。罗德里戈·诺塞达（Rodrigo Noseda）等分别采用白光、蓝光（447 nm±10 nm）、绿光（530 nm±10 nm）、橙光（590 nm±10 nm）和红光（627 nm±10 nm）五种光照刺激对偏头痛患者进行了心理生理评估，通过头痛强度、跳动、肌肉压痛情况评估以及疼痛区域分析，结果发现绿光波长加重偏头痛的可能性最小。在一定的低强度下，绿光甚至可以缓解偏头痛，绿光的舒缓效果可能涉及复杂的心理生物学[30]。

德国慕尼黑伊沙尔医院的跨学科疼痛治疗中心在等候区和治疗室采用高强度的光照来辅助疼痛治疗（图 3-2-2）。它可模拟日光效果，水平照度可高达 4 000 lx，在人眼处的照度为 1 000~2 000 lx，接近于阴天自然光的强度，室内色温还可以冷暖变化，改善患者的睡眠，缓解疼痛感，并提升其康复信心[31]。美国佛罗里达州波卡拉顿的一位主任医师萨森·穆拉维（Sasson Moulavi）使用波长为 635 nm 的 LED 光照来辅助治疗在减肥中受挫的肥胖症患者，在严格锻炼和控制饮食热量的基础上，利用红光 LED 进行无创治疗，可缩小脂肪细胞大小，取得了较好的减肥效果[32]。

图 3-2-2　伊沙尔医院跨学科疼痛治疗中心利用光照缓解疼痛

3.2.3　针对社会心理应激的光照疗愈策略

应激是一种反应模式，是动物机体在受到外界因素刺激后产生的非特异性应答反应，生理表现为交感神经兴奋，肾上腺皮质激素分泌增加，心率、血压升高等，心理表现为紧张、焦虑、恐惧等。适度应激有利于机体增强环境适应及应对变化、逃避损伤的能力，但超出个体代偿能力的过度应激，长期应激刺激以及重复应激暴露，将造成神经、内分泌等系统损伤性的影响，导致睡眠紊乱、反应迟钝、消极心境、工作学习难以适应等问题出现，甚至诱发疾病。"亚健康"与"应激病"具有相关性。杂乱无章的生活节奏，复杂、充满竞争的职场环境，沉重的经济压力，拥挤的人口高密度城市空间，现代社会中的应激源尤其是心理应激源随处可见，造成心理压力，使人们陷入亚健康状态。

　　保持乐观向上的良好心态和愉快稳定的情绪是成功走出亚健康的必备条件 [33]，这方面可充分利用光照的情感效应来缓解人员压力、改善情绪状态和社交能力。埃因霍芬理工大学的贾普·汉姆 (Jaap R.C. Ham) 团队针对彩色光与动态照明对氛围感知和心理放松的影响进行了研究，结果表明缓慢变化的橙色光照环境能够创造轻松、舒适的氛围，有助于压力恢复 [34]。艾琳娜·伊斯克拉·戈莱克（Irena Iskra-Golec）等在真实的办公空间中，对比了 17 000K 富含蓝光的高色温白光与 4000K 的正常白光环境下女性员工的情绪、嗜睡和工作状态的差异，发现早晨或午间 17 000K 的高色温光照有利于改善情绪和提高注意力 [35]。

　　罗伯特·A. 巴伦（Robert A. Baron）等人研究发现个体在低色温的暖白光环境下，更倾向于通过合作或和解，而不是采取逃避或对抗的方式来解决人际冲突 [36,37]。马安赫特·罗特（Maanhet Rot）等研究了强光照射与社会交往之间的联系，对具有轻度季节性抑郁的人员持续 20 天进行了短时间（平均 19.6 分钟）1000lx 强度以上的光照刺激，数据显示，在明亮的光照下个体的争吵和暴力行为会减少，表现出更多的 "赞同""愉悦"和"积极"行为，明亮的光照刺激有助于优化人的社交行为和情绪 [38]。尼诺·韦索索夫斯基（Nino Wessolowski）等研究了动态照明对小学生好动行为、攻击性行为和亲社会行为的影响，通过对不同色温和照度组合的七种照明方案研究，发现动态光组的小学生好动和攻击性行为明显降低，亲社会行为表现提升 [39]。

　　突发应激性生活事件是指在生活中需要作出适应性改变的环境变故。生活中突然遭受突发事件的冲击，将形成急剧的、强烈的负性心理反应。而负性心理应激，通过影响神经—内分泌—免疫系统功能，扰乱人体生理活动和代谢过程，甚至造成严重的生理、心理障碍。创伤后应激障碍（PTSD）就是重大突发事件所造成的影响心身健康的应激性事故，这是一种严重疾病，常呈慢性且致残。强光疗法等光疗干预措施已在一些小范围的研究中对 PTSD 症状缓解取得了积极的效果。未来将有更多针对应激反应警戒—抵抗—耗竭三个阶段的心理状态和相应生理症状，配合认知行为疗法、系统脱敏疗法等手段而制定的光照干预方式诞生。例如，灯光与音乐协同，多感官刺激创设安静、舒适环境，诱导被治疗者进入放松的状态，渐渐暴露出导致神经症焦虑、恐惧的情境，并积极对抗这些负面情绪，从而达到消除或缓解严重应激造成的心理紊乱等。

3.3 点亮病患的生命之光

    病患是健康光照的最大受益群体。护理学先驱弗洛伦斯·南丁格尔（Florence Nightingale）提出光，特别是直射阳光对于病人来说，是除了新鲜空气以外最重要的健康环境要素 [40]。一方面，患病是生命历程中的重大应激事件，病痛、药物与手术的治疗副作用，以及日常生活节奏的打乱、心理的冲击，直接导致患者出现一系列异常的生物节律和情绪波动，使疾病的治疗和预后都受到严重影响，如手术风险增加、病情恶化、复发、病程延长或出现并发症等；另一方面，为了治疗方案的有效执行，获得良好的治疗效果、减小副作用、减轻痛苦，患者也需要拥有一个稳定的生理、心理状态。光照视觉与非视觉疗愈作用在生理和心理调节方面的突出效果，已经引起了人们的注意。一项丹麦的研究发现，在采光更充足的东南朝向病房接受治疗的抑郁症患者相比在西北朝向病房治疗的患者，住院时间更少，抑郁症状改善更加显著 [41]；每日晚间 6—10 点用 2 000~3 000 lx 的强光辅助治疗患有谵妄症状的老年病患，老人们的睡眠质量、生活能力、行为能力均有明显改善，谵妄症状得到缓解。还有大量的临床研究，通过实际数据证明了良好自然采光与室内疗愈光照的介入，可有效缩短住院患者的住院时长，减少止疼药使用，改善患者们的紊乱昼夜节律，加速患者疾病康复与术后恢复的进程 [42,43]。十多年来，同济大学郝洛西教授光健康研究团队也在这个光健康研究和设计的重点领域里，针对癌症、心内科、眼科、妇产科和老年病患，开展了一系列循证研究，尝试依照不同病种患病群体的临床特征与治疗方式，为病房、手术室、重症监护单元等空间制定了各项用于身心状态调适的疗愈光照方案，在医院中完成了示范应用，并持续开展效应评估工作，期望随着未来研究的深入，能够建立谱系化的非药物干预环境健康光照技术体系，为成千上万病患的福祉带来帮助。

3.3.1 光——病痛干预、心理疗愈与康复

医疗护理提供者正尽其所能寻求一切办法帮助患者减轻病痛，尽可能地提高他们的生命质量。安全便捷、副作用小但生物效应显著的光照疗愈被优先考虑。哈佛医学院研究人员罗德理戈·诺塞达发现，相对于在红光或蓝光下，偏头痛患者普遍反映疼痛剧烈程度加重，但将患者暴露在窄波段绿光（535nm±10nm）刺激下，患者的情况

得到了改善（图 3-3-1），部分患者在急性发作期间的疼痛强度也有所降低[44]。亚利桑那大学莫哈卜·易卜拉欣（Mohab Ibrahim）和拉杰什·卡纳（Rajesh Khanna）带领的团队对患有神经性疼痛的实验小鼠进行了光刺激研究，结果显示绿光刺激通过小鼠视觉系统对疼痛调节神经回路产生了影响，实验小鼠体内循环的具有镇痛作用的内源性阿片类物质水平提高，并激活了多条神经回路共同作用，具有镇痛效果[45]。血清素即 5- 羟色胺是人体内除阿片肽之外的另一种与镇痛有关的神经递质，它的合成与一天内接受的光照情况紧密联系，充足的阳光照射能够明显地减轻患者疼痛。匹兹堡大学病理学系杰弗里·沃尔奇（Jeffrey M. Walch）关于阳光对止痛药物使用影响的研究引起了广泛关注，89 名脊柱手术患者中住在向阳面病房的患者，止痛药使用减少了22%，他们自我报告的疼痛水平也有显著下降[46]。还有较多研究也验证了光照的积极效应[47,48]：使用阿片类止痛药物进行急性疼痛和癌症疼痛管理，常伴有便秘、恶心、呕吐、嗜睡、皮肤瘙痒等诸多副作用和成瘾风险，疗愈光照发挥协同镇痛作用，减少药物使用，为病患疼痛管理开辟了一条新的道路。

图 3-3-1　Sunlight Inside 针对偏头痛患者研发的窄波段绿光光源

　　光照对神经病理性疼痛能够起到有效控制作用，光照的情感效应也在一定程度上缓解了患者的痛苦感受[49]。根据国际疼痛研究协会的定义，疼痛是组织损伤或潜在组织损伤所引起的不愉快感觉和情感体验，是一种涉及了感觉、情绪、动机和认知评价等的多维度现象。疼痛信号的传递受到心理因素调控，心理因素对疼痛的性质、程度、时间、空间感知、分辨和反应程度等均产生影响（图 3-3-2）[50,51]。缓解疼痛的有效措施之一便是为病患提供心理支持，减轻他们的负面情绪。情感性光照对于病患群体来说非常重要。患者特别是重症患者和长期病患，从患病伊始到接受现实往往要经历

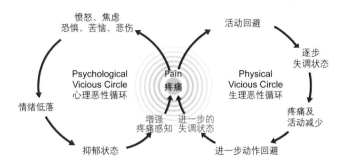

图 3-3-2 疼痛发展的恶性循环理论，生理、心理与疼痛之间的相互作用

一段特别的心路历程。美国精神病学家库伯勒·罗丝（Kubler Ross）提出了"哀伤的五个阶段"，将病人面对哀伤与灾难过程的心理阶段分为否认、生气、讨价还价、忧郁和接受这五个阶段。基于库伯勒·罗丝的理论，我们也根据对各科病患的心理变化过程的纵向跟踪调研结果，提出了病患情绪的恢复曲线（图 3-3-3），用于指导医院建筑中情感性光照媒体立面的设计创作。情感性光照界面根据病患所处的情绪阶段，显示特定的彩色发光图像内容，分散病痛注意力，进行良性暗示引导，调节病患焦虑、抑郁等负面情绪，从而减轻患病带来的心理应激，帮助病患建立信心，依从治疗，度过艰难期。

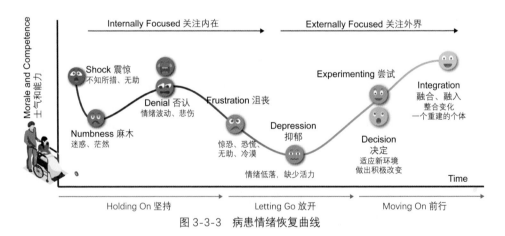

图 3-3-3 病患情绪恢复曲线

行为学家罗格·乌尔里希（Roger Ulrich）于 1984 年发现了透过医院窗户看见自然景观的外科术后患者比只能看到砖墙的患者，生命体征恢复状况更好、镇痛剂用量更少且更快地出院。这是第一个提供科学证据证明环境对于病患康复积极影响的研

究 [52]。而后包括本杰明·科普（Benjamin T. Kopp）进行的强光刺激对囊性纤维化住院患者抑郁情绪的干预研究 [53]，全晓波等人探讨间接彩色光和投影的环境注意力分散—情绪调节作用对接受放射治疗儿童行为应激反应和情绪状态影响的实验研究 [54]。尼尔斯·奥克斯(Niels Okkels)开展的光照对住院精神病患的康复影响研究 [55]，以及布莱恩·洛弗尔（Brian Lovell）承担的明亮光照对老年痴呆病患躁动症状缓解效应研究 [56] 在内的来自各个国家的大量观察与临床实验研究显示，无论是自然光照还是特别设定的人工光照环境都能够起到使患者住院时间缩短、康复质量以及治疗依从性提升的作用。但不同光照参数在不同病种患者康复过程中起到的具体作用还未有定论，还需尝试将更多的疗愈光照，将它们应用于各类医疗空间和病患康复场所。在实际应用中总结观察，为病患寻找最有效的光照干预措施。

3.3.2　健康光照与时间治疗

中国人做事讲究天时、地利与人和，嫁娶、出行、破土、开张都需要根据黄道吉日择时，做手术也不例外，这不仅仅是风水学上的问题，也是一项重要的医学课题。2017 年医学权威期刊《柳叶刀》（The Lancet）发布了里尔大学大卫·蒙田（David Montaigne）团队的研究成果，早上进行体外循环心脏手术的患者，心血管死亡、急性心衰、心肌梗死等一系列术后并发症的风险是在下午进行手术患者的 2 倍 [57]。人类的睡眠—觉醒、体温、血压和激素分泌，以及心脏、肾脏、肝脏、胰腺、肺和甲状腺几乎全部的生理功能都由自主神经连接，被生物节律调控（图 3-3-4）[58]。因此，无论是疾病的发生、症状的出现，还是不同药物在人体内的吸收、分布、代谢和排泄，都会表现出昼夜性或季节性的节律振荡。

随着人们对生物节律重要性的深入认识，时间治疗、时间病理学、时间药理学等概念悄然成为医学研究的热点内容。靶细胞的生物节律将决定每天特定给药时间内，组织器官的药物反应。这说明合理的药物治疗时机能有效提升治疗效果，减少副作用。许多药物在晚上用药时显示出更大的功效，比如儿童哮喘患者晚上服用茶碱缓释剂取得的用药功效最佳 [59]；又如接受吲哚美辛缓释剂治疗髋关节或膝关节骨性关节炎的患者，早晨用药的意外发生率高达 33%，而晚上用药则为 7% [60]。相反，也有部分药物在早晨用药功效更显著。例如："晨重晚轻"是内源性抑郁症的一个病情特点，起床后服用药物或接受光照治疗更有助于改善情绪低落和过度敏感等症状。相同症状的疾病，由于发病机制的不同，最适宜的用药时间也有所差异，原发性高血压宜早晨用药，而肾源性高血压则建议傍晚用药 [61]。稳定病患的昼夜节律在临床上具有重要意义。

光照

作用通路

人眼

皮肤

影响效果

图像视觉作用通路
- 医疗效率
- 医疗体验
- 活动的便捷性与安全性

- 满意度
- 情绪调节
- 降低疼痛等级和敏感性
- ……

- 节律调节
- 睡眠、体温、激素分泌
- 光刺激相关大脑区产生的直接作用
- 中枢神经通路炎症反射
- 细胞免疫功能调节

非图像视觉作用通路

紫外线效应
- 介导免疫调节和免疫抑制功能
- 维生素D3合成
- 抗微生物肽合成

- 可见光与循环淋巴细胞相互作用
- 红外线促进新陈代谢、免疫细胞激活

可见光及其他波段光健康效应

影响目标

大脑
- 下丘脑
- 视交叉上核生物钟调节
- 体温调节中枢
- 松果体
- 褪黑素分泌
- 大脑边缘系统
- SNS交感神经系统
- PNS周围神经系统
- ……

呼吸与循环系统
- 心率
- 血压
- 产热
- 血管收缩

消化系统
- 进食
- 肠道菌群
- 胃肠道功能
- ……

神经系统
- 神经发生
- 神经传递
- 突触稳态
- 神经系统基因表达

骨骼与肌肉
- 骨质健康
- 脂质代谢
- 肌肉功能
- 生物节律与肌肉的分解与代谢
- 体力与运动

免疫系统
- 免疫应答
- 过敏反应
- 毒素代谢
- ……

图 3-3-4 光对人体健康的影响通路

　　调节生物节律也可以实现治疗目的。临床调查显示，钙阻滞剂硝苯地平（Nifedipine）可降低收缩压和舒张压的昼夜节律波动振幅，改善心血管病人治疗的预后。许多生物钟调节基因也与疾病基因高度相关，通过抑制或增强目标生物钟系统，进行直接靶标基因的调节，实现了在正确的时间、为正确的患者、提供正确治疗的精准医学目标。

　　生命科学领域正通过不断从机制上探索和疾病之间的分子关联，并将其转化为临床实践，帮助人们管理疾病。人体生物节律已然成为治疗方案设计与药物研发的重要考虑因素。然而节律紊乱问题在病患身上非常普遍，睡眠障碍和疲乏几乎是大多数病患的困扰，这使得时间治疗的效果大打折扣。通过评估和记录患者的节律周期、相位和失调状况，定制节律修复光照方案，在特定时间提供适宜强度的光照刺激，调节昼夜节律。对于病患的健康光照，这应是一项必需的内容。

　　病患个体和各种疾病都具有高度的特异性。种族、性别、年龄、病程、遗传背景和患者治疗方案、康复环境甚至公共医疗政策都有可能影响光照疗愈的效果。人们对光照促进疾病康复所起的作用还存在争议和分歧，个体的特异性是一项重要原因。疾病是否会对光生物效应的神经行为和内分泌途径带来改变？各种病理机制是否会增强或者阻碍光对参与生理、心理调节神经反馈回路的调控作用？人工照明可否等效代替自然光为患者提供康复帮助？很多决定性问题还有待从机理研究层面获得更深入的了解。但鉴于健康光照带给病患们的好处显而易见，它的普及与推行也是大势所趋。因此我们可以从应用端，以不同病患人群为细分对象，开展更多的实践工作，通过效应评估的手段，为医疗从业人员提供更充足的循证资源。

3.4 成长发育的呵护之光

环境在成长发育过程中起到的重要作用已得到各界共识。从呱呱坠地的一刻开始，从婴幼儿期、儿童期到青少年期，光环境对于实现儿童最佳体格生长和心理发育均有着较大的贡献，包括维护视力健康、保证高质量睡眠、提高学习能力等。成长发育所需要的光健康策略是动态的，孩子们不是缩小版的成人，在成长发育的各个里程碑阶段，每个孩子都有着独特的需求。光健康需要从视觉与生理发育、学习与行为、社会环境等多个角度出发，开展研究、设计和应用，呵护健康成长。

3.4.1 婴幼儿——用光助力健康成长

1. 视觉发育过程中的健康光线

0~3岁的婴幼儿处于视觉发育的关键期，不健康的光照环境会对其视力产生很大的影响，甚至造成不可逆的损伤。此时不仅需要避免强光、直射光、过多蓝光等对视力造成伤害，还需要保证有足够的视觉刺激，使得婴幼儿的视力能够正常发育。

婴幼儿的眼球构造前后眼轴短、水晶体透射率高，他们的眼睑能透过38%的白光[62]，强光或直射光会对婴幼儿眼部造成非常强烈的刺激，包括在闭眼的时候。由于婴幼儿尤其是新生儿的眼底感光细胞非常敏感，对成年人造成不适感的光线，很容易直接损伤婴幼儿的视力。3个月左右的婴儿在形成固视能力之后，可以一直盯着一个物

图 3-4-1　婴幼儿的眼睛

体，并会对光源敏感，因此应注意空间中避免出现直射光。建议在婴儿生活的空间内或空间附近至少有一个日光来源，且需要提供控制日光的设施，防止眩光，如安装百叶窗和窗帘。此外，有研究表明，婴幼儿的眼球蓝光透过率为 70% 左右，较成年人高出 4 倍，蓝光可以穿透婴儿的眼球直接到达视网膜，对黄斑区发育造成影响，因此在婴幼儿阶段应谨防"蓝光危害"，尽量避免接触富含蓝光的电子屏幕等。不过，蓝光并非百害而无一利，在治疗新生儿黄疸上，蓝光发挥着重要作用。波长为 390~470nm 的高强度蓝光对高胆红素血症治疗效果最佳，它可使血液中的间接胆红素氧化分解成为无毒性的水溶衍生物，然后从胆汁、尿液中排泄出去，从而减轻黄疸症状 [63]。

2. 促进良好睡眠习惯的节律光照

光照会对人体产生节律效应，这个结论在婴幼儿身上同样成立。有研究表明，哺乳动物的子宫内不完全为黑暗，外部环境中光的强度、波长以及母体组织厚度的变化，都会影响宫内光环境。基于物理模型的动物研究表明，子宫对外部光线的透过率范围为 0.1%~10%，并随着胎龄增加而增加。因此，子宫内的光水平可以超过 50lx。这意味

1 周新生儿
视觉特征：视力 0.01~0.02，视野窄小，上下各不超过 15°、左右各不超过 30°。

2 个月婴儿
视觉特征：婴儿视觉调节、注视、追视能力提高。

3 个月婴儿
视觉特征：能固定视物，立体深度视觉也开始形成。

4 个月婴儿
视觉特征：目光追随移动物体的能力提高，开始对彩色颜色感兴趣。

5 个月婴儿
视觉特征：眼睛已有成年人的 2/3 大，适当的视觉刺激有助于视力的迅速发展。

6 个月婴儿
视觉特征：视力可达 0.1，并可以看见远处的物体；视觉功能发育进程开始加快。

图 3-4-2 儿童视觉发育过程（1~6 个月）

着子宫内光环境可能影响胎儿的昼夜节律[64]。有关早产儿的节律研究也可证明，胎儿受到孕妇昼夜循环的影响：早产儿在出院前 10 天暴露在循环光照下，在出院后的前 10 天里白天比晚上更活跃；在出院前暴露在昏暗光线下的婴儿在出院后 21~30 天白天比晚上更活跃[65]。如果早产儿暴露在持续的昏暗光线或持续的明亮光线下，其休息—活动的昼夜差异并不明显，而暴露在循环光照下的早产儿能感受到昼夜循环。在循环光照下 32 周以上早产儿的体重增加与非循环照明相比，循环光照设置更有利于婴儿的成长[66,67]。

婴幼儿是良好睡眠习惯养成的关键时期。在自然明暗环境的刺激下，睡眠节奏大约在 6 周左右开始形成，大多数婴儿在 3~6 个月发育出规律的睡眠—觉醒周期。婴幼儿的睡眠时间也较其他阶段人群更长一些，新生儿每天睡眠需要 14~17 小时（早产儿睡眠时间更长），1~2 岁需要 11~14 小时，3 岁以上也需要 10~13 小时[68,69]。0~3 个月月龄婴儿睡眠的主要特点是片段化，睡眠时间一般持续 2~4 小时，3 个月之后进入"巩固期"，睡眠节律逐渐趋于稳定[70]。可以看出，婴幼儿的睡眠节律随着年龄的增长变化很快，单一模式的照明环境无法满足不同阶段婴幼儿的健康需求。

刚出生的婴儿从黑暗环境来到了明亮世界，还没有稳定的昼夜节律，需要不断地接受外界的刺激才能逐渐形成。婴幼儿的昼夜节律是十分脆弱的，很容易受到外界的干扰而产生诸多问题——研究发现，有 28%~40% 的婴幼儿存在睡眠问题，包括入睡困难、节律紊乱和频繁夜醒等[71,72]，有些睡眠问题发生率甚至高达 65.9%[73]。睡眠环境成为一种外源性影响人类婴儿昼夜节律的因素，夜间光照对婴儿睡眠觉醒和褪黑激素节律的发育有潜在的影响。为了防止频繁夜醒等问题，促进婴儿节律的发展，除了尽可能营造节律照明场景以外，父母还需要为婴儿提供较为柔和的光环境，避免在夜间开较亮的光源[74]。

3. 促进大脑发育的生长之光

来自环境的感觉刺激对发育早期的大脑神经生长和功能性连接以及神经网络的建立非常重要。过强的光刺激可以通过干扰快速眼球运动或直接抑制神经元活动来干扰突触连接的建立。暴露在明亮的光线下可能会损害视网膜主要神经网络的发育，因为它会在感光细胞完全发育之前就激活它们。在这种情况下，来自视网膜的生化信号不能正确地传递到大脑皮层。这可能会导致不成熟的视觉系统紊乱，并可能干扰如听觉等其他感觉系统的发展[75]。

缺乏视觉刺激也会破坏视觉系统的正常发育。光与视觉刺激对新生儿视觉发育有着积极影响，视觉环境剥夺则会对新生儿的大脑神经发育可塑性产生影响。婴儿受到丰富色彩环境的刺激后，视觉皮层受到影响使视神经具有可塑性，视觉环境中的色彩配置对视觉的发育有重要的影响[76]。在婴幼儿视力发育的最开始时期，称为"视觉剥夺敏感期"。这个阶段如果经历了长时间的视觉剥夺，婴幼儿极有可能弱视或致盲[77]，语言与认知能力也无法得到充分的发展，应该保证空间中存在丰富的视觉刺激。有很多家长担心环境光过亮会对宝宝的眼睛造成刺激，因此喜欢给宝宝戴上眼罩，这是一种过犹不及的做法。刚出生的婴儿在睁眼之后容易被黑白、明暗对比较强的事物吸引，因此建议可以用带有黑白图案的插画、衣物等刺激其视力发育；在 3 个月左右已逐渐能够辨别远近不同的物体，应尽可能地提供不同颜色的玩具和物品及色彩丰富的环境，来提升婴儿的感知能力[78]。除此之外，还需要增加户外活动，让婴幼儿的视觉能接触到足够的自然色彩和阳光的刺激。如果婴幼儿患有先天性眼部疾病导致的弱视、斜视等，接触明亮自然光照，也会为康复带来帮助。

光也会通过影响婴儿的睡眠，进而影响婴儿大脑的正常发育。大脑在孕晚期和婴儿出生后 3 个月生长发育最为迅速，婴儿早期睡眠中的快速眼动期睡眠和非快速眼动期睡眠的合理睡眠结构是保持大脑可塑性的生理基础。哺乳动物的实验表明，睡眠剥夺会导致大脑可塑性的损伤，包括脑萎缩、学习记忆能力以及行为的改变。适宜照明尤其昼夜光线的变化是影响睡眠昼夜节律的主要环境因素，保证婴儿生活空间中的适宜照明，是保障婴儿充足睡眠和睡眠结构完整的关键[79]。

3.4.2 儿童——抓住视觉健康发育窗口期

我国高度重视学龄儿童的近视预防工作，并已上升到了国家战略，在全社会共同致力于呵护好孩子们的眼健康的背景下，儿童光环境设计应抓住视觉健康发育的窗口期。

1. 视力可塑期

儿童阶段（3~6 岁）处于视力发育的可塑期，因此对儿童的视力保护尤为重要。近年来视力问题已逐渐向低龄化发展，防控形势十分严峻，光环境研究应该给予儿童视力保护更多关注。儿童在 2~5 岁阶段视力发育很快，到 6 岁左右视力逐渐接近成人视力，12 岁之后基本进入"不可塑期"，视力问题将难以逆转。目前针对成年人的用光研究已经非常广泛，但是由于儿童每个阶段的视力特征不同，针对儿童的用光精细研究还存在空白，相关规范还未形成具体的指导意见。

儿童的视力问题近年来逐渐凸显，有调查显示，学龄前儿童的视力异常状况占比27%[80]，学龄儿童的近视率达到 36%（2018 年国家卫生健康委员会统计数据），并且随着年级的增长，视力问题比率逐渐提高。针对儿童的视力问题，预防与治疗一样重要。

就最常见的近视来说，目前还不存在能够完全根治的手段。因此，针对儿童视力问题的预防工作是头等要事。

2. 户外运动、自然光与视觉健康

自然光是最有利于儿童视力发育的光照。随着科技进步和生活方式的改变，儿童每天都会在室内停留很长时间并接触到各种电子屏幕，这无疑增加了视力发育不良的风险。儿童需要保证充足的户外运动时间，让眼部接受充足的日光刺激，同时在户外运动过程中，视物距离会发生变化，从而使眼球得到了运动，大大降低了患上近视的可能性。

相比成年人，儿童对光照更加敏感，不良光照更容易抑制儿童褪黑素的分泌，从而导致节律紊乱。节律紊乱将会造成不良情绪、专注力下降、记忆力减退等一系列问题，这无疑会影响处于教育黄金时期儿童的学习成绩和人际交流。节律紊乱也会加重视力问题，研究发现儿童节律紊乱、睡眠不足引起全身植物神经功能紊乱，并导致眼睫状肌调节功能紊乱是近视眼形成的病理基础之一 [81]。因此用光照促进视力健康，也要格外关注光刺激对儿童节律的影响。

3. 符合儿童特点的光与色彩设计

1）基于儿童视觉特征与偏好

作为一种环境刺激，光环境对儿童的影响表现在视觉、行为、情绪和认知等多个方面。目前，心理学研究成果表明，儿童对物理环境尤其是光环境极其敏感。此外，2018 年进行的一项儿童与成人的对比试验发现，相同光照条件下，儿童对光照的敏感度远大于成人。研究者认为，这是由于在儿童眼睛结构中，更大的瞳孔和更高透过率的晶状体导致了儿童更高的光照敏感度 [82]。

2013 年，南迪尼尼·拉玛·德维（Nandineni Rama Devi）等人针对环境变量与儿童情绪和行为的关联性进行了一系列研究，对光作为其中一个环境变量，在其改善情绪的作用方面进行了详细论述。研究得出了以下结论：①自然光最有助于儿童提高专注力，但过于刺眼的阳光会分散注意力；②由于灯具具有不同的亮度和形式 (形状、尺寸、设计等)，儿童可在人造光中通过被动探索获得舒适感；③亮度和色温的调节有助于儿童舒缓压力、缓解疲劳；④人造光或自然光产生的光斑或阴影的图案可以激发儿童的积极情绪；⑤刺眼的阳光和强烈的人造光直射（眩光）会使儿童感到不安和不适 [83]。基于此，在进行儿童空间光环境设计时应充分考虑光的娱乐性和吸引力，例如：利用投影灯制造一些有趣的光影，利用透光格栅制造斑驳的光斑图案等，还可以根据儿童的视觉偏好，利用控光设备在不同情境下调节灯具的亮度和色温。同时关注儿童的视觉特殊性，合理控制空间中的光刺激量。

2）符合儿童人因特征的健康照明

学习是大部分儿童生活的主要内容，学习空间的光环境是学生表现刺激的重要因素，优质的照明设计可以为儿童提供更好的学习氛围，提高学生的学习效果。大量实验验证了照明质量会影响小学生的学习成绩，良好的光环境可以避免视疲劳、提高注意力、提高认知能力，并有助于健康睡眠节律的形成等。由于儿童人体工学的复杂性，2016 年中国人体工程学协会进行了儿童人体工程学研究，并把成果应用于人体工程学儿童座椅（图 3-4-3）。灯具布置也应当考虑到儿童人体尺度，根据儿童不同阶段的身体发育状况进行精准设计。根据日本国立特殊教育综合研究所的资料，8~9 岁儿童的视觉范围大体上接近成人的视野，6 岁儿童的视觉范围具有成人的 2/3。成人的视觉范围一般约为上下 120°、左右 150°。而 6 岁儿童的视觉范围上下只有 70°，左右只有90° [84]。一般状态下，人们坐着时的自然视线低于水平线 15°，观看展示物的最佳视区为低于水平视线 30°的区域。因此学习区域灯具的布置应避免在儿童视野范围内形成直射光，并且有较宽的照射范围和较大的照射面积。随着生长发育，儿童身高和视野范围不断发生着变化，灯具布置的位置和高度也应做出相应调整（图 3-4-3）。

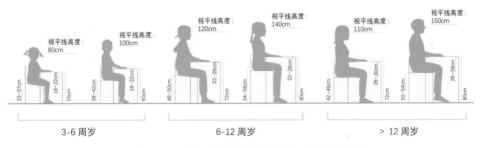

图 3-4-3　儿童成长发育过程中视平线高度的变化

儿童室内空间光环境设计应注重自然光的利用，同时也应具备良好的视觉舒适度，主要是考虑避免眩光、阴影、频闪和过多的蓝光。所以，照明方式的选择十分重要，儿童长时间停留的空间应该考虑均匀的亮度分布，尽量采用直接光、间接混合、照明的方式。灯具应使用吸顶灯或筒灯，打造均匀的光照效果，尽量避免使用裸露的光源直射眼睛。儿童使用的作业面应尽量采用哑光材质，避免形成光幕反射，整个学习区域应该保证均匀的光照，必要时可以在局部区域适当增加补充照明。

3）利用光与色彩提升儿童认知和交流技能

由于读写能力发展的限制，儿童更多依赖视觉材料理解事务，建立和世界的交流。

颜色除了普遍的生理刺激和心理影响以外，还影响着儿童认知与学习能力的发展以及创造力的形成。儿童生活学习空间的光与色彩除了在助力视觉健康、体格成长以外，在认知、交流能力的开发和培养方面也能起到促进作用，这是非常值得探索的一个领域。

儿童在成长发育过程中对色彩的认知逐步增强。3~6 岁能够分辨并偏爱鲜艳的色彩，如红色、橙色等；4 岁开始可以区分色调的细微差别；5~6 岁可以分辨明度、饱和度和色调，逐步与成人视觉靠近。儿童的视觉发育是连续变化的过程，色彩设计应具有针对性。儿童普遍偏好红、绿、黄色调，很少偏爱灰、棕、黑等低饱和度色彩。通常来说，女孩的辨色能力要优于男孩。

根据不同阶段儿童视力特征的不同，光环境及色彩设计应充分发挥其对视觉刺激、节律调节和情绪干预的作用。颜色不仅会影响大脑皮层，还会影响整个中枢神经系统。根据使用环境的不同，颜色可能会产生正面影响或负面影响，例如受到过度颜色刺激会导致呼吸方式、脉搏、血压和肌肉张力的变化。此外，刺激太少会导致焦虑、失眠、过度的情绪反应以及注意力丧失等。

儿童室内空间的设计应充分考虑色彩环境因素通过神经刺激和认知加工作用产生的生理、心理影响。儿童通过色彩表达情绪，心理医生常通过绘画的色彩应用来了解儿童的心理状态。同样，空间色彩及其构成也是对儿童行为、学习、创造力、情绪等具有重要作用的物理环境特征。流行文化中的色彩心理学和色彩治疗认为红色具有唤醒作用，是代表激情与活力的颜色，但也将引起紧张和焦躁，在学习空间中，它可以与其他颜色结合应用，帮助处理细节性和重复性的认知任务作业的完成。黄色和橙色与太阳相关，代表温暖、活力与欢乐，是儿童房、自习室和游戏区以及需要激发创意、保持注意力学习场景的理想色彩选择；但黄色的过度使用可能会引起紧张和愤怒，同样明亮黄色光线营造了白天的气氛，在卧室中大面积使用，将使儿童过度兴奋难以安静休息。蓝色能够降低体温、血压和脉搏速率，创造一个平静的环境，适宜用于休息或进行记忆任务的空间场景中。绿色具有平静、快乐、舒适、和平的情感意义，对神经系统也有镇静作用，被认为有助于提升阅读速度和理解力，不同饱和度和明度的绿色可在各类学习和生活空间内适当应用。粉红色是红色和白色的混合色，使人感到放松和温暖，且带有女性气质；不过粉色尤其是饱和度与明度相对较低的粉色可能会增加疲劳感和压抑感。紫色让人联想到优雅和财富，它主要刺激大脑中与创造力相关的部分。棕色作为大地色彩是纯朴自然、温暖可靠的颜色，也常被用于儿童的学习空间，培养他们的责任感和保护欲，帮助他们在学习上脚踏实地；但由于棕色由红色、黄色和黑色组成，亮度较低，在采光不佳的房间中大面积应用，会造成幽闭不适感。然而由于不同年龄段和性别的儿童对色彩的偏好与理解有所差异，因此在具体设计时还需通过长期观察数据或者实验论证，选择合适的空间色彩。

3.4.3　青少年——光为身心健康奠定坚实基础

在向成年转折的关键时期，青少年期的身心健康将对终身健康产生重大影响，各类健康促进对策应在此阶段提前布局，为青少年未来的生活和下一代的健康奠定良好基础。青少年人群具有很强的独特性，这一时期是发展成长变化最快速的时期之一，身高、体重、体型的成长变化，身体机能发育成熟，新陈代谢旺盛，情感逐步丰富向复合性、社会性发展，精力充沛等。南加州大学的梅雷迪斯·富兰克林等人（Meredith Franklin）对 2 290 名青少年进行了队列研究，调查了夜间人工照明、空气污染、噪声、绿地和二手烟等环境暴露因素与青少年心理、社会压力的关系，结果显示人造光、空气污染、噪声和缺少绿化都可能会对儿童的心理健康产生不利影响，青少年群体同样对建成环境的健康品质非常敏感 [85]。近年来的国内外建筑实践，开始关注公共活动与社交空间的营造对青少年社交、情感与认知能力的塑造。光环境设计实践也对近视防控问题投入高度重视，随着青少年健康压力的环境干预策略被不断地探索，光照对青少年的健康影响和健康促进作用不断地清晰，光将发挥更大的作用，服务于青少年健康的全球战略。

1. 青少年的健康压力

社交需求（在线聊天、网络社交）的增加，学业竞争压力加剧，极大消减了青少年的睡眠时间，也迫使青少年群体过度用眼、缺乏锻炼，近视率居高不下。激素分泌变化、神经功能变化、社会生活变化同时作用，驱动青少年对外部压力反应性增加，使这一年龄阶段成为个体情绪障碍的易感期。青少年时期是生命最旺盛的时期，却也面临着来自生理、心理各方面的诸多健康压力。

在视力健康方面，中小学生的学业压力、不当的用眼环境和行为以及越来越多数字活动屏幕的使用都会增加用眼负担从而影响视力发育。长久以来，青少年的视力健康问题受到世界卫生组织及全球各国政府的高度重视，相继提出青少年近视防控的目标和实施方案。2018 年，教育部等八部门联合印发并施行《综合防控儿童青少年近视实施方案》。2019 年，国务院印发《健康中国行动（2019—2030 年）》，将预防中小学生近视等健康问题列为重大行动之一。2020 年，国家卫生健康委发布的《中国眼健康白皮书》指出："我国儿童青少年总体近视率已过半，达到 53.6%，其中从小学一年级到六年级近视率上升 4 倍，而初中是近视爆发高峰期。"视力缺陷将对国家和个人带来巨大经济负担，直接威胁国民经济的可持续发展，关系着国家和民族未来，多管齐下的近视防控工作势在必行。

在睡眠健康方面，调研数据显示，我国初、高中青少年平均每天家庭学习时长已分别达到 4.1 小时和 5.3 小时，这会大大压缩青少年的睡眠时间。艾瑞咨询（i Research）《2019 中国青少年儿童睡眠健康白皮书》指出，59.8% 的小学生没有达到每日睡眠时间推荐值 9~11 小时，而 82.1% 的中学生没有达到推荐值 8~10 小时，此外中小学生还普遍存在入睡困难、睡眠质量不佳等睡眠问题。同时，青少年的睡眠时间显著减少也是诱发近视率攀升的重要因素。睡眠时长与患近视概率呈明显的相关性，睡眠时长越短，患近视的概率越高，每日睡眠时长多于 9 小时的青少年，比睡眠时长不足 5 小时的青少年患近视的概率低 41%[86]。此外，也有研究表明青少年近视会引发睡眠障碍，近视越深入睡越困难，以此造成恶性循环。

在情绪健康方面，青少年繁重的学业压力以及青春期特殊的心理状态都会导致负面情绪的出现。我国青少年研究中心发布的《中国青年发展报告》显示，我国 17 岁以下儿童青少年中，约 3000 万人受到各种情绪障碍和行为问题困扰，其中有 30% 的儿童青少年出现过抑郁症状，有 10% 左右的儿童青少年出现过不同程度的焦虑障碍。

2. 光照对青少年健康的影响

1）光照与青少年视力健康

照明是影响青少年视力健康的重要因素。郝洛西教授团队在开展有关青少年健康光照的研究过程中发现，大量教室、家庭中青少年的学习空间，采光和照明存在较

图 3-4-4　教室照明中的典型问题

多误区，盲目跟风选用未经科学检测认证的健康照明灯具，致使近视等青少年视觉健康问题进一步恶化。作业面照度设置不合理，照明光源显色性差，环境光与台灯下光亮度对比过大，重点照明灯具布置错误，导致眩光和阴影等问题最为普遍和严重（图3-4-4）。学习空间光照的精细设计是青少年健康光照研究和设计的重点。不仅要基于他们不同学年学习任务设置舒适的视觉作业环境，还应考虑到光照对学习和认知行为的调节作用，利用光照提升学习绩效，减少学习时长，减轻用眼强度。

户外运动并充分接受自然光照，是预防近视最简单的方式，它可以促进钙的吸收（缺钙则易使眼球壁的弹性和表面张力减弱），使眼睛肌肉得到放松。在近距离用眼或在低头状态下视近作业，易使眼轴拉长而发生和发展近视 [87]。观景望远，让眼睛得到充分的休息，减少视疲劳的发生。青少年的户外活动时间须得到充分保障，目前我国已经出台了《国家学生体质健康标准》《儿童青少年近视防控光明行动工作方案（2021—2025 年）》等政策，加速推进"每天一小时"户外活动的落实。

2）光照与青少年学习绩效

教室和居室作为最重要的两个学习空间，应该时刻关注照明品质问题，不同场景的照明在提高学习方面可以发挥不同的作用，比如提高视觉能力（可能影响注意力和动机）、合作能力和沟通能力等。教室的视看方式较多，除了阅读和书写等视近作业，还需满足远距离视看以及各项教学活动，桌面水平照度和黑板垂直照度是最重要的。此外，投影与环境的亮度对比也需关注，眩光、黑板的光幕反射、灯具闪烁等应得到有效控制，灯具排布应保证合理，使得室内空间的整体亮度分布均匀。居室主要以夜间的学习为主，尤其注意避免图 3-4-5 中出现的照明品质问题，在条件允许的情况下，还应注重对不同需求下光环境的营造，可调节照明是比较好的光环境解决方案。

3）光照调整青少年的社会时差

当代青少年的生活方式发生了巨大变化，社会环境的影响、学习压力的增加和娱乐方式的变革都导致青少年出现"社会时差"，这将对青少年的身体发育十分不利。戴

(a) 桌面均匀度低　　　　　　(b) 抬头眩光严重　　　　　　(c) 容易产生阴影

图 3-4-5　青少年居室学习空间照明主要问题

安娜·帕克萨里安（Diana Paksarian）等人于 2020 年在美国开展的研究指出：户外的夜间人工光水平会对青少年的睡眠及情绪产生影响。在夜间户外光照水平较低的区域，青少年在周末的就寝时间更早并且睡眠时间更长；在夜间户外光照水平较高的地区，青少年的焦虑症、抑郁症、双相情感障碍等情绪问题的患病率较高 [88]。此外，伦斯勒理工学院照明研究中心研究发现，早晨缺乏短波光照射和夜晚接受较多的短波光照射均会延迟生物钟的相位 [89]。另外，由于春季的自然光较冬季更加充足，所以青少年在春季的昼夜节律系统的相位延迟要多于冬季，即在春季的入睡时间更晚，且由于学校固定的时间表，青少年在春季的夜间睡眠会大大缩短 [90]。同时，他们也进行了"光如何改善青少年昼夜节律和睡眠"的相关研究，并提出早、晚控制光照环境对改变昼夜节律相位移动的大小和方向都非常重要，动态节律光照应根据青少年作业时间表而确定 [91]。如图 3-1-3 所示，相对于儿童、成年、老年期，青少年具有晚睡—晚起昼夜节律相位推迟的特征。然而我国许多地区，小学、初中、高中儿童青少年上学时间相同，青少年早起导致他们无法获得高质量充足睡眠，加上繁重夜间学习负担，青少年有效睡眠时间进一步缩短。在应对"社会时差"影响方面，家庭和教室的光环境应关注日间自然采光效果，保证学生清晨能接受到充足的光照刺激，而在夜间应减少引起内在光敏视网膜神经节细胞兴奋的光照刺激，入睡之后减少光线的干扰，在城市光污染严重的地区应用窗帘遮挡侵入室内的室外人工光线。

3.5 孕产妇健康光照 ——给妈妈力量的光

孕育生命充满期待与喜悦，但也伴随着生理上的巨大变化和心理上的压力与刺激，从备孕怀孕、分娩到产后康复的全过程中，孕产妇会遭遇行为受限、分娩疼痛及负面情绪问题多重困扰，她们生理与心理各个方面都需要专业的关怀与支持。这正是国际上盛行的全程化妇产医疗服务理念 (Fully Care for Women and Infants，FCWI) 的主导思想。为了更安全地分娩，更美好的孕产体验，给孕产妇的健康光照，应建立全程健康的观念，以母婴安全为前提，同时在情感支持、生理状态调节等方面提供细致入微的呵护。

3.5.1 孕期疗愈的光照处方

长达 40 周的孕期是一场艰辛的挑战，在这段特别的时期里，每一周甚至每一天，准妈妈们的体内激素、身体和心理都在发生巨大的变化。治疗调理准妈妈们的睡眠、代谢与情感障碍务必谨慎，选择治疗手段与用药应结合它们对产妇的负面影响，从分娩并发症、胎儿致畸性、胎儿发育等多个方面权衡考虑。人们采用芳香、音乐、营养、冥想、瑜伽等各种安全无副作用的非药物疗愈手段帮助孕妇们缓解妊娠过程中的压力，减轻身心应激。而光照干预可靠安全、副作用小，在孕期不适症状的疗愈方面具有很高的价值，值得更广泛的探索和应用。

睡眠障碍是孕期常见问题，到了妊娠晚期将更加严重。从失眠、夜间觉醒、深睡眠缺乏到打鼾、噩梦、日间困倦，准妈妈们的睡眠问题症状多种多样，但都不能掉以轻心。激素、代谢、体温、母体活动，孕期许多生理过程都受到昼夜节律与褪黑激素分泌的影响，节律紊乱和不良分娩直接相关。研究表明每晚睡眠时间少于 6 小时的女性分娩时间更长，剖腹产概率是拥有正常睡眠孕妇的 4.5 倍 [92]。昼夜节律信号通路在妊娠和胎儿发育过程中也起到调控作用，孕妇的昼夜节律紊乱可能对其后代产生有害影响，若孕妇妊娠期间昼夜节律中断，将导致其后代心血管疾病、肥胖和其他慢性病的患病风险增加 [93] (图 3-5-1)。产科医生们高度重视孕妇睡眠质量的调理，以更好地保障妊娠安全和胎儿的健康发育。孕妇生活环境的疗愈光照可转化为健康妊娠的护理对策，根据孕妇褪黑激

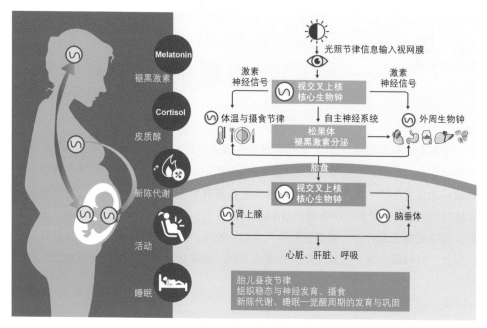

图 3-5-1　光照节律对产妇和胎儿带来的节律影响

素分泌与新陈代谢周期提供光—暗循环节律信号，支持她们修复紊乱节律。这将为护士等从事轮班工作的妊娠女性带来非常大的帮助。

　　准妈妈的好情绪是胎教的第一步，积极情绪不但可以降低早产风险还有利于胎儿的健康发育与母亲产后的心理健康。然而怀孕后体内激素的变化以及生理、生活、人际关系的变化等各种主、客观因素共同影响，准妈妈们或多或少地会遇到情绪波动、焦虑、抑郁与神经质等心理状况，并引起躯体症状。情绪管理在孕期非常重要。越来越多准妈妈通过冥想来对抗妊娠期消极想法与负面情绪的侵扰。冥想的空间常用烛光或彩色的离散光和漫射光营造静谧、柔和的氛围。但是在赋予冥想灯光正面应用价值之前，还需通过科学的临床手段来调查光色亮度与饱和度的选择所带来的神经元兴奋影响，来确定所使用的冥想灯光是否是改善孕妇情绪的最佳选择。

　　强光疗法治疗情感障碍的有效性在过去几年的研究中被不断验证，其对季节性情绪失调症、非季节性抑郁治疗的作用效果明显。目前已有小样本的研究证明了清晨强光治疗对产前抑郁的症状改善，例如丹·奥伦（Dan A. Oren）等对患有重度抑郁症的孕妇进行了为期 3 周的光疗（n=16，每日醒后 10 分钟接受 10 000lx 强度的明亮光照射 60 分钟），结果显示 SIGH-SAD 抑郁自测问卷的平均评分提高了 49%，其中一半女性完全缓解（SIGH-SAD <8）[94]。尼尔·爱普生（C. Neill Epperson）等对患有重度抑郁症的孕妇进行了为期5周的光疗（7000lx 或 500lx，每天醒后10分钟接受照射60分钟），结果显示，这两种照度的白光刺激均可有效改善妊娠期抑郁症[95]。维尔兹·贾提丝（Wirz Justice）等通过对比连续5周的高照度的白光刺激（7000lx，瞳孔照度）与低照度的红光刺激（70lx）对非季节性重度抑郁症孕妇的影响，结果显示，高照度的白光刺激改善妊娠期抑郁症的效果明显优于低照度的红光刺激（高照度白光组：68.6%；低照度红光组：36.4%）[96]。晨光疗法在妊娠期具有抗抑郁作用，可以成为一种非常有潜力的非药物疗法。同时，每天清晨让孕妇进行适当的户外活动，也会对维持情绪带来非常大的帮助。

　　怀孕不仅使孕妇视力模糊，视敏度暂时性降低，也会使眼睛对光更加敏感，过强光线刺激将引起头痛与偏头痛。同时怀孕导致角膜形状、厚度改变和液体滞留让眼睛更容易疲劳，因此孕妇工作和休息的房间视觉环境应尽可能柔和舒适。特别是孕妇工作空间的光环境，和一般作业空间应有一定差异，光照强度设定和光线分布需要特别考虑。

3.5.2　光照导乐，幸福分娩

　　光环境对分娩期的激素水平影响，与产前、产后是不一样的。在自然分娩过程中，人体产生四种主要激素：肾上腺素、褪黑激素、催产素和内啡肽，这些激素的分泌与分娩环境有关，并直接影响产程的进行。

　　肾上腺素和去甲肾上腺素协调危险出现时"战斗或逃跑"的应激反应。除了恐惧、压力，室内明亮的灯光使产妇感受不到平静、舒适或者感觉隐私被侵犯时，也会引起肾上腺素分泌，它将血液从子宫重新分配到心脏、肺器官和主要肌肉群，发挥"战或逃"的作用，延迟分娩进程。肾上腺素的释放还会减缓和抑制催产素的分泌，从而延长产程。褪黑激素是由黑暗环境刺激身体产生的，进而增加催产素的产生；这解释了诸多分娩在夜间发生，而在明亮的分娩环境中产程停滞多发的原因[97]。催产素是驱动产程的主要激素，主要负责子宫收缩，帮助娩出胎盘并防止产后出血，它也是β-内啡肽的产生基础。β-内啡肽是一种压力荷尔蒙，在自然分娩过程中积累，帮助产妇克服疼痛，促进催乳素的分泌。低水平的内啡肽会导致分娩缓慢，并伴随难以忍受的疼痛。产妇可以通过保持冷静和舒适的心理状态，避免内外干扰来增强β-内啡肽的产生（图3-5-2）。

　　在没有异常分娩状况发生和特殊要求的情况下，顺产产妇从入院待产到出院通常需要3~5天，完成待产、三段产程与产后康复五段分娩历程，并经历复杂的生理和心

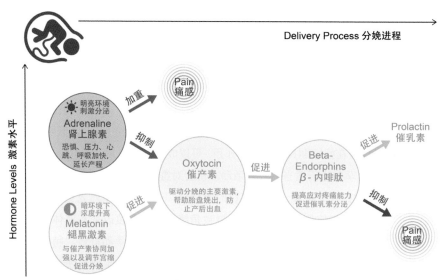

Delivery Process 分娩进程

图 3-5-2　分娩环境、激素分泌和疼痛的相关性

理状态的变化。在分娩的不同阶段，产妇需要不断地调整状态，克服长达十余小时的分娩疼痛，同时配合助产者完成分娩。为此，郝洛西教授团队提出了针对分娩全过程的"光照导乐"理念，即考虑围产期产前、待产、分娩、产后各阶段产妇行为模式的变化以及相应的环境需求，采取针对性的光照分娩陪伴策略。这一策略已在厦门莲花医院等分娩中心进行应用。

　　从出现临产征兆到进入待产室的这段时间内，产妇宫缩刚刚开始，精力相对充沛，这一阶段她们主要仰卧休息或者做一些简单的活动以及练习呼吸技巧，帮助肌肉放松，将自己调整到最佳状态，以饱满的精神、平和的心态，迎接产程的到来。这一阶段的疗愈光照可采用柔和、使人放松的环境光照，辅以有利于转移疼痛注意力、疏导焦虑和恐惧情绪的低刺激动态彩色光或者光艺术界面。

　　第一产程 11~12 小时，可以说是分娩过程中最漫长、最难熬的阶段。这一阶段，产妇的宫缩逐渐强烈，剧烈疼痛来临。分娩痛，被医学疼痛指数列为第二位。缓解疼痛光照与产程及分娩时的疼痛感知存在着一定关联，暗光条件下松果体细胞活跃，褪黑激素含量增加，为分娩提供动力。为方便检查和分娩，产妇通常着着较为轻薄的分娩服，长时间在待产室内环境中停留，易感觉寒冷，此时内啡肽的浓度降低而肾上腺素的分泌水平增加，增强了疼痛感受，视觉上更需要营造温暖氛围。所以在古代，妇女生产往往在点着蜡烛、微微昏暗的温暖房间中进行。针对在待产室度过的第一产程，郝洛西教授团队专门设计了"光影花园"的情感光照。装置设计将 12 个月的月花图案进

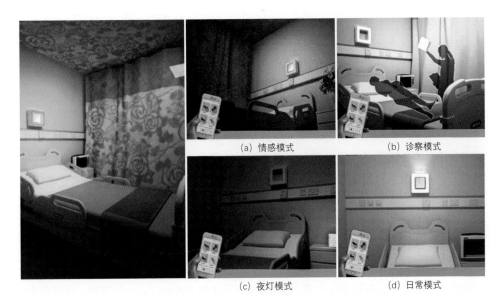

(a) 情感模式　　　　　　　　　(b) 诊察模式

(c) 夜灯模式　　　　　　　　　(d) 日常模式

图 3-5-3　"待产室中的光影花园"设计意向

行抽象加工，将其用光与色彩来呈现，模拟花开时节花朵缤纷的场景，帮助产妇放松、镇静（图 3-5-3）。

　　针对第二、三产程胎儿、胎盘娩出阶段，空间的环境应有助于调动产妇情绪，让她们积极配合助产人员的指导，顺利完成分娩。胎儿娩出需要产妇配合医护人员共同完成，在每次宫缩时配合用力屏气，使用自身腹力迫使胎头下降，因此需保持精神集中。产程的阵痛干扰与大量体力消耗，不免使得产妇们大脑皮层功能处于紊乱状态，惊慌失措、烦躁焦虑、难以集中精力。所以分娩室内的情感性照明光色饱和度、图像内容、刷新频率要慎重选用，避免过度干扰，分散产妇注意力，引起产力异常。产程完成后，产妇送回病房接受观察和简单护理，若无特殊情况，产后 8 小时便可下床走动。分娩消耗了产妇极大的精力和体力，使她们身心都处于极度疲惫的状态，亟需补充睡眠和体力。这一阶段疗愈灯光则需要重点修复分娩中生理和心理巨大应激造成的身心健康影响，提供温馨安静的休息环境以及有益于高质量睡眠的环境基础。

3.5.3　用光的力量与产后抑郁对抗

　　频频发生的产妇自杀悲剧使产后抑郁症受到人们越来越多的关注。产后抑郁症不是性格缺陷或弱点，是一种与分娩有关的情绪障碍，也是一种并发症，其症状表现可能包括极度悲伤、低能、焦虑、哭闹、易怒以及睡眠或饮食模式变化，甚至是自杀与扩大性自杀行为。未经治疗的产后抑郁症可能会持续数月乃至数年，非常危险。

　　缺少自然光照刺激和产后抑郁之间存在一定关系。圣何塞州立大学护理学教授迪皮卡·戈亚尔（Deepika Goyal）的团队分析了 279 名初产妇的信息，结果显示分娩期与孕晚期处于一年中日长较短的月份产妇，在她们的婴儿出生后，可能会有更大的产后抑郁症患病风险。这与众所周知的季节自然光照和抑郁之间的影响关系是一致的[98]。

　　亚洲国家产妇有坐月子的传统，坐月子时产妇长时间在门窗紧闭、窗帘拉紧的房间内卧床，不外出活动，极少接触自然光照射，这大大提高了患产后抑郁的风险，也影响了婴儿的发育。所以产后休养的房间应有良好朝向和自然采光，光线强度要明暗适中，方便随时调节。

　　明亮光照疗法（BLT）在 20 世纪 80 年代开始被引入治疗季节性情感障碍、非季节性情感障碍，也被用于治疗经前综合征、厌食症、非季节性情感障碍等其他疾病。产后抑郁症与上述情感障碍有相似的症状表现，比如情绪抑郁、失眠等，强光疗法或许也能成为产后抑郁的有效治疗方法。在玛丽亚·科拉尔（Maria Corral）等的一项研究中，两名被试在接受 BLT（10 000lx，每天早上 7:00 至 9:00，照射时长 30 分钟）。治疗 4 周后，均得到显著的临床改善。然而，玛丽亚·科拉尔等人[99]另一项连续 6 周的研究表明，BLT（10 000 lx，n=10）和低照度红光（600 lx，n=5）都导致 SIGH-SAD 抑郁评分下降了 49%，但对产后抑郁症状的缓解无显著性差异。因此采用何种剂量与作用方式的强光来改善产后抑郁，以及强光照射的持续时长等问题，还有待大量研究来探明[100]。

　　我国产妇家庭对优质、安全的孕婴服务有着强烈的需求。一方面，大多数产妇为独生女、初产妇；另一方面，由于求学年限延长、结婚年龄推迟、竞争压力增加以及"全面二孩"政策落地等社会现实问题，产妇群体在向高龄化过渡，而高龄产妇通常伴随较高的分娩风险[101]，负面情绪问题比适龄产妇更严重[102]。产妇在要求更精湛医疗技术、更人性化护理的同时，也需要健康的孕产环境。由此可见，关注孕前、孕期、分娩期、产褥期到新生儿护理全过程的疗愈光照研究设计充满潜力与价值。

3.6　乐龄健康光环境

　　我国自 2000 年迈入老龄化社会之后，人口老龄化程度持续加深，其中高龄化是我国老龄化进程的重要特征。国家统计局最新数据显示，现阶段我国 60 周岁及以上人口已达 2.5 亿，占总人口的 18.1%，而高龄老人人数达到 3000 万；预计到 2050 年，我国老龄化水平将提升至 34.1%，高龄比将达 22.3%，成为世界上人口老龄化速度最快的国家之一。中国的长寿时代已经拉开帷幕。

　　老年生活质量取决于生理、心理各维度的健康水平。"人间重晚晴"，世界各国都在不断出台相关政策、标准，积极应对健康老龄化这一议题。我国在《"十三五"健康老龄化规划》中提出要推进老年宜居环境建设，世界卫生组织也在《2020—2030 年健康老龄化行动十年》（*Decade of Healthy Ageing* 2020－2030）中探索健康老龄化的行动领域及应对方式。

　　视力在 40 岁左右开始下降。随着年龄的增长，进入老年阶段，视觉功能退化和视力损伤及年龄相关眼病发病，难以避免地影响到日常生活，通过光与照明弥补视觉退化给老人带来的生活质量下降和出行安全影响是老人光健康关注的首要问题。国际照明委员会的技术报告 CIE 227:2017 Lighting for Older People and People with Visual Impairment in Buildings（CIE 227: 2017 建筑物中针对中老年和低视力者的照明）分析了光环境对老人视觉功能的影响，总结了针对视力正常的中老年 (定义为 50 岁及以上) 和低视力人群在室内空间 (如办公室、公共空间和住宅) 的照明及视觉环境的照明建议，提出了相应的光补偿参数。除此之外，老年人非视觉的光响应能力也明显变差，昼夜节律调节能力显著下降，节律照明研究与设计也是老年人光健康必不可少的一个环节。与此同时，由于感知觉能力下降，身体衰退、老年人在参与外界活动和信息沟通获取方面的能力也有所下降，在心理健康和精神卫生方面，老年人同样是弱势群体，光的情感效应得到特别的关注，为老年人营造保障尊严与福祉的友好型宜居环境。

3.6.1　老年人视觉特征的变化及其影响

　　随着年龄的增加，人类视觉系统主要会发生两类变化[103]，第一类是由于年龄增长所导致的不可避免的衰退，即生理性老化（表 3-6-1）。另一类是老年人眼部也发生着

表 3-6-1　老年人眼部组织结构的老化及影响

老化部位	变化特点	影响
角膜	直径变小、呈扁平趋势（曲率半径增大）	屈光力改变导致老视
	角膜内皮细胞稍有增厚	引起光线散射
晶状体	晶状体核不断扩大、硬化至最终失去弹性	调节力变差导致老视
	颜色加深（黄色或琥珀色），对短波吸收增加	颜色视觉能力的降低
	非水溶性蛋白增多造成晶状体浑浊	增加患白内障概率
瞳孔	最大直径和最小直径都会减小，且最大直径比最小直径减小幅度大	进光量减少
视网膜	变薄、光感受器及视网膜神经元数量减少、色素上皮色素脱失	视力或视觉功能有所下降
玻璃体	透明质酸酶和胶原的改变，蛋白质的分解等造成玻璃体液化浑浊	视觉调节能力和观看质量下降，导致"飞蚊症"

表 3-6-2　老年人常见眼部疾病及其症状

常见眼部疾病	病因	发病人群特征	症状
白内障	晶状体代谢紊乱、导致其蛋白质变性而浑浊	多发生在 40 岁以上人群中，60 岁以上患病比率直线上升	视力减退、视物模糊、对眩光敏感、颜色辨别能力下降
年龄相关性黄斑变性	各种原因导致的黄斑结构病变，可分为湿性和干性两种	50 岁左右发病；随着年龄增加，发病率显著增高	视野中心区域变暗、中央视力衰退（对周边视觉影响较小）、视物变形
青光眼	眼压升高导致视神经损害	发病率为 1%，45 岁以后发病率为 2%	对比敏感度降低、视野变小并逐渐丧失
糖尿病视网膜病变	糖尿病所致的微血管并发症	随着糖尿病患者日趋增多，发病率呈上升趋势	视野中有浑浊斑点、视物模糊、视力下降
色素性视网膜炎	慢性、进行性、营养不良视网膜退行性变	遗传性疾病	明暗变化适应降低，夜盲症、对强光敏感、视野缩小
干眼症	眼睛无法正常地产生泪水或眼泪蒸发太快	随着年龄的增长，患病风险增加；与男性相比，女性患病率更高	眼疲劳、畏光、对光刺激敏感

图 3-6-1 老年人常见眼部疾病及视觉质量示意

病理性的改变，如白内障、黄斑变性、青光眼等老年人群常见眼部疾病（表 3-6-2）。

1. 视敏度及色彩辨别能力下降

眼睛老化使眼睛晶状体的弹性降低，视近时物体聚焦功能下降，视物模糊，出现"老花眼"的现象。同时晶状体透光能力减弱、视网膜功能衰退，以及黄斑变性、糖尿病视网膜病变、白内障等眼病，影响进入老年人眼底视网膜的光线，使老年人视敏度下降，需要更多光线才能看清物体。

同样，由于晶状体颜色变黄变浑浊和视觉通路敏感性的变化，老年人颜色辨别能力随着年龄的增长而下降，对蓝色、绿色等短波的吸收率会极大地增加，造成老年人在视看时画面整体色调偏黄。对于蓝色和绿色等短波长的颜色不容易分辨，对于明度相近（黄白、灰白等）的色彩辨别能力减弱，对于颜色饱和度的感知能力下降（如红色看起来会变粉）等。与此同时，青光眼及以黄斑变性为代表的年龄相关性眼病也会导致老人蓝黄色色觉异常的症状，如图 3-6-1 所示。

2. 明暗适应能力下降

随着年龄的增长，老年人的明暗适应能力均呈现不同程度的下降，其主要与老年人视网膜上感光细胞的衰退、由晶状体透射率及瞳孔直径减小等因素导致的眼睛进光量的减少有关 [104]。因此，老年人在低光照和夜间环境中常存在视力障碍，并需要更多的时间来适应空间光线明暗的变化。此外，明暗适应能力减弱也是年龄相关黄斑变性的预警信号。

3. 眩光敏感

眼球内光线的散射导致了老年人对眩光的敏感，此外，老年人受到眩光影响后的恢复能力也会不同程度地减弱[105]。比如同一光幕亮度下，老年人感受到的眩光程度明显高于年轻人，同样受到眩光刺激以后，老年人也需要花费更长的时间才能恢复过来。

4. 视野范围缩小

由于周边视觉的下降，视野范围也会受到生理性老化的影响而变小；此外，老年人由于驼背、坐轮椅等原因造成视点下移也在一定程度上造成老年人视野范围的变化。视野范围的缩小除了会造成老年人对眼前事物"视而不见"，也会给日常生活带来巨大的安全隐患。

5. 对比敏感度下降

对比敏感度下降是老年视功能退化的另一个重要方面，老年人普遍、高发的眼病之一白内障的主要症状就是对比敏感度降低。低对比敏感度导致老年人分辨日常生活环境中物品及细节困难，使老年人在行走过程中难以很好地辨识凸起表面或水平、垂直间隙，导致跌倒，不仅影响日常生活质量，严重的甚至影响生命安全。在低水平光照情况下，这一问题将更加严重。

3.6.2　老年人非视觉通路的退化及导致的节律问题

由于视网膜中存在用于感知光照从而调节节律的视神经节细胞，随着眼部的老化也会产生相应变化，从而影响人的节律。研究发现，下丘脑视交叉上核随着年龄增长而功能衰退[106]，副交感神经功能昼夜节律活动幅度也会降低[107]，导致老年人节律振幅和昼夜节律调节减弱，零散性增加[108,109]（图3-6-2、图3-6-3）。老年人昼夜节律

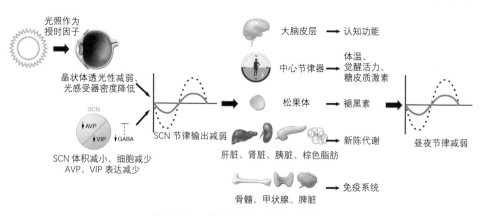

图 3-6-2　老人节律衰减的生理机制

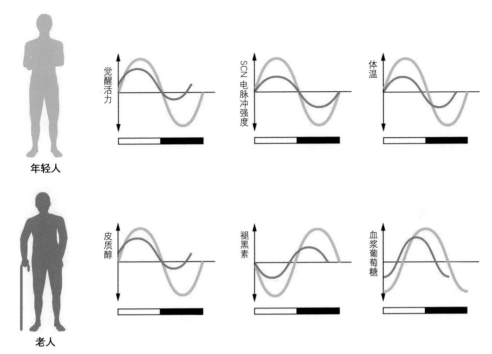

图 3-6-3　年轻人与老年人的各项节律指标对比

向超日节律（周期短于 1 天）和亚日节律（周期长于 1 天）的变化转变，从而导致失眠、白天嗜睡等节律紊乱问题[110]。另外，老年人褪黑激素的分泌模式和代谢会随着年龄的增长而发生变化，这意味着他们更容易受到睡眠障碍和谵妄等情况的影响[111]。

具体而言，与年轻人相比，老年人清醒的时间明显更多、入睡的时间更长，从睡眠结构看，第三阶段、第四阶段和快速眼动睡眠的时间更少[112]。一般从中年至 80 岁这一时期，总睡眠时间平均每 10 年减少 27 分钟[113]。临床研究用腕关节活动监测方法对 65 名青年、中年、老年、高龄四个年龄段的睡眠和昼夜节律进行了观察，老年年龄组和高龄年龄组休息和活动的昼夜节律模式日间变异和夜间活动显著增加，昼夜振幅降低。衰老过程中存在昼夜节律性睡眠和休息活动节律的减弱[114]。

由于身体机能退化，加之无人陪伴以及缺少群体活动和社会交流，老年人群普遍存在孤独、焦虑、抑郁等情绪问题。有研究表明，60 岁以上老年人患抑郁症的比例从 11% 到 57% 不等。80 岁以上老年人患有抑郁症状的比例为 30.3%[115]。

老年人的情绪问题会影响睡眠，而睡眠不佳又会导致焦虑、抑郁情绪的产生，从而情绪问题与节律问题恶性循环，最终严重影响生命质量。世界卫生组织报告显示[116]，情绪障碍已经成为老年人群重要的疾病负担，不良情绪问题会扰乱老年人正常的生理功能，导致其机体平衡失调，影响防御和免疫功能。从机理解释，老年人的不良心理状态会导致产生紧张焦虑情绪，频繁给脑垂体造成不安的刺激，致使其发生各种偏激过敏的信号，扰乱内分泌的均衡状态。因此，心理疾病会诱发或加重常见的高血压、糖尿病、胃肠功能紊乱、老年痴呆症等众多老年疾病。

3.6.3　老年人群的光照需求

老年人群的光环境需求可分为视觉需求和非视觉需求两个方面。在视觉需求方面，可通过适老化设计满足老年人视觉特征、提升视觉舒适度；同时关注生活起居中各功能作业的需求，通过人性化的功能区光环境设计，可提升晚年生活品质、改善负面情绪。而在非视觉需求方面，应特别关注应用光的疗愈作用，根据增龄进程中老年人机体功能变化，提供改善睡眠、情绪与认知的支持性环境。

1. 基于老年人视觉特征的视觉环境需求

1) 提高照度水平

跌倒是 65 岁以上老年人因伤致死的主要原因，预防老年人跌倒的最重要措施之一是确保他们生活空间中的光线充足。由于视功能的衰退，为了看清相同的目标，老年人比年轻人需要更高的照度。与年轻人相比，在明亮条件下高龄老人相对成年人照度标准需提升 1.5~2 倍，在暗环境下则需提升 2.5~3 倍。《养老设施建筑设计规范》（GB 50687—2013）中提出了老年居住生活空间的适老照明要求，表 3-6-3 节选了我国部分建筑规范与日本建筑规范的适老照明要求进行了对比，照度值规定相对偏低，且缺少针对老年阅读、针线活操作等行为的细化考虑，在实际设计中，可根据具体情况在此基础上适当提升。

表 3-6-3　中国与日本适老照明标准对比

房间	参考平面	GB 50867—2013《养老设施建筑设计规范》		JGJ450—2018《老人照料设施建筑设计标准》
		照度标准值（lx）		照度标准值（lx）
起居室	0.75m 水平面	一般活动	300	200
		书写、阅读	—	
卧室	0.75m 水平面	一般活动	200	150
		床头、阅读	—	
过道	地面	—	100~150	150
门厅	地面	—	—	200
餐厅	0.75m 餐桌面	—	200	200

2）避免眩光

老年人的角膜、晶状体透明度的下降（如白内障），玻璃体的液化甚至脱离都可能引起眼球内光线散射，从而使老年人对眩光更为敏感，这就需要我们在为老年人提供较高光照的同时要控制眩光。可以通过对灯具做遮光处理、间接照明等方式避免高亮度的光源对老年人产生的眩光影响。

3）保证空间亮度的平稳过渡与照度均匀度

由于明暗适应能力的降低，老年人需要更多的时间去适应不同的亮度变化，因此要尽量减少相邻空间的亮度差，避免亮度突变，可设置适当的过渡照明。此外，同一空间也要保证一定的照度均匀度，避免老年人视线在不同明暗之间来回切换，产生视觉疲劳。

4）良好的光源显色性

由于老年人色觉能力的退化，对于相近色相的色彩区分能力减弱，为便于老年人对室内色彩进行分辨，室内照明光源的显色性应适当提高。

5）增加对比度

由于老年人对比敏感度会出现不同程度的下降，为提高其对特定目标的辨别能力、防止跌倒，在室内环境的设计中应该尽可能提高对比度。例如对于楼梯边缘、门框等部位可以采用局部照明或者使用与邻近区域不同的颜色或材质加以区分，提高辨识度。

6）照明控制的人性化设计

人性化照明控制在老年生活空间中非常重要。一方面，老年人经常由于忘记或行动不方便，在夜间活动不开灯而摔倒；另一方面，床头台灯、落地灯和插座电线若没得到有序归纳，增加了绊倒的危险。因此为了便于老年人就近对相关灯具进行控制，养老设施中应根据实际需求设置多点控制开关，并且开关宜使用带指示灯的宽板开关，浴室、厕所灯宜采用延时开关。近年来，灯具智能控制面板在人居中有了越来越广泛的应用，控制面板的图案设计、操作界面和色彩设计等均需要考虑老年人的视觉特征与认知能力，以便于老年人理解和操作。

2. 基于老年人节律、情绪特征的非视觉光环境需求

在非视觉需求方面，室内光环境除了要满足老年人正常的视觉作业之外，也应该考虑老年人对节律修复和情绪调节等更高层次的需求。

在节律修复方面，老年人由于身体机能的衰退，很少能够外出走动，接受足够的自然光照刺激，导致昼夜节律振幅降低，这也是老年人睡眠问题高发的主要原因之一，进而导致抑郁、焦虑等情绪问题及躁动等行为问题。针对这一现象，从照明设计的角度出发，自然光照的缺失可通过室内人工光照进行补充。例如，可设置能模拟一天之中自然光变化的照明器具，以弥补老年人接受自然光照不足，提供非视觉节律刺激。国内外20年以来各类研究结果证明，晨间高强度光照刺激是最为有效的睡眠改善途径之一，可在一定程度上提升睡眠效率、增加白天觉醒度[117~119]。此外，晚间特定的中等强度光照也可缓解失眠、减少老年人夜间躁动[120]。

在情绪调节方面，可结合空间局部使用彩色光或安装光艺术装置，活跃环境氛围，对老人抑郁、焦虑等负面情绪进行改善调节。

3.6.4　老年疾病的光照疗法

目前研究显示，老年人群普遍罹患各类疾病，如睡眠障碍、精神及情感障碍、阿尔兹海默症等，而光照疗法或多或少可对这些老龄疾病症状改善提供帮助。

光疗产品的使用时间一般在早晨，其照度与普通灯具相比较高，最高可达10 000 lx，一般采用与正午日光一致的色温（6 500 K左右）。伦斯勒理工学院照明研究中心研发了一种"光疗眼镜"用于对老年人节律系统的调节，该眼镜提供富含蓝光的光谱，刺激人体节律系统的响应，相关实验也表明该装置对褪黑素抑制的有效性[121]。光疗在应对阿尔兹海默症方面的研究与应用也在不断开展。每天早晨7:30打开6 500 K的照明设备，并在8:00之前从200 lx逐渐达到至少1 000 lx垂直照度并保持，在傍晚18:00逐渐降低至200 lx，结论表明高色温、高强度光可以改善痴呆老人的昼夜节律，并可能对躁动行为产生积极影响，而不会给护理带来额外负担[122]。郝洛西教授团队将节律照明应用于上海市第三社会福利院，失智老人养护单元墙面上的大面积节律照明刺激装置，为阿尔兹海默症患者提供了便利的光疗条件，从而改善他们的节律稳定性、情绪和认知水平（图3-6-4）。

3.6.5　高龄老人所面临的严峻问题

由于进入高龄期后身体机能、视觉系统和非视觉系统神经功能退化加速，并且因失智失能而长期卧床会导致缺少日光的节律刺激，因此与普通老人相比，高龄老人所面临的节律、情绪问题更加严重。

根据世界卫生组织对发展中国家老年人的年龄划分标准，高龄老人指年龄在80岁以上的老人。随着平均寿命的延长，当下我国年龄结构的高龄化问题日益严峻，人口高龄化速度已超过老龄化。全国老龄工作委员会办公室在《关于国家应对人口老龄化战略研究总报告》中指出，现下我国高龄老人数量已达3 000万，2050年将达到1

图 3-6-4　上海市第三社会福利院阿尔兹海默症老年患者接受节律光照刺激

亿人，高龄比达到 22.3%，相当于届时发达国家高龄老年人口的总和，占世界高龄老年人口总量的 1/4。

在视觉问题方面，80 岁以上人群的视觉系统退化更为严重，具体表现为晶状体更为浑浊、透射率更低。晶状体透射率的降低进而导致视网膜照度的降低，高龄老人光谱各成分的视网膜照度相对于普通老人会降低一半以上。

在节律方面，由于高龄老人的生物节律调节机能退化更加严重，视交叉上核细胞数量在 80 岁以后明显减少 [123]，导致昼夜节律振幅愈发降低；此外，高龄老人由于身体机能的进一步退化，大部分时间在室内度过，因而接受自然光照刺激严重不足，导致昼夜节律更加紊乱。因此，高龄老人居室相比普通老人居室，更加需要通过增强室内人工光照的手段来增加节律刺激，以应对高龄老人所经受的节律相关健康问题。

在情绪方面，由于健康状况下降、缺少子女陪伴以及睡眠质量变差等影响，高龄老人情绪普遍不稳定。根据 2011 年"中国老人健康长寿影响因素研究"第 6 次调查的数据，高龄老人的睡眠失调比例高达 39.8%，催眠药物使用率 16.7%，焦虑、抑郁情绪发生率分别高达 54.42% 和 44.21%。针对高龄老人的情绪问题，可通过光环境设计，给予老人光照刺激以改善抑郁情绪、减少躁动行为、减缓认知水平退化。

综合以上三方面因素，对于高龄老人尤其是长期卧床的失智、失能老人，光环境设计策略应基于其视觉特征、节律、情绪问题，在普通老人相关指标的基础上进行进一步提升与优化，具体应对措施如下。

（1）在视觉需求方面，由于高龄老人视网膜照度的进一步衰减，建议在我国现有老人照明标准的基础上将照度提升 1.5 倍；由于瞳孔调节能力几乎丧失，尽量减少高龄老人活动空间内的明暗转换并增加舒缓过渡，室内照明眩光指数（UGR）建议控制在 16 以下；由于高龄老年人的视野偏黄，灯具色温不宜低于 2 700 K；由于色彩感知能力下降，建议选用 Ra>80 的高显色性灯具，室内色彩选用高饱和度、对比色以增加辨识度。

（2）在节律改善方面，对于卧床老人居室需要通过额外的人工照明来进行补充，以保证日间老人可接收到足够的节律光照刺激，而夜晚需要控制灯光光谱和照度以减少光刺激对昼夜节律系统的干扰。对于床位、躺椅等高龄老人长时间停留空间，建议设置动态照明，在日间尤其是晨起时段设置眼部照度为 1 000 lx 以上的高色温节律照明，补充卧床老人严重缺失的日光刺激；在睡前和起夜时段提供 2 300 K 以下的低照度金黄光照明，减少夜间光线对入睡的影响。

（3）在情绪调节方面，对于高龄老人的抑郁、躁动等情绪，可采用 5 000 K 以上中高色温白光或蓝光照射进行调节；此外，由于高龄老人卧床时间居多，还可通过彩色光、情绪照明界面或装置等方式来丰富高龄老人卧床期间的信息感知，改善负面情绪。

"毫无质量可言的延长生命，无异于使老人失去了最后几年平静而有意义的生活"[124]，这是一个非常残忍的事实。对高龄老人的照料除了寻求技术手段来延长生命，还需要尽可能地提高其生命质量。我们期待着光的疗愈力量尽快地融入高龄老人的日常照护，为老年人生命的最后一段旅程，创造更多美好时光。

参考文献

[1] 联合国新闻 . 联合国庆祝第二个国际光日 : 对光的理解和运用惠及全人类 [EB/OL]. (2019-05-16) . https://unesdoc.unesco.org/ark:/48223/pf0000367948_chi.

[2] Logan R W, McClung C A. Rhythms of life: circadian disruption and brain disorders across the lifespan[J]. Nature Reviews Neuroscience, 2019, 20(1): 49-65.

[3] Pickford R W. Individual differences in colour vision and their measurement[J]. The Journal of psychology, 1949, 27(1): 153-202.

[4] Phillips A J K, Vidafar P, Burns A C, et al. High sensitivity and interindividual variability in the response of the human circadian system to evening light[J]. Proceedings of the National Academy of Sciences, 2019, 116(24): 12019-12024.

[5] 孙涛 , 何清湖 . 走出亚健康 [M]. 北京 : 中国中医药出版社 , 2011.

[6] 田明 , 张国霞 . 中医"治未病"与当代"亚健康"[J]. 吉林中医药 ,2011,31(10):925-926.

[7] 世界卫生组织 . 关于老龄化与健康的全球报告 [R].Geneva:WHO,2016.

[8] 王建枝 , 殷莲华 . 病理生理学 [M]. 第 8 版 . 北京 : 人民卫生出版社 ,2008.

[9] 孙理军 , 张登本 . 论体质与亚健康状态的预防 [J]. 中医药学刊 ,2004(11):2006-2007.

[10] 王天芳 , 孙涛 . 亚健康与"治未病"的概念、范畴及其相互关系的探讨 [J]. 中国中西医结合杂志 ,2009,29(10):929-933.

[11] 周宝宽 , 崔家鹏 . 治未病与亚健康 [J]. 中华中医药学刊 ,2007,25(9): 1910-1912.

[12] 福建中医院 . 亚健康调理 [EB/OL]. (2018-05-20) . http://www.ongfujian.com.sg/chinese/health.php.

[13] 龚海洋 , 王琦 . 亚健康状态及其中医学研究进展述评 [J]. 北京中医药大学学报 ,2003,26 (5):2-6.

[14] Bi JL, Huang Y, Xiao Y, et al. Association of lifestyle factors and suboptimal health status: a cross-sectional study of Chinese students[J]. BMJ Open, 2014, 4(6): e5156.

[15] 陈洁瑜 , 赵晓山 , 王嘉莉 , 等 . 亚健康状态影响因素的研究进展 [J]. 现代预防医学 , 2016, 43 (11) :1987-1990.

[16] 郝洛西 , 曹亦潇 , 崔哲 , 等 . 光与健康的研究动态与应用展望 [J]. 照明工程学报 ,2017,28(06):1-15+23.

[17] 岑澔 . 中医体质与亚健康状态相关性的流行病学研究 [D]. 北京 : 北京中医药大学 ,2007.

[18] 周宝宽 , 李德新 . 疲劳的中医病因病机浅析 [J]. 中医药学刊 ,2004, 22(1): 142.

[19] 周宝宽 , 李德新 . 中医疲劳术语整理研究 [J]. 中国中医基础医学杂志 , 2003, 9(3): 8.

[20] Boubekri M, Cheung I N, Reid K J, et al. Impact of windows and daylight exposure on overall health and sleep quality of office workers: a case-control pilot study[J]. Journal of clinical sleep medicine, 2014, 10(6): 603-611.

[21] 严永红 , 何思琪 , 胡韵萩 , 等 . 班前 LED 光暴露对流水线工人警觉性、注意力和情绪影响研究 [J]. 南方建筑 ,2019(03):70-75.

[22] Bommel W J M V . Non-visual biological effect of lighting and the practical meaning for lighting for work[J]. Applied Ergonomics, 2006, 37(4):461-466.

[23] Meijer K, Robb M, Smit J. Shift Work Fatigue in the Petroleum Industry: A Proactive Fatigue Countermeasure[C/OL]//SPE Annual Technical Conference and Exhibition. https://onepetro.org/SPEATCE/proceedings-abstract/17ATCE/2-17ATCE/D021S017R007/193100. OnePetro, 2017.

[24] 林怡 , 刘聪 . 办公照明的光生物效应研究综述 [J]. 照明工程学报 ,2017,28(03):1-8+19.

[25] 郎莹 , 蒋晓江 , 马国重 , 等 . 光照疗法对轮班睡眠时相障碍患者昼夜节律恢复作用的疗效观察 [J]. 中国临床神经科学 , 2013(03):52-56.

[26] 郝洛西 , 曹亦潇 , 汪统岳 , 等 . 面向人居健

康的城市夜景照明：进展与挑战 [J]. 照明工程学报 ,2019,30(06):1-6+31.

[27] Stevens R G , Zhu Y . Electric light, particularly at night, disrupts human circadian rhythmicity: is that a problem?[J]. Philos Trans R Soc Lond B Biol Sci, 2015, 370(1667): 1-9.

[28] Fultz N E, Bonmassar G, Setsompop K, et al. Coupled electrophysiological, hemodynamic, and cerebrospinal fluid oscillations in human sleep[J]. Science, 2019, 366(6465): 628-631.

[29] Dhandapani R, Arokiaraj C M, Taberner F J, et al. Control of mechanical pain hypersensitivity in mice through ligand-targeted photoablation of TrkB-positive sensory neurons[J]. Nature communications, 2018, 9(1): 1-14.

[30] Noseda R, Bernstein C A, Nir R R, et al. Migraine photophobia originating in cone-driven retinal pathways[J]. Brain, 2016, 139(7): 1971-1986.

[31] Orsam.Biologisch wirksames Licht im Schmerztherapiezentrum (ZIS) am Klinikum rechts der Isar[EB/OL]. (2021-02-13) . https://www.osram.de/ds/wissenswertes/die-biologische-wirkung-des-lichts/projekte/schmerztherapiezentrum-im-klinikum-rechts-der-isar/index.jsp.

[32]The gospel of obese people! LED medical application in the field of weight loss[EB/OL]. (2021-02-12) . http://www.ogradyelectric.com/post-2026.html.

[33] 隋树杰 , 王崴 , 仰曙芬 . 国内人群亚健康状态现状及研究进展 [J]. 护理学报 ,2008(01):26-28.

[34] Wan S H, Ham J, Lakens D, et al. The influence of lighting color and dynamics on atmosphere perception and relaxation: Proceedings of EXPERIENCING LIGHT 2012: International Conference on the Effects of Light on Wellbeing[C].Eindhoven:Technische Universiteit Eindhoven. 2012:1-4.

[35] IM Iskra-Golec a, Wazna Ma, Smith L . Effects of blue-enriched light on the daily course of mood, sleepiness and light perception: A field experiment[J]. Lighting Res. Technol, 2012, 44:506-513 .

[36] Baron R A , Rea M S , Daniels S G . Effects of indoor lighting (illuminance and spectral distribution) on the performance of cognitive tasks and interpersonal behaviors: The potential mediating role of positive affect[J]. Motivation and Emotion, 1992, 16(1):1-33.

[37] Baron R A , Fortin S P , Frei R L , et al. Reducing organizational conflict: the role of socially-induced positive affect[J]. International Journal of Conflict Management, 1990, 1(2):133-152.

[38] Rot M A H , Moskowitz D S , Young S N. Exposure to bright light is associated with positive social interaction and good mood over short time periods: A naturalistic study in mildly seasonal people[J]. Journal of Psychiatric Research, 2008, 42(4):311-319.

[39] Wessolowski N , Koenig H , Schulte-Markwort M , et al. The effect of variable light on the fidgetiness and social behavior of pupils in school[J]. Journal of Environmental Psychology, 2014, 39:101-108.

[40] 弗罗伦斯·南丁格尔 . 世界科普巨匠经典译丛 (第 3 辑)：护理札记 [M]. 上海：上海科普出版社 , 2014.

[41] Gbyl K, Madsen H Ø, Svendsen S D, et al. Depressed patients hospitalized in southeast-facing rooms are discharged earlier than patients in northwest-facing rooms[J]. Neuropsychobiology, 2016, 74(4): 193-201.

[42] Pennings E. Hospital lighting and patient's health[D]. Wageningen : Wageningen University, 2018.

[43] Killgore W D S, Vanuk J R, Shane B R, et al. A randomized, double-blind, placebo-controlled trial of blue wavelength light exposure on sleep and recovery of brain structure, function, and cognition following mild traumatic brain injury[J]. Neurobiology of disease, 2020, 134: 104679.

[44] Noseda R, Bernstein CA, Nir RR, et al. Migraine photophobia originating in cone-driven retinal pathways[J]. Brain. 2016, 139(7):1971-1986.

[45] Ibrahim M M, Patwardhan A, Gilbraith K B, et

al. Long-lasting antinociceptive effects of green light in acute and chronic pain in rats[J]. Pain, 2017, 158(2): 347.

[46] Walch J M, Rabin B S, Day R, et al. The effect of sunlight on postoperative analgesic medication use: a prospective study of patients undergoing spinal surgery[J]. Psychosomatic medicine, 2005, 67(1): 156-163.

[47] Lang-Illievich K, Winter R, Rumpold-Seitlinger G, et al. The Effect of Low-Level Light Therapy on Capsaicin-Induced Peripheral and Central Sensitization in Healthy Volunteers: A Double-Blinded, Randomized, Sham-Controlled Trial[J]. Pain and Therapy, 2020, 9(2): 717-726.

[48] Martin L, Porreca F, Mata E I, et al. Green light exposure improves pain and quality of life in fibromyalgia patients: A preliminary one-way crossover clinical trial[J]. Pain Medicine, 2021, 22(1): 118-130.

[49] Landgrebe M, Nyuyki K, Frank E, et al. Effects of colour exposure on auditory and somatosensory perception—Hints for cross-modal plasticity[J]. Neuroendocrinology Letters, 2008, 29(4): 518.

[50] 史妙, 王宁, 王锦琰, 等. 疼痛的心理学相关研究进展 [J]. 中华护理杂志, 2009, 044(006):574-576.

[51] Cooper R G, Booker C K, Spanswick C C. What is pain management, and what is its relevance to the rheumatologist?[J]. Rheumatology, 2003, 42(10): 1133-1137.

[52] Ulrich R S. View through a window may influence recovery from surgery[J]. Science, 1984, 224(4647): 420-421.

[53] Kopp B T, Hayes Jr D, Ghera P, et al. Pilot trial of light therapy for depression in hospitalized patients with cystic fibrosis[J]. Journal of affective disorders, 2016, 189: 164-168.

[54]Quan X, Joseph A, Nanda U, et al. Improving pediatric radiography patient stress, mood, and parental satisfaction through positive environmental distractions: A randomized control trial[J]. Journal of pediatric nursing, 2016, 31(1): e11-e22.

[55]Okkels N, Jensen L G, Arendt R, et al. Light as an aid for recovery in psychiatric inpatients: A randomized controlled effectiveness pilot trial[J]. European Psychiatry, 2017, 41(S1): S287-S288.

[56]Lovell B B, Ancoli-Israel S, Gevirtz R. Effect of bright light treatment on agitated behavior in institutionalized elderly subjects[J]. Psychiatry research, 1995, 57(1): 7-12.

[57]Montaigne D, Marechal X, Modine T, et al. Daytime variation of perioperative myocardial injury in cardiac surgery and its prevention by Rev-Erbα antagonism: a single-centre propensity-matched cohort study and a randomised study[J]. The Lancet, 2018, 391(10115): 59-69.

[58] 秦粉菊, 陈丽莉, 童建. 时间毒理学研究进展 [J]. 生命科学, 2015(11):1427-1432.

[59] GOLDENHEIM P D, CHERNIACK R M. Circadian Variations in Theophylline Concentrations and the Treatment of Nocturnal Asthma ?[J]. Am Rev Respir Dis, 1989, 139: 47S-47B.

[60] Levi F, Louarn C L, Reinberg A. Timing optimizes sustained-release indomethacin treatment of osteoarthritis[J]. Clinical Pharmacology & Therapeutics, 1985, 37(1): 77-84.

[61] Portaluppi F, Degli Uberti E, Strozzi C, et al. Slow-release nifedipine: effect on the circadian rhythm of blood pressure in essential hypertension[J]. Acta cardiologica, 1987, 42(1): 37-47.

[62] Bullough J, Rea M S. Lighting for neonatal intensive care units: some critical information for design[J]. International Journal of Lighting Research and Technology, 1996, 28(4): 189-198.

[63] Ennever J F, McDonagh A F, Speck W T. Phototherapy for neonatal jaundice: optimal wavelengths of light[J]. The Journal of pediatrics, 1983, 103(2): 295-299.

[64] Adams R J, Courage M L, Mercer M E. Systematic measurement of human neonatal color vision[J]. Vision Research, 1994, 34(13):0-1701.

[65] Rivkees S A , Mayes L , Jacobs H , et al. Rest-Activity Patterns of Premature Infants Are Regulated by Cycled Lighting[J]. PEDIATRICS, 2004, 113(4):833-839.

[66] Rivkees S A. The development of circadian rhythms: from animals to humans[J]. Sleep medicine clinics, 2007, 2(3): 331-341.

[67] Mann N P, Haddow R, Stokes L, et al. Effect of night and day on preterm infants in a newborn nursery: randomised trial[J]. Br Med J (Clin Res Ed), 1986, 293(6557): 1265-1267.

[68] 刘玺诚 . 儿童睡眠医学研究进展 [J]. 实用儿科临床杂志 , 2007, 22(12): 881-883.

[69] Mindell J A, Owens J A. A clinical guide to pediatric sleep: diagnosis and management of sleep problems[M]. Philadelphia：Lippincott Williams & Wilkins, 2015.

[70] 张洁 . 儿童睡眠以及相关因素研究进展 [C]// 中国睡眠研究会第九届学术年会 . 北京：中国睡眠研究会 ,2016.

[71] 陈彤颖 . 优质睡眠从婴幼儿抓起 [J]. 江苏卫生保健 ,2019(06):37.

[72] Owem JA, Fernandos, Mc Guinn M, et al. Sleep disturbance and injury risk in young children[J]. Behav Sleep Med, 2005, 3: 18-31.

[73] 江帆、颜崇淮、吴胜虎、等 .1-23 个月儿童睡眠问题的流行病学研究 [J]. 中华预防医学杂志 .2003,37(6):435~438.

[74] Burnham M M . The ontogeny of diurnal rhythmicity in bed-sharing and solitary-sleeping infants: a preliminary report[J]. Infant and Child Development, 2007.

[75] Lickliter R. The role of sensory stimulation in perinatal development: insights from comparative research for care of the high-risk infant[J]. Journal of Developmental & Behavioral Pediatrics Jdbp, 2000, 21(6):437-47.

[76] Lotto R B . Visual Development: Experience Puts the Colour in Life[J]. Current Biology, 2004, 14(15):R619-R621.

[77] 朱晓明、严宏 . 视觉发育敏感期的研究进展 [J]. 眼视光学杂志 , 2004, 6(004):261-263.

[78] 王婷雪 . 婴儿视觉发育的临床研究 [D]. 上海：复旦大学 ,2008.

[79] 黄小娜、王惠珊、刘玺诚 . 婴儿早期睡眠及昼夜节律的发展 [J]. 中国儿童保健杂志 ,2009,17(03):320-321+324.

[80] 齐险峰 . 学龄前儿童视力筛查结果及视力异常影响因素分析 [J]. 临床医学 ,2019,39(05):63-65.

[81] Ayaki M, Torii H, Tsubota K, et al. Decreased sleep quality in high myopia children[J]. Scientific reports, 2016, 6(1): 1-9.

[82] Lee S, Matsumori K, Nishimura K, et al. Melatonin suppression and sleepiness in children exposed to blue-enriched white LED lighting at night[J]. Physiological reports, 2018, 6(24): e13942.

[83] Tappe K A, Glanz K, Sallis J F, et al. Children's physical activity and parents' perception of the neighborhood environment: neighborhood impact on kids study[J]. International journal of behavioral nutrition and physical activity, 2013, 10(1): 1-10.

[84] 金建东、万平 .6 岁幼儿的视野只有成人的三分之二 [J]. 父母必读 , 1991(7):42.

[85] Franklin M, Yin X, McConnell R, et al. Association of the Built Environment With Childhood Psychosocial Stress[J]. JAMA network open, 2020, 3(10): e2017634

[86] Jee D, Morgan I G, Kim E C. Inverse relationship between sleep duration and myopia[J]. Acta ophthalmologica, 2016, 94(3): e204-e210.

[87] 谢继春 . 持续视近所致眼压变化与近视发展速度的关系 [J]. 临床医药实践 , 2010, 019(001):9-10.

[88] Paksarian D , Rudolph K E , Stapp E K , et al. Association of Outdoor Artificial Light at Night With Mental Disorders and Sleep Patterns Among US Adolescents[J]. JAMA psychiatry, 77(12):1266-1275.

[89] Figueiro M G , Rea M S . Lack of short-wavelength light during the school day delays dim light melatonin onset (DLMO) in middle school students[J]. Neuro endocrinology letters, 2010, 31(1):92-96.

[90] Figueiro M G, Rea M S. Evening daylight may cause adolescents to sleep less in spring than in winter[J]. Chronobiology International, 2010, 27(6): 1242-1258.

[91] Sharkey K M , Carskadon M A , Figueiro M G , et al. Effects of an advanced sleep schedule and morning short wavelength light exposure on circadian phase in young adults with late sleep schedules[J]. Sleep Medicine, 2011, 12(7):685-692.

[92] Lee K A, Gay C L. Sleep in late pregnancy predicts length of labor and type of delivery[J]. American journal of obstetrics and gynecology, 2004, 191(6): 2041-2046.

[93] Hsu C N, Tain Y L. Light and circadian signaling pathway in pregnancy: Programming of adult health and disease[J]. International journal of molecular sciences, 2020, 21(6): 2232.

[94] Oren D A, Wisner K L, Spinelli M, et al. An open trial of morning light therapy for treatment of antepartum depression[J]. Am J Psychiatry, 2002; 159: 666-669.

[95] Epperson C N, Terman M, Terman J S, et al. Randomized clinical trial of bright light therapy for antepartum depression: preliminary findings[J]. The Journal of Clinical Psychiatry, 2004, 65(3): 421-425.

[96] Wirz-Justice A, Bader A, Frisch U, et al. A randomized, double-blind, placebo-controlled study of light therapy for antepartum depression[J]. Clin Psychiatry, 2011, 72(7): 986-993.

[97] Sharkey J T, Puttaramu R, Word R A, et al. Melatonin synergizes with oxytocin to enhance contractility of human myometrial smooth muscle cells[J]. The Journal of Clinical Endocrinology & Metabolism, 2009, 94(2): 421-427.

[98] Goyal D, Gay C, Torres R, et al. Shortening day length: A potential risk factor for perinatal depression[J]. Journal of behavioral medicine, 2018, 41(5): 690-702.

[99] Corral M, Kuan A, Kostaras D. Bright light therapy's effect on postpartum depression[J]. Am J Psychiatry, 2000, 157: 303-304.

[100] Corral M, Wardrop A, Zhang H, et al. Morning light therapy for postpartum depression[J]. Arch Women's Ment Health, 2007, 10: 221–224.

[101] Rabinowitz Y G, Mausbach B T, Coon D W, et al. The moderating effect of self-efficacy on intervention response in women family caregivers of older adults with dementia[J]. Am J Geriatr Psychiatry,2006,14(8):642-649.

[102] 乐怡平，林建华. 高龄孕妇并发妊娠期高血压疾病的风险及应对策略 [J]. 中国临床医生杂志，2015, 08(43):15-17.

[103] Boyce P R. Human Factors in Lighting[M]. 3rd Edition. Boca Raton：Crc Press, 2014.

[104] Jackson G R, Owsley C, Jr M G. Aging and dark adaptation[J]. Vision Research, 1999,39(23):3975-3982.

[105] Hatton J. Aging and the glare problem[J]. Journal of Gerontological Nursing, 1977,3(5):3844.

[106] Hofman M A, Swaab D F. Alterations in circadian rhythmicity of the vasopressin-producing neurons of the human suprachiasmatic nucleus (SCN) with aging.[J]. Brain Research, 1994, 651(1-2):134-142.

[107] Toshima H. Circadian rhythm of autonomic function and sleep patterns in the elderly[J]. Journal of the Neurological Sciences, 2017, 381:922.

[108] 黄永璐，汪青松，吴颖慧，等. 昼夜静息—活动、睡眠—觉醒节律的年龄相关性变化 [J]. 安徽医科大学学报，2002, 37(1):44-46.

[109] Hood S, Amir S. The aging clock: circadian rhythms and later life[J]. The Journal of clinical investigation, 2017, 127(2): 437-446.

[110] Thies S B , Richardson J K , Ashton-Miller J A . Effects of surface irregularity and lighting on step variability during gait: A study in healthy young and older women[J]. Gait & Posture, 2005, 22(1):0-31.

[111] Scholtens R M, van Munster B C, van Kempen M F, et al. Physiological melatonin levels in healthy older people: a systematic review[J]. Journal of psychosomatic research, 2016, 86: 20-27.

[112] Carrier J, Monk T H, Buysse D J, et al. Sleep and morningness-eveningness in the 'middle' years of life (20–59y)[J]. Journal of sleep research, 1997, 6(4): 230-237.

[113] Cauter V Eve. Age-Related Changes in Slow Wave Sleep and REM Sleep and Relationship With Growth Hormone and Cortisol Levels in Healthy Men[J]. Jama, 2000, 284(7):861.

[114] Huang Y L, Liu R Y, Wang Q S, et al. Age-associated difference in circadian sleep–wake and rest–activity rhythms[J]. Physiology & behavior, 2002, 76(4-5): 597-603.

[115] Chen Y, Hicks A, While A E. Depression and related factors in older people in China: a systematic review[J]. Reviews in Clinical Gerontology, 2012, 22(1): 52.

[116] World Health Organization. The global burden of disease: 2004 update[M]. Geneva:WHO, 2008.

[117] Mishima K, Okawa M, Hishikawa Y, et al. Morning bright light therapy for sleep and behavior disorders in elderly patients with dementia[J]. Acta Psychiatrica Scandinavica, 1994, 89(1): 1-7.

[118] Akyar I, Akdemir N. The effect of light therapy on the sleep quality of the elderly: an intervention study[J]. The Australian Journal of Advanced Nursing, 2013, 31(2): 31.

[119] Rubiño J A, Gamundí A, Akaarir M, et al. Bright Light Therapy and Circadian Cycles in Institutionalized Elders[J]. Frontiers in Neuroscience, 2020, 14: 359.

[120] Satlin A, Volicer L, Ross V, et al. Bright light treatment of behavioral and sleep disturbances[J]. Am J Psychiatry, 1992, 149: 1028.

[121] Figueiro M G, Bierman A, Bullough J D, et al. A personal light-treatment device for improving sleep quality in the elderly: dynamics of nocturnal melatonin suppression at two exposure levels[J]. Chronobiology international, 2009, 26(4): 726-739.

[122] Van Hoof J, Aarts M P J, Rense C G, et al. Ambient bright light in dementia: Effects on behaviour and circadian rhythmicity[J]. Building and Environment, 2009, 44(1): 146-155.

[123] Swaab D F, Fliers E, Partiman T S. The suprachiasmatic nucleus of the human brain in relation to sex, age and senile dementia[J]. Brain research, 1985, 342(1): 37-44.

[124] 世界卫生组织. 照护年老体衰、呆傻迷糊和生命垂危的人 [EB/OL]. (2010-09-30). https://www.who.int/bulletin/volumes/88/9/10-030910/zh/.

图表来源

图 3-0-1 联合国教科文组织
https://unesdoc.unesco.orgark:/48223/pf0000367948_eng
图 3-1-1 丁香医生《2020 国民健康洞察报告》
　　　曹亦潇 改绘
图 3-1-2 美国国家睡眠基金会
　　　曹亦潇 改绘
图 3-1-3 来源文献：Pickford R W. Individual differences in colour vision and their measurement[J]. The Journal of psychology, 1949, 27(1): 153-202.
　　　曹亦潇 改绘

图 3-1-4 曹亦潇 绘
图 3-2-1 罗路雅 绘
图 3-2-2 左图：Osram GmbH
https://www.merkur.de/leben/gesundheit/blaues-licht-gegen-schmerzen-einzigartiges-therapie-konzept-muenchen-meta-zr-3022643.html
　　　右图：Alle Bildergalerien
https://www.highlight-web.de/2736/muenchner-klinikum-licht-gegen-den-schmerz/?view=gallery&gallerypage=1
图 3-3-1 Sunlight Inside

https://www.sunlightinside.com/product/
migraine-lamp/
图 3-3-2 曹亦潇 绘
图 3-3-3 曹亦潇 绘
图 3-3-4 曹亦潇 绘
图 3-4-1 郝洛西 摄
图 3-4-2 郝洛西 摄
图 3-4-3 张淼桐 绘
图 3-4-4 李一丹 绘
图 3-4-5 施雯苑 绘
图 3-5-1 来源文献：Pickford R W. Individual
differences in colour vision and their
measurement[J]. The Journal of psychology, 1949,
27(1): 153-202.
　　　　曹亦潇 改绘

图 3-5-2 曹亦潇 绘
图 3-5-3 曹亦潇 绘
图 3-6-1 王雨婷 绘
图 3-6-2 王雨婷 绘
图 3-6-3 来源文献：Hood S, Amir S. The aging
clock: circadian rhythms and later life[J]. The
Journal of clinical investigation, 2017, 127(2): 437-
446.
　　　　王雨婷 改绘
图 3-6-4 陈尧东 摄
表 3-6-1 王雨婷 制
表 3-6-2 王雨婷 制
表 3-6-3 王雨婷 制

第 **4** 章

人居空间光环境的健康设计是建筑科学、行为科学、环境科学与生命科学相结合的光与健康研究与设计领域，旨在以光为媒介、建成环境为载体、循证为手段，最大化地改善空间的健康性能，增强人居的健康与福祉，这是光与健康研究、设计与应用最核心的部分。

光与人居空间的健康设计

　　病理学之父鲁道夫·魏尔肖（Rudolf L.K. Virchow）曾说，"如果说疾病表示个人生活出了问题，那么流行病必定表示大众生活严重失序"。人居空间是最基本的人类生活单元，其健康属性对于人类整体健康攸关重要。随着"健康中国"战略的推进和绿色建筑的发展，人们对建筑空间的健康性更加关注，追求着更显著的健康效益，设计者们在各类建成环境设计中融入了健康促进的思想，空间不再仅是供人生存和活动的物理性容器。更是连接和谐生活与生命健康的载体。研究影响人体健康的建成环境的主要因素和量化关系，探索维护人居健康的关键技术，提出针对各类健康问题的环境干预措施和解决方案，建立在科学性、应用性、适应性基础上的健康设计，逐步引领未来人居变革。

　　空间光环境从多个维度直接影响人体健康。满足光照数量和质量需求，无眩光、频闪和阴影问题的高品质照明改善视觉质量，从而提高生活品质；特定光谱及变化周期的动态光照对于提升夜间睡眠质量、白天警觉度并激发工作效率，大有裨益；眼睛追随视野中的光线，空间中光线强度和色彩的分布，创造愉悦、放松、兴奋以及令人专注等积极氛围，亦或是通过具有神经生物学影响的光照干预，改善抑郁、消沉状态，让光赋予心灵力量。除此之外，室内杀菌、空气净化、热舒适感知、室内绿化种植等健康建筑问题与光环境营造相关联，人居空间中光环境的健康设计须得到系统而专业的考量。

　　人居空间即人类集聚或居住的生存环境，既包括住宅、办公、教室、工厂、养老机构、医院等日常生活空间，也涉及地下、极地科考设施、舰船、航空器、潜水器乃至太空舱、空间站等与人类活动密切相关的特殊与极端环境。各类空间具有各自的功能特点、使用要求和建造标准，人居空间光环境的健康研究与设计应通过建筑科学、行为科学、环境科学与生命科学手段相结合的方式来进行，不仅关注光对人本身的影响，更应考虑到尺度、界面、陈设等环境要素带来的叠加作用，这要求以全新的跨学科思维看待光与健康的课题。本章从终端使用者的视角出发，结合实践，概述作业空间、住宅居室、医院养老建筑、航空、航海、地下特殊空间、极地、深空、深海极端人居环境，各类空间的光环境营造思路，分享光的创新设计与应用。

4.1 光与健康建筑

　　20 世纪 70 年代，能源危机推动了绿色建筑的诞生及其在世界各地蓬勃发展。人们对建筑设计的思考不再仅仅局限于美学、空间利用、形式结构、色彩等方面，而是全面且审慎地关注建筑在选址、设计、建造、运营、翻新和拆除的全生命周期过程中对环境、气候、生态的影响和对资源的有效利用。各国纷纷制定了绿色建筑标准，例如：美国 LEED 绿色建筑评估体系（Leadership in Energy & Environmental Design Building Rating System，LEED）、英国建筑研究所环境评估法（Building Research Establishment Environtmental Assessment Method，BREEAM）、日本 CASBEE 建筑物综合环境性能评价体系（Comprehensive Assessment System for Building Environmental Efficiency，CASBEE）、德国 DGNB 可持续建筑认证标准（Deutsche Gütesiegel für Nachhaltiges Bauen，DGNB）等。我国也于 2006 年正式颁布了《绿色建筑评价标准》（GB/T 50378—2006），并于 2019 年对该标准进行了更新，从站在建设者角度，关注"节地、节能、节水、节材、室内环境、施工管理、运营管理"的七方面指标，到从管理者、使用者角度提出"安全耐久、健康舒适、生活便利、资源节约、环境宜居"五大类指标要求，更突出使用性能[1]。

　　如今绿色建筑发展进入了新的阶段。人们日益增长的健康需求、"健康中国"的战略指引、人口老龄化等社会现实问题、环境恶化带来的公共健康威胁及突发公共卫生事件，广泛引起了行业对人居健康的关注与思考。相对于关注建筑物本身的生态、环保与可持续性的绿色建筑，健康建筑以人的需求为重点，关注全球 75 亿人口（该数据截至 2021 年 1 月）的生活、工作、娱乐、医疗和学习中的健康福祉。人类对生命健康的不懈追求，为健康建筑发展提供了不竭动力，使之成为建筑创新的永恒主题和持续方向。

　　作为建筑物理环境的主要构成要素，光与健康建筑密不可分，除了视觉、生理、心理方面的健康效应以外，它也在室内杀菌、空气净化、热舒适感知、室内绿化种植等方面发挥着不容小觑的作用，光催化技术亦带动了建筑建材向健康友好的方向发展。由于光对建筑健康性能的广泛影响，因此在建筑设计过程中光环境与功能布局、造型设计流线安排等工作同等重要，须进行精细思考，而绝不是布置灯位、灯具选型那样简单。

4.1.1 健康建筑的内涵与标准

与世界卫生组织对身心全面健康的描述相同，健康建筑既要求温度、湿度、通风换气率、噪声、光、空气品质等健康物理环境，也要求通过布局、环境色调、空间营造、材料使用等创造心理健康环境，同时还需要有益于人们健康生活方式的建立，促进人际交往，满足使用者生理、心理、自我实现和社会适应等多层次的需求，让人—环境—建筑的关系进一步融合 [2]。建成环境与人居健康中间存在复杂的多因素交互作用，所以健康建筑不仅仅是建筑工程领域内的学科问题，也是公共卫生、临床医学、心理学、社会科学、体育学、病理毒理学、营养学等多学科共同参与的研究与实践。

1990 年前后，世界上很多国家已着手开展健康建筑的相关探索。1988 年，首届健康建筑国际学术会议在瑞典召开，会议旨在探索健康建筑的功能要求与技术路径。20世纪 90 年代，日本政府颁布了《健康住宅宣言》和《环境共生住宅》发展指引，推行健康住宅。1992 年，美国设立了国家健康住宅中心。法国于 2013 年 4 月实施了由法国住房部和环境部共同编制的《健康营造：开发商和承建商的建设和改造指南》，这项行动是"国家环境健康计划"的重要组成部分 [3]。瑞典、丹麦、芬兰也纷纷制定了严格的建材标准。

世界卫生组织对健康建筑问题也高度关注，它于 1988 年提出了《住宅健康标准》（Guidelines for Healthy Housing） [4]，并且于 2018 年发布更新了的《住房与健康导则》（Housing and Health Guidelines） [5]。

全球首部关于健康建筑的评价标准——The WELL Building Standard™（WELL 健康建筑标准 ™），由国际 WELL 建筑研究院（International WELL Building Institute，IWBI）于 2014 年 10 月发布（图 4-1-1）。WELL 标准将设计和施工领域最佳实践与医

图 4-1-1 WELL™ 健康建筑标准及评分认证　　　图 4-1-2 fitwel 健康建筑认证

学和科学研究相结合，将建筑环境当作支持人类健康和福祉的工具来加以利用。2018年更新的"WELL v2 标准"将健康建筑评价分为了空气、水、营养、光、运动、热舒适、声环境、材料、精神和社区十个概念、112 个条款，更全面涵盖健康建筑的相关内容。截至 2020 年 5 月，全球已有 61 个国家逾 5 118 万平方米、4 215 个项目在使用 WELL 标准，可以说它是目前世界上最领先、最受欢迎的健康建筑标准。

fitwel 健康建筑认证标准由美国疾病控制与预防中心和美国总务管理局发布，该标准以超过五千多项学术研究和专家分析报告为基础，通过解决各种健康行为和风险来增强建筑的健康性能（图 4-1-2）。标准将建筑健康影响分为增加使用者的健康和福祉、增加身体活动、促进成员安全、减少发病率和缺勤率、支持脆弱人群的社会公平、灌输幸福感、影响社区健康和提供健康食品选择等七个方向。

哈佛大学的公共卫生学院气候、健康和全球环境中心发起了健康建筑倡议，提出了健康建筑的九大基础要素：通风、空气质量、照明与景观、温度、湿度、用水质量、噪声、灰尘和害虫、安全保证（图 4-1-3）。

"生命建筑挑战"绿建认证标准（Living Building Challenge，LBC）是由非政府组织国际未来生活协会（International Living Future Institute）制定的建筑标准，以花的生长周期为隐喻，强调减少建筑对环境的负面影响，亦更进一步强调其对人类生存空间的持续改善（图 4-1-4）。"生命建筑挑战"绿建认证是以设计理念及性能为基础的认证，

图 4-1-3　哈佛大学提出的健康建筑九大要素

图 4-1-4　"生命建筑挑战"（LBC）项目标志

建筑必须能够连续一年自给自足。在历经十个月的考核审查期之后，才能获得 LBC 认证，它被认为是全球最严格的绿建认证标准之一。

　　我国首部以健康建筑理念为导向的建筑评价标准是中国建筑学会的《健康建筑评价标准》（T/ASC 02—2016）（在此之前的 2001 年，国家住宅与居住环境工程中心编制和发布了《健康住宅建设技术要点》，并多次改版更新，但并未形成专门指导健康建筑设计的标准性文件）。该标准遵循多学科建筑、设备、声学、光学、公共卫生、心理、健身、建材、给排水、食品、社会服务等融合性原则，一级评价指标包括空气、水、舒适、健身、人文、服务，涵盖生理、心理、社会三方面的健康要素[6]。目前我国包括"建筑室内空气质量控制的基础理论和关键技术研究""室内微生物污染源头识别监测和综合控制技术""人体运动促进健康个性化精准指导方案关键技术研究""老年人跌倒预警干预防护技术及产品研发"等在内的建成环境与人居健康方向的相关重点研发项目也在逐步开展，为健康建筑的发展提供了坚实的理论与技术支撑。

4.1.2　光与健康空间

　　世界卫生组织指出，近四分之一的疾病由环境暴露造成[7]。人体通过生理、心理的调节不断地适应环境来维持健康稳定的状态。然而快速的城市化进程、人类生存环境和生活方式的改变、社会竞争压力的增加，使人们生存的物理环境和社会环境也面临着复杂的变化，各种致病因素与日俱增。而这些健康风险中有许多可通过改善人居环境来避免或预防。由于工作时间延长、睡眠时间压缩、夜间过量的光线暴露、大量的电子终端使用扰乱生物钟；由于愈发激烈的社会竞争、信息时代下日渐模糊的工作与私人生活界限带来的大量压力应激和心理问题；高密度城区民居和办公楼内无窗和采光不良房间的封闭环境所带来的一系列身心健康影响；甚至是房间中积灰角落、地板、物品与空气中的细菌和病毒。这些都能够通过建筑光环境的健康设计进行改善或调整。除了光生物、光化学效应能消除各种环境致病因素造成的健康影响，光也可以被看作疗愈设计的语言。自然光、人工光与色彩在建筑空间中合理使用，它所形成的视觉、

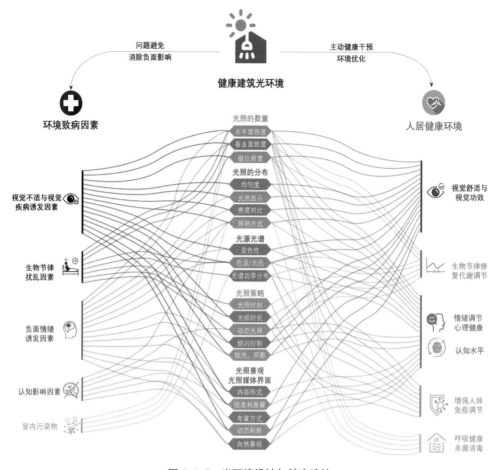

图 4-1-5　光环境设计与健康建筑

生理、心理环境对人体健康带来综合影响（图 4-1-5）。基于人机学的作业光环境设计，光线恰到好处地满足任务进行的需要，提升工作效能，减少视觉负荷、用眼疲劳及体力和脑力的消耗。根据健康作息制定的节律照明，帮助人们获得更优质的睡眠、更充足的休息、更饱满的精神状态与更规律的饮食代谢，让心脑血管疾病、高血压、糖尿病、肥胖症以及其他慢性病的发病率大幅降低。室内不同尺度的彩色发光媒体立面通过光、色彩的动态渐变丰富感官，为单调沉闷空间注入活力与愉悦氛围，起到注意转移的情绪调节作用，并舒缓解压，减轻外界刺激、消极信息带来的心理干扰。照度水平、显色性、空间亮度分布、光谱功率分布、光照动态变化等参数的选择不仅是塑造空间的设计参数，也是环境促进健康的疗愈方案，健康光照、健康空间让人们在每分钟、每小时、每天、每月、每季节里获得健康支持。

　　与造型设计、装饰设计等视觉设计相似，健康建筑光环境的营造也是双向的，既有旨在刺激和调动的加法式营造，比如在感官治疗室中设置幻彩发生器、幻彩光纤、动感彩灯等刺激设备，创造一个多感官刺激的环境，帮助自闭症、注意力障碍儿童、认知症患者等训练感觉统合能力，提升知觉能力，从而促进他们的人际交往能力（图4-1-6）。也有重在元素删减、协调统一的减法营造，比如日本名古屋红十字医院的新生儿重症监护室，模仿让早产婴儿感到最亲切和舒适的母体子宫内环境，对室内进行了改造；通过元素纯净、整齐统一的空间设计，来消减空间中复杂医疗仪器管路、连续不断的报警声给人造成的干扰（图4-1-7）。创造健康光环境的手段很大程度由使用者和空间功能所决定，建设者们既需要根据个体情况和需求定制最佳解决方案，也需要寻找科学界普遍认同的循证依据。基于"问题分析—实验研究—设计应用—使用后评估"的完整光健康设计方法，在本书第 6 章"健康光照的循证研究与设计"中将进行详细阐述。

图 4-1-6　自闭症儿童感官治疗室

图 4-1-7　日本名古屋红十字医院新生儿
重症监护室（NICU）

4.1.3　光在室内杀菌消毒中的应用

　　传染病的爆发迫使人们不断地思考我们的生存空间与健康的关系。1848 年，现代西方城市规划理论的起源基础——世界上第一部《公共卫生法》（*Public Health Act*, 1848），作为改善城市人口稠密地区传染病蔓延导致人口大量死亡的重要举措出现；霍乱在伦敦的流行推动了城市下水道改造工程的开展，1859 年世界上第一套城市下水道系统于伦敦建成；19—20 世纪，"现代建筑宣传运动"为了解救结核病带给人们的痛苦、恐惧而诞生 [8]。重症急性呼吸器症候群（SARS）和致使全球几百万人感染的新型冠状病毒（COVID-19）的肆虐催生了方舱医院、集装箱医院、帐篷诊所等一大批临时医院与紧急建筑新类型的出现。

　　人们不断地开展科学研究与技术创新去寻找解决方案，以切断疾病在环境中的传播。光技术用于杀菌消毒具有很多优点，它反应速度快、可以长期使用、安装与操作简便、运行无噪声、对环境友好无污染，引起了人们的广泛关注。

　　1877 年，阿瑟·汤恩斯与托马斯·布兰特发现太阳辐射可以杀灭培养基中的细菌，人们对紫外线消毒研究和应用的序幕自此揭开。时至今日，医院、学校、工厂、飞机机舱等许多场所每天都在大量使用 UV-C 消毒灯具。诸多水体消毒、通风系统也配备了紫外光源。波长 200~280nm 的 UV-C 短波紫外线能够破坏微生物细胞的脱氧核糖核酸 (DNA) 或核糖核酸 (RNA) 分子结构，造成生长性细胞死亡和再生性细胞死亡，达到杀菌消毒的效果，其中波长 253.7nm 是被公认为杀菌消毒效果最佳的光谱线（图 4-1-8）。此外，波长 185nm 的紫外线也是杀菌消毒的有效波长，它与空气中的氧气（O_2）发生反应生成具有强氧化作用的臭氧 O_3，起到杀灭病菌、除臭的效果。UV-C 紫外线在建筑空间中的杀毒效果取决于照射剂量（照射时间、照射强度）、微生物类型与其附着形式（空气、水、材料表面或物体褶皱和缝隙中）。国际紫外线协会 (The International Ultraviolet Association, IUVA) 指出，到目前为止所有经过研究测试的几百种细菌、病毒 [包括埃博拉病毒（Ebola）与 SARS-CoV-1 病毒等两种冠状病毒]、藻类都可对紫外线照射产生响应 [9]。尽管部分微生物相对于其他的微生物来说，对紫外线照射更加敏感，但所有的微生物在合适的剂量范围内都会对紫外线有所响应。杀菌用紫外光源大多为低压汞灯，所需 UV-C 辐射剂量通常在 20~200J/m^2 之间。各类病原体的紫外线剂量响应曲线可以从国际紫外线协会发布的文件 [Fluence (UV Dose) Required

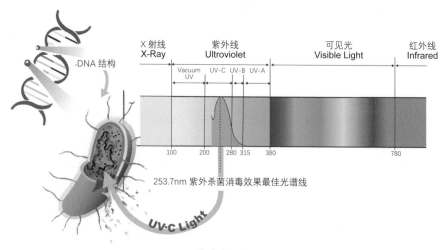

图 4-1-8　紫外线杀菌灭活机理示意图

to Achieve Incremental Log Inactivation of Bacteria, Protozoa, Viruses and Algae]（灭活细菌、原生动物、病毒和藻类所需的紫外线剂量）中查找。紫外线消毒也经常与其他技术一起被联合使用，形成多级屏障净化空间环境。比如：紫外线灯具经常被安装在空气净化设备滤网处，消灭空调滤网的细菌、病毒，抑制微生物繁殖，改善通风效率，延长设备的使用寿命。

　　短波紫外线（UV-C）的杀菌消毒作用广为人知，却存在很高危险性，在应用时必须具备相关专业知识，并重视安全性问题。紫外线波长越短、杀伤力越大，UV-C 紫外线的照射具有较高的皮肤损伤和眼损伤风险以及反复暴露的免疫损伤风险，须在无人在场的情况下使用。国际照明委员会和世界卫生组织都提出警告，禁止使用紫外线消毒灯对手或任何其他皮肤区域进行消毒[10]。应用 UV-C 消毒需使用专业产品并经过专业的设计和指导，在高度受控的条件下使用，确保不超过国家标准、国际非电离辐射防护委员会[11][ICNIRP Guidelines – On Limits of Exposure to Ultraviolet Radiation of Wavelengths Between 180 nm and 400 nm(Incoherent Optical Radiation)]（ICNIRP 指南——波长在 180 nm 和 400 nm 之间的紫外线辐射暴露极限）、国际电工委员会和国际照明委员会 IEC 62471: 2006/CIE S 009: 2002 Photobiological Safety of Lamps and Lamp systems（IEC 62471: 2006/CIE S 009: 2002 灯和灯系统光生物安全）规定的暴露限值[12]。在消毒的过程中，人员暴露在紫外线中难以防范，基于物联网平台和传感器开发的智能紫外线产品和智能紫外线清洁机器人成为紫外线消杀产品的新动态，特别是在机场、车站等人流量大的空间中有广泛的应用，如图 4-1-9、图 4-1-10 所示。

　　良好的自然采光是健康建筑的一大重要特征。自然光线不仅仅是创造舒适视觉环境、维持健康生理节律、帮助人们保持心情愉悦的基础，也是天然无害的杀菌消毒剂。实际上，在抗生素出现之前，通风和自然采光就被认为是最有效的感染防控手段。阳

图 4-1-9　UV-C 用于医院手术室消毒和公共交通工具消毒

光的照射可以杀死一系列导致破伤风、伤寒、炭疽和结核病等的细菌。而且不仅只有直射阳光才能有效杀菌，冬季的漫射日光也有着显著的杀菌作用。研究表明，链球菌可以在室内存活很长一段时间而毒力不减，但它在阳光下只能存活 5 分钟，即使在漫射的日光下也只能存活一个多小时 [13]。俄勒冈大学凯文·范登·韦梅伦伯格博士（Kevin Van Den Wymelenberg）团队研究了自然光对房间中积灰角落、地板、墙面、物体表面和空气当中灰尘微生物群落结构的影响。结果显示，黑暗的房间中平均有 12% 的细菌存活且能够繁殖。与之对比的是，有阳光照射的房间只有 6.8% 的细菌存活，而紫外线照射过的房间只有 6.1% 的细菌具备存活和繁殖能力，同时光照的作用改变了微生物群落的构成，阳光和紫外线照射后的实验房间由人体衍生的微生物含量比例降低，也就是说阳光有效杀灭了黑暗房间中的致病微生物 [14]。

鉴于紫外线照明人体接触不安全，只有人员离开房间后才能对空间进行消毒，采用低风险的可见光消毒引起了人们的关注。通过蓝光受体调节细胞间通信等多细胞行为，抑制生物膜的形成，进而增强光的灭活作用。蓝光疗法是临床上公认的痤疮丙酸杆菌感染的治疗方法，在较高的辐射强度下，对革兰氏阳性菌和革兰氏阴性菌也具有广谱抗菌作用 [15]。高强度窄光谱的 405nm 蓝紫可见光已被证明抑制金黄色葡萄球菌等病原体污染的有效性 [16]，这在门诊和重症监护病房等人员长期驻留且有需要对病菌进行连续消毒的区域有很高的应用价值。但蓝光杀菌消毒对于各类致病微生物有效性和适用性的研究仍非常有限，可见光环境消毒系统代替传统照明光源在提供功能照明的同时实现对建筑室内空气、水、物体表面、墙面的连续有效消毒，还需开展更多的循证研究工作。

光催化技术是一种安全、环境友好、且效果获得广泛认可的环境净化技术。光催化杀菌消毒的具体作用机理是光照射到以二氧化钛（TiO_2）为代表的光催化剂上使电子

图 4-1-10　UV-C 用于水体净化消毒和医疗器械消毒

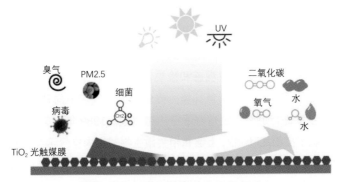

图 4-1-11　光催化环境净化作用机理图

发生跃迁，通过吸附氧作用生成具有较强氧化性的活性氧，将表面吸附的有机物降解，从而氧化清除表面有机物或细菌（病毒）（图 4-1-11）。自 1972 年光催化剂被日本学者发现具有环境净化性能后，被广泛应用到空气净化、水净化、杀菌消臭、防污防雾等领域中[17]。涂覆光催化材料在建筑内外墙面、玻璃和洁具上，分解消除内装材料、家具、生活用品表面的杂菌、霉菌、病毒等有害物质，从而除臭净味，持续保持室内界面的洁净卫生，这成为许多健康建材产品的主推概念。但需要关注的是，活性氧的化学活性高，一旦脱离光催化剂表面，便迅速与空气中的水或其他物质发生反应。活性氧必须在形成后立刻与待消除污染物或病毒作用，才能奏效。所以采用光催化设备杀菌消毒，只有当细菌或者病毒吸附在光催化剂表面时，才能产生实质的灭杀效果。这是应用光催化技术时须考虑的重要问题，特别是在采用光催化技术对空气中的病毒进行消杀的时候。

脉冲强光、飞秒激光、补骨脂素和 UV-A 灭活（PUV-A）等由光介导的杀菌消毒技术也相继在机场和医院等场所进行了实际应用。随着多学科交叉科研的深入开展，相信未来将有更多的光照杀菌消毒新技术、新材料问世。根据使用空间、微生物及传播性病原体类型、消杀对象、人员出入停留状况，选择安全、经济、有效的适宜方法，则是需要进一步认真研究的内容。

4.1.4　光与室内绿化

室内生态环境是健康建筑关注的另一个重要命题。在全球快速城市化与工业化的背景下，病态建筑综合征（Sick Building Syndrome）越发成为一种世界性的健康问题。病态建筑综合征指的是人员在建筑内停留产生的眼睛不适，鼻腔、咽喉不适，鼻塞、胸闷、头痛、眩晕、精神无法集中和过敏等急性健康反应。这些症状往往随着人们在建筑中停留的时间增长而加重，在人们离开建筑物后，随着时间的推移而减轻，甚至消失。病态建筑综合征来源于多种致病因素的叠加影响，包括室内空气污染、化学毒素、通风不足、光照不佳、热舒适度差等。对于病态建筑综合征，室内绿化是非常有效的应对之策。除了提供亲近自然的视觉观感和愉悦情绪，室内植物的光合作用与固碳功能能降低二氧化碳的浓度，并形成富氧环境，提供新鲜空气。不同种类植物的组合搭配还可以对室内温湿度进行调节，创造舒适室内微气候。1989 年，美国国家航空航天局清洁空气实验发现了植物的叶、根、土壤和相关微生物对室内空气污染物的吸收作用[18]，将植物净化空气的理念植入公众意识中。一时间，室内植物被推崇为便宜高效的"空气净化器"。蓬莱蕉、紫露草、金绿萝在消除甲醛分子方面脱颖而出；对于消除空气中的苯，扶郎花、菊花等开花植物则非常奏效。尽管在实验条件下，密集环境气体是无法与现实中家庭或办公室环境下多种不同浓度化学混合物不断交换流动组成的气体环境进行比拟，植物的净化效果或被夸大，但却为室内生态研究与致病建筑的改善提供了明晰的技术路线，例如通过"生物墙"或"植物墙"净化空气成为许多健康建筑的共同选择（图4-1-12）。

光照是影响室内植物生长、存活的关键因素。光不仅是植物光合作用的主要能量来源，更带来从种子萌发、开花、昼夜节律、幼苗去黄化到庇荫反应贯穿整个生命周期的影响。植物体内不同的光受体即光敏色素、隐花色素与向光素通过感知光的质量、数量、方向与持续时间等讯号产生不同的生理和发育反应[19]。室内植物照明需要兼顾视觉观赏和生长影响两个方面。光质调节是室内植物照明关注的重要技术，LED 光源可发出植物生理有效辐射 300~800nm 范围内的窄谱单色光，光源光谱可组合调制，让光环境智能可控，为适用于不同植物和不同生长周期提供合理的光线强度、光暗周期与"光谱配方"，对于室内绿化照明来说，LED 是极为理想的光源。目前 LED 植物照明技术在果蔬、花卉、药材等种植方面已进行了一定的应用，大大满足了生活在边防哨所、高寒地区、水电资源匮乏地区等特殊区域人群的需要。长城站上世界首座建在南极的阳光温室也应用了 LED 植物照明技术，让科考队员吃上新鲜绿色蔬菜的同时，也为他们在"白色荒漠"的单调、枯燥环境中营造了调剂身心的绿色花园（图 4-1-13）。

健康建筑是一场无止境的探索。健康建筑的设计也是对健康生活的设计。随着人们的生活日益丰富多彩，人类对健康人居的认识不断深化转变，健康建筑和光健康的理念也时刻在推陈出新。远程工作与学校教育，让室内照明进一步思考光如何支持高质量的网络摄像头图像的生成，让镜头前的演说者面部光线柔和、富有层次，吸引千米外观看者集中注意力。楼宇自动化和物联网使建筑成为智能体，从温湿度、噪声控制到颗粒物、有机污染物检测，智能建筑实时跟踪，持续监测各种环境变量的能力迅速增强，为光健康设计的实时洞察及快速适应能力提出了新的需求。健康建筑环环相扣，思考光与人居健康问题，不仅仅局限于自然采光与人工照明两个方面，作为健康建筑的关键技术，光健康技术更应与热湿舒适调节、噪声掩蔽、声景营造、室内景观、水质保障、空气净化、健康材料等环境建筑技术集成应用，构筑健康人居系统，更深层次地融入建筑建造中。

图 4-1-12　建筑室内墙体绿化

图 4-1-13　南极长城站的人工蔬菜温室

4.2 视觉功效导向的空间光健康设计

　　作业空间的光环境营造，充分地彰显了人因的重要性。基于人因设计，作业场所高质量的光环境让人们能够更快、更好地集中精力完成工作，减轻视疲劳和脑力疲劳、眼部不适、视功能下降、头颈疼痛、烦躁、睡眠障碍等一系列"作业综合征"影响，避免操作失误、意外事故的发生，同时提升作业时的体验感与满意度，最终获得更佳的工作效能。教室、办公、工厂各类作业空间中所需要的照明根据作业任务的不同存在较大差别。精细化是各类视觉作业导向空间光环境设计的指导思想，不同的视觉作业方式、精细程度、作业时段和时长、作业者视功能和年龄差异等因素应被充分考虑，作业空间尺度、空间界面与家具陈设以及天然采光状况也是不可忽略的关键问题。

4.2.1 教室照明：从视觉健康出发

　　2018 年，国家卫健委发布的数据显示，全国青少年儿童近视率已超过 50%，高中生的近视率更是高达 81%。针对我国青少年儿童的近视率不断攀升和低龄化的趋势，2018 年 8 月，教育部等八部门联合印发了《综合防控儿童青少年近视实施方案》[20]，将青少年近视率纳入政府绩效考核，明确将"改善学校的视觉环境"列为近视防控的重要

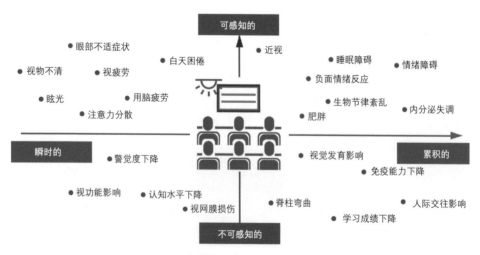

图 4-2-1　不良的教室光环境可能导致的健康危害

措施。2019 年，教育部办公厅相继认定了 83 个"全国儿童青少年近视防控试点县（市、区）"和 30 个"全国儿童青少年近视防控改革试验区"。北京市投入 1.1 亿元完成了对全市 1 278 所中小学、35 058 间教室及黑板照明的标准化改造；上海市签发了全国首张教室健康照明环境认证证书；温州市开展了儿童青少年"明眸皓齿"工程；辽宁省开展了"学生健康、蓝盾护航"近视防控卫生监督专项整治行动；其他省市也陆续加大了财政投入和政策支持，对学校的照明环境进行改造升级，以降低儿童青少年的新发近视率，提高视力健康整体水平。

教室不仅是落实青少年儿童近视防控的"主阵地"，更是青少年学习成长的重要场所。中小学生每天有 8~10 小时的时间在教室学习，从小学到高中毕业，每个学生至少在教室中度过 15 000 小时，这是他们身体、智力、社会交往能力发展最关键的时期。健康积极的教室光环境是学生成长和高效学习的基础。而品质不佳的光环境造成的健康负担，也不仅局限在近视健康方面[21]，还包括难以集中注意、困倦、缺乏积极性、睡眠质量下降、负面情绪等，直接影响到学习成绩和人际交往，甚至由于视看不清导致学生长期坐姿不正确，造成脊柱弯曲，影响到外形与生活质量。诸多影响既有瞬时造成的也有长期累积的损伤，既有可被感知的也有难以察觉、发现时为时已晚的负面影响（图4-2-1）。为了下一代的健康成长，教室光环境应为健康而设计。

在标准规范方面，国家和各省市相继针对教室出台了相应的标准规范和技术要求。《中小学校普通教室照明设计安装卫生要求》（GB/T 36876—2018）对中小学普通教室的桌面和黑板面的照明设计与安装卫生要求作出了详细规定；中国照明学会发布的团体标准《中小学教室健康照明设计规范》（T/CIES 030—2020）系统性地考虑了青少年儿童的生理特点和教室多元化使用的视觉作业要求，兼顾天然光与人工照明的融合；上海市发布的地方标准《中小学校及幼儿园教室照明设计规范》（DB31/T 539—2020）对桌面照度和眩光值（UGR）等指标提出了要求，引入了垂直照度指标要求和光生物效应设计等光健康内容，并增加了 LED 教室照明产品的技术要求；上海市照明电器协会制定的团体标准《中小学校教室照明质量分级评价》（T/SIEATA000001-2020），在教室照明标准中引入了等效视黑素勒克斯（EML）和等效日光照度等生理节律方面的技术指标，同时对教室的空间视亮度（即教室空间的明亮程度）提出了要求，进一步关注中小学生节律健康与视觉健康；深圳市发布了《深圳市中小学教室照明技术规范》（T/SZEEIA 001—2021），进一步对教室照明质量、产品技术、灯具安装、照明控制、验收规则和运行维护等方面作了细致的规定；温州市在全国地级市中率先发布地方标准《温州市中小学及幼儿园教室照明技术规范》，形成市级教育灯光改造技术参数，指导教室照明标准化改造。

1. 教室照明与青少年近视防控

光环境是近视防控的重要环境基础。教室的光环境质量与学生的视力不良发生率密切相关[22]，教室光照质量达标的学校，学生近视率显著低于不达标的学校[23]，且教室照明的优化改造对减缓中小学生的近视率上升具有一定帮助作用[24]。

除了遗传、发育、缺乏体育锻炼和户外活动等因素之外，用眼习惯是导致近视的主要因素。教室照度不足、灯具布置不当、视觉任务表面过高的亮度对比、窗口眩光等采光照明问题使学生们难以顺利、舒适地完成观看、读写各类作业任务是造成不良用眼习惯的主要原因。我国近年来学生的视力不良检出率在各学龄段均居高不下，且呈现低龄化趋势，营造教室健康光环境，保护视力健康应在各年龄段普及。不仅根据小学和幼儿园各学龄段，也应根据教室空间特点和课堂学习特点选择适宜的光照参数和照明方式，针对性地进行光环境设计与调整（表 4-2-1）。小学课堂强调激发兴趣和学习主动性，授课形式活泼，注重互动交流，也有较多动手操作，需要足够的直射光照，塑造物体的立体感，并关注垂直照度指标，营造愉悦的交流氛围。中学教室学生的学习以读写作业为主，随着学习任务强度和难度的增加，教室光环境更应强调视觉舒适和缓解用眼疲劳。课桌面在满足标准规定的 300lx 照度的情况下应酌情适当提高，照度

表 4-2-1　各教育阶段的学习特征和教室差异

	小学教室	初中教室	高中教室	大学教室
学习时段	8:00—15:30	8:00—17:00	8:00—22:00	8:00—22:00 作息灵活
学习时长	6 小时	7 小时	8 小时	10 小时
课时长度	45 分钟	45 分钟	45 分钟	90 分钟
授课特点	知识量小，生动活泼，学娱结合，重视互动	重视知识讲解，授课与自习结合	大量知识点快速传授，自习训练量大	专业理论和技能学习，互动少，个体性强
学生特征	活泼好动，压力小	情绪性格表现明显	课业多，压力大	思维成熟，自主性强
容纳人数	≤ 40 人	45~50 人		≥ 150 人
使用模式	人员常驻，座位固定			人员流动，座位随机

均匀度也要得到重点保障[25]。此外，教室间接光的数量及光谱成分同样是视力健康的驱动因素。天花板反射的间接光让光线更均匀地分布，避免黑天花板出现，增加了视觉舒适感，而空间光通量的重新分布，增加了角膜处的入射光线，也提升了节律照明的效益。在关注教室各个区域视觉作业面照度的同时，天花板也应至少有 30lx 的照度，并尽量达到 50lx，墙面至少保证 50~75lx 照度，并尽量再提高一些，让空间整体明亮[26]。满足视觉绩效和视觉舒适的要求，仅关注空间的照度和亮度是不够的，光谱成分同样非常重要。基于人眼的光谱灵敏度特征，课堂教学和作业场景下，教室照明光源保证足够的蓝、绿波段的光谱能量，来提高学生们的视觉能力。

2. 提升教学质量和学习绩效的教室分区照明

现代教学课堂活动日益丰富、教学方法多种多样，翻转课堂、体验学习、实验式教学等全新特色教学形式不断涌现，也决定了教室光环境的塑造要满足讲授、讨论、演示、读写作业、资料浏览、思考指导多类教学场景的要求，让教师精心准备的教学内容能够被良好传授，教学水平得到展现，课堂教学目标得以实现，从而保证基本的教学质量（图 4-2-2）。尽管小学、初中、高中与大学教室的空间尺寸、座位排布和设备配置有一定差异，光环境设计的重点也不尽相同，不过在重点照明区域和设计原则方面具有共通之处。座位区、讲台、黑板和多媒体演示区、窗口临近区域、墙面是教室光环境关注的重点区域（图 4-2-3）。

（1）座位区课桌面是教室中最重要的读写工作面，光环境应提升学生的视觉敏

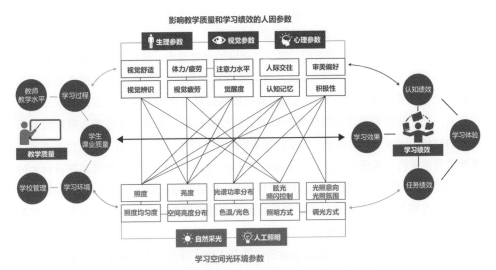

图 4-2-2   教室光环境对教学质量和学习绩效的综合影响

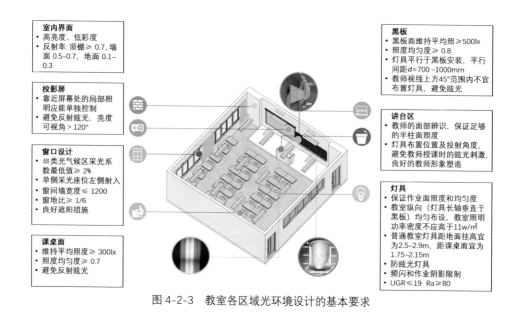

室内界面
- 高亮度、低彩度
- 反射率：顶棚≥ 0.7, 墙面 0.5~0.7, 地面 0.1~0.3

投影屏
- 靠近屏幕处的局部照明应能单独控制
- 避免反射眩光，亮度可视角 > 120°

窗口设计
- Ⅲ类光气候区采光系数最低值为 2%
- 单侧采光座位在左侧射入
- 窗间墙宽度≤ 1200
- 窗地比≥ 1/6
- 良好遮阳措施

课桌面
- 维持平均照度≥ 300lx
- 照度均匀度≥ 0.7
- 避免反射眩光

黑板
- 黑板面维持平均照≥500lx
- 照度均匀度≥ 0.8
- 灯具平行于黑板安装，平行间距 d=700 ~1000mm
- 教师视线上方45°范围内不宜布置灯具，避免眩光

讲台区
- 教师的面部辨识，保证足够的半柱面照度
- 灯具布置位置及投射角度，避免教师授课时的眩光刺激，良好的教师形象塑造

灯具
- 保证作业面照度和均匀度
- 教室纵向（灯具长轴垂直于黑板）均匀布设，教室照明功率密度不应高于11w/㎡
- 普通教室灯具距离地面挂高宜为2.5~2.9m，距课桌面宜为1.75~2.15m
- 防眩光灯具
- 频闪和作业阴影限制
- UGR≤19 Ra≥80

图 4-2-3　教室各区域光环境设计的基本要求

锐度，照度水平和均匀度等指标非常重要。普通教室的桌面水平照度平均值不得低于300lx，照度均匀度不低于 0.7，美术教室、计算机教室等视觉作业精细度要求更高的教室，水平照度值的要求更高，需要达到 500lx，甚至更高的照明水平。与此同时，基于学生面部视看和光照提供节律刺激的考虑，课桌椅区域也要提供 200lx 的垂直照度。教室灯具的平均显色指数 Ra 要求不得低于 80，对于 LED 灯具 Ra 应不小于 90；特殊显色指数 R9 不宜低于 0，LED 灯具 R9 则不宜低于 50[27]。

（2）黑板面和讲台区域照明，要保证良好的视看效果。黑板应有足够的视看清晰度，对照度要求较高，不低于 500lx，均匀度不得小于 0.8，为了保证黑板表面靠近照明灯具处和远离照明灯具处照度均匀，黑板照明灯具应选用非对称光强分布配光的专用灯具，而不能简单采用和座位区一样的普通教室灯[27]。此外，黑板表面采用耐磨无光泽的材料，以减少反射眩光。教室灯光不仅对学生健康重要，对教师健康也很重要。黑板灯具应平行于黑板安装，距离黑板 0.7~1.0m 之间，不宜布置在教师站在讲台上时水平视线45°仰角以内的位置，以避免直接眩光。讲台区域在提供一定水平照度的同时，仍需考虑足够的半柱面照度，保证教师的面部表情能够辨识清楚，同时也应注意对教师面部形象的塑造，让课堂更具吸引力。

（3）多媒体投影设备在全国各地日益普及，电子课件渐渐代替黑板板书，成为教师传授内容的材料。然而多媒体教学过程中，学生注视投影屏幕，眨眼频率大幅降低，

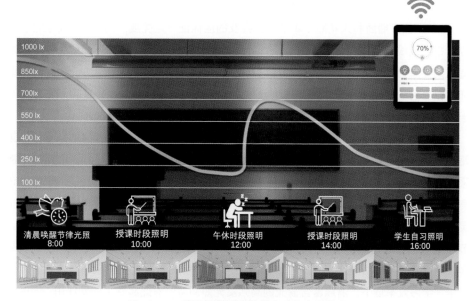

图 4-2-4　基于场景需求的教室动态光照模式

同时为了视看清晰,屏幕周围照明常被关闭,学生课桌面与投影屏幕形成较大亮度对比,学生眼睛不断地在明暗环境下适应、调节,这使得视觉疲劳更易产生,学生近视风险也将增加[28,29]。多媒体教学教室应特别关注投影或显示屏幕亮度、亮度均匀性、亮度对比度和闪烁等指标[30],光环境设计尽量减少屏幕、桌面和环境亮度之间的亮度对比。同时为了视看清晰,教室灯具被关闭,窗帘被拉起,导致中后排课桌面的照度不足,学生在黑暗中写字,严重损害视力健康。因此,多媒体投影照明灯具和教室座位区前排灯具应分别通过单独回路分开控制。

　　(4) 窗口临近区域是教室采光设计关注的重点,其主导思想是最大程度地利用日光,并消减眩光。窗户尺寸、形式与日光利用效果紧密相关,教室窗地比应大于 1 : 6,保证日光的入射[31]。但应注意,由于教室进深大,空间形式特殊,单纯扩大窗户尺寸,并不意味着获得更好的采光质量,这与窗户的布置位置有关,比如为了获得横向均匀的采光,教室窗间墙不应大于 1.2m 宽[31]。自然光线从学生座位左侧入射,避免形成手部阴影,因此单侧采光教室的采光窗和双侧采光教室的主采光窗应设在学生座位的左侧。为减少眩光,当教室南向为外走廊、北向为教室时,北向应为主采光面,同时将南向的阳光引入教室。室内外窗口区域应采用多种形式的遮阳,减少近窗处的强烈眩光。教室遮阳设计应特别关注细节,例如:百叶窗遮阳的室内会形成明暗条纹光影图案,可能造成视觉压力,形成不良刺激,影响学生学习。

　　（5）教室墙面和天花除了本节上文提及的应保证一定亮度，同时其装饰装修色彩应以白色或浅色为主色调。一方面增加光线反射使空间明亮，另一方面避免鲜艳色彩造成的注意力干扰。同样，装饰物能够打破教室环境的枯燥，缓解压力，但是过多装饰的教室会使空间中存在太多信息，让学生们产生视觉杂乱感受，记忆力和注意力被干扰，因此教室装饰布置留出墙面的空白区域，将更有利于情绪的放松。

　　针对不同学科的学习特征、学习过程中的认知加工特点，采用专门的教室照明策略也是提升学生在校学习绩效的重要手段，如注重逻辑思考的数理学科，教室照明应采用明亮光照、高色温光照等手段，提高学生精神唤醒度，消除困倦，投入思考；语言类学科课堂，则可通过空间光照分布和光色的应用营造一定轻松的氛围，助力学生灵感发挥；自然科学类学科要求光环境能良好塑造物体形象，激发学生动手操作兴趣。节律光照也是教室照明提升学生学习绩效的一个重要方面，比如由于上学路途遥远或学校不合理的作息制度规定，学生们经常在早上的第一节课上昏昏欲睡，注意力难以集中，学习效率低下，清晨富含蓝光的高强度光照刺激，对此起到了帮助作用；同时，午后或课间采用柔和的暖色光照，有利于学生放松身心；夜间自习场景控制光照强度，选用节律刺激较低，但视觉表现较好的照明参数组合，减少夜间学习时的光照暴露对睡眠产生的影响（图 4-2-4）。

3. 教室自然光与人工光的平衡设计

　　教室光环境设计应最大可能地利用自然光创造舒适的视觉环境和有益身心健康的愉悦生活环境。自然光为教室空间带来很多健康益处，但是其照度稳定性差，进深方向衰减明显，也必须得到解决，因此教室自然光与人工光的平衡设计成为了关键问题。教室内的人工照明需对室外天然光环境进行响应，天然采光自主参数、有效采光度、年曝光量等动态采光指标和采光时序分析的方法，应引入到教室采光设计中，通过实时监测日光的变化，采用电动窗帘、遮阳百叶和电致变色玻璃等方式合理控制采光量，

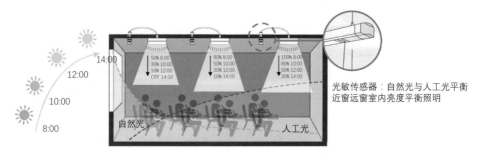

图 4-2-5　平衡人工光与自然光的教室光环境

避免窗口外眩光影响。基于室内采光系数随进深的衰减程度，通过灯具分组控制，自动调整室内照明的色温和照度等参数，保持教室照度水平的稳定，始终将其控制在合理的水平区间内，同时减少不必要的照明能源消耗（图 4-2-5）。

生活在日光照射不足光气候区域中的学生，季节性情绪失调症患病风险较高，健康教室照明还应响应气候环境，补充室内光照，降低学生季节性情感障碍及其亚症状的患病风险，满足特殊需求[32]。

4. 教室健康照明灯具选型和布置

教室照明灯具普遍采用条形灯管、格栅灯盘或面板灯的形式，灯具配光、眩光质量等级和灯具效率是选择教室灯具时需考虑的重要因素。目前，教室大多采用直接照明的方式，统一眩光值 (UGR) 要求低于 19，团体标准《中小学教室健康照明设计规范》（T/CIES 030—2020）提出了更为严格的要求（UGR ≤ 16）。教室照明更应选用具有防眩光设计的灯具产品，光源不应直接暴露可见。教室照明产品整灯需通过国家强制性 CCC 认证并对频闪、光生物危害性等指标测试评估，特别是视网膜蓝光危害等级应为 RG0 无危害。

灯具布置方面，一般教室课桌呈规律性排列，教室照明灯具应纵向布置，即灯具长轴平行于学生面向黑板的主视线，并与黑板垂直。布灯间距与灯具挂高是课桌面照度、均匀度保证和眩光控制间权衡的两个重要影响指标。布灯间距过大，桌面照度不足，布灯间距过密，眩光影响和能源消耗增加。灯具挂高升高，照度降低、均匀度增加；灯具挂高降低，照度增加、眩光增加、均匀度下降。普通教室灯具距地面挂高宜为 2.5~2.9m，距课桌面宜为 1.75~2.15m[25]。

4.2.2　旨在提升绩效的办公空间舒适光环境

当提到办公建筑中的人体工学设计时，人们往往会联想到一系列办公室的硬件装备，如键盘、鼠标、电脑椅等。研究表明照明同样是办公场所人因设计的关键部分，恰当的照明条件对于提高办公人员的舒适度和绩效来说非常重要[33]。照明对办公人群的影响大致可分为两类：视觉（图像形成）途径产生的影响和非图像形成途径产生的影响。视觉通路指的是光落在视网膜上所产生的信号，经视觉皮层传至大脑转换成图像。这种感觉输入构成了我们视觉的基础，并确保人眼能够以相对客观的方式评估环境，同时它为我们提供了环境线索，也可以触发一系列其他更主观的心理机制，其中包括情感反应，如对光线或物理空间的评价、情绪和动机的变化以及与环境的认知关联。光通过非视觉通道作用于人体第三类感官细胞影响人体昼夜节律相移、褪黑激素抑制和瞳孔对光的反应，从而影响到作业时的警觉性和效率。光照对警觉性的急性影响也在办公照明中受到越来越多的关注。

现代办公空间的光环境密切联系着使用者的健康状况和生产力，不合理的照明参数设置与灯具安装点位容易引发"计算机视觉综合征"（Computer Vision Syndrome, CVS）等的问题，光环境对办公人员的昼夜节律产生的影响会在情绪状态的起伏上表现出来，如降低人们在工作时的专注度和积极性，极大地影响办公效率。为了降低这一系列对办公人员健康的潜在威胁，必须找出不良照明问题产生的根源，并有针对性地入手解决（图 4-2-6）。

办公照明设计主要考虑办公人群的视觉功效，近年来，无论是相关设计规范指标，还是各类照明设计应用与探索，都开始将人体健康照明这一大的目标作为设计指导。应该注意的是，在建筑的不同使用阶段，可以采取的措施也不尽相同。早在前期设计时就要加入对照明因素的考量和评估，根据照明规范和工作任务的特征，设定预期的目标。这样的做法能够提前规避相当一部分威胁，最大程度地降低由于非恰当光照导致的企业损失。在实际应用的阶段，发现问题最快捷的方式是向工位使用者寻求反馈，

照度不足	照度不均匀	照度过亮
检查方式 · 测量照度水平是否符合标准规范； · 检查灯具安装的间距是否过大； · 检查灯具罩面的反射效果。	**检查方式** · 测量工作面周围和天花板、墙壁区域的照度水平； · 检查灯具的配光方式； · 检查灯具的安装间距与高度比。	**检查方式** · 在做好眼部防护的基础上测量灯具的亮度； · 如有裸灯灯具或线性光源，需检查其安装和使用方式是否符合规范。
解决措施 · 及时更换失效的灯具； · 缩小灯具间距并在较暗的局部适当增加照明； · 增加灯具反光罩，提高光线利用率。	**解决措施** · 增加室内表面的反射率； · 采用配光分布更宽或防眩光的上照类灯具； · 适当减少灯具间的距离或增加额外的辅助照明。	**解决措施** · 如使用裸灯照明，可在灯具出光处安装控制器； · 如使用线性光源，可调整灯具照射方向以达到间接照明效果。

屏幕反光	阴影遮挡	目标难以辨识
检查方式 · 正常照明环境下检查屏幕是否存在光斑或反射映像； · 可在反光处放置一面镜子，通过这种方式快速确定反光的来源。	**检查方式** · 在工作面上放置一个物体，记下产生投影的数量； · 观察最亮处和最暗处的明暗对比强度。	**检查方式** · 站在目标对象的主要视看方向，检查是否存在反光或阴影； · 检查该区域内的照度是否符合基本标准。
解决措施 · 采用经过哑光处理的屏幕； · 重新调整光源或工作站 / 屏幕的位置。	**解决措施** · 增加室内表面的反射率，提高房间内的整体亮度； · 调整灯具的间距使其提供均匀的照明效果； · 适当在局部增加补充照明。	**解决措施** · 按照前两个问题的解决措施先对反光和投影进行改善； · 加深主体与背景间的对比，方便使用者进行区分。

室外眩光	光斑突出	频闪 / 闪烁
检查方式 · 打开窗户，在一天中不同时段测量天空的平均亮度； · 关闭室内所有的人工光源，观察是否存在强烈眩光。	**检查方式** · 检查各表面尤其是工作面附近表面的反射率； · 检查灯具的安装高度、墙距和光输出比。	**检查方式** · 使用专用测量设备如频闪分析仪、光谱闪烁照度计等，测量频闪效应可视度（SVM）、光输出周期性频率（f）、短期闪变指数（Pst）等相关指标。
解决措施 · 安装百叶窗等遮蔽工具； · 采用磨砂玻璃窗或对窗户玻璃外侧贴膜处理； · 重新调整工位，避免直视室外眩光。	**解决措施** · 根据实际情况调整室内各表面的反射率； · 安装漫反射灯具面罩； · 调整灯具位置以提供均匀柔和的照明效果。	**解决措施** · 及时更换失效灯具； · 检查是否存在接触不良等电路故障； · 使用高频电源供电或安装高频控制器。

图 4-2-6　办公空间照明常见问题检查方式和解决措施

并于第一时间对光环境进行调整和改善。最后，由于灯具的使用寿命有限以及其他环境因素，定期检查、维护和更换对于办公人员提高工作效率也是非常重要的。

1. 人因工程学导向的工位光照环境设计

良好的照明设计方案应该以人为本。一方面要满足用户个性化需求，从照明强度、色温、光分布等设计出一种符合"人体工程学"的光照参数，同时提供个性化控制手段，增强人们的幸福感，提高办公人群的视觉舒适度与视觉作业表现；另一方面为办公人群提供适当的生理节律照明，作用于人体非视觉光照通道，改善长期处于室内并接收不到足够的节律光照刺激的办公人群节律和情绪健康，同步身体时钟。如图 4-2-7 所示。

现代办公和会议交流往往在电脑显示屏幕前完成，由于作业时的注视对象为自发光屏幕和键盘，视线的移动次数增加、范围扩大，在这样的工作模式下，人们所承受的视觉负荷要明显高于传统的水平桌面办公方式，更容易导致视疲劳现象的产生（图 4-2-8）[34]。每日数小时的屏幕注视普遍带来"视觉显示终端"（Visual Display Terminal, VDT）的症状。玻璃窗户或电脑屏幕上的强烈反光也是加剧眼睛疲劳的主要原因之一，光幕反射眩光不仅会分散人们的注意力，还会造成视力模糊、视觉紊乱、头疼和恶心等影响，需要充分重视。从人因工程学的角度出发，室内采用间接或半间

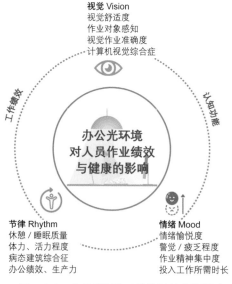

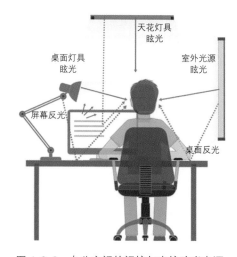

图 4-2-7 办公光环境对绩效及健康的影响　　图 4-2-8 办公空间的间接与直接眩光来源

接的照明方式，经过天花板或墙壁的反射得到的光线能够有效地减少眩光。为避免室外阳光直射，距离外窗 4.5m 内的桌面显示屏可将其方向控制在与窗口平面垂直的 20°范围以内 [35]。在灯具和显示屏都无法移动的情况下，还可以通过在灯具下方安装防眩格栅，阻挡一些不必要的光线。与此同时，灯具的平均亮度也应符合相关规范的设计要求 [36]，还要特别关注电脑屏幕与周围邻近区域和整体环境的亮度对比，减少由极端明暗对比引起的视觉不适 [37]。如图 4-2-9 所示。

水平照明
照亮工作面，辅助纸质作业和键盘操作

垂直照明
洗亮背景墙面，降低屏幕和环境的亮度对比

局部照明
根据个人喜好和作业需求自定义光照水平和色温

图 4-2-9　办公空间中不同作业模式与常用照明方式

2. 提高办公空间生产力的节律照明

牺牲休息和生活时间、加班加点、连续工作、被迫熬夜、精疲力竭并不意味着任务的准时、顺利完成，却与心脏病、内分泌失调、压力、肥胖、肌肉骨骼劳损以及脑损伤直接相关。提高员工生产力、激发工作动力、用更少的工时取得更多绩效，是促进劳动者健康以及亿万家庭福祉的关键。获得工作效率和生产力首先需要拥有与健康日常作息相匹配的、稳定的昼夜节律。在维持昼夜节律方面，自然光是最为理想的光源，自然光强度高能够提供足够的节律刺激，同时拥有动态光暗变化输出时间信息。然而在高密度城市区域中，并非所有办公空间都能获得良好的自然采光，尤其是那些大进深、矮层高、朝向不佳的空间，也许仅有窗口处的工位能够接受到自然光刺激。而很多办公空间还是接触不到自然光照的黑房间，因此人工节律健康照明成为良好的替代品。伦敦大学学院曾与英国 Mitie 公司合作，搭建一间用于研究亲生物设计对办公人员影响的实验性办公室。该办公室采用与节律相结合的动态照明形式，使室内光环境的照度和色温能够跟随自然生物钟的变化而变化。四周对照试验的结果显示，动态办公照明帮助人们提升了至少 20% 的工作效率，同时该办公室的员工相比其他人员在工作期间表现出了更高的专注度与更稳定的情绪状态 [38]。办公空间的动态节律照明日益受到重

图 4-2-10　办公空间动态光照模式示意

视，国际照明委员会[39]、英国特许屋宇装饰工程师学会（CIBSE）、英国建筑研究院（BRE）[40]、德国标准化学会[41] 等多个组织的标准报告都针对办公空间的节律照明进行了规定和建议，主要涉及如下几个方面：①从早上到下午的光照强度高于日常照明水平，并增加光谱短波长蓝光成分；②接近一天工作结束时，在保证足够光照数量支持视觉任务开展的基础上，调暗灯光并降低光照色温；③提高房间界面对光线的反射或增加洗墙照明的灯具，让人眼获得更多的光照，同时注意节律照明与视觉照明的平衡，避免眩光产生。如图 4-2-10 所示。

3. 面向各类办公空间类型的光照环境设计

办公空间按功能使用分区可分为接待区、交通区、工作区、独立办公室、会议室、交流讨论休息区等。各个区域的人员活动各不相同（表 4-2-2），健康照明侧重点也不一样。例如：德国 ERCO 灯具设计公司提出了办公空间"定性照明设计"的概念，将员工的个人需求与工作任务置于首位，采用具有良好眩光控制的照明设计将空间划分为多个区域，同时专门针对各个空间进行的视觉任务调整策略，也满足了关于能源效率的要求[42]。根据我国办公建筑设计相关规范，普通办公室一般可分为独立式和开敞式，对于一些有特殊需要的空间还可以设计成单元式，此外还应考虑常见的公共空间如会议室、接待室等。从整体布局而言，单间独立式办公室内部空间相对封闭，日光基本来源于建筑外窗，照射量受窗户大小与房间朝向的影响较大；开敞式办公室多为大进深空间，其内侧远窗区域缺乏自然采光，因此长期依赖人工光照来满足视觉作业的要求。此外，传统办公照明多采用照度、色温恒定的单一模式，长期处于这样的环境中从事单调重复工作，很容易滋生员工的负面情绪，造成节律失调，增加其患上抑郁和焦虑的风险。对此，可以在满足均匀的一般照明基础上，对垂直方向照明和水平工作面照明进行合理搭配，充分考虑不同办公作业形式的视觉和心理特征。为弥补近窗区域与远窗区域自然采光不均的问题，可在办公空间中使用半自动的照明控制系统，并在工位附近设置可自主调节的灯具，使办公人员可以根据自身需求和个人偏好设置色温和光照强度。

表 4-2-2　不同类型的办公空间特征与使用差异

	独立式办公空间	开敞式办公空间	单元式办公空间	会议室
人均面积	不小于 $10m^2$	不小于 $3m^2$	不小于 $5m^2$	不小于 $1.8m^2$
容纳人数	1~2 人	视实际使用面积大小而定		15 人以上
使用时段	9：00—17：00	9：00—21：00	9：00—21：00	视具体情况而定
空间特点	各个空间独立，互不干扰，灯光、空调等系统可独立控制	空间内部联系紧密，进深较大，照明、空调等设备需统一控制	可根据功能需要共同使用，也可以分隔成相对独立的空间	可根据实际使用人数和桌椅设置情况灵活安排空间布局
办公形式	电脑办公、纸质阅读、接待会谈	电脑办公、文案书写、资料打印和整理	设计绘图、科学研究	会议、汇报展示
工作特征	工作相对自由，任务轻松，压力较小	工作种类多，任务繁重，员工压力较大	工作需要较高的专注度和长时间待在同一位置，容易产生困倦乏力	
使用模式	一般为固定人员使用	常驻员工使用固定座位	流动座位，人员随机	
光环境的典型布置方式				

4.2.3　工厂健康照明：创造更好的劳动条件

世界工业飞速发展，带来经济腾飞，也承受着无形之重。数以亿计的工人不断创造生产奇迹，他们的职业安全健康却往往被轻易忽视。除了机械、物理、化学、生物等作业危害以外，超强度、超负荷、超体能、超工时的工作是许多工人的生活常态，严苛的工作管理制度更给工人们的身体和心灵造成了双重伤害。在这种现实状况下，工厂的照明若只着眼于生产效率提高与生态节能是远远不够的，更应为了工人的健康福祉投入更多关注，致力于创造更好的劳动条件，让工人更体面地劳动和生活。

1. 工厂照明问题带来的职业健康与安全风险

不当的光照条件将给工人带来职业健康与安全的风险，主要有视觉损伤、不适宜的光照条件引起安全风险，以及不当照明引起的工作和肌肉疲劳。

有些工种会面临强光照刺激，例如电焊弧光，这种高强度混合光，对眼部组织造成的损伤非常强，其导致的电光性眼炎非常普遍，还有可能出现视网膜黄斑病变、视网膜灼伤、视网膜感光细胞断裂、晶状体浑浊等可能会导致永久失明的疾病（图 4-2-11、图 4-2-12）。

眩光会让工人感觉到不舒适，不仅刺激工人的眼睛，还会影响他们的工作状态，降低工作效率。工作越精细，对防眩光的要求越高。

足够的显色指数对于降低工人视觉安全风险也有一定的作用，对于部分要求不高的工种，显色指数 Ra 仅需达到 60，而对于精细程度较高的工种，其光源显色指数 Ra 要求达到 80，以便于工人分辨工作环境内的颜色信息。有些行业如印刷、织染等，对于光源的显色性要求更高，显色指数 Ra 要达到 80~90[43]。

此外由于工厂建筑空间尺度的特殊性，许多工厂的天然采光是不足的，研究发现长期缺乏稳定日光照射的工人更容易出现心理问题，从情绪低落到抑郁症，情绪障碍

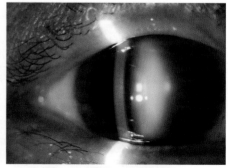

图 4-2-11　电焊弧光　　　　　　　　图 4-2-12　晶状体浑浊患者

患病风险更高。长期的人工光源替代日光也有可能影响褪黑激素的产生，导致睡眠不足。此外，日光照射不足还会导致工作效率下降，从而使工厂的效益降低，工人收入随之减少。

　　由于照明布置不当或者照度设置不当，将导致工人不自然的工作状态，例如长期坐姿不正、眼部与工作面的距离过近导致的肌肉紧张与疲劳以及更为普遍的眼疲劳问题（图 4-2-13），这些问题因为微小而常常被管理者甚至工人忽略。但在对江苏某工厂的调研中，这样的"小"问题并不是个例。现代工厂照明在提升员工工作健康部分仍有很大的改进空间。以焊接车间为例，车间大多使用悬挂式点焊机，体量较大，为保证拼装的精度和减小工作强度，工作台顶部会有大量的钢架来固定设备，因此如果只采用顶棚灯，由于设备遮挡就无法满足工作台的照度需求，工人在坐直或前坐的状态下就无法进行精密操作，需要改变坐姿来进行作业，因此可能导致肩颈或腰椎的疲劳[44]。

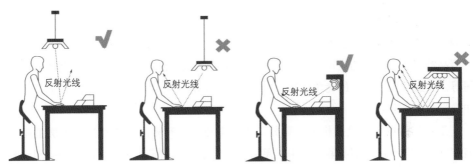

图 4-2-13　工作台照明设置与人体工学

　　郝洛西教授团队在对工厂进行的健康照明研究中，实测了工作台、地面、天花等位置的照度和亮度（图 4-2-14），并对员工进行了问卷调研，包括工作时长、休息时间、对目前工厂照明的感受以及是否存在眼疲劳问题。该工厂的员工主要进行的是灯管变压器的线圈绕线工作，流水线上采用不锈钢桌面，并采用顶部照明模式。据员工反映，桌面反光是一个比较大的问题，此外裸露的灯管也会直射眼睛，造成眼部不适。

　　该工厂由于层高不高，进深很大，缺乏天然采光，而人工光全部采用的是高色温高亮度的 LED 灯具，显然对视觉健康有一定的不利影响。员工已有了不适症状，但是由于长期在同样的环境当中工作，对该环境已经产生了适应。他们大多意识不到不适症状是由光环境品质不高引起的，但光环境品质已实质地影响到了员工的工作效率和视觉健康。

图 4-2-14　工厂地面、顶棚及流水线亮度实测

2. 工厂作业、视觉需求与光环境

工厂是用以生产货物的大型工业建筑物，大部分工厂都拥有以大型机器或设备构成的生产线。随着科学技术的进步和经济的发展，企业之间的竞争愈加激烈，使得生产产品的流水线工厂的生产环境发生了很大改变，如产品种类增多、产品生产周期变短等。为提高工厂生产的竞争优势，提升员工工作效率和保障员工健康是在工厂照明中应当关注的重点。

工业厂房按照建筑结构形式可分为单层工业建筑和多层工业建筑，多层工业建筑空间特征与一般科研实验楼类似。单层工业建筑内部则多为大跨度高进深空间（图4-2-15）。

工厂的作业活动多种多样，根据产品类型的不同，从精密的手工作业到无人的机械作业，各项作业的精细程度也各有不同（表 4-2-3、图 4-2-16）。

采用天然光进行室内照明，更有利于健康光环境的构造。有研究发现，在相同照度水平的情况下，人们在天然光环境下的视觉功效比人工照明条件下高 5%~20%[45]。天然光还有助于提高工人的工作效率，工厂中尽量保证天然光的利用，可开高侧窗和天窗，

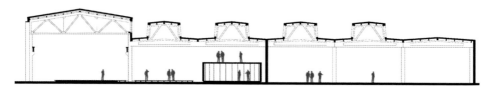

图 4-2-15　典型工厂剖面

表 4-2-3　不同视觉作业特性下所需照度范围

视觉作业特性	识别对象最小尺寸 d (mm)	亮度对别	照度 /lx					
			混合照明			一般照明		
特别精细作业	$d \leqslant 0.15$	小	1500	2000	3000	—	—	—
		大	1000	1500	2000	—	—	—
精细作业	$0.3 < d \leqslant 0.5$	小	500	750	1000	150	200	300
		大	300	500	750	100	150	200
一般作业	$1.0 < d \leqslant 2.0$	—	150	200	300	50	75	100
粗糙作业	$d > 5.0$	—	—	—	—	20	30	50
一般观察生产过程	—	—	—	—	—	10	15	20
大件贮存	—	—	—	—	—	5	10	15

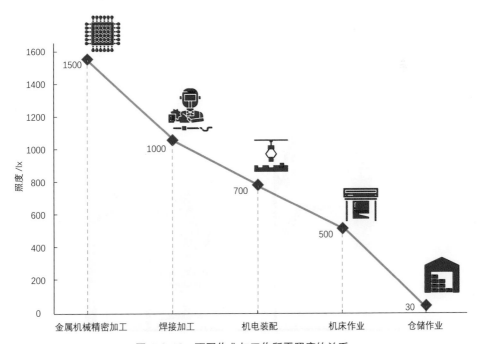

图 4-2-16　不同作业与工作所需照度的关系

图 4-2-17　工厂高窗和天窗采光方式

保证工作效率的同时还可以防止眩光，也更有利于工人的身心健康和工厂节能。

一些工厂所采用的高窗为整个工厂空间带来了良好的采光效果（图 4-2-17），也营造出舒适宜人的工作环境，空间品质得到了非常高的提升。最重要的是天然光的利用减少了工厂的能耗，从而节约了可观的经济支出。

有些工厂可能在天然采光方面有一定的困难，也可以采取人工光与天然光结合的方式，在有效利用天然光的基础上，用人工光进行补充，既保证了员工的身心健康，又保证了他们的工作效率和安全，全方位对工人进行关怀。

工厂中的照明布置还需要考虑人因工程学，包括与作业面的距离等（图 4-2-18），以保证工人操作的舒适性和空间内光照的合理分布，避免产生眩光等不利影响。此外对于作业对象较大的工厂车间，例如汽车、机床等操作车间，要考虑作业对象对光线的遮挡问题。

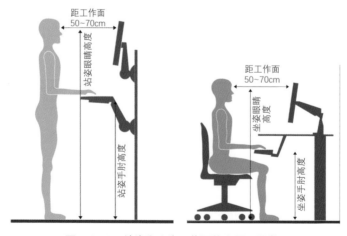

图 4-2-18　站姿和坐姿工作下的人因工程学

3. 缓解作业疲劳的工厂功效照明

对于工厂而言，工人的疲劳和注意力降低不仅会有导致产能下降的危害，对于比较危险的作业来说，安全风险也大大增加。

工厂光环境改变从而影响工人行为与工作效率的机制有：视觉功效、视舒适度、视觉环境、人际关系、生物钟、刺激效应、工作满意度、困难排解能力、晕轮效应[46]（图4-2-19）。照明条件会通过影响作业细节来影响视觉功效、视觉舒适度、视觉环境等；也可以通过非视觉作用如节律来影响生物钟；光照还会影响情绪，继而影响工作满意度、困难排解能力和晕轮效应（对于工作和人际关系的整体知觉，排除片面影响）；而对于环境刺激的响应则是保证工人安全和工作效率的重要基础，需要保证合适的光照条件维持工人的警觉性。

在工人易疲劳的时段提高亮度水平，可以缓解工人的疲劳，提高其警觉性[47]。有些研究结果还提出：人体处于生理低潮状态时，2 500 lx 左右的照度可以很有效地调整人的精神状态[48]。在工人工作的过程中，可以随着工作进行逐步提高工作环境的亮度水平，防止工人的疲劳。但是需要注意的是，亮度逐步提升的过程非常重要，如前文所提到的，长期暴露在高照度的光照下对于工人的健康也是有损伤的，对于工厂节能也十分不利。也可以考虑间歇性的高强度照明或者允许工人自行根据工作状态和视疲劳程度进行调光，光环境切换可以有效缓解工人的疲劳程度、提高其警觉性、改善工人的生理不适合心理状况。研究已经发现在工人不同疲劳程度时，不同曝光刺激对其生理—心理影响不同。低色温高照度也更有益于抑制负性情绪和缓解疲劳[49]。因此推荐采用可调光的照明系统，创建灵活的人工照明环境，以便适应不同时段的工人们的不同需求。

在色温的选择上，需要结合作业对象的特征进行全方位的考虑。例如在对江苏某工厂的健康光环境设计实践中，由于作业对象铜丝自身的色彩泛黄，在工厂普遍采用的 5 000 K 光源照射下识别率反而不高，在色温达到 6 000 K 以上工人才普遍反映识别率增加。

飞利浦成都 LED 绿地工厂采取了特殊的照明策略来缓解工人疲劳（图 4-2-20），针对工厂的低顶棚流水线、仓储空间和高顶棚操作空间采用了不同的照明策略。在生产线应用 4 000 K LED 低顶棚灯具，使工作空间自然明亮，减少工人长时间操作产生的视觉疲劳，确保产品质量和员工的身心健康；仓储空间配光使货物的垂直面更明亮；在板径加工区应用 140W 的 LED 高顶棚灯具，在重型设备加工部件的过程中，充足的照明确保了操作人员的人身安全和生产效率。

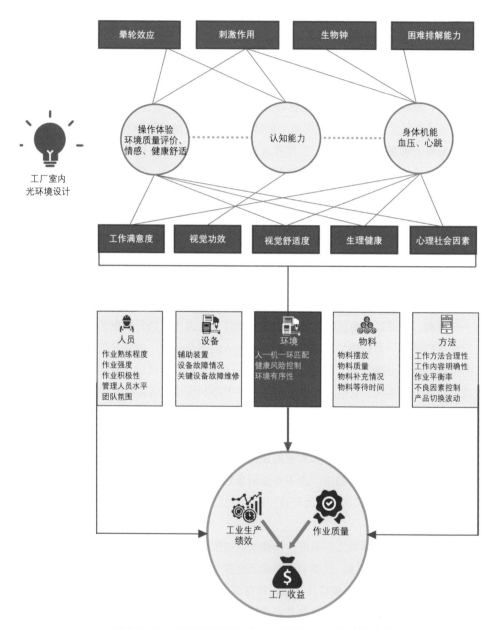

图 4-2-19　工厂光环境设计与工人绩效、工厂收益的关系

图 4-2-20　飞利浦成都 LED 绿地工厂针对不同生产环境运用不同的照明策略

　　此外还可以利用环境色彩来缓解工人疲劳。研究发现，环境整体色调与工作环境的性质与用途一致，能够减弱或改善环境对人心理与生理的不利影响。为了避免眼部疲劳，在大面积用色时尽量使用纯度较低、明度较高的颜色，在整个环境配色过程中选择色彩的数目不宜过多。同时色彩又不能太单调，可以在明度上稍作变化，有一点层次感和稳定感。室内的配色应尽可能减少视野内不同视界面的亮度差，以免引起作业者视觉上的不舒适感。天棚、墙壁、设备和地面等应避开彩度高的颜色，减少不良的视觉刺激[50]。

　　在针对工厂的调研中发现室内大面积运用高饱和度但低明度的蓝色或绿色，且室内照明不足（图 4-2-21），不仅没有使颜色达到消除人眼疲劳的调节功能，使得整个工厂操作间比较昏暗，并且显得很陈旧，同时高饱和深色工作台的反射会影响作业显色性。环境色彩如墙壁和顶棚，会影响照明效果，并间接影响视觉疲劳程度。工作界面色彩的选色既要与工作环境协调，又要具备良好的可分辨性。

　　我国工人的工作时长在世界都处在前列，长时间高强度工作带来的心理问题也不容忽视。可以通过光照来缓解工人的焦虑与抑郁等情绪，对工人的心理健康进行关怀，

图 4-2-21　工厂调研中的环境色彩现状

同时还可以通过光照来提高工人的工作效率，缩短工作时间。

郝洛西教授团队也在工厂健康照明实践中，针对流水线的工人进行了不同色温和亮度组合的照明模式对工人疲劳和绩效影响的研究（图 4-2-22），在对工人们的问卷调研和测试中发现，光环境对情绪及疲劳的影响较为明显，更高的色温和亮度组合对情绪和心理疲劳的积极作用更显著，后续的现场实验研究也在陆续开展中。

图 4-2-22　工厂健康照明研究与设计改造

4.3 健康住宅　舒适照明

住宅不仅仅是居住容器，更承载着每一个人的生活。对于美好的人居环境，许多人将其与美观、舒适划等号，追求亮丽的装潢，却忽视了健康问题。例如当年的自如公寓，追求整洁美观的室内效果却使用低劣建材，并且轻视室内的空气污染问题，导致很多的住客甲醛中毒。缺乏科学和专业指导的家庭光环境设计，日积月累，也将产生非常严重的健康后果。消除家庭中那些极易被忽视的用光误区，灵活地运用光与照明为各年龄段家庭成员创造舒适安居之所，是住宅光健康工作开展的意义所在。

4.3.1　健康住宅　美好人居

健康住宅是后疫情时代的房地产行业提出的最热点的发展战略之一，也是科技互联网巨头先后涉足大健康产业的鱼涌之地。不过，健康住宅不仅是锦上添花的建筑环境营造的亮点，也是人人应享有的基本权益。世界卫生组织将健康住宅解读为一个庇护所，支持人类身体、精神和社会全面、完整的健康状态。健康住宅应提供归属感、安全感和隐私感，创造家的感觉，它应拥有合理的结构和物理环境控制，提供舒适的温度、良好的卫生、适当的光照和足够的空间，安全的燃料与可靠的电力连接，提供充分的保护，防止污染、霉菌和害虫的侵扰，免受恶劣天气和过多湿气的影响，同时它还应促进社区互动、社会福利，让人们获得健康和福祉。健康住宅的营造首先应得到充分的保护，关注温湿度、通风、噪声、空气质量等与居住相关联的物理要素，同时也注重视野景观、感官色彩、材料选择倾向等心理要素。光环境也应从物理和心理两个方面入手，筑造美好人居[51]。

4.3.2　我国住宅的健康光环境需求

1. 返璞归真的自然光需求

与其他国家相比，我国居民在购房时的特殊现象是人们格外关注房间的采光问题，因而形成了我国独特的住宅楼间隔布局的模式，其中的深层原因是人类机体对于接受充足光照的诉求。居室内充足的自然光有助于人们保持健康的生理和心理状态，可以使人心情舒畅。而与人工光相比，自然光的一大优势是各光谱成分均匀、显色性较高，有利于刺激昼夜节律、保护视力和提高劳动生产率，同时更具环保可持续性。

为了保证住宅的自然光获取需求，住户可以通过日照时长、采光系数、窗系统设计等来判断住宅的采光情况。首先，对于每户每日获得的日照时长，可参考《住宅建筑规范》（GB 50368—2005）中根据不同地理位置的具体规定（表 4-3-1）。虽然住宅都满足标准，但在实际使用中，住户往往感到采光不足，昏昏沉沉，这是由于每户每日 1 小时的日照最低标准远远不够满足人体对于日光刺激的需求。对于这一问题，也基于我国住宅布局规律，选择楼栋1/2以上位置的住宅日照才能基本不受遮挡。其次，住宅建筑的卧室、起居室（厅）、厨房应有直接采光。再次，室内采光效果要考虑窗户安装位置和尺寸、玻璃透射率及房间最深处墙面的反射率[52]。对于窗户的尺寸，可参考《建筑采光设计标准》（GB 50033—2013）中对于窗地面积比等参数的规定（表 4-3-2）。另外，住宅采光系统的颜色透射指数不应低于 80，我国 20 世纪 90 年代前后的住宅很多采用绿色、蓝色玻璃，导致室内采光不佳、偏色严重（图 4-3-1）。对于这一问题，住户应对窗户进行更换，

表 4-3-1　住宅建筑日照标准

建筑气候区划	Ⅰ、Ⅱ、Ⅲ、Ⅶ气候区		Ⅳ气候区		Ⅴ、Ⅵ气候区
	大城市	中小城市	大城市	中小城市	
日照标准日	大寒日				冬至日
日照时长（小时）	≥ 2		≥ 3		≥ 1
有效日照时间段	8：00—16：00				9：00—15：00
日照时间计算起点	底层窗台面				

注：《住宅建筑规范》（GB 50368—2005）。

表 4-3-2　住宅采光标准

采光等级	建筑物及房间名称	侧面采光	
		采光系数标准值（%）	室内天然光照度标准值（lx）
Ⅳ	起居室、卧室、厨房	2.0	300
Ⅴ	卫生间、过道、餐厅、楼梯间	1.0	150

注：《建筑采光设计标准》（GB 50033—2013）。

图 4-3-1　蓝色玻璃住宅的视觉效果

选择颜色透射指数更高的玻璃材料。

除了从设计层面增加自然光获取，住户还可以通过力所能及的生活习惯积极获取自然光。比如，晨起打开窗帘提高生物节律刺激，将办公桌、学习桌靠近窗户（但同时注意直射光过强导致的眩光问题），多在阳台晒太阳等。

2. 道法自然的人工光需求

住宅人工光环境在补充自然光满足生活所需的同时，从健康角度出发，应满足"道法自然"的理念，包括"效法光效""效法时序"两方面。

"效法光效"指光谱、显色性、视觉舒适度贴合自然光，严控蓝光、频闪等对人体具有危害的光生物效应。由于住宅灯具市场部分光源产品存在蓝光成分较高的问题，对人体尤其是儿童损伤较大，因此宜尽量选用接近自然光谱的光源，如选用类太阳光技术的 LED 灯具。柔和自然的人工光环境能极大地提升视觉舒适度、提升工作效率、助力健康。已有研究表明，木质饰面和间接照明相结合可改善睡眠质量并提升工作绩效[53]；此外，夜晚温和低照度的灯光可改善产后妈妈的睡眠[54]。然而不当的光环境会对健康造成严重危害，例如蓝光容易导致近视、白内障以及黄斑病变等眼睛病理危害和人体节律危害，工作视野亮度对比度过大，容易导致视觉疲劳。光谱中红色部分缺乏会导致照明场景呆板枯燥，影响使用者的心情。显色性不足会导致视觉环境的质量变差，照明系统频闪，轻则导致视觉疲劳、偏头痛和工作效率的降低，重则诱发癫痫疾病等等[55]。这些问题都是住宅人工光环境中需要效法自然光的改进之处。

"效法时序"是为了满足人体节律需求，许多自然光欠缺的空间需要在满足功能需求的基础上顺应从早至晚天然光的变化规律，借助人工光进行节律调节。比如，我国普通中小户型的餐厅基本缺少自然采光，而早餐时段是节律刺激的关键时间，在餐桌上方设置可调光灯具，早餐时调至高强度光照，代替咖啡因起到唤醒的作用；再如，晚上回到家时将灯光调至低色温的暖光，有助于舒缓紧张节奏、促进褪黑素分泌，起夜时保证低照度、无蓝光，减少节律刺激。如图 4-3-2 所示。

就我国住宅光环境现状而言，照度普遍偏低，照明模式单一，节律照明理念还未融入。据 2015 年发布的中日韩三国住宅联合调查报告的统计结果显示，我国住宅实测平均照度仅为 69.9lx[56]，与其他各国相比明显偏低，且照度达到国家标准值所占的比例仅为客厅 11.6%、卧室 8.3%、厨房 4%、餐厅 4.1%、卫生间 7.8%，并且通过市场调查发现民众对于亮度改善及色温可调控等健康照明产品的相关需求并不明显，可见住宅光健康相关知识还需普及，使民众了解健康用光的重要性。

此外，返璞归真、道法自然的人工照明设计，也是为了调节人体情绪，缓解长时间室内工作带来的压力与疲惫。季节性情绪失调症是由于秋冬季节长期阴雨天气造成的缺乏天然光照射，引起的情绪低落、节律紊乱等症状，居室照明通过模拟天然光的光谱、照度和照射时序特征，可让室内的人们心情得到舒缓。郝洛西教授团队设计的LU-ER"虹"系列幻彩灯（图4-3-3），不仅在视觉上和设计创意上令人耳目一新，在情

图 4-3-2　住宅照明"效法时序"

图 4-3-3　LU-ER"虹"系列幻彩灯

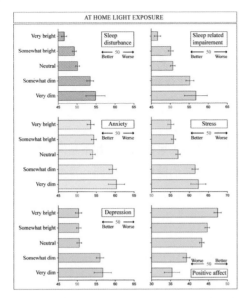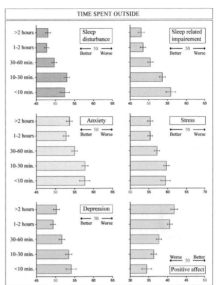

图 4-3-4　LRC 708 份问卷样本的调查结果

绪方面的调节作用和舒缓作用，更是美化了家庭环境。

　　2020 年起新冠疫情爆发，居家隔离在一段时间内成为了大多数人的生活常态。随着住宅内活动时间的大幅增加，住宅照明在这段特殊的时间内对人们的影响也更加显著，"道法自然"的室内照明设计中也愈发重要。2020 年 5 月，伦斯勒理工学院照明研究中心（LRC）针对疫情期间居家工作及室内隔离，居室内人群每日所接受的光照进行了问卷调研[57]，并调查了隔离期间的住宅光照模式对他们的睡眠质量和心理健康的影响。研究结果显示，住宅室内照明和调研对象在户外的时间对于睡眠障碍、焦虑、压力、抑郁和情绪都有非常大的影响（图 4-3-4）。

　　针对以上调研结果和以往研究，LRC 提出以下几点针对疫情期间住宅健康照明的建议：

　　（1）在清晨接受大量高亮度光照；

　　（2）尽量在早晨进行 30 分钟室外散步或跑步活动；

　　（3）工作时面对窗户且保持窗帘开启；

　　（4）若工作的房间自然光照不足或没有窗户，增加灯具的数量以保持房间明亮；

　　（5）夜晚在室内使用温暖柔和的灯光；

　　（6）在入睡前 1~2 小时避免屏幕强烈的光刺激；

　　（7）夜晚避免接受明亮的光照刺激。

睡眠质量和情绪与人体健康及免疫力息息相关，疫情期间非常态的生活习惯与危险的外界环境对于健康是一个巨大的考验。通过调节住宅内光照模式不仅能使人们规律作息，应对疫情冲击给人们生活、健康造成的干扰，更能帮助人们在疫情结束后生活回归常态化，以良好的身体和精神状态投入到原有工作和生活状态当中。

4.3.3　全龄化的住宅光健康策略

各个年龄段人群视觉生理特征、生活行为习惯与人居健康目标都不相同。住宅光健康应面向全龄，包容多种特殊性需求。婴幼儿需要的健康成长乐园，青少年需要的催人奋发的工作学习空间，成年人需要的隔离疲惫与压力的庇护所，年长者需要的安心乐龄生活，皆应在此被实现。

1. 婴幼儿居室

婴幼儿居室的健康光环境设计以呵护为主题。婴幼儿的注意力易被房间中明亮的灯光所吸引，但他们未发育完全的视觉系统敏感而脆弱，强光照射、裸露的光源、窗口阳光的直射眩光会对婴儿的眼睛造成不可逆转的损害。婴幼儿居室需要采用眩光指数低的灯具，严格控制房间内的眩光，通过柔和的灯光，防止过度刺激，保护婴幼儿的视觉健康发育。同样婴儿的健康节律与睡眠也需通过光照来维护。出生后婴幼儿的昼夜节律系统也在逐渐成熟的进程中，体温、睡眠—觉醒周期和荷尔蒙分泌的节律逐步发育，所以婴幼儿居室光环境应拥有光—暗变化而不能常暗或常亮，为了防止婴幼儿感冒着凉常年不拉开窗帘或者担心婴幼儿怕黑让他们开灯睡眠的做法都是不正确的。同时夜间哺乳、喂食应保持房间黑暗和安静，明亮的灯光将打断婴幼儿的昼夜节律，因此婴幼儿居室需配置夜灯[58]。此外，为了提供丰富感官环境，刺激婴幼儿的大脑发育，婴幼儿居室光与色彩环境可提供简单的视觉趣味，如星光、彩虹、森林等照明主题。

2. 青少年居室

青少年居室光健康方案专注于他们的健康发育和快乐学习，往往根据他们随年龄增长而产生的不同日常活动、学习任务、心理特点动态来进行调整。而学习光环境和睡眠光环境是青少年居室健康设计时应重点关注的两项内容。青少年学习空间光照布置的基本要求在于照明数量的适宜性、照明产品选择的正确性和照明布置的合理性。《建筑照明设计标准》（GB 50034—2013）中规定青少年居室阅读学习空间的照度应在 300lx 以上[59]，但为了保持专注、增加视觉识别效率、减少眼睛疲劳，学习空间还应设置重点可调节的任务照明，补充照度，同时提供重点照明的台灯放在右手的另一侧，光源的位置略高于青少年的头部位置，以减少书写或阅读时的阴影，防止眩光，也保

顶灯 + 台灯	顶灯 + 射灯	顶灯 + 射灯
(a) 桌面均匀度低	(b) 抬头眩光严重	(c) 容易产生阴影

图 4-3-5　儿童居室常见照明方式及问题分析

证了光线均匀覆盖在作业的视看范围内（图 4-3-5）。此外家庭居室中的电脑显示屏幕，不宜布置在日光或人工照明直射的范围之内，以避免电脑的反射眩光。高色温更能够提升学习绩效[60]，但长时间在高色温、高照度环境下工作，也会引起视觉和脑力疲劳。在学习期间，通过灯的定时亮暗提醒儿童放松眼睛也是一条必要的策略。目前市面上有非常多主打健康照明或护眼概念的学习照明产品，特别是读写台灯，在选择产品时应尤其注意甄别，不应仅关注概念词汇，还需对防眩光、防蓝光危害、频闪控制以及显色性、配光照射范围等指标多加关注。

青少年的睡眠和学习往往在同一居室房间内开展，但睡眠光环境与学习光环境的健康设计要点之间有着明显的区别，不能相互代替。长期睡眠限制会影响认知能力，从而影响学习成绩。家庭光照应减少夜间照明光谱的蓝光成分，并在可能的情况下降低照明强度，从而避免节律干扰，增加青少年的睡眠时长。青少年群体中"社会时差"普遍存在，行为和昼夜节律之间的不匹配，觉醒困难，难以进入学习状态等问题非常明显，居室中需要类似模拟黎明的具有唤醒作用的光照帮助青少年们缓解睡眠惯性，提高睡醒后觉醒度[61-63]。

另外，对于儿童青少年偏食挑食的问题，许多母亲研究各式色彩艳丽的饭菜来吸引孩子。从光环境的角度出发，可通过提高餐饮空间的光源显色性和改变色温来增加

Ra=90   Ra=70

图 4-3-6   高低显色性光源下的食物色泽对比

儿童食欲。相较其他颜色而言，暖黄光较能增加人的食欲，因此在光源选择时建议采用中间偏暖色光，如无特殊需要，应避免采用 5 000 K 以上冷光色灯具。另外，建议在餐饮空间选用高显色性的灯具，显色指数 Ra 应大于 80 并尽可能提高，让饭菜色彩鲜艳（图 4-3-6）。

3. 成年人居室

对于上班族而言，在"996"的办公模式下早出晚归，早上起不来，晚上睡不好。对于经常存在的闹钟响起但难以清醒的问题，可结合一体化智能家居控制系统，在闹钟设定时间的前半小时让灯具渐亮或逐渐拉开窗帘，以达到唤醒效果。如对起床时间无具体限制，可结合睡眠手环进行智能唤醒，在浅睡眠时段灯具渐亮，以达到避免醒后困乏的效果。在夜晚回家后，由于上班族工作压力较大，居室光环境应以减少节律刺激、舒缓放松为主要目标。具体可行措施包括三个方面：在室内饰面上，可通过增加墙面、屋顶亮度来减少光源与背景环境的对比度从而降低眩光，不建议天花采用深色涂料或饰面，降低反射率的同时还会增加卧室空间的压抑感，建议天花的光反射比值（LRV）在 0.7 以上、墙面的光反射比值在 0.3~0.5 之间；在照明方式上，可通过设置间接照明，在室内形成漫反射，提供均匀柔和的亮度分布；在光源上，建议采用低色温、低亮度的主光源，有助于褪黑素分泌，从而提升睡眠质量。

此外，成年人还可能遇到疫情期间居家办公、周末加班等住宅内工作需求，办公空间是成年人住宅内对光环境要求最为严格的区域。由于照明水平、眩光和亮度分布，是影响视觉器官和工作效率的主要因素[64]：工作界面照度至少保证 300lx 并适当提高；办公灯具尤其是台灯，建议选择防眩光等级较高的灯具；需要关注对比度控制，工作界面与相邻界面的对比度宜控制在 3:1 以内，与空间内其他区域的对比宜控制在 10:1

图 4-3-7 同济大学本科生课程 " 建筑物理光环境"疗愈性光艺术装置主题设计作业
——"家庭疗愈 希望之光"

图 4-3-8 居室氛围照明

以内。为保证书房内的亮度均匀度，不至于产生过高的对比，根据 WELL 建筑标准中对工作与学习区域的表面反射率的规定，天花板的平均光反射比值应在 0.8 以上、墙壁的平均光反射比值应大于 0.7、家具系统的平均光反射比值应大于 0.5。此外，如有长时间的居家办公或加班需求，建议在办公区域设置节律照明。在晨起至下午 1∶00 之间的工作时段保证 5 000 K 以上的冷白光刺激，具体强度数值可参考 WELL 建筑标准中的黑视素光强度规定，在工作位置处的眼部测量至少应大于 200EML。在傍晚至夜晚时段建议调整至温暖柔和的光环境，并调低显示屏亮度色温，但如需光照刺激保持高效率，可适当调高照度和色温，具体色温与照度参数还需经过科学论证来确定，期待专业的健康光环境设计标准出台，为家庭光健康提供专业指导。

另外，对于年轻人与日俱增的娱乐需求，增加居室环境的娱乐场景或模式成为一大诉求。可在居室内增设氛围照明（图 4-3-7、图 4-3-8），与电影、游戏同步变换的光环境能够提升游戏或观影的沉浸体验感，与活力音乐同步变换的动态彩色光可增添派对氛围。但动态彩色运用时长和色彩变化强度应加以控制，避免过度刺激。

图 4-3-9 上海市第三社会福利院老人居室节律照明应用

4. 老人居室

由于老年人身体机能的退化，越来越少外出接受足够的日光刺激，因此普遍存在节律问题。增加日间节律刺激最简单的改善方式是尽可能让老年人多晒太阳，如将床位靠近窗户等，或采用高强度照明灯具提供节律刺激。对于老年人较多独自居住或存在孤独、抑郁等心理问题，可适当设置光装置调节老年人情绪。另外，老年人由于视觉系统的退化导致视野昏暗且明暗适应能力差，因此需要提升空间亮度，同时控制各空间亮度差距，避免由公共走廊或室外进入自家时明暗变化过大导致的视觉生理不适（图 4-3-9）。

随着我国进入老龄化社会，居家养老是适合我国国情的一种养老理念与居住模式。让老年人在自己熟悉的环境中度过老年时光、尽可能地延长对身体和生活的掌控能力，这对老年人的居住环境提出了要求，需要为不同的老龄化阶段提供相应支持，避免意外伤害与被迫迁移等情况的发生。老年人居家养老需求的多样化对应不同场景的适老化改造标准。

（1）60~69 岁的低龄老人身体状况普遍较好、具备独立生活的能力，不少人还有继续工作、实现人生价值的愿望。对于低龄老人，其居家养老的改造标准较低，重点的改造项目应为提高居室灯光的质量，保证基本生活需求。例如提高书桌、厨房工作台的照度值，保障阅读、切菜、针线缝补等精细的视觉作业的要求；起居室和卧室在有条件的情况下采用多色温调节的灯具，满足不同生活和工作场景的照明需要，同时考虑到老年人视觉作用机制的退化，尤其注意灯具选型和布置的眩光问题。

（2）70 岁及以上的中高龄老人身体机能衰退较多，部分需要辅助养老以满足基本的生活需求，尤其需要防跌倒和无障碍的居室功能。对于中高龄老人，其居家养老的改造标准较高，重点应为预防性的改造设计，例如针对通行区域的无障碍照明设计，采用宽光束角的灯具保障地面均匀、通亮的照明效果，并在有台阶、桌角等重点通行部分贴上明显的颜色标识，以及针对老年神经退行性疾病的预防照明设计。国内外已有学者采用清晨高照度白光（大于 10 000 lx）和睡前低照度低色温灯光的照明方案对患有阿尔兹海默症和睡眠问题的老年人进行照射实验，结果显示对老年人的认知能力和睡眠质量分别都有较大的提高和改善 [65]。可以采纳成熟的"光疗"方案，结合医疗器械的家用化和小型化的发展趋势，对症状较轻的老年人和有预防需求的老年人进行居室改造。

对于健康住宅的光环境设计，应结合不同人群的使用需求，通过自然光和人工光的共同设计来营造住宅健康光环境。对于设计者而言，尽可能提升住宅内尤其是起居室和卧室的采光。对住户而言，在居家生活中应注重室内自然采光质量，特别是老年人居室应注意打开窗帘，让自然光照入室内。在良好的自然光获取的基础上，再针对不同功能空间及适用人群，进行人性化、智能化的健康照明系统设计。

4.4 医养建筑空间的健康光环境

医养建筑空间是开展光健康研究与设计实践工作所聚焦的核心与重点。从最初 2009 年开始的上海市第十人民医院心内科介入导管手术室、重症监护室（CICU）的健康照明改造，到福利院的失能失智老人养护空间光健康改造，再到"十三五"国家重点研发计划执行期间完成的温州医科大学附属眼视光医院健康照明工程，十几年来郝洛西教授团队进行了近 20 家医养机构的健康光环境设计实践，对门诊、候诊大厅、病房、手术中心、护士站、放射检查室、分娩中心、老年养护病房等多类医养空间的健康用光进行了深入研究以及专门化设计。提出了"调动空间中一切可利用的积极要素，将光健康融入医养全过程"这一疗愈光照设计理念，并形成了一条较成熟的医工交叉合作型研究与设计路径。以团队开展的工作为基础，我们对各类医养空间光健康研究、设计的心得与想法进行了梳理，在本节中进行分享。

4.4.1 戴着镣铐起舞——医院的健康光环境营造

医院是人类抗击疾病、维护生命健康的场所，是以最高标准要求环境健康的建筑空间。伴随着由效率至上、医疗为主的传统生物医学模式向以病人为中心的生物—心理—社会医学模式的转变，环境对疾病疗愈与身心健康的作用引起各界的广泛关注。光是构成物理环境的核心要素，病患、医护、家属，诊疗、康复、手术、检查，以及医院内各类人员的健康福祉、行为活动都将受其影响。除了被用作最为经济便捷的建筑空间的美化手段，光照对加快病患康复进程、提高就医满意度乃至提升医疗质量亦大有助益。大量的医疗机构纷纷尝试将光健康的理念引入到医院空间中，然而这并非易事，有关医疗建筑的设计均是极其复杂而专业的工作。医疗建筑环境应同时具有家和酒店的温馨、银行办公建筑的高效、实验科研建筑的严谨、交通建筑的便捷，使人在体验现代专业化医疗的同时获得身心健康的呵护。建筑专业、照明专业和医疗相关专业等来自多学科的知识理论与技术需求在医院的光环境营造中整合运用。研究者与设计者不仅需要了解光的视觉和非视觉健康效应，还需充分理解各类疾病的特点与治疗方式、病患的就医全过程、医院运营以及各地的医疗体系等繁杂知识，才能设计出既有利于康复、提升病患就医体验，又可以提高医务人员工作满意度且符合医院运营要求的健康光环境。因此，这项工作意义重大并充满挑战。如图 4-4-1 所示。

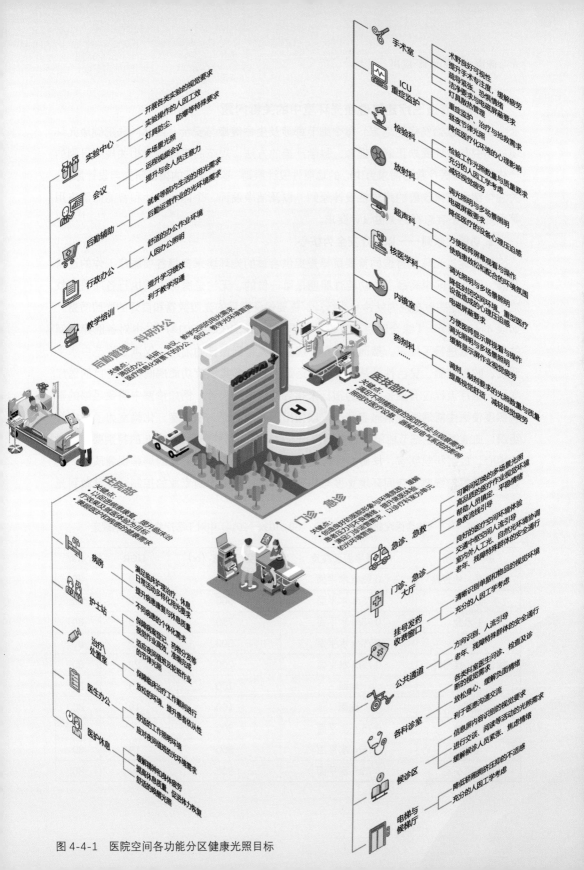

图 4-4-1　医院空间各功能分区健康光照目标

4.4.2 营造医疗建筑健康光环境中的关键问题

医院是救治伤病的地方，每个细节都涉及生命健康与安全，因此，医院健康光环境的研究与设计要求正确的理念、科学严谨的方法、规范的流程和对相关规范导则的严格遵守。以医疗救治需求为中心的功能性设计原则、基于实证的循证研究与设计原则、关注情绪和节律改善的疗愈性设计原则，以及洁净设计、个体化设计和智能照明应用等原则都是不容忽视的关键设计要求。

1. 功能性原则——以医疗安全为核心

医疗建筑光环境营造的首要目标是提供合适的光环境来支持各项医疗工作的正常开展，因此空间中高品质的功能性照明是第一位的。无论是医务人员执行各项医疗救治工作，还是病患在院内就诊和通行，都需要保证充足的光照数量和良好的光照质量。如表 4-4-1 所示，《综合医院建筑设计规范》（GB 51039—2014）[66] 中对各医疗空间的光照参数进行了规定。然而，要充分确保病人得到最佳的治疗，仅满足规范中水平照度、眩光控制、显色性等基本要求还远远不够，各类医疗功能房间根据各自的医疗学科与医疗流程应有更多细化的指标来指导光环境的设计。例如诊室中需要足够的垂直照度使医生能清晰观察患者状态，以作出正确的诊断。手术室、化验室为了使病灶组织、血液等颜色细节能够得到准确辨识，提出了对特殊显色指数 R9 的特别要求；内镜中心、放射科观察室、核磁共振检查室、眼科检查室为了更佳的屏幕视看质量，更好地观看解剖细节，空间环境亮度与作业面亮度比需要得到专业的控制，并且做到光

表 4-4-1 《综合医院建筑设计规范》（GB 51039—2014）中对于医疗建筑照明的规定

房间或场所	参考平面及高度	照度标准值（lx）	UGR	Ra
治疗室、检查室	0.75m 水平面	300	19	80
化验室	0.75m 水平面	500	19	80
手术室	0.75m 水平面	750	19	80
诊室	0.75m 水平面	300	19	80
候诊室、挂号厅	0.75m 水平面	200	22	80
病房	地面	100	19	80
走道	地面	100	19	80
护士站	0.75m 水平面	300	—	80
药房	0.75m 水平面	500	19	80
重症监护室	0.75m 水平面	300	19	80

线可调。随着医疗建筑光健康研究不断的深入和发展，各医疗功能空间的光照设计指标将更为全面和具体，让医务人员在更符合人因要求的环境中作业，减少医疗错误的发生，使医疗质量和医疗安全得到更充分的保障。

除了光环境功能照明设计以外，照明系统对医疗设备和器械的影响、光生物安全、电气安全都是不容忽视的问题。照明设备的产品选择和施工安装需要专门的考虑，比如在工程施工中把交流驱动电源安放在技术夹层，来提高电气安全，降低电磁干扰风险。

2. 循证原则——基于科学实证的研究与设计

在缺乏对空间医疗功能使用要求和使用者情况的透彻了解时，仅通过设计者简单的个人感受、直觉和经验开展光环境设计是错误的，更不可以直接将轶闻作为设计的依据。不良光照刺激带来的影响在医院中往往被扩大化，普通的细节常需要特别的关注。比如患者躺在病床上几小时甚至几天不能移动，他们双眼的视看区域被限制在固定的范围，因此病床头顶正上方布置灯具产生的眩光，在一般家庭居室或许不是太大的问题，但在医院却可能给病人带来不适乃至痛苦。相较于传统方法，循证研究与设计强调审慎地应用多种途径的证据得出最佳化决策，研究与分析贯穿于方案制定、建造与使用后评估的全过程（图 4-4-2）。循证将科学实证依据、使用者期望、需求和策略决定结合为一体，设计师、研究人员、医护、病患与医院运营管理方共同参与寻找最适宜的光环境营造方案，这个理念在医疗建筑中具有广泛的推广意义[67]。

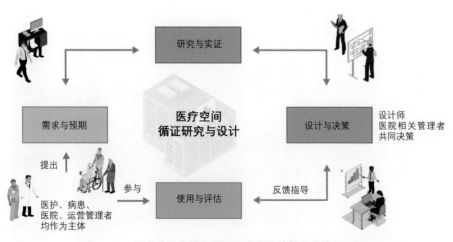

图 4-4-2　医疗建筑光健康循证研究与设计技术路线示意图

图 4-4-3　郝洛西教授团队在医院手术室、手术中心走廊、术后观察室等区域完成的情感性照明设计

3. 疗愈性设计——改善身体与精神的健康状态

疗愈环境将为医疗空间带来极为显著的效益。现代护理学的创始人南丁格尔在其著作《护理札记》（*Notes on Nursing*）中大力倡导医疗空间良好光线和色彩环境对患者健康及康复的积极意义[68]。在光环境营造中，积极地利用光照疗愈作用，使患者和医护人员处于更好的身体与精神健康状态是十分重要的。

除了疾病、临床治疗、不规律倒班作息之外，医院的物理环境中也存在着许多诱发生物节律紊乱的刺激因素，比如远窗病床缺少阳光、监测设备发出的声响、人员的来回走动等。越来越多的医院引入了昼夜节律照明系统，借助动态可调的光照来对抗这些刺激因素的干扰。特别是在那些由于治疗需要 24 小时常开照明，使人失去时间感知，分不清白天黑夜的医疗空间中，动态节律性光照策略受到了极大的关注（图 4-4-3）。

医疗空间满是药品、治疗器械和设备的特殊环境，不免向人传达病痛、衰老与死亡等负面信息，给医生和患者都带来相当大的心理压力。然而在门 / 急诊大厅中，患者需要对医院树立良好的第一印象，产生信赖感从而开始治疗流程；在诊疗部门中，医患需要保持平和的情绪以更好地沟通，相互配合；各种人满为患的等待区域，需要稳定人们焦躁不安的情绪，以维持良好的医疗秩序；而在病房内，患者和家属更需克服紧张和恐惧，积极地面对治疗并与疾病抗争。人员的情绪和医疗效率紧密关联，如何通过光环境的营造，通过既柔和又舒缓、既不压抑也不过分刺激的光艺术作品使身处医疗空间的人获得正面的心理感受是值得研究的重要课题。

4. 洁净设计

当病人处于免疫缺乏状态时，各种病原微生物会乘虚而入，导致感染及并发症出现。在照明灯具及其配件的选择上必须充分考虑洁净设计要求，灯具表面及其配件表面应光滑且均匀，不能吸附尘埃，因此常需进行防静电处理（图 4-4-4）。灯具材料应选择斥水性材料，以免形成有利于微生物存活的溶液环境。灯具外观需避免凸起、凹陷、缝隙和段差让灰尘积聚。手术室、血液透析室、制剂室、重症监护室、洁净实验室等医疗空间安装有空气层流净化装置，因此灯具结构与安装方式不能与空气循环流向产生冲突。灯具嵌入安装于天花板时，开口和接口缝隙需有可靠的密封措施；而采用吸顶式安装，可以避免顶部开孔造成的污染和隐患，但灯具厚度需加以控制，宜采用薄型面板灯。

5. 精细化、个体化设计

医疗建筑中的设计应注意使用空间与使用者之间存在的巨大差异性。比如诸多医技科室均以协同临床科诊断和治疗疾病为目标，而各科室的工作却具有独立性，有自己的工作特点以及操作各异的专用仪器。同时，即使在同一病房的病患，由于年龄、

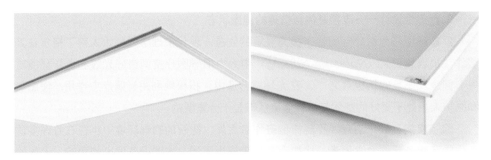

图 4-4-4　洁净室照明灯具及其细节

性别、治疗阶段、个人偏好的不一样，他们对环境的体验和感受也是不同的。仅从宏观角度考虑某一类人群、某种空间的光环境需求，必然有所疏漏。医疗空间光健康研究与设计应与个体的需求精细化对接。因此光健康研究的内容需要面向不同职务医护、不同病种医疗和康复流程，针对各阶段进行更加精细化的设计。设计时考虑到更多个体化的使用需求，如定制多场景照明菜单、各床位或工位的单独调光等。地域、规模、受众等条件都会影响医院设计。医院本身具有自己的特点，光作为空间的视觉语言，还应契合地域环境特色、医院医疗特色和办医理念，打造出个性化的医院环境。

6. 智能化设计

在万物智能互联的时代背景下，就诊、诊断、治疗向着数字化与信息化转型，医疗空间照明设计也随着技术的加速迭代变得更加智慧与便捷。光不仅被用来塑造空间环境，更成为一种环境信息的传递与响应方式。如果以无线通信、穿戴设备、物联网装置、传感器为技术支撑，使医疗空间中的光照系统成为智慧物联的载体，让光环境可以根据天气、日照、气温、时间、人员手势、动作、面部表情进行调整和场景变换，让建筑中的所有灯具统一运作和管理，那么运营维护成本将大幅节省，医疗效率将提高，这是未来医院的设计趋势。中国台湾工程院在 2016 年将可见光通信模组装置在 LED 灯具上，应用于医院空间中作为位置辨识与室内定位的工具。可见光通信技术支持的定位系统自动盘点设备和人员，极大地减少了人力工时。在医护人员交接班盘点时段，原先需要 1~2 小时完成的工作，现在 20 分钟即可完成。未来智能照明技术将在医院空间中发挥更大的作用，帮助人们获得更优质的医疗体验。

4.4.3　针对各类医疗空间的健康光环境要点

医院健康光环境设计以功能需求为导向，郝洛西教授团队根据人在空间中的活动与停留时间，将数十种功能房间划分为：人员通过性的交通集散空间、关注于任务作业的临床治疗与检查空间、人员长时间驻留的休养康复空间三个类别来进行针对研究。

1. 通过性交通集散空间

门 / 急诊综合大厅、公共区域走廊和候梯厅等公共交通空间承担着交通组织、人流导向的功能。保障人员安全通行，正确引导人流，同时营造宽敞、明亮、舒适的空间，在光环境设计中尤为重要。而光与色彩亦是这些空间的点睛之笔，传递现代医学的人文关怀理念，展示医院的优质形象。

1) 门 / 急诊综合大厅

门 / 急诊综合大厅同时集合了寻诊、挂号、建档、取药、咨询等多种功能，空间高、面积大、流线交织、人流量大、活动性强，因此需要足够明亮的光环境来支持人员的各类活动。根据寻诊的需要，门诊厅地面宜保持有 200lx 以上的充足照度[66]，同时避免照明死角的出现。一般门诊大厅常通过均匀布置中高色温的筒灯光源进行大面积功能性照明，保证地面良好的照度均匀度，并给人以明亮、干净、安心的视觉感受。对于时下流行的中庭采光的形式，门诊大厅既需要注意室内人工光与室外自然光照的动态平衡，也应考虑直射阳光光线过强时的遮阳问题。除总体要求外，具体区域也有专门要求：门厅入口处可增加人工照明，使室内外光照能够平缓过度；而挂号处，由于处在收费、填写病历卡等视觉作业区域，应增加局部照明。急诊大厅在平常运营状态下的光环境需求与门诊大厅有相似之处，但在急救的紧急状态下，光照场景应瞬间切换到照度和色温更高的环境，帮助人员保持镇静、清醒并作出准确的决策。此外，帮助急救流线引导的指向性照明设计同样十分重要。

除了满足病患和医护人员基本的功能性需求，也需要充分考虑使用群体的情绪问题。对于来医院就诊的病人而言，门 / 急诊大厅是他们对医院的最初印象，一个温馨的照明环境是他们所需要的。对于医护人员而言，毫无闲暇的接诊工作、时刻使肾上腺素飙升的急诊救治，无一不使医护人员感到体力透支、压力巨大、情绪低落。门 / 急诊大厅中适宜地设置少量彩色的、富于变化的照明，可帮助医护人员紧张的状态和低落的情绪得以缓和，有益于身体健康和工作的继续开展，越来越多的医院已开始采用相应的作法（图 4-4-5）。

2) 走廊通道

医院室内走廊的光照应发挥支持通行、空间导向作用，应根据建筑照明规范要求保证足够的照明数量，并做好眩光控制、光照均匀度控制，以达到良好的照明品质。走廊联系各个医疗功能房间，要特别注意它和其他区域照度的均衡协调，以免照度相差过大引起视觉不适。部分人流量较少的走道可以考虑采用智能设计，夜间降低照明

图 4-4-5　温州医科大学附属眼视光医院门诊大厅"阳光多巴胺"照明方案实现效果，室内照明随室外天气状况而变化

强度，仅开启部分必要的照明，当人经过时再将灯具亮度提高，既保证了行走的安全性，也达到了节能的效果。在灯具布置上尽量避免选择条形下照灯垂直走道方向的布置，以免地面形成条形光斑引起视觉不适，在郝洛西教授团队的调研过程中，很多病患都对此提出了意见。此外，急诊、住院单元、手术中心等区域的走廊，病患平躺被推行通过，他们直视天花照明灯具，选用的灯具需要进行防眩光处理。对于不同科室的走廊，光和色彩还可以赋予空间不同的特征，增加了医院流线的可识别性，并为原本平淡的功能性空间注入特色，如儿科诊疗、护理区域的走廊空间中加入活跃气氛的童真元素，缓解儿童的紧张情绪，减少他们的哭闹（图 4-4-6）；骨科门诊走廊空间加入提示患者慢步行进或休息的意象特征，降低病患行走时跌倒的风险。

2. 临床治疗及检查的作业空间

诊室、治疗注射室、医技检查室、化验室、手术中心等以临床治疗和检查为目标的空间，健康光环境设计重点是使人员工作时精神集中与警觉度提高，并让视觉疲劳、作业负荷有一定的缓解。

1）诊室

诊室是病人的接诊空间，也是医护人员长时间工作的空间，因此要兼顾这两类人群的光健康需求。对于医务人员来说，针对临床检查和治疗的良好可视条件必不可少。目前我国许多地区的医疗资源非常紧张，门诊医生接诊量大，日接诊量达百人以上的医生并不少见。门诊医生连续几小时的接诊工作，对体力和精神都是很大的挑战。在医疗信息化的推动下，医生对计算机系统的操作，逐步取代了手写病历，而大量的屏

图 4-4-6　伦敦 Great Ormond Street Hospital 在走廊中为儿童病患安装的"自然之路"光艺术装置

幕信息识读增加了医生的用眼疲劳。对于病患，缓解走入诊室时的紧张恐惧使其放下心理负担，平静地描述自己的症状、与医生和谐交流是情绪调节光照应实现的效果。

具体到设计指标上，诊室需要保证有良好的照度和照度均匀度，0.75 m 水平面上的照度应达到 300 lx[66]。照明灯具要严格限制眩光，构造上应有防眩光处理。情感调节光照选择合适的形式与位置来布置，避免对医生的检查治疗造成干扰。不同病种的诊室空间可使用不同手段营造光环境，儿童的诊室可以局部适当地布置彩色光，牙科诊室以突出洁净的白色调为主，眼科诊室为了方便医生进行裂隙灯检查设置明暗可调照明。光源显色性应接近自然光下的真实呈现效果，显色指数 Ra 应不小于 80，以便准确观察患者肤色、体征，作出准确的诊断。在照明器具布置时，病患查体屏风隔断遮挡等细节问题也需进行考虑。

2）手术室

手术与病患性命攸关，是其生死所寄，因此手术室中需要最高标准的、最专业化的照明条件。医生的精细手术作业，为了获得良好的视野可视性和视觉舒适度，手术室空间对照度的要求较高，目前国内标准中要求 0.75 m 水平面照度应高于 750 lx[66]，但实际上，国际照明委员会、北美照明工程协会建议的手术室环境照度均在 1 000 lx 以上 [69]。为了保证手术医生对病灶组织、血液等色泽变化的辨识和判断能力，光源显色指数 Ra 应大于 90，特殊显色指数 R9 应大于 0，而且这些指标在实际实践中还应在现有的条件下尽可能提高。室内环境照明的光源色温需与手术无影灯色温相同或接近。手术操作时，眩光和阴影须被严格限制并保证视野内的照度均匀，因此灯具布置在手术台四周形成环状。此外，热量会引起外科医生的不适，也会使暴露在外的病人组织脱水。除了手术用无影灯，环境照明光源产生的辐射热管理也相当重要，尽可能控制800~1 000 nm范围内的光谱能量分布。

微创介入是外科手术的伟大革新。依靠医学影像设备引导，利用穿刺和导管技术，在人体中探幽入微，治疗病变部位，避免了传统外科手术对身体大刀阔斧的伤害，大幅减轻了患者的痛苦。这种手术方式已在外科、妇科、骨科等专业手术中普遍推行。手术室中的影像显示器是"介入手术"医生的眼睛，它实时呈现手术过程中的图像和信号，是支撑介入手术进行的关键。执行普通手术的手术室也配备了信息显示屏幕，显示病患的各项体征和手术过程。能够为显示屏视看提供良好视觉质量，在光环境设计中极为重要。具体何种指标参数组合适用于介入手术环境，可以使手术医生看到更多更丰富的解剖细节、更真实的细小组织颜色、更清晰的血管和神经结构，使医生获得最佳的手眼协调，在相关规范和研究中尚未得到充分说明。随着永不停歇的手术革新，更多手术将在显示屏前进行，这也将是未来的研究重点与产品设计创新方向。

手术室的光改善可以切实地提升手术效果。郝洛西教授团队在上海市第十人民医院心内科导管手术室完成了健康光环境改造（图4-4-7），心内科护士长陆芸岚将200例接受心内科介入手术的患者分为实验组和对照组，对情感性光照媒体立面的情绪疗愈效果，通过视觉模拟评分法和手术中采集的生命体征数据进行了使用后评估研究。结果显示，安装在手术室中的疗愈光照能够减少血管痉挛发生率、提升病患依从性，调节情绪并同时缓解患者的压力（表4-4-2）。

3）医技科室

医技科室是协同临床科诊断和治疗疾病的一系列辅助科室，其类别较多，包括放射科和检验科、药剂科、超声科、心脑功能检查室等。根据不同的科室专业分工与工作任务，不同功能科室不仅空间尺度、人员活动类型不一样，仪器设备的运营环境也有所不同，对光环境也有着各自的特殊要求。

医学影像检查是诊断病症的重要方式。CT室、放射室、核医学室、超声室等医生操作空间中，光环境应从人体工学的角度考虑，有利于医师的屏幕观察，帮助他们获得最佳视觉性能，发现更多细节，作出准确的诊断，这需要保证显示器和周围环境有适当的照度和对比度。同时为了防止光幕反射出现，应采用发光表面积大、亮度低、光扩散性能好的灯具，避免将其布置在干扰区内。一般可在各工位的两侧布置或通过软件模拟确定。在跟多位医师交流后我们发现，多数医师倾向于室内暗光环境的屏幕操作，可以将精力集中于显示屏上；而也有相当一部分医生喜欢比较明亮的光环境，既减少

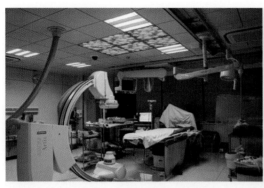

图 4-4-7　上海市第十人民医院心内科导管手术室

表 4-4-2　心内科导管手术室情感照明调节界面应用后评估比较表

实验组与对照组病患并发症发生率比较

	血管痉挛发生 [n(%)]	焦虑主诉 [n(%)]	自觉疼痛 [n(%)]
实验组 (n=100)	4(4)	10(10)	3(3)
对照组 (n=100)	15(15)	22(22)	12(12)
P 值	<0.05	<0.05	<0.05

实验组与对照组病患生命体征比较

	心率（次 / 分）		收缩压（mmHg）		舒张压（mmHg）		呼吸（次 / 分）	
	术前	术后	术前	术后	术前	术后	术前	术后
对照组 (n=100)	90±13.5	88±15.7	130±18	128±17	86±11	85±10	20±2.0	18±2.1
实验组 (n=100)	89.8±1.8	81.7±1.8	131±20	125±18	85±9	80±8	21±1.7	18±1.8
P 值	<0.05	<0.05	<0.05	<0.05	<0.05	<0.05	<0.05	<0.05

环境亮度与高亮显示屏的强烈对比，也能降低医护人员在无自然光环境里工作时昏昏欲睡的感觉。这些跟观察的部位有关，很难有个确定的、最佳的照度值满足所有医生的要求，因此调光设置成为较好选择。此外，医学影像检查空间常被设置在地下或无窗房间，环境封闭，空间内布置有重型医疗仪器，给病患造成较大的心理压迫感。现在很多医院都开始考虑设置艺术灯光用来舒缓情绪，在 CT 与核磁共振检查仪器上方天花板布置光照媒体屏幕，是目前比较普遍的做法，不过一些医院采用这种作法并没有获得所有患者的好评。这是由于缺少对患者躺在检查床上的视角考虑，光照屏表面图像并不能有效吸引患者注意力，来缓解患者的紧张（图 4-4-8）。医学影像设备需避免电磁干扰，因此在相关房间内的照明设施、电气管线、支撑结构不能使用铁磁物质和

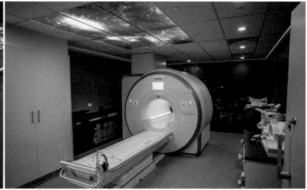

图 4-4-8　检查室内的情感界面显示内容应根据病人视角而选择确定

铁磁制品，可采用铜、铝、工程塑料等非磁性材料。

　　检验科每天承担的工作包括病房病人、门 / 急诊病人、各类体检及科研的各种人体和动物标本的检测工作，要求环境明亮，适宜人员长时间、持续的视觉作业。除了在 0.75 m 水平面上的照度至少要达到 500 lx、显色指数 Ra 不小于 80、没有眩光、控制阴影、房间内配备紫外线杀菌灯等精细视觉作业与医疗卫生的常规要求外，对于特定类别的检体检验，光环境还应根据设备和场所的要求，进行针对性的调整。譬如洁净区域配置洁净灯具，在湿度较大的场所应选择防水、防潮、防尘的灯具；设有闭路电视摄像机的空间，垂直照度与色温应满足摄像机的技术要求；培养基室，操作台应右侧采光，实验工作台使用精加工的黑色表面，可以有效减少反射光和眩光、减轻眼睛疲劳等。

　　脑电、心电等生理检查部门的照明还需从病人的情感需求出发，为病人提供一个平静轻松的氛围，避免病患由于情绪的紧张、激动对检查结果造成干扰。情感照明的设置，须以不中断、不干扰检查为前提，采用低刺激性的情感性照明。

3. 人员长期驻留的休养康复空间

　　医疗环境对病患的休养、康复具有显著的影响。在病房、护士站、重症监护室等病患与医护人员长时间驻留的休养康复空间中，既要注重人在空间中的舒适与感受，更要关注人在空间中长期生活所带来的健康状态改变，光照生理及情绪调节作用应最大程度地发挥。

　　1）病房

　　病房是住院患者接受治疗和日常生活的空间，患者休息、睡眠、活动、娱乐、会客、检查、治疗、护理都在这个空间中进行。因此光环境要全面支持上述诸多使用场景的需要，为患者提供宜于康复休养、利于情绪调整的疗愈环境，使他们以更好的状态接受治疗，并为医护人员创造最佳的工作条件（图 4-4-9）。郝洛西教授团队用 18 个字概括了契合病房需求的健康光环境研究与设计方法，即"分层次、分区域、分对象、多模式、多场景、多回路"。即按照不同等级的重要性，考虑病患、医护、家属不同对象的康复治疗活动需要，定制不同的光照场景和光健康干预模式，精细化设计病房空间各区域的光环境。同时光环境控制考虑多条回路，灵活调整，满足应用需求。

　　除了采用正确的思路与方法，诸多病房环境营造的细节问题也应予以关注。身体不适、疼痛、担忧、噪声、房间缺少自然采光以及生活环境改变等众多原因，导致病人睡眠困难与睡眠不足。考虑支持昼夜节律恢复的照明方案在病房空间中具有相当重要的意义。荷兰飞利浦研究院与尼沃海恩的圣安东尼乌斯医院心内科针对 196 名心脏病患者的研究显示，增加病房白天的光照亮度、限制夜间的曝光数量，使患者的客观睡眠质量呈现改善趋势[70]。病患卧床状态是相当重要的问题。灯具应当避免设置在病床头部正上方，一方面为了避免眩光，另一方面减少容易积聚病原体的固定装置给病人造成的感染风险。很多患者都抱怨戴上设备，灯光刺眼，影响休息，因此很少开启。既可以满足夜间阅读与护士查体时的用光需求，其出光角度、光线亮度又符合人体舒适用光特点的床头医疗带灯光可成为设计创新的突破点。病患的生活习惯、夜间护理需求有所差异，照明的开关不免成为同一病房患者争执的矛盾所在。为了避免患者之间相互影响，并给患者带来更好的私密感，病房光环境应实现每个床位的单独控制。为了方便医护夜间照看和患者下地行走的安全，病房中应设置常明夜灯，其布置位置应在卧床视野之外的墙面踢脚线处，使其对患者睡眠的干扰降到最低。

　　南丁格尔根据她在临床护理中的观察提出，一成不变的墙壁、天花板和病房环境对于长时间被限制在同一个房间中生活的病患来说，是一种令人难以想象的精神折磨，病患渴望看到各式各样、色彩鲜艳的美丽物体，这对康复具有积极效果，但却很少被注意到[68]。所以在有条件的情况下，病房环境需要常换常新，光照是最为简单、最有效果的方法（图 4-4-10）。

　　为了改变病房医疗化的冰冷意向，许多设计师和医疗机构倡导"家庭式"或"宾馆式"的病房环境。然而临床治疗是病房最重要的空间属性，将光环境完全按照家庭、宾馆式的营造，不仅一部分临床治疗、无菌洁净需求得不到满足，同时病患处于特殊的身心状态，日常装饰性的情感灯光也可能给需要安静休养的病患造成过多刺激。

　　2）重症监护室

　　重症监护室（ICU）为重症病患提供 24 小时专业医疗照料，集中着先进的监护、抢救医疗仪器和高水平的医护人员，帮助患者度过危险期，创造生命奇迹。但同时重

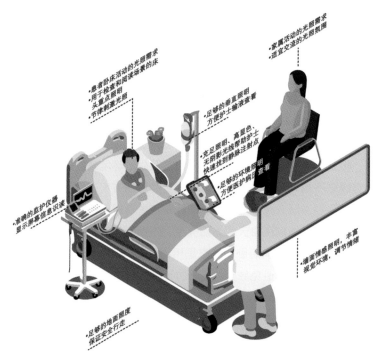

图 4-4-9　病房空间中的多层次光环境需求

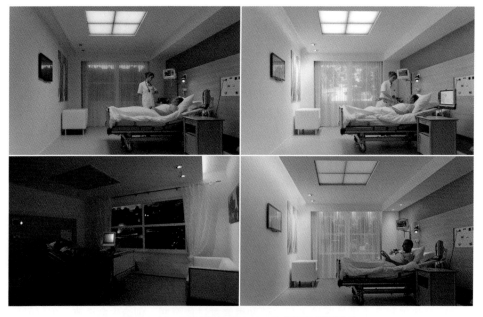

图 4-4-10　飞利浦病房 Healwell 多场景照明系统

症监护室的封闭环境及其中进行的高密集度医疗行为，对患者身心也造成了严重的负面影响。面对病痛与死亡的不安、恐惧与焦躁、仪器管线的束缚、长时间单一模式冷白光色的室内照明、缺失的时间概念、持续的仪器运转和报警声音、麻醉及手术后压力，使不少患者都出现了谵妄等 ICU 综合征（ICU Syndrome）和严重睡眠障碍，甚至病患离开 ICU 之后这些不良症状仍持续存在。另一方面，ICU 中的医护人员要高度集中注意力关注重症患者复杂多变的病情，对症状的瞬间变化做出及时的临床处理，他们由于作业任务极为繁重、责任重大，常处于高负荷甚至超负荷状态。ICU 是生死攸关且花费昂贵的场所，因此我们理应在 ICU 光环境的设计上投入更多的精力，将其作为改善病患和医护身心健康状态的干预措施而精心设置，使患者获得最佳治疗效果并降低 ICU 高强度工作对医护造成的职业伤害。

在国家自然科学基金面上项目（项目批准号：51478321，心血管内科 CICU 空间光照情感效应研究）的支撑下，郝洛西教授团队在上海市第十人民医院心内科 CICU 对日间、夜间护理进行了跟踪观察，在了解需求的基础上在同济大学搭建了一个足尺模拟的 CICU 空间，开展了关于照度、色温、彩色光光色、直接光与间接光出光比例等参数与患者康复速率及医护效率之间关系的量化研究，提出了 CICU 空间健康光照设计指南，并完成工程示范落地（图 4-4-11）。

根据郝洛西教授团队研究获得的数据及结论，我们认为针对病患而言，ICU 的低色温、满足基本日常活动需求的照度适于病患休养，而医护相对病患则偏好于更加明亮的高色温光环境。照明方式对病患满意度将产生较大影响，以间接照明为主，辅以部分直接照明的照明方式，是较理想的照明方式设置。重症病人处于卧床状态，不能自主行动，天花成为最重要的视觉界面，应严格控制顶部照明的眩光，并考虑设置调节情绪的艺术光照界面，帮助病人获得积极的环境刺激，转移病痛的注意力。同手术室一样，ICU 也是要求无尘无菌的洁净空间，因此灯具选择、系统布置等问题的确定需与洁净工程部门高度配合。

3）护士站

护士站位于护理单元的核心部位，也是病人与护理人员联系的枢纽，护士在此处理日常事务，掌握病区每个病人的健康状态。护士站的光环境首先需满足护士密集的书面任务和显示器视觉作业需求，工作台面应依照规范要求保证有一定的照度水平，并通过防眩光设计减少护士工作时的视觉不适。为了使医护和患者进行良好交流，护士站要有足够的垂直照度，同时通过光色、光线角度对护士的面部进行塑造，使其面部看起来亲切、柔和。

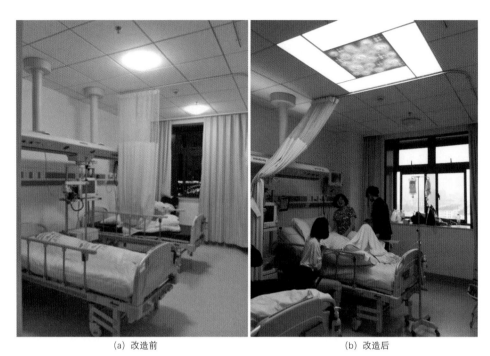

(a) 改造前　　　　　　　　　　　　(b) 改造后

图 4-4-11　改造前后的上海市第十人民医院心内科重症监护室（CICU）

　　轮班是护士工作难以回避的问题。夜间轮班使医护的昼夜节律紊乱、睡眠不足，导致了乳腺癌等疾病风险增加。在工作日护士的睡眠不足 7 小时，睡眠的缺乏降低了护士处理任务的能力，使其易产生临床决策失误，影响到了病人的安全。在连续几天睡眠不足后，可能需要 1 天以上的"恢复性睡眠"，或在床上休息超过 10 小时，人体才能基本恢复原有状态[71]。然而由于我国极度紧缺的医疗资源，加班和超时工作已成为很多医护人员工作的常态，通过充分的休息来修正紊乱节律已难以实现，医护人员生活和身体的健康舒适性常常被无奈割舍。缺少自然采光与时间感知的护士站空间，使得人员节律紊乱的问题更加突出，增加了发错药、写错病历、错过病患呼叫等严重医疗事故的风险，因此节律光照在护士站中十分重要。为了追求光照的节律刺激，光环境的视觉舒适性往往被忽视。过于明亮高强度节律刺激光照使护士站与夜间走廊的暗淡灯光形成强烈对比，循证研究过程中，护士们认为夜间节律照明十分刺眼，实际应用时很少被开启。这也从侧面说明了光健康设计是需要多重考虑的复杂过程，遗漏要点在所难免，以应用来检验和优化设计成果极其关键。

　　医院的光健康营造是一场充满激情和挑战的跨学科大合作，专科病种、患者体验、临床治疗流程、医疗水平，以及医疗理念、技术和仪器设备的更新，给工作带来了重重限制与超高水准的考验，同时也将激发无限创新可能。在这个过程中除了建筑、环境、照明、设计学科的专业人员以外，医生、护士、医院管理人员乃至病患及其家属都在这个过程中担当了重要的角色。好的医疗设计应自上而下，同时适应医学学科发展和持续更新，因此各个专业从业人员需要多元且长远的视野，不断沟通，了解相互的工作流程与内容，知识互补；更需要及时了解社会医疗事业与医学技术的变化，关注医疗服务体系改革、智能化医疗等问题将为设计带来的颠覆性影响，不断升级知识储备。

4.5 特殊人居环境中的健康光照

　　跨时区航空飞行、航海远洋以及在缺乏日照的地下空间中工作和生活，存在诸多影响健康和舒适的应激刺激，包括非 24 小时生理、行为周期下的人体昼夜节律失同步，缺少自然光，以及密闭受限空间环境对人体生理、心理的适应性影响等。特殊人居空间的光健康设计涉及生物监测、流行病学等多个和环境健康有关的学科，重在寻找对策，用光来化解外部环境应激造成的负面健康影响。

4.5.1　云霄之上的光健康：航空飞行与健康光照

　　航空是大国重器的顶梁柱，也是民生日常的重要部分。在二万多条全球城市的对开航线上[72]，每天有超过 10 万架次的航班起降，每年近 50 亿人次的飞行（图4-5-1）。航空成为人们最主要的出行方式，将不远万里的辛劳路途，缩短成几天、几

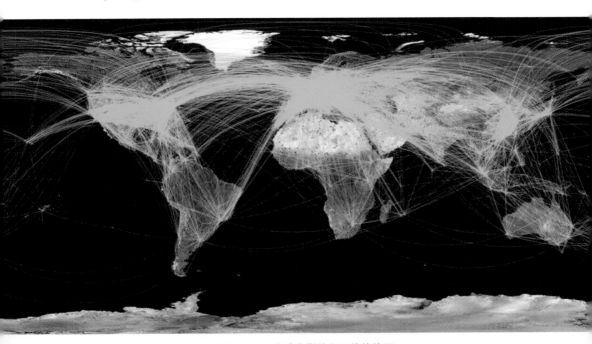

图 4-5-1　全球定期航空运输航线图

小时的飞行，让全球紧密互联。自 1903 年莱特兄弟第一次实现人类渴望已久的飞天梦想以来，百年航空创新在突破更高、更快、更远的同时，始终不懈地追求着更安全、更舒适的通航。航空照明既是科学也是艺术，万米高空之上，光的科学与艺术如何帮助人们保持最佳的工作和差旅状态，创造美妙的飞行体验，不断吸引着国内外研究者的目光，成为各个航空公司和飞机制造商争相提出的创新理念。

1. 应对时差，更舒适的天际翱翔

时差反应 (Jet Lag) 是航空飞行带来的最突出困扰，穿越多个时区的快速飞行使人体在长期生活的光—暗循环下形成的生物节律与环境的节律失去同步即节律失序。然而，人体的生物钟无法像钟表校准一样立即适应新的时区，睡眠、觉醒、饮食、激素分泌的节奏被打乱，导致身体机能和情绪处于暂时性的紊乱状态。除了大多数旅行者经历的白天困倦、夜间入睡困难以外，疲劳乏力、注意力丧失、肠胃不适以及全身不适等症状也与时差反应有相当大的关系。

穿越时区的数量、飞行方向、个体对环境变化的易感性及其身体适应能力都会影响时差反应的严重程度。跨越的时区越多，受到的时差影响越大，跨越大约 3 个时区以上的飞行，便会带来相应的不适症状 [73]，通常每个时区交叉或许需要用 1 天的时间来重置生物钟 [74]。因此跨越 8 个时区以上的长途飞行，睡眠障碍等症状将持续长达一周以上（图 4-5-2）。此外，许多经历过从中国前往欧洲的人都感受到，回到国内以后昼夜颠倒和精神不济的状况要比在欧洲时更加糟糕。这是因为在没有外界条件影响的情况下，内源生物钟略长于 24 小时，实现自西向东的飞行要求生物的节律相位提前，比从东向西飞行要求的节律相位推迟更为困难，就像对于大多数人来讲，早睡比熬夜要困难一样，人体也需要花费更多的时间去适应提前的节律相位 [75]。

时差反应难以避免但能够被缓解。飞行前预留 1~2 天调整改变生活作息和入睡时间、限制飞行期间咖啡因和酒精摄入及服用短效药物都可以起到一定效果。缓解时差的最好方法是调整生物钟，而光照是主导性的节律授时因子，因此在诸多应对时差反应的方法中，光照干预是被公认的、有效且对人影响最小的手段。国际航空运输协会医疗手册 [76]、世界卫生组织旅行健康注意事项手册 [77]、美国航空航天医学会航空医疗指南 [78] 等专业组织出版物及英国民用航空管理局航空卫生部、梅奥医学中心 [79]、美国睡眠医学学会 [80] 等权威机构都推荐了定时日光照射及明亮光照疗治法应对时差干扰。

利用光照缓解时差反应，光照时刻是最关键的考虑因素。根据出发地与目的地之间飞行所跨越的时区数量和飞行方向，选择匹配的户外活动时间、强光照射时间、避

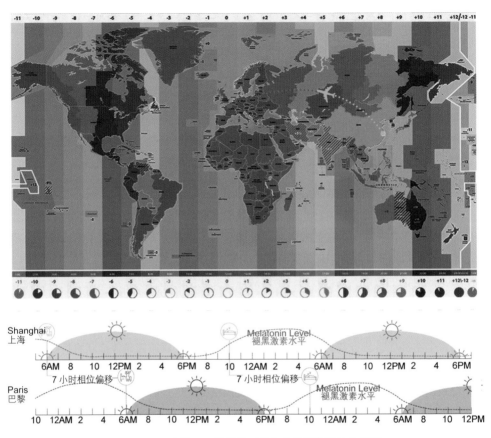

图 4-5-2　上海—巴黎航线时差和节律相位移动分析图

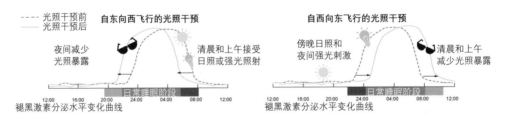

图 4-5-3　应对不同飞行方向的光照干预方式

免光照的时间应是开展光照时差治疗的第一步工作。总体上，向东的飞行，为了使生物节律相位前移，旅行者应在所在地时间的清晨获得强光照射，下午和傍晚的户外活动应佩戴墨镜，夜晚减少使用平板电脑和手机等发光屏幕，营造暗环境。相反，向西的飞行应在晚间接受强光照射，在清晨限制到达人眼的光线，出行佩戴墨镜，来推迟生物钟的相位。如图 4-5-3 所示，在飞行旅程开始前几天即可开始光照干预，使生物节律相位适应新的时区 [74,81]。研究者们根据人体光照相位响应曲线，基于核心体温低点在 04：00 的假设，制定了光照时刻表（表 4-5-1），针对各类飞行计划，提出了到达新时区后建议的曝光和避光时间 [73,82-84]。在节律适应方面个体差异显著，老年人群、飞行员、乘务员和经常性跨时区飞行者需要更多的时间从时差反应中恢复 [74,85]，个性化的光照疗愈策略必不可少。目前已有一些时差光疗辅助工具，帮助人们制定疗愈计划。哈佛医学院睡眠医学系昼夜节律学家史蒂文·洛克利和美国国家航空航天局前顾问史密斯·约翰斯顿（Smith L. Johnston）共同开发了一款名为 Timeshifter 的手机软件，每个人只要输入基本信息、睡眠习惯和飞行计划便可通过算法得到一个定制的睡眠计划

表 4-5-1　针对不同飞行时区和飞行方向的光照建议表

跨越的时区		避免光照的时间段	需接受光照的时间段
向西飞行的时区（h）	4	01:00—07:00	17:00—23:00
	6	23:00—05:00	15:00—21:00
	8	21:00—03:00	13:00—19:00
	10	19:00—01:00	11:00—17:00
	12	17:00—23:00	09:00—15:00
向东飞行的时区（h）	4	01:00—07:00	09:00—15:00
	6	03:00—09:00	11:00—17:00
	7	05:00—11:00	13:00—19:00
	10	07:00—13:00	15:00—21:00

图 4-5-4　不同模式的飞机机舱动态节律照明

及光照时间表。

目前越来越多的航空公司与飞机制造商尝试采用节律照明缓解时差反应来提升客舱环境体验，创造更高的品牌效益。Boeing 787-9 梦想客机、Airbus 新机型 A350-900 的多条航线以及庞巴迪 Global 7500 公务机都搭载了光色、亮度和光照持续时间可根据航线、方向和时区等飞行参数调整的动态照明系统（图 4-5-4），以减轻飞行时的时差困扰。基于光节律效应的机舱照明技术将成为最值得关注的机舱环境设计趋势。

2. 情感照明创新，缔造幸福航旅

机舱内有甚于撒哈拉沙漠的极度干燥环境、封闭狭小的金属管空间和时常遭遇的气流颠簸，带来诸多身心不适，使航旅艰辛漫长，使人们感受和应对情绪的能力发生改变，日常生活环境中人与人彼此之间可以被谅解的行为举止、大小事件成为难以容忍的环境刺激，转变成焦虑、烦躁和愤怒等情绪。相当于 2.4km 海拔气压的机舱是轻度缺氧环境，尽管不会引起身体健康负担，但轻微降低的血液含氧量也给情绪调节的神经功能造成了负面影响[86,87]。此外，还有相当数量的飞行恐惧症、幽闭恐惧症和恐高症等人群在旅途中惴惴不安，渴望得到心灵的安抚，可见航空是一个急需创造情感支持的特殊环境。

LED 实现的动态多场景情感照明技术结合色彩心理学，在飞机座舱中发挥了巨大的积极作用。德国航空航天中心朱莉娅·温森（Julia Winzen）等人模拟机舱实验研究再一次证实了 18 世纪便已出现的色—热假说 (hue-heat)：相比蓝色灯光，被试在黄色光下感觉更加温暖，而蓝色光使人感受到凉爽、清醒和更好的空气质量[88,89]，如图 4-5-5 所示。色彩诱导人们改变对温度、空间和环境的感知，从而有效地提升了机舱的舒适性和旅客飞行的满意度。彩色光情感照明已成为新一代座舱内装的创意热点。各大航空公司纷纷推出了特色的情感照明场景，在特定的飞行阶段运行，营造适宜的环境氛围。芬兰航空 A350 机舱环境照明设置了 24 种来源于北欧天空景色的情景照明，让旅客在飞行中能够欣赏到梦幻的极光（图 4-5-6）；维珍大西洋航空设置了登机时段"玫瑰香槟"、餐饮时段"紫色薄雾""琥珀暖意"等五个时尚的主色灯光场景，颠覆了以往的飞行体验（图 4-5-7）。以 AIM Altitude 和 SCHOTT 肖特为代表的航空内饰设计与制造集团专注于集成照明解决方案，保持产品适航性的同时，均衡地控制舱内光线、内饰面材料和镜片、反光镜等特殊材质的使用，以达到理想的空间美学效果。

3. 聚焦航空工效，针对驾驶员的光健康设计

航空安全是航空飞行员的至高使命，也是驾驶舱光环境设计的首要目标。现代飞机虽然早已实现了自动巡航，但人依旧是飞行器人机系统的核心，在起降、滑行等复杂、

图 4-5-5　朱莉亚·温森模拟机舱实验研究　　　图 4-5-6　芬兰航空 Airbus350 上的
北极光情景照明

图 4-5-7　维珍大西洋航空的情景照明

图 4-5-8　在飞机驾驶舱看天空中的闪电　　　图 4-5-9　A350 夜间飞行巡航时驾驶舱内景

精确驾驶作业和飞行安全监控中仍起着无可替代的决定性作用，因此在驾驶舱光环境
设计过程中，提升航空工效依旧是容不得任何疏忽的关键问题。

飞行员视觉作业挑战艰巨，不仅仅因为驾驶舱集成的大量飞行仪表与信息显示设

表 4-5-2　驾驶舱泛光照明要求（根据美国军用标准和 SAE 标准制定）

照明区域	测量位置	照度要求（lx）
仪表盘泛光照明	仪表盘表面	538~1614
操纵台泛光照明	操纵台表面	215~465.6
中央操纵台泛光照明	操纵台表面	215~465.6

备，雷暴雨、穿云层、黄昏拂晓、昼夜变化、复杂气象以及恶劣天气不断改变着驾驶舱的整体光环境（图 4-5-8、图 4-5-9）。脉冲式、阶跃型的亮度变化、多角度强光、云层反射眩光、水平直射光线、舱内外强烈的亮度对比与静暗飞行状态严重影响了飞行员们对信息显示设备的视看和显示内容的清晰辨识 [90,91]。在相对低氧的机舱环境下，非常嗜氧的视网膜感光细胞得不到充足的氧气供应，削弱了飞行员的视觉功能，特别是暗适应功能、视敏度、视野、深度视觉和色觉能力，更使视觉作业负荷增加。飞行过程中空虚近视和视觉疲劳问题普遍存在。

　　驾驶舱工效照明除了应满足精细视觉作业的光度学要求的足够光照强度（表4-5-2）[92] 和正确光线分布之外，还需保障飞行员在不同经纬度、天气条件、日夜时段的自然光环境下，执行各类飞行任务时的视觉作业能力。同时与办公、工厂等其他以视觉功效为导向的空间不同，航空舱和舰船驾驶舱的照明都由于暗视觉保护等需求对光色使用提出了特别的要求。1953 年，沃尔特·迈尔斯（Walter R. Miles）发现戴红色眼镜可以帮助人眼暗适应，早期驾驶舱选择了红光照明 [93]，后来研究表明通过 LED 光谱配比技术调整各波段光谱能量分布，增加长波含量的暖白光照明也具有相同的作用效果。

　　全球空中浩劫，80% 由人为因素酿成，而驾驶员飞行疲劳是最主要的一个人为因素。埃塞俄比亚航空 409 号航班、印度航空快运 812 航班、印度快运 IX-812 航班以及复兴航空 GE222 号班机坠毁等多起人们印象深刻的空难皆与驾驶员疲劳，其大脑脱离周围环境（此时大脑停止处理视觉信息和声音）密切相关。高强度飞行任务带给飞行员的累积睡眠负债以及"红眼航班"凌晨 2∶00—6∶00 的昼夜节律低潮窗飞行使驾驶员作业效率和判断力下降，丧失清醒甚至进入无法自制的短时睡眠状态，即"微睡眠"，极易带来重大飞行安全隐患。将节律光照引入驾驶舱具有相当意义，但是过于明亮的舱室光照，对飞行员判断舱外环境造成干扰，节律照明的光照强度、光照方式、光照时长还需根据适航条件和视觉任务需求进行实验研究后确定。

　　航空领域集中着人类最先进的科学技术，最尖端、最精密的系统设备，同样也有着最高标准的生命健康保障和人因工程设计要求。这也决定了航空照明研究的复杂性，待研究的参数、场景以及影响因素众多，涉及多方面知识，特别是与神经认知相关学科的交叉研究极其重要。

4.5.2　光健康走向远海深蓝：舰船舱室中的健康照明

15 世纪末的大航海时代，改变了世界的格局发展，英国、荷兰、葡萄牙、西班牙在这个波澜壮阔的时代中实现了国家崛起。"21 世纪是海洋的世纪"，大国之间的政治、军事、经济与科技领域的竞争合作高地正从陆地转移到海洋。劈波斩浪，向海图强。国产航母蛟龙入海。雪龙驰骋，双龙探极，极地科考刷新历史。我国自主研发的万吨级驱逐舰南昌舰防空、反导、反舰、反潜归建入列，捍卫万里海疆。向阳红 01 号环球海洋综合科考跨洋区，驶至极区，38 600 nm 航行，载誉凯旋（图 4-5-10）。如今我国海洋强国建设不断提速前行，重大海洋装备发展高潮迭起。我国的海洋战略已进入新阶段，从近海沿岸驶向远海深蓝。

伴随着活动海域的扩展、长远航任务周期的延长和频次的增多，提升舰船的适居水平与生命健康保障系统的重要性与必要性高度凸显，人因成为舰船设计无法绕开的重要研究主题。舰艇人机系统特点鲜明，是由多人员、多部门协同操控的庞大、复杂的系统。舰船上不同功能、尺寸布局的舱室众多，比如我国的航母辽宁舰上有相互独立的舱室三千余个，即使一个舱室住一天，住完所有舱室需要近十年的时间。此外，

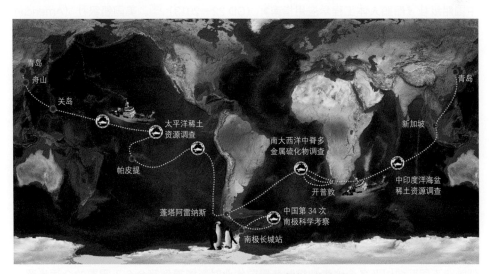

图 4-5-10　"向阳红 1 号"环球航行路线图

在各阶段航行状态中，舰艇岗位任务多样化、涉及专业广、人员劳动强度、心理负荷有所差别，舰船健康照明研究需围绕"人—机—环境"的最佳适配性开展系统的精细化研究，为舰船的不同部门、不同作业环境提供专门的解决方案，而不能仅简单照搬、生硬移植其他类型空间中成熟的健康光照设计策略。

1. 现代舰船作业与光环境

舰船舱室照明的首要目标是为特定的舱室空间、人员、作业任务创造适当的视觉环境，使各项航行驾驶、设备检修、办公以及舰船军事作业能够安全、顺利、高绩效地执行，同时提高船员精神集中度、减少错误发生，降低工作负荷和疲劳感。船员在各个舱室间安全通行也须得到保证。因此，在舰船舱室光照设计过程中不仅要参考岸上作业、活动的光照标准，专注于作业任务的不同视觉要求，作业任务持续时间，任务关键程度，作业人员的年龄、视敏度、作业经验以及身体健康状态，海况和航行状态变化，日光、月光与海岸光状况等诸多因素都应加以考虑。

国际海事组织(International Maritime Organization, IMO)安全委员会MSC/Circ.982 Guidelines on Ergonomic Criteria for Bridge Equipment and Layout（舰桥设备和布局的人类工效学指南）[94]、国际船级社协会（International Association of Classification Societies, IACS）IACS Rec. No.132 Human Element Recommendations for structural design of lighting, ventilation,vibration, noise, access and egress（IACS Rec.2018 No.132 照明、通风、振动、噪声、进出口布置结构设计的人为因素建议）[95]、中国船级社《船舶人体工程学应用指南》（GD 22—2013）[96]、美国船级社（American Bureau of Shipping, ABS）ABS 0102: 2012 Guide for Crew Habitability on Ships（船员适居性指南）[97]等几项已有的规范导则，在人体工程学原则指导下，为船舶各区域的船员居住舱室、入口与通道、导航控制舱室、服务舱室、操作和维护舱室、红光和低水平白光照明舱室空间及重点照明区域的照度范围要求、照度分布、灯具布置位置、眩光、反光、阴影控制、照明控制系统和电源插座安装设置提供了设计要求、设计参数的详尽参考，并对部分特殊舱室提出了可调光照明的建议（表4-5-3、表4-5-4）。对于事关舰船存亡的关键作业岗位、长时间持续作业任务、视看信息尺寸极小或对比度较低的作业环境、作业人员视觉能力低于正常水平等特殊情况，还应考虑增加照明水平等手段提高目标的辨识度，并加以专门的细化研究与设计。例如：可调节的光照水平使舰桥船员无论在航行还是港口停泊阶段，无论白天还是黑夜，在各种天气状况下都能良好地完成作业任务，而精确调节的光照强度和方向则使不同作业人员在航行驾驶台不同区域以及各个仪表和控制装置前作业时都能得到符合个人需要的合适光照。

表 4-5-3　《船舶人体工程学应用指南》（GD 22—2013）：
舱室环境最亮区域、最暗区域与工作区域的建议亮度比

环境分类			
对比	A	B	C
工作区内的较亮表面与较暗表面之比	5:1	5:1	5:1
工作区与相邻较暗环境之比	3:1	3:1	5:1
工作区与相邻较亮环境之比	1:3	1:3	1:5
工作区与较远较暗表面之比	10:1	20:1	b
工作区与较远较亮表面之比	1:10	1:10	b
发光体与相邻表面之比	20:1	b	b
眼前工作区域与环境其余部分之比	40:1	b	b

注：A. 可对整个处所的反射比按最佳视觉条件进行控制的内部区域；B. 可对附近工作区域的反射比进行控制，但对远处环境的控制有限的区域；C. 完全无法控制反射比且难以改变环境条件的（室内外）区域。b. 无法控制亮度比。

表 4-5-4　《船舶人体工程学应用指南》（GD 22—2013）：导航与控制处所照明

空间	照度水平（lx）	空间	照度水平（lx）
驾驶舱 日间	300	办公室 一般照明 计算机工作 服务柜台	300 300 300
海图室 一般照明 海图桌	150 500		
其他控制室 （如货物驳运等） 一般照明 计算机工作 集中控制室	300 300 500	控制站 一般照明 控制台、仪表板、仪表 配电板 记录台 现场仪表室	300 300 500 500 400
雷达	200		
无线电室	300	陀螺罗经室	200

随着舰船自动化水平和智能化水平的不断提高，电子信息显示器和多功能控制平台逐渐取代机电式仪表和传统控制器（图 4-5-11、图 4-5-12）[98,99]。从单装到体系的集成信息环境将船员作业角色由手工操船者转变为监控、决策者。舰员需对人机界面呈现出的密集时空信息流进行快速、准确的判断和处理，也造成了警觉水平过高、心理负担增重、疲劳等问题。人机界面作业域的光环境也应根据海洋装备的升级换代和作业使用需求的不断变化而迭代优化。舰船健康照明局限于传统视觉工效学方法，单纯研究显示界面上地图、字符、表页及精密仪表的清晰识别还远远不够，更应根据典型舰船任务剖面将研究模型化，通过客观绩效、主观问卷、生理参数方法，量化分析

光与健康：研究 设计 应用

图 4-5-11　布里斯班皇家海军陆战队舰桥控制着船只的航向和航行

图 4-5-12　舰船仪表盘细部

不同光环境下不同类型作业的船员感知、注意、理解、判断能力，视觉、脑力、心理和认知负荷，以及生理、心理变化，关注人员作业绩效和体验的总体提升。

2. 舰船舱室中的暗视觉保护

海洋战争电影中时常出现沉浸在幽暗蓝光中的军舰指挥舱作战场景。实际上，舰船特殊舱室采用低照度照明，不是为了渲染气氛，而是出于舰船航行、作战的实际需求。为避免发生电力故障引起灾难性后果，同时减少舰船的可视性，避免成为敌军的攻击目标。进入战备状态的舰船，通常掐断主要照明线路，进行低功耗照明。此外，舰船声呐、雷达岗位操作不能错过屏幕上任何一个微弱的瞬时光点，贻误分秒必争的时机，船员须将视觉注意力集中于电子信息屏幕。一些特殊舱室，也会采用低照度照明，避免屏幕上灯具的反光、炫光影响人员判断。

从明亮到黑暗的作业环境，人需要的适应时间要 30 分钟左右，这对航海作业、作

图 4-5-13　舰桥和海图室中的红光照明环境

战带来十分不利的影响。负责暗视觉的杆状细胞对红光灵敏度低，红光照明使人眼杆状细胞暗适应能力增加，能帮助作业人员接受紧急任务时尽快适应黑暗的工作环境，照常进行视觉作业。第二次世界大战期间，舰船和潜艇纷纷采用"红色照明计划"（图 4-5-13），保持船员的夜视能力。但是红光下白色背景上的红色标记辨识度下降，也增加了视觉疲劳度，同时由于红光在视网膜后聚焦，需要更多的"近聚焦"能力去辨识物体，加重老年船员远视、老视的问题。美国海军潜艇医学研究实验室在 20 世纪 80 年代中期的研究中得出结论认为，舱室低亮度白光更适合夜间作战，海军舰艇正逐渐使用可调白光照明替代原有的红光照明[100]。

3. 应对长远航的舰船适居照明

　　海洋环境严酷无情，海上长远航充满艰辛。颠簸振动、高温高湿、有害气体、狭小的作业与生活空间，紧张高强度的作业任务，与家人、社会长时间的分离，以及紧急战备下难以预估的风险与挑战，枯燥的生活环境，恶劣海况，种类繁多、时常变化的不良刺激因素长时间、连续、叠加的作用，给船员的身体和心理带来综合负面影响。船员在长远航不同阶段出现不同程度的应激性、适应性变化。当这些不良因素作用强度超过机体调节能力的限度，或大量累积将造成船员各项能力的显著下降乃至引起疾病，需得到尽快的干预。晕动病、昏睡综合征、疲劳、睡眠不足、伤害、行为差错等是较为常见的长远航相关症状，显著影响人体舒适和绩效，被舰船人因研究所关注[101]。光照对视觉环境、节律改善、情绪调节等的作用也是人因研究的重要组成部分。

　　长时间的海上生活、作业将使船员疲劳水平升高，反应能力和注意能力下降。各个任务操作人机界面环境的照明，应基于人因工程学而设计，根据操作人员在岗工作的时间、操作的工具设备、工作流程、人与屏幕的相对位置布置照明设备，调整空间的光分布特性，从而减少人员因识别视觉内容或适应环境占用的认知负荷。此外，通过光照节律效应和情绪调节作用改善舰员长远航期间的健康状态是舰船适居照明中最关键的部分。舰艇的执勤轮班经常与社会生活节奏脱节，尤其在夜间生物节律低潮期仍保持作业时良好的注意力集中水平，给船员们的调适能力和身体素质提出不小挑战。根据船员作息时间表和睡眠—清醒时间记录规划节律照明，将为船员们带来更规律作息、更高效作业、更充分休息。船员们在海上连续工作，不同于航空飞行，没有充分时间休息睡眠、调整时差，因此舰船航行方向、跨越的时区也应被考虑进节律照明的时间表中。风、浪、涌作用下船体颠簸造成人体晕动症状，这是当人眼所见到的运动与前庭系统所感觉到的运动不相符时所出现的症状，在封闭的舱室内安装舷窗式的地平线光照装置，使视觉系统从视野中获得参考，重新判断移动状态，让感觉器官重新平衡[102]。另一方面，长远航中生活单调，信息缺乏，需要积极的情感刺激，根据出海任务、时间、季节与航行海区，设计的互动情感性艺术装置，可也用于无聊感和疲劳效应的调剂。这是郝洛西教授光健康研究团队针对航海人居环境提出的健康型光艺术装置设计思路，其实际效果正在开展循证实验研究进行验证的过程中（图 4-5-14）。

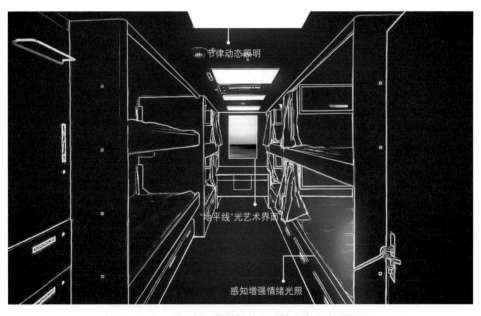

图 4-5-14　用于长远航的舰船生活舱室疗愈光照构想

海盗为什么总带着一只眼罩？

　　海盗总戴着一只眼罩并不是因为眼瞎（图 4-5-15），从晴空万里的甲板，进入阴暗的船舱，暗适应过程使海盗眼前一片漆黑，无法分辨事物。因此海盗用眼罩遮住一只眼睛，进入船舱后摘下就能使眼睛较快地适应船舱内的光线，看清周围的事物。

图 4-5-15　戴眼罩的海盗形象

魔鬼西风带

　　"魔鬼西风带"环绕在南纬 40°—60°（图 4-5-16），以狂风巨浪著称，它是进出南极必经的一道鬼门关。这一区域常年盛行西风，是全球公认风浪最大、航海环境最恶劣的地区之一。

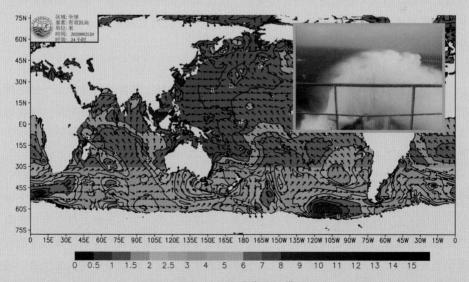

图 4-5-16　魔鬼西风带

4.5.3 用光改善自然条件——地下空间光环境设计

城市空间需求急剧膨胀与地面土地资源稀缺的矛盾日益突出，城市用地紧张的局面急需得到缓解，将城市部分功能引入地下，立体化复合利用城市空间具有重要意义。除了节约用地，扩大城市空间容量以外，地下空间开发利用也是减少环境污染和碳排放、改进城市生态的有效途径。早在 1991 年，在日本东京举行的国际城市地下空间联合研究中心第四次会议就指出，"21 世纪是人类开发利用地下空间的时代，城市发展空间由地面和上部空间向地下延伸是未来的必然趋势"[103]，未来的城市将越来越高，也将越来越深。地下空间受到全球各国的关注，国际隧道与地下空间协会、国际地下空间联合研究中心、国际非开挖技术协会等相关国际组织相继成立，致力于研究地下空间的综合利用。芬兰赫尔辛基市编制了专门的地下空间总体规划《赫尔辛基地下空间规划》(*Underground space planning in Helsinki*)，对地下交通、民防、体育、水和能源供应、停车、储存、废物管理等各类设施的分配和利用及可持续发展进行了统一计划[104]。日本城市地下空间最初围绕车站布局，逐渐成为规模更大、相互连接、用途更多样的地下空间网络，并向城市空间整合转化，城市交通枢纽、商业设施、开放空间、公园绿地形成了多元化的立体城市空间[105]。美国堪萨斯城、路易斯维尔等城市，对采矿空间再利用进行了研究[106]。中国地下空间开发利用尽管起步较晚，但已是地下空间大国，增速领军全球，地下空间建设以城市轨道交通、综合管廊、地下停车为主导，人防工程、市政、商服、仓储等功能类型也日益完善，从浅层开发向深层开发扩展，中华人民共和国住房和城乡建设部在 2016 年发布了《城市地下空间开发利用"十三五"规划》进一步推动了我国城市地下空间的建设发展。

1. 地下空间的环境特征与健康危害

地下空间具有良好的防护性能和隐蔽性，且相对封闭，热湿环境较稳定，从早期的人防工程，拓展到了地下交通、商业、公共服务、市政和仓储等功能类型，呈现出立体化和整合化的趋势。其中，与人居健康密切相关的空间有地下商业服务、地下公管公服以及地下人防工程、军事设施等空间（图 4-5-17）。

在环境健康方面地下空间存在先天性的不足，包括封闭、潮湿、噪声大、缺少通风，空气中负离子含量少，污染物含量多，细菌、病毒繁殖快，围岩介质有害辐射等需通过工程技术的方法加以解决，尽可能地提高人居健康品质。缺少天然光与空间封闭隔绝是其中严重降低地下空间内部人员的舒适感和身体健康最主要的影响因素，导致人员出现昼夜节律紊乱、维生素 D 缺乏和骨矿物质密度降低、恐惧不安等负面反应，同样要通过光与色彩的设计进行调整。除了城市地下居住和商业空间外，地下矿井、坑道、

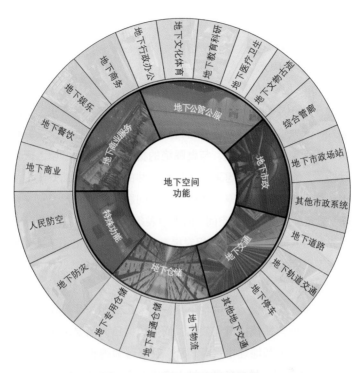

图 4-5-17　地下空间的功能分类

图 4-5-18　地下空间潜在的健康危害

隧道环境中存在着更多的健康有害因素和危险性，光环境须作为劳动者职业防护的一部分进行考虑（图 4-5-18）。

2. 让地下空间充满"阳光"

1）将天然光引入地下空间

自然采光对于地下空间弥足珍贵，既满足了照明和节能的要求，更能满足人体对阳光、时间感知、天气变化和方向感等与自然环境连接的心理需求，并增加地下空间的宽敞感，减少地下空间封闭单调、与世隔绝的负面影响。为了引入天然光，地下空间在建筑设计阶段，就应充分考虑采光中庭和天井的可能，增加开敞空间部分，扩大进光面积，但也要考虑在采光效率随深度衰减的问题。在地表附近可采用天窗或高侧窗的形式，将天然光直接引入地下空间。如果地表条件受限，可采用镜面反射、导光管、光纤、棱镜传光等方式间接采光[107]，相对提高了采光距离，拓宽了采光面，但也存在利用率有限、施工难度较大、造价较高的问题（图 4-5-19）。

2）地下照明模拟日光特性

对于深度较深或没有开窗条件的地下空间，人工照明应尽量模拟日光效果，再现地面的天然光环境。一方面模拟日光效果，通过模拟日光色温、强度和高度角的早晚变化，并考虑天气、季节和地理位置等因素，让光线显得更加"真实"。如：CoeLux 公司研发的"天空光"照明系统，模拟自然光进入室内的实际效果，通过在吊顶或墙面开口，

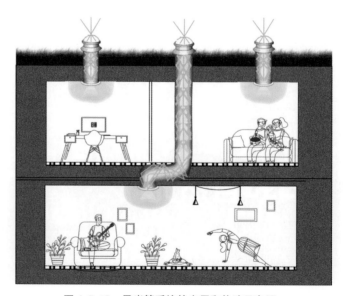

图 4-5-19　导光管系统的应用和构造示意图

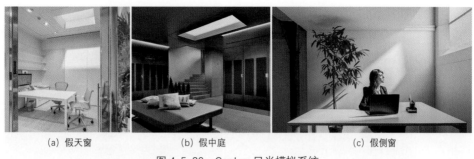

(a) 假天窗　　　　　　　(b) 假中庭　　　　　　　(c) 假侧窗

图 4-5-20　CoeLux 日光模拟系统

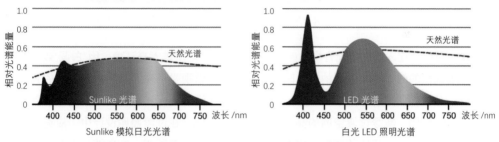

Sunlike 模拟日光光谱　　　　　　　白光 LED 照明光谱

图 4-5-21　Sunlike 光谱、传统 LED 光谱与天然光谱的对比

采用毫米厚的纳米结构材料，产生瑞利散射（Rayleigh Scattering Process），形成深蓝色的天空以及无限距离的感觉，重现太阳和蓝天的环境氛围（图 4-5-20）[108]。另一方面，模拟日光的光谱功率分布，如 Sunlike 技术利用紫光芯片拟合自然光谱，提供与阳光每个波段相似的光强，甚至通过无线控制精确匹配天然光早晨、中午和黄昏的光谱分布，在室内营造接近天然光光谱的"自然光"（图 4-5-21）[109]。

　　3）氛围照明营造自然景观意象

　　人具有亲近自然的本能，爱德华・威尔逊（Edward O. Wilson）在他的著作《亲生命性》（*Biophilia*）中提出"人类潜意识中寻求的与其他生命的联系"解释了人对亲近自然的渴求[110]。当地下空间阻断了人与自然的联系时，光与色彩设计应融入自然环境信息和生物元素，营造自然意向帮助地下空间内部人员间接体验自然。如采用假天窗或立面假窗播放自然景物图像，让人感受到外部环境的蓝天白云流动，暮色黎明、夕阳余辉等，减少空间的隔绝与封闭。又如在墙面和地面上，对树木光影进行投影，创造身处自然的沉浸感受（图 4-5-22）。

　　4）地下空间出入口照明重点设计

　　地下空间出入口的亮度变化较大，由亮环境突然进入暗环境，暗适应导致的"黑洞"

图 4-5-22　松下生活方案自然景观模拟与情境投影照明系统

效应可能会让人产生瞬间盲视的感觉；相反，由暗环境进入亮环境，因"白洞"效应容易出现强烈的眩光感。人眼的明、暗适应过程，导致视觉出现滞后现象，使人的判断和反应延迟，增加意外事故的风险。因此，地下空间的人行和车行出入口均需设置合适的过渡照明，减缓过渡空间的亮度变化和明暗对比。在过渡照明设计中，应充分协调自然光照与人工照明的关系，优先采用自然光进行过渡照明。在自然光不能满足过渡照明的条件下，增加人工照明来进行过渡。在出入口外部充分利用遮阳板和遮光棚等减光措施，内部采用反光板构造、表面采用高反射的材料等方式，减缓出入口的亮度变化。白天入口处的亮度变化建议在 10：1~15：1 之间，夜间室内外的亮度变化建议在 2：1~4：1 之间 [111]。除了过渡照明，出入口空间还应关注标识照明，其平均亮度应该高于所处环境的背景亮度，但不能超过平均亮度最大允许值，还要考虑标识与周边环境背景亮度的对比度、室内外标识照明的亮度均匀度等指标。

3. 地下居住空间光环境设计

2019 年 8 月印发的《北京市人民防空工程和普通地下室安全使用管理规范》对地下居住空间的人均居住面积、房间人数、净高和通道净宽等指标作出了详细规定 [112]，且不得设置上下铺，对于无采光窗井的房间实际使用面积要求更高，以满足基本的生活空间需求，缓解地下空间的封闭感。对于半地下室的住宅空间，应尽量将阳光引入起居空间，向阳的建筑朝向尽量减少地面植被的遮挡，但可能存在眩光和阴影的问题。其他房间朝向可利用光的反射或折射，将自然光引入室内，通过调节光学元件，合理控制光线的强度。对于无法引入自然采光的地下居室，则应通过前文提及的模拟日光特性照明和引入自然景观意象等方式尽可能减少空间的隔绝与封闭。色彩设计也是不容忽视的一个方面，地下空间宜采用土黄、棕色、卡其色等大地色调和青色、蓝色、粉紫色等天空色调进行装修，同时提高装修材料的反射比，关注空间的间接照明提升空间视觉明亮感。适当应用镜面材料，提升空间的开阔感。同时关注光在环境净化等方面的应用，如采用带有空气净化和自洁功能的光催化涂料。

4. 为地下空间带来视觉刺激

单调的视觉环境往往会加剧疲劳和困倦，导致工作绩效的下降和失误率的增加。在地下空间无窗的环境中，人员的工作状态相对较差，更加倾向于用植物、绘画、艺术品等装饰材料来提高视觉刺激，以弥补窗户采光和自然界信息刺激的不足[113]。在传统的地下空间内，人眼的注意力主要集中在出口和亮度较高的区域；通过植物景观的干预，可以让视觉焦点更加均匀地分布在空间范围内[114]。通过光照加强逃生路线和空间方位感，降低与世隔绝的不安全感和焦虑等负面情绪，营造更佳的工作氛围。在地下商业街、办公室等业务空间，可通过假窗模拟植物、山水等自然意向，增加视觉信息刺激量，以缓解人员的疲劳感和束缚感。例如，汇丰银行全球资产管理总部的地下餐厅通过在背景墙上设计了一面展现莱茵河景致的"全幅落地窗"[115]，模拟天然光早晚和季节性的光色、强度和方向的动态变化，为单调的地下餐厅引入了阳光和风景，让人在欣赏美景的同时感受昼夜节律的变化（图 4-5-23）。

5. 缓解人员不适症状的特殊地下空间光照设计

矿井、地下隧道及地下工程等环境恶劣，具有较高职业危害，虽不属于常规人居空间类型的特殊地下空间，但不应成为被地下光健康研究和设计忽视的部分。这些地下空间气压、相对湿度、CO_2 浓度等随着深度的增加而升高，健康风险也随之增加，危及生命安全。长期在昏暗的灯光、噪声和粉尘下工作使相关人员的身体和精神健康

图 4-5-23　德国 Licht Kunst Licht 公司设计的杜塞尔多夫汇丰银行地下餐厅人因照明项目

图 4-5-24 矿井巷道照明和工作区照明　　　　图 4-5-25 矿工接受日光浴

受到严重影响，出现失眠、乏力、上呼吸道感染、烦躁、头痛和关节痛等不适症状[116]。这些地下空间内部人员承担高风险作业，但他们身处的光环境品质远低于住宅、办公等人居空间，往往照明设施简陋、布置随意。黑色和灰色是坑道环境的主色调，机械设备颜色较深，操作控制按钮、界面亮度不够，在环境照明数量不足的情况下很容易导致视觉辨认困难和判断失误，诱发意外事故（图 4-5-24）。此外，环境昏暗、空间压抑也使得作业人员警觉性降低、疲劳和困倦程度增加，进一步升高了操作事故的风险。特殊地下空间首先应确保充足的照明数量。同时，由于地下密闭空间表面反射光线数量少，整体环境亮度低，以及烟雾弥漫环境能见度差，作业人员被设备撞击、滑倒和绊倒危险高，还应在设备、电线等处有明显的提示照明。

　　由于坑道内相对阴暗潮湿，缺乏自然通风和真菌、霉菌等微生物的浓度较高，容易引起皮肤病、鼻炎、肺炎和呼吸道过敏等上呼吸道感染疾病[117]。应在特殊地下空间安装紫外杀菌消毒灯具，利用紫外结合人体感应和智能监测技术，在微生物浓度超标及空间无人占用的情况下，对坑道内部各空间进行致病微生物的消杀，降低人员的传染病风险。长期在井下工作，接触不到日照，使机体缺乏维生素 D，会导致佝偻病、骨软化和易骨折等问题，应考虑引入人工"日光浴"，满足机体维生素 D 生成的需求（图 4-5-25）。

4.6 极端人居环境下的光健康

冰雪极地、神秘深海、浩瀚宇宙、广袤高原，地球内外系统极端环境蕴藏着人类科学探索与世界未来发展丰富的资源与基础材料。2020 年 11 月 28 日，"奋斗者"号在海底 10 909 m 标注了中国载人深潜新坐标；2021 年 2 月 9 日，自然资源部深地科学与探测技术实验室在北京成立；2021 年 4 月 29 日，中国天宫空间站核心舱由长征五号 B 火箭运载升空，中国永久性空间站建设迈出第一步；2022 年，第五座南极考察站罗斯海新站即将建成，我国正向极地考察强国迈进。随着我国对极端环境的探索、保护、开发与利用不断加速，极端环境"生命禁区"中的人员及其生命保障与健康维护的重要性愈发突出，探索极端环境下的光健康策略意义重大。

4.6.1　极地科考与光健康

南北两极是人类最后认知与了解的地球区域，北极地区是指北纬 66° 34′北极圈以内的区域。南极地区与北极地区相对，是指南纬 66° 34′南极圈以内的区域，但与北极不同的是，南极主要由陆地组成。南极大陆面积约为 1 390 万平方千米，当冬季到来时，陆缘海水的结冰面积可以达 1 900 万平方千米，将整个南极面积"扩大"1 倍以上。南北两极就像地球的肺一样，每年都往复着海水结冰—冰雪融化的"呼吸作用"，用以调节气候及海洋环境。南北两极蕴含着丰富的矿产资源、生物资源、地球气候变化信息，人类已经陆续在南北极建立了极地科学考察站。到目前为止，已经有众多国家展开了较为深入的科考活动，留驻在极地的人口越来越多，相关基础设施也越来越完善，针对极地的健康人居环境研究也变得越来越重要。现在的科考站区功能已非常完备，类似美国的麦克默多站，俨然一个小型"城镇"，机场、码头、公路、社区应有尽有，另外还包含研究机构、宿舍、健身房、餐厅甚至医院、酒吧、学校、俱乐部等，可以容纳超过 2 000 人在这里生活。在这样的条件下，针对极地的人居环境研究亟需得到重视和落实。极地不再是一片荒无人烟的区域了，相信在未来人类完全可以在极地高质量地生活并进行生产，从而推动对于极地的认知与开发，并造福全人类（图 4-6-1）。

可以通过下列极地研究机构网站了解更多的极地奥秘：①中国国家海洋局极地考察办公室（Chinese Arctic and Antarctic Administration, CAA），在这里可以看到国内最新的科考动态，网址为 http://chinare.mnr.gov.cn/catalog/home；②南极研究科学委员会（The Scientific Committee on Antarctic Research，SCAR），网址为 https://www.scar.org/；③国家南极局局长理事会（Council of Managers of National Antarctic Program，COMNAP），网址为 https://www.comnap.aq/SitePages/Home.aspx。

1. 极地生存的挑战——以南极为例

地球两极被称为"世界的尽头"，拥有地球上最严酷的自然环境，极寒、暴风雪、干燥、噪声、极昼极夜等现象显著[118]。

1）最极端的自然环境

南极是地球寒极，冬季平均温度在 -30℃以下、最低温度可达到 -89.6℃（1983年7月俄罗斯东方站测得），大风风速可达 100m/s（法国迪蒙 - 迪威尔站测得），相当于 12 级台风的 3 倍。终年不化的冰盖覆盖在大陆架上，南极洲的海拔被平均抬高了 2 000 m 以上，是地球上平均海拔最高的大陆。极昼极夜是极地最特别也是最极

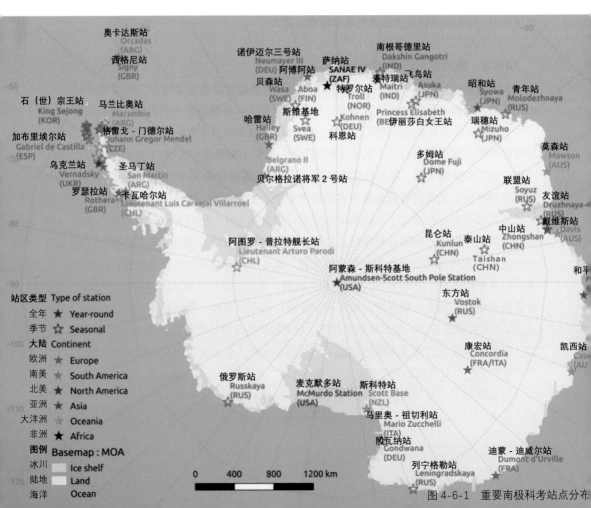

图 4-6-1　重要南极科考站点分布

端的光环境特征，24 小时持续的白天和黑夜，形成完全不同于通常人类居住环境的昼夜节律，这给科考队员睡眠健康和日常作息造成了非常大的影响[119]。南极是一个"白色荒漠"，有 95% 以上的陆地被终年不化的冰雪所覆盖，只有不到 5% 的陆地才有岩石露出，景色单调重复，多样性匮乏，缺少丰富的色彩。在这种环境中工作生活，人们的感官处于被"剥夺"状态，极易产生乏味厌恶的感觉，工作效率低下，情绪焦躁不安[120]。环境亮度过高是另一个南极极端光环境特征。地面白色的积雪形成对阳光的强烈反射。而且不同于城市，整个室外环境缺少建筑物的遮挡与分隔。因此，南极地区室外环境亮度非常高，室内外亮度水平相差巨大（表 4-6-1），室内外亮度比是普通地区的 8~10 倍。

　　郝洛西教授团队在第 36 次南极科考队员的协助下，利用照度记录仪对长城站室外天然光的变化情况进行了长期持续监测（图 4-6-2）。仪器放置在站区生活栋的朝东窗外，越冬期间生活栋房间利用率低，无窗内灯光干扰，探头水平向上，记录时间段为 2020 年 1 月 11 日—11 月 27 日。结果显示，记录期间每日长城站室外天然光变化呈现出明显的昼夜周期性，月平均照度的变化符合亚极地区的光照特点，有趋于极昼极夜的光照变化（长城站位于南极圈外，没有完全的极昼极夜情况）。照度最大值出现在 2020 年 1 月 18 日 19 点 07 分，照度值为 76 160 lx。随着冬季的临近，长城站周边日平均照度值逐渐下降，直至 2020 年 6 月 11 日，全天日平均照度值不足 0.3 lx。不同季节，天然光状况差异极大。

　　建筑是人类生存的庇护所，保护人们免受外界的侵害。极地极端严酷的自然气候

表 4-6-1　南极长城站室内外实测亮度

长城站周边环境亮度（cd/m²）					长城站室内环境亮度（cd/m²）				
天空亮度	雪山亮度	生活栋外墙	海平面亮度	地面亮度	天花板	墙面（侧边）	墙面（对面）	窗户	地面
6490	5780	3400	2790	697	99.5	41.3	54.6	8750	2.91

注：表中的数据为郝洛西教授在南极长城站生活栋实测数据（亮度计型号为 XYL-Ⅲ 全数字亮度计）。

环境挑战生存极限，也为科考设施的建造提出了极限的品质要求。除了要耐久、耐候、安全、可靠，抵御复杂多变的自然环境对建筑本身的影响，科考站也是最重要的科考人员生活和科研支撑保障基地，还须对室内声、光、热、湿环境进行严格控制，提供极端环境下的健康防护。

2）与世隔绝的社会环境

随着科技的进步，科考站的建造水平正在飞速发展，已经完全可以抵御低温、大风、干燥的严酷环境。但是，缺少与外界的交流、物资匮乏、补给困难、有限的社交环境和娱乐条件等问题仍旧困扰着常年在这里工作生活的科考队员。然而与人们预想科考队员团队有爱、相互支持，一起面对极端环境下生活困难的情况不同，在一些情况下人际冲突和紧张被认为是极地科考中最大的压力来源。南极科考组成

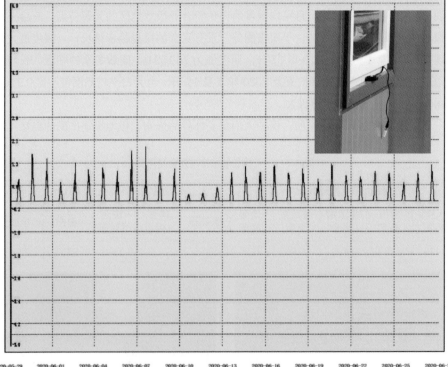

图 4-6-2　长城站室外自然光照度变化

了不同寻常的社会环境，使人心理状态发生异常变化，做出反常行为。1983 年，智利科考站的随队医生只为了能在别的地方过冬，纵火烧掉了自己所在的研究站。2018 年，俄罗斯别林斯高晋科考站发生的恶性伤人事件，一名科考队员在阅读过程中经常被另一个人恶意剧透小说的内容，便忍无可忍，萌生杀意，操起厨刀刺向了队友。约翰·保罗（F. U. John Paul）等人对 23 名南极科考队员以人际交往需求进行了问卷评估研究，研究结果表明，在长期孤立和封闭的环境下，科考队员们更需要与其他人交往但又不需要太密切的互动 [121]。如何改善科考队员的心理状况，还需要开展更多的实地研究。

　　3）极地环境中人体的昼夜节律与睡眠

　　无尽黑夜，漫漫白昼，南极洲不同寻常的光暗周期打破了科考队员"日出而作，日落而息"的生活节奏（图 4-6-3），使他们内源性昼夜节律计时系统与外部环境失去同步，难以维持规律的昼夜节律，个体呈现自由运行状态，并出现睡眠问题。北京理工大学陈楠等人通过动态采集中山站（69° 22′ S,76° 22′E）越冬队员出发前、越冬期间（南

图 4-6-3　南极自然环境

极）、越冬结束（南极）和返回国内四个标志性时间点生理心理指标，发现在越冬期间科考队员褪黑素分泌节律相位、睡眠时相发生了显著后移，作息更趋于夜晚型，主观睡眠质量降低[122]。川崎（Aki Kawasaki）在南极洲选择了哈雷科考站（75° 34′ S,25° 30′ W）和康考迪亚科考站（75° 06′ S,123° 19′ W）两个不同纬度科考站来观测长期日光剥夺对科考队员的影响，也观察到越冬期间科考队员昼夜节律休息活动周期的不稳定性增加以及睡眠时间的延迟[123]。娜塔莉·帕廷（Nathalie Pattyn）研究了伊丽莎白女王站（71° 57′ S,23° 20′ E）南极夏季考察期间人员的睡眠、昼夜节律和情绪状况，多导睡眠监测结果显示，除了睡眠碎片化以外，慢波睡眠明显减少，快速眼动睡眠显著增加[124]。由于现有实验数据有限，还需积累更多队员的数据资料来探明科考队员昼夜节律和睡眠的变化机制。但可以确定，建立适宜的人工光环境，帮助科考队员同步昼夜节律、恢复睡眠现实意义重大。

4）极地环境对情绪的影响

引起科考队员心理功能显著变化，抑郁、焦虑负面情绪产生除了特殊社会环境外，

图 4-6-4 南极卸货工作

也有自然环境，特别是异常光环境及身体健康状况的直接影响。南极科考人员撰写的回忆录《死极之地》（*Big Dead Place*）中披露了压抑混乱的生活现状——"在南极最大的麦克默多站，酒精和大麻是常见的娱乐品"，一望无际的冰雪、单调的景色、刺眼的阳光和时有时无的暴风，无论是从视觉还是从其他感官刺激的角度来说，都不是一个舒适且容易让人产生安全感的环境，使人的情绪在很大程度上向消极的方向发展。另外，在漫长的越冬期间，人员压力、困惑、愤怒水平均会有所升高。缺乏日光，让越冬科考队员季节性情绪失调症发生概率增加，即使临床正常的个体，也会表现出情绪随季节的波动，亚综合征性季节性情绪失调症症状，同时随着站点纬度的增加，这些变化更加明显[125]。

　　5）T3 综合征、越冬综合征与 3/4 现象

　　莱斯特·里德（H. Lester Reed）等学者在 1990 年首次对在南极洲长期居住引起甲状腺激素改变的机制进行了描述，即在南极洲连续居住超过 5 个月的人类表现出了下丘脑—垂体—甲状腺轴的改变[126]。甲状腺是人体内最大的内分泌腺，主要分泌甲状腺素，包括四碘甲腺原氨酸 T4 和三碘甲腺原氨酸 T3。数据显示科考队员的甲状腺激素 T3 发生变化，甲状腺功能减退，此现象称之为"南极 T3 综合征"，并发现其与南极"越冬综合征"有关。国内学者对中国第 16 次南极考察队长城站队员赴南极前和在南极居留一年零两周返回国内后，血液中甲状腺素含量的变化进行了跟踪测量，以探讨科考队员在居留南极期间身心发生的变化。结果表明南极特殊环境使得科考队员的甲状腺功能发生减退，肾上腺髓质在血浆中的含量降低。甲状腺和肾上腺髓质系统共同参与应激反应，以调节机体与外界的平衡[127]。

　　极地的恶劣环境给人们带来强烈的负面情绪，影响人们的心理健康，而长期的心理障碍可能导致人体内分泌代谢的改变，反过来又加重心理障碍的程度，以此形成恶性循环[128,129]。在南极隔离、孤寂的影响下，队员将出现一系列心理适应反应，症状包括抑郁、易怒、敌对情绪、失眠、认知下降、注意力难以集中等，部分队员还报告了回国之后的记忆衰退。这些情况多发生在极地越冬的队员身上，这种特异性症候群被称为"越冬综合征"。

　　除此之外，"3/4 现象"也是不容忽视的现象——科考队员的心境状态和时间历程相关，当一个人在隔绝的环境中生活时长达到总时长的 3/4 时，负面情绪到达最大值，身体出现最大的不适[130]，这是身心健康干预应关注的重点时间段。

　　在极地科考特殊社会环境下，科考队员肩负着高风险、高挑战的使命与任务（图4-6-4），生理、心理问题的出现，将引起连锁反应，最终阻碍科考进程。除了及时提

图 4-6-5　印度巴哈提站室内环境

供医疗上介入，应在科考设施中创造健康空间，帮助科考队员自我调适，防止队员生理、心理异常的扩大化。

2. 极地站区的疗愈照明技术

极地站区是人类探索极地世界的大本营。截至目前，南北两极的科考站总数已经超过了 120 个，光是在南极度夏的相关人员已超过 4 000 人（数据来自 2016 年 *World Factor Book*）。众多科考站的规模也是不一样的，其中包括像"南极第一城"麦克默多站那样的庞大建筑群，也包含像泰山站一样的独栋建筑。近 20 年，随着极地站区建造技术的完善，建筑功能日益丰富，建筑能效日益提高，而此时在站区工作和生活的科考人员对极地站区建筑提出了更高的设计要求，应该在考虑功能与能耗的同时，通过提升室内环境品质来改善科考队员的身心健康。

室外科考行动往往安排在夏季，南极特殊的地理位置使得夏季的白天异常的长，这就使得科考队员失去了正常的昼夜光环境对其生命节律的调整，一直处于等待工作的白昼状态；而越冬队员由于恶劣的气候条件多数时间都待在站区建筑室内进行研究工作，无法接触到自然的光照环境，并且由于极夜现象，非视觉生物效应难以起到调节越冬队员昼夜节律的作用。为了解决这一问题，南极的室内照明设计需要寻找出科学的人工光干预方式，调节人体的昼夜节律，改善科考队员的生活状态，弥补自然光照环境的不足。疗愈照明技术作为在这种极端条件下较容易实施也成效较大的健康干预手段，目前已经开始被运用于极地站区中。例如在清晨用高色温、高照度的光环境起到唤醒的作用，同时能影响褪黑素分泌曲线的相位，改善人体昼夜节律；工作时间仍然保持高色温、高照度的光环境，提高工作效率[131]。另外，南极地区视觉要素单调，科考队员生活枯燥乏味。特别是越冬队员，长时间在室内工作生活，缺少户外活动，容易产生心理问题。通过光环境的设计丰富队员们的生活，增加队员们之间的交流，能够避免产生情感上的失常和人际关系的破裂，缓解越冬生活的寂寞。通过极夜期间在休息和娱乐场所适当引入彩色光和动态光，可以丰富视觉体验，改变单调的光照环境，起到调节情感的作用。同时可以利用 LED 光源的特点，通过回收废弃材料，让队员们自己动手制作艺术装置，或者在适当的活动区域设立互动装置，从而形成装置与队员、队员与队员之间的互动，增加队员之间的沟通与交流，改善枯燥的越冬生活，减少社会隔离带来的孤独。

目前运用最广泛的就是模拟自然光色温、亮度动态变化的智能照明系统。理想情况下，用人工光模拟一天之内日光的变化可以矫正极端自然光照环境的影响，这在极夜条件下成效更显著。按照一个固定的作息时间表，在每天"清晨"时分逐渐增强室内的照度、提高灯具的色温，让熟睡中的人们逐渐苏醒过来，并在每天"中午"时分光线达到最强，最后在每天"日落"时分逐渐降低照度和色温，让工作了一天的人们逐渐平静下来，有助于较快进入睡眠。这种技术已经多被应用于新建的南极站区内，例如印度巴哈提站（图 4-6-5）、英国哈雷站（图 4-6-6）、中国泰山站等。除此之外，就是专门针对极地站区环境的光疗法，但目前还处于实验探究过程中，没有大范围的实施，其中包括在"日间"使用高色温白光、照度 10 000 lx 的灯具对眼部进行长达半小时以上的照射，帮助人们快速进入工作状态并提高睡眠质量等[132]。科比特（R. W. Corbett）等人 2007 年在哈雷站做了相关实验，9 个个体（8 男 1 女，平均年龄 30 岁）于 5 月 7 日—8 月 6 日在南极哈雷研究站 (75° S) 越冬，持续两周每天 08:30—09:30 暴露在明亮的白光下，各有两周的对照期，并在冬至前后进行了两次。每 2 周评估一次被试的睡眠状况、昼夜节律、警觉性和认知能力。结果显示，在极地冬季，这种短时间光照治疗产生了有益影响[133]。

英国的哈雷站是先进科考站的典范，它的出名不仅来源于奇特的外观和可以移动的"躯干"，还来源于它优秀的室内空间设计（图 4-6-7）。哈雷站处于布鲁特冰盖上，坐标南纬 75° 34′ 5″、西经 25° 30′ 30″。它是世界上第一个可移动的科考站，它的设计理念开辟了极地站区的设计新思路并屡获殊荣。这些暂且不提，对于科考队员来说，最重要的还是它的人性化设计。哈雷站由"七小一大"8 个模块组成，这 8 个模块一般

图 4-6-6　南极哈雷站外观

图 4-6-7　南极哈雷站室内及疗愈光照内景

情况下是排列在一条线上，之间由廊道连接。大模块在最中间，里面包含了图书室、健身区、酒吧等休闲空间，其他小模块为实验、住宿、管理行政空间。为了营造良好的室内光环境，整个站区的窗户都经过仔细的设计。极昼情况下为了减少太阳光的影响，三层中空玻璃上的光反射涂层可以减少进入到室内的阳光总量，中央大模块使用的是光扩散纳米凝胶中空玻璃，可以降低眩光，并保证 38% 的阳光透射率。部分天花板是可以升降的，用于改变一成不变的室内空间感受。室内的材质采用香柏木，这种木头可以散发出清香，从多感官刺激人体，让科考队员如同置身于温馨的森林木屋。色彩心理学家安吉拉·怀特（Angela Wright）参与室内的色彩搭配，她提出一种由明亮但不强烈的色彩构成的"春天调色板"，应用于站区内部，潜移默化地影响着使用者的心理状态。站内根据空间功能需求不同，设置不同色温的灯光，工作空间的照明色温为 4 000 K，起居空间如卧室、走廊、休闲区等的照明色温为 3 000 K。极夜情况下，人造日光在早晨缓慢开启，如同黎明时分的太阳一样，带来温暖和舒适的感受，同时释放出特定波长的光来调节生物钟与人体节律。可以看出，哈雷站运用了多种方式来营造一个舒适宜人的室内光与色彩环境，改善了科考队员的生活品质[134]。如图 4-6-7 所示。

3. 我国极地站区和室内健康光环境研究与设计

我国目前已经建成了四个南极科考站，分别是长城站、中山站、昆仑站和泰山站，北极也建成了黄河科考站，第五座南极科考新站区选址罗斯海，预计 2022 年建成。其中最早建成的是长城站（1985 年）和中山站（1989 年）。

图 4-6-8　第 29 次南极科考期间郝洛西教授于长城站

　　同济大学郝洛西教授在随队第 29 次南极科考期间，对长城站生活栋的室内照明进行了提升改造，其中包括就餐区域的整体照明改造和宿舍双人间的实验性改造等，获得了大量一手数据，用于研究不同光谱构成对人体生物周期及生理节律的影响，并为之后的中山站照明改造奠定了基础。中山站与长城站面临着同样的问题，根据之前的南极实验结果，郝洛西教授团队研发了一套针对中山站越冬队员的极地 LED 情绪调节媒体立面，有了彩色光和动态光的加入，冰冷且单调的中山站室内焕发出勃勃生机。在此之后，郝洛西教授继续通过第 34 次南极科考队员的远程帮助，完成了特定光照条件对人体节律调节的现场性实验，实验结果将对未来的极地站区照明设计产生影响。如图 4-6-8、图 4-6-9 所示。

图 4-6-9　郝洛西教授于第 29 次南极科考期间完成的长城站室内健康光环境改造

　　除了站区的人居空间，照明技术同样可以运用到蔬菜养殖方面以保证科考队员的营养供给，图 4-6-10 中长城站科考队员在温室菜棚精心管理蔬菜。新型 LED 的光谱成分被调整到富含植物生长必需的红色光波和蓝色光波，促使蔬菜茂盛生长。与此同时，

(a) 长城站外观

(b) 长城站温室　　　　　　　　　　　(c) 泰山站室内

图 4-6-10　长城站站区、长城站温室和泰山站室内

新的透光材料已经应用到长城站温室，这种亚克力多层板的透光率可以达91%。特殊的材料特性可以抵挡极地大风寒冷的环境，使植物尽可能接触到自然光。新鲜的蔬菜为科考队员提供人体所必需的营养成分，未来南极科考或许可以不再依赖于外界的蔬菜供给，做到自给自足。

昆仑站和泰山站建在南极内陆的高海拔地区，与前两个南极站区不同的是，它们是度夏站，也就是只有在南极的夏天（极昼情况下）才会启用。其中泰山站作为从中山站到昆仑站的中转站，建站时间最晚（2014年）。整个泰山站为一个"飞碟"状的独栋建筑，像落在茫茫冰原上的天外来客，建筑底部用液压支撑杆件架空，可以让风雪从底部吹过，防止主体建筑被积雪掩埋。泰山站内部分为三层：底层为设备层；中层为生活层，包括住宿和休闲的区域；上部为科研层。建筑除了克服极地高原的严酷自然环境，还在中层应用了模拟昼夜变化的智能LED，让在这里工作的科考队员能在生理、心理上获得调节和放松。

目前来看，针对极地站区的疗愈照明技术已经逐渐普及开来，人们开始越来越重视光对科考队员生命质量的影响。我国的极地站区数量多、分布范围广，可以收集到大量的一手数据。在极地站区应用的疗愈照明技术，不仅可以帮助科考队员提高生命质量，还可以更好地探究极端环境下光与健康之间的关系。

近几年随着对极地环境的深入研究，科学家发现极地科考站与太空空间站的环境有一定的相似性。由于在空间站开展相关研究的成本过于高昂，极地科考站就成为了良好的替代场所。研究极地科考站内科考队员尤其是越冬队员在封闭隔绝的环境下的生理、心理进程有助于为空间站设计提供数据支持，相信在不久的将来，极地探索与航天探索可以加强合作，实现平台和信息的共享[135]。

4.6.2　面向深海人居的健康型光环境

深海（200 m以下深度的海域）是地球"第四极"，人类开拓的新领地。人类对深海的探索起步不久，但已成绩卓然，但这并不意味着结束。深海空间站和深海长航潜艇的研发正在逐步推进并取得了新的突破——"蛟龙号"载人潜水器已顺利完成7 020 m的深潜任务（图4-6-11），"深海挑战者号"也将人类所能达到的最深海域定格在10 897 m，我国已经将载人深潜列为国家重大科技专项，万米级的载人潜水器也在2020年试航成功。

深海作业时要面对复杂多变的深海地貌及海水密度变化、未知的海底生物、有限的物资储备、不均衡的膳食结构、封闭局促的环境、潮湿高温等问题。深海没有自然光，进行长期海底作业的人很容易因此产生昼夜节律的紊乱、情绪失控、工作效率低下……
这些都会对深海作业人员带来健康上的挑战，而载人深潜装备照明该如何去应对？

1. 深海舱室照明

1）潜艇深海长航和深海空间站

小型载人潜水器下潜深度可达超深渊带（6 000 m 至海床），可载数人，作业时间
只有几小时。大型的载人潜艇一般下潜深度为 200 m，处于中层带（200~1 000 m），
长航作业时间可达 90 天。深海空间站相当于海底"龙宫"，自持力达 15~90 天，可搭乘
数人至数十人。未来的深海潜水器可承载的人数还将增加，续航时间还将延长，深海
人居环境设计逐步成为新的人因设计内容（图 4-6-12）。

针对潜艇深海长航和深海空间站来说，人居环境需要面对无自然光、空间局促、
供氧和温度控制难度高等情况。深海人居环境处处存在着压力源，会使得长期从事海
底作业的人群产生健康问题。深海环境中没有自然光，舱内需要完全依赖人工照明，
人的一切活动都离不开人工照明的支持。

2）深海长航的健康影响

深海长航期间，一般采取轮班制。美国原有潜艇的工作制是 6 小时工作、6 小时休息、

图 4-6-11　"蛟龙号"载人深潜设备

6 小时自由时间，睡眠时间非常有限。再加上封闭的人居环境中除了没有自然光照和昼夜温度变化等授时信息以外，还有时常处于战备应激状态、膳食不均衡、行动受限、舱内有害气体浓度高等特点，很容易使人体的新陈代谢产生紊乱，最终失去昼夜节律。

深海长航往往持续数十天甚至数月，可以达到人类在密闭空间中的承受极限，这会极大地加剧节律失衡的状况，并使情绪问题逐渐恶化。据报道称，潜艇兵在执行任务 22 天时，已经部分出现了血压不稳、心律不齐、视力下降、牙齿出血、疲倦乏力、失眠等不良反应；当长航 80 天时，所有人不同程度出现了记忆力下降、说话词不达意、行动容易碰撞、走错舱室等情况；在结束任务时，甚至达到了"癫疯"的状态，之后要进行两个月的疗养康复才能恢复 [136]。

潜艇中的淡水、食物、氧气、能源等都非常有限，所有消耗资源的行为都会受到严格的限制。并且在潜艇发生故障时，随时会面临着资源耗尽的情况，这加重了艇员的心理负担。潜艇中由于空间闭塞、潮湿、高温和较差的通风环境容易造成有害气体含量逐渐升高，并滋生微生物。有研究表明，某潜艇在续航期间舱室空气微生物平均浓度超过国家普通微生物污染评价标准 [137]，对艇员来说，存在潜在致病风险，而如果造成恶性传染病的发生，后果将是毁灭性的。

2. 深海人居光健康

1）深海舱室健康照明

深海长航的舱室照明在满足视觉任务需求的基础上，需要格外关注光环境对人体生理节律和心理情绪等健康方面的影响。随着续航时间的延长，恒定照度和固定色温的灯具已无法满足人员的生物钟节律和心理需求，亟需引入人性化的照明控制系统和不同场景的动态变化模式，结合轮班机制进行光环境场景模式的调控，从而提高工作效率，缓解艇员身心疲劳，降低困倦度和工作失误率，提高人员的作业任务绩效（图 4-6-12）。

针对深海长航期间工作和生活所处的不同舱室空间，健康照明应采取不同的设计策略。工作舱内布满了精密仪表、控制开关和显示屏等器件，照明首先应满足作业任务的视觉需求，关注显示屏亮度与环境亮度之间的对比关系，严格控制灯具的直接眩光和屏幕的反射眩光，缓解视疲劳。针对精密部件或仪表，需要关注细节照明，根据作业精度设置照明水平，提高辨识度。工作舱可以结合不同的作业任务和操作需求，预设不同的场景照明模式，在轮班作业期间通过光照强度和光色的动态变化，帮助人员集中注意力，同时降低困倦程度。在机舱、设备舱、过道等不需要人员长期值守的空间内，可以通过人体感应装置，自动控制灯具的明亮程度，在无人期间自动切换为低功耗运行状态，实现照明节能效益的优化（图 4-6-13、图 4-6-14）。

图 4-6-12　英国前卫级战略核潜艇

图 4-6-13　英国皇家海军核潜艇控制室内部

图 4-6-14　中国 035 型潜艇舱内细部

　　在生活舱这类人居空间内，没有作业任务照明的各种限制，光照的强度和光色变化、灯具的形式和照明方式的选择更加自由，甚至可以根据个人偏好和轮班作息时间，实现各自房间和床铺空间内照明参数的自主控制。比如在 18 小时的轮班制作业中，在 6 小时的休息时间段开始前，采用低色温、低照度的暖色光，减少对褪黑激素的抑制，帮助人员酝酿睡意；甚至在工作时段快要结束的时候，如果工作任务对颜色识别的要求不高，可佩戴橙黄色的滤光眼镜，减少短波长的光照对生物节律的刺激[138]。相反，在休息时段快要结束的时候，通过高强度的富含蓝光的光照刺激，实现人员的自然唤醒功能；也可在工作时段开始前，通过佩戴"补光眼镜""光疗箱"和"光疗镜"等强光照刺激方式，降低困倦度，提高精神兴奋度，帮助人员调节到最佳状态。与极地情况相同，人员心理变化也与任务进行有关，根据航程阶段的不同，也要考虑到"3/4 现象"的影响，照明模式也需针对性地进行调整，在人员心理情绪变化和身体机能改变的关键期，利用光色和明暗的变化来调节人员的情绪和睡眠节律。有条件的情况下，可以在公共区域设置光疗系统，帮助人员舒缓情绪压力，缓解身心疲劳。考虑到密闭舱室中致病微生物较易大量繁殖的问题，紫外光杀菌具有极高的应用需求，在通风系统中对空气中的真菌病毒进行紫外消杀。在舱室空间无人使用时，也可以利用紫外灯直接照射杀菌，降低内部微生物致病的风险（图 4-6-15、图 4-6-16）。

图 4-6-15　英国前卫级战略核潜艇生活舱

图 4-6-16　英国奥伯伦核潜艇生活舱

2）深海舱室灯具要求

　　舱室内照明灯具有特殊的技术要求，至少需要满足防爆、防水、防微生物等要求。防爆等级需达到 I 区 I 类（I 区：易燃气体在仪表的正常工作过程中有可能发生或存在，断续地存在危险性 10~1 000 小时／年的区域；I 类：煤矿瓦斯气体环境），防水等级须达到 IP67 及以上（灰尘禁锢，尘埃无法进入，防短时浸泡），同时需要防止微生物进入或滋生。

除此之外，舱室内的灯具应考虑紧凑型设计，合理安排布置，降低能耗；使用周期需要较普通灯具长，减少维护成本；同时需要具备抗冲击、耐磨、防震、降噪等性能（图4-6-17）。

3）深海空间站、潜艇空间的色彩设计

深海舱室的布置及装饰需要满足色彩明快和谐、布置协调美观的原则，由于深海人居空间的尺度较狭小，如"蛟龙号"的载人舱直径只有2.1 m，因此需要考虑近距离视看时色彩对人的影响。从色彩与空间感知的角度出发，住舱宜使用浅色或接近自然环境的色彩，如暖白色、木色、绿色、蓝色等，使空间显得宽敞明亮，减少压抑闭塞感。另外也应考虑在不同功能的舱室采用不同的色彩基调，如有些住舱选择蓝色可以放松身心、稳定情绪；而在工作舱则应以白色、浅灰色等可以提高辨识度的色彩为主，尽量避免采用过多对比强烈的色彩（起警示作用除外）。在某些特殊作业情况下，会有完全开启红光的情况，因此室内的色彩选择也需要考虑红光照射下的效果（图4-6-18）。

图 4-6-17　潜艇灯具

图 4-6-18　潜艇内的红光

4.6.3　宇航和深空中的人因健康照明

航天飞行和深空探测是人类不断从内太阳系向外太空发起的挑战，是人类进行空间资源开发与利用、空间科学与技术创新的征程，也是人类拓展活动疆域的长远目标。从 1961 年苏联航天员尤里·阿列克谢耶维奇·加加林（Yuri Gagarin）乘"东方 1 号"飞船首次进入天空，到 1969 年美国宇航员阿姆斯特朗（Neil Alden Armstrong）走出阿波罗 11 号飞船登月舱首次踏上月球；从 1971 年苏联发射的第一个礼炮号空间站到 1973 年美国用土星 5 号火箭发射的第一个载人空间站；从 1981 年美国发射了世界上第一架哥伦比亚号航天飞机到 1986 年苏联发射了世界上第一个长期载人空间站——和平号空间站的核心舱。载人航天大致经历了解决把人送入地球轨道并安全返回、发展载人航天的基本技术、发展实验性航天站三个阶段。载人航天技术是人类航天史上的重大突破，穿过地球大气的屏障和克服地球引力，把人类的活动范围从陆地、海洋和大气层扩展到太空。深空探测意义重大，深空中的人因照明也将是光健康研究浓墨重彩的一笔。

1. 太空环境对人体的影响

太空环境与人类所在的地球完全不同，距地球 300km 以外的太空，平均温度为 −200℃～500℃，没有大气压力和氧气，声音在这里无法传播。太空对人体健康最重要的影响因素就是失重，也叫作微重力。太空中微重力环境下的燃烧也与我们在地面上所见到的燃烧完全不同（图 4-6-19）。当然流体的表现与地面也不相同（图 4-6-20）。人类在外太空所处的环境不同于我们在地球上进化适应而来的经历。太空飞行和驻留生活对航天员的健康是一系列的挑战，它会对人体造成诸多危害：①对视觉器官的影

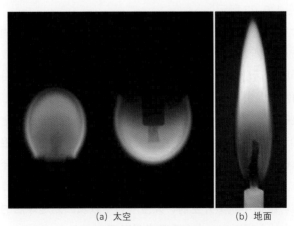

(a) 太空　　　　　　　　(b) 地面

图 4-6-19　蜡烛的火焰在太空中和地面上的区别

图 4-6-20　NASA 航天员 Scott Kell 在微重
力环境下做的水球"乒乓"展示

图 4-6-21　"气泵里的鸟"实验

响；②睡眠障碍；③体位和幻觉问题；④心肺功能降低；⑤血液、体液及电解质的改变；⑥肌肉运动知觉的损失；⑦肌肉骨骼系统的退化。

人类在毫无防护的情况下暴露于太空是致命的，主要原因是太空的真空环境、温度和辐射以及缺乏氧气和压力。图 4-6-21 是爱尔兰自然哲学家罗伯特·波义耳（Robert Boyle）在 1660 年进行的"气泵里的鸟"实验，测试了真空对生物系统的影响。

即使在太空舱和空间站中，也不像在地球上有大气层和磁层的保护一样安全。在太空中，近地轨道一年就会吸收相当于在地球表面上 10 倍量的辐射，会严重伤害维持免疫系统运作的淋巴细胞。暴露在宇宙射线之下 10 年或更长时间的话，更显著地增加患癌概率。太阳风暴也会导致放射病，2013 年 5 月美国国家航空航天局的科学家报告了 2011—2012 年从地球前往火星的火星科学实验室中的辐射评估，证明载人火星任务或许会遭到大量的辐射威胁，科学家们必须在 2030 年把宇航员送上火星前解决掉这些难题[139]，如图 4-6-22 所示。

长时间的太空航行也会降低人体抵抗疾病的能力。在太空密闭的空间里，长期的免疫不全将会造成组员之间的快速感染。近期研究也表明，由于体液的倒流和脑脊髓液压在颅内给予眼球后部的压力，眼球受到挤压，也会增加航天员白内障的发生率。因此载人航天的发展促进了航天医学的发展，从身体训练、医学监测、航天食品营养、航天服对抗、飞行环境等方面，研究如何全面保障航天员的健康安全。然而通过对过去早期太空人和现在资深宇航员的研究，生理问题并非最严重的，相反太空航行的心理问题是一个大问题，如心理孤独、情感剥夺，不仅影响当下，还会一直影响返回地球后的生活。航天领域的研究从过去一直关注宇航员的安全医学保障，也开始重视宇航员的心理调适。根据宇航员升空前、太空飞行中以及回到地球后的心理轨迹，研究人和动物在太空中的心理适应，太空心理学应运而生。

剂量当量 单位：毫西弗（mSv）

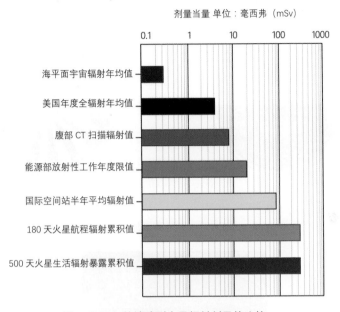

图 4-6-22　从地球到火星辐射剂量的比较

1）在轨飞行对航天员的睡眠—觉醒影响

在太空中的航天员要经历快速变化的日出和日落，地球上的 24 小时光暗周期不存在了，多数低轨道载人飞行任务的光暗周期约为 90 分钟。在一天的时间中宇航员会见证 16 次的昼夜交替（图 4-6-23）。地球自转决定了 24 小时白昼和黑夜的变化，也使得人类生活的近日节律和睡眠同步于每天 24 小时的周期。 90 分钟不同寻常的光暗节奏，是一种独特的环境应激，导致宇航员的生命节奏逐渐与外界授时因子失同步[140,141]。航天飞行器中光照强度普遍低于地球，低于能够有效牵引人体生物钟的光照强度阈值，与此同时，单调重复、高警戒负荷等特殊工作任务、"夜班"、航天飞行的兴奋感、微重力加之噪声、振动、空间狭小密闭等极端环境因素共同影响，进一步促使了人体昼夜节律的紊乱。众所周知，人体的各种生物机能与地球的昼来夜往有规律的周期关联，人的体温、新陈代谢、交感神经、肾上腺素在一天之中的波动范围均是恒定的，空间环境的特殊性会对航天员的睡眠和生物节律产生影响[142]，特别是睡眠—觉醒也由昼夜节律系统控制，睡眠缺乏和睡眠质量低下使航天员面临疲劳和随之而来的健康损伤。宇航员长时间得不到有效休息的后果非常可怕，这将严重影响他们的工作状态，比如警觉性降低、认知功能下降、反应时间延长、消极情绪增多等，使他们在执行关键任务时发生失误，从而丧命并再也无法返回地球。美国国家航空航天局已将睡眠剥夺和

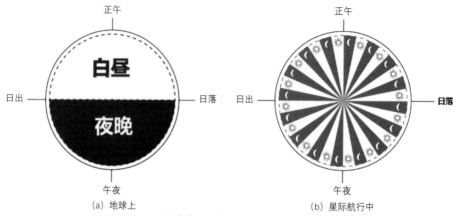

正午

日出 — 白昼 — 日落

夜晚

午夜

（a）地球上

正午

日出 — — 日落

午夜

（b）星际航行中

图 4-6-23　人在地球上生活和星际航行中的光暗周期

图 4-6-24　国际空间站"远征 18 号"探险队队员若田浩一 (Koichi Wakata) 被固定在睡袋中

昼夜节律变化列为长期飞行的重要危险因素。我国越来越重视航天员的在轨睡眠问题，将其视为保持航天员工作能力的关键因素之一。太空睡眠也是航天医学和太空探索任务规划的重要组成部分。

　　然而在太空中的良好睡眠并不容易，除了缩短睡眠时间外，相互交织作用环境影响因素，使睡眠习惯、睡眠结构也发生变化（图 4-6-24）。世界著名生物医学研究机构布莱根妇女医院与哈佛医学院、科罗拉多大学联合组成的科研团队对太空生活时间与航天员的生理和心理变化影响程度进行了测量[143]，结果表明光线、压力和身体不适等环境因素都会对睡眠产生影响。虽然航天员在长时间太空生活之后可能会对环境产生适应，但相对来说比地球上的人类更难入眠。美国航天局在 1988 年曾对执行 9 次航天飞行任务的 58 名航天员开展了一项调查，发现他们在地球上平均睡眠时长为 7.9 小时，而在太空则缩短为 6 小时。任务的第一天和最后一天睡眠时长平均分别为 5.6 小时和 5.7 小时。他们当中的许多人在某些夜晚睡眠不足 5 小时，有些人甚至少于 2 小时。另外一项针对执行 9 次飞行任务的 23 名航天员的研究表明，飞行中和飞行的第一周，平均夜间睡眠时间分别为 (6.9±1.0) 小时和 5.9 小时。279 个在轨夜晚中，有 52 个夜晚 (18.6%) 的睡眠少于 6 小时。如果次日要进行关键任务操作，睡眠时间就会更少。针对执行 5 次任务中进行了 1~3 次舱外活动的 9 名航天员的评估表明，舱外活动前夜航天员的平均睡眠时间为 (5.6±1.1) 小时[144]。该研究团队在 2015—2016 年又对 21 名航天员在国际空间站 3248 天长时间太空飞行和飞船发射前 11 天 (n=231 天) 的动作记录和光度测量数据进行了收集。在国际空间站近地轨道上的正常平均睡眠时长为 (6.4±1.2) 小时、睡眠紊乱时长为 (5.4±1.4) 小时。在睡眠正常期间，航天员对其睡眠质量的主观评分明显高于睡眠失调期间。促进睡眠的药物在睡眠失调期的服用量明显高于睡眠正常期。昼夜节律失调与睡眠不足以及在太空飞行期间药物的使用有关[145]。为了对抗航天环境引起的睡眠及昼夜节律紊乱，在航天飞行中不可避免会造成对睡眠觉醒药物的依赖。哈佛医学院一项研究显示：78% 的航天员在睡眠时间均会使用安眠药；并且发现75% 的航天员在执行任务期间使用促清醒药物，常用药物包括咖啡因和莫达非尼等[146]。

作息安排和轮班也是不能忽视的一个方面，工作时间与昼夜节律时相不一致时常常会导致睡眠不足以及警觉与认知功能下降，但由于任务需求，经常需要航天员在相反节律相位保持清醒。在长期航天飞行中，航天员会采用 24 小时时间表，但可能需要变换，这种睡眠觉醒节律的突然变换也会导致节律失调。航天员轮班工作需要借助高度专业的知识，保持高度警惕性，监控操作复杂设备，同时还要与地勤人员和机上航天员协作，保持良好沟通和协作能力。因此改善航天员昼夜节律也不仅仅是改善睡眠这一个方面。航天任务轮班的持续时间、轮班的方向（顺时针或逆时针）以及夜班工作的连续天数、占用的脑力负荷情况都是太空光健康研究与设计应当涉及的。

2) 空间站舱内照明

空间站与载人登月任务阶段，航天员在外太空驻留时间不断延长，航天员生物节律与睡眠稳态及有效维持将直接关系到航天员的健康与高效工作。舱内照明应基于太空环境下的人体睡眠—觉醒生物节律系统的研究，从而设计优化睡眠保障与生物节律导引的防护措施（图 4-6-25）。

如何保证航天员具有稳态的生物节律，可以尝试人工照明进行主动积极的干预，主要是依赖 LED 的光谱构成、光照强度和光照时长，进行同步引导。绕地飞行的光暗周期只有 90 分钟，航天员觉醒时段由于工作难有空闲时间观察窗外，国际空间站及航天飞机的一些舱段完全封闭无窗，加之光照强度不足，而睡眠时段又缺乏足够暗的环境，就会存在节律失调问题。另外，在深空探测中，航天员还会经历持续的黑暗或持续的白天。美国国家航空航天局曾经对两组人员进行过研究：一组是 2001—2011 年往返于地球和太空站的航天飞机上的宇航员，另一组是 2006—2011 年在轨飞行的宇航员。研究结果显示，宇航员在空间站睡眠时间比他们在地球上大大减少。他们中间的 3/4 的人报告在六个月的执行任务中会使用安眠药。国际空间站宇航员经常服用咖啡因来击退白天的困倦。因此美国国家航空航天局一直在寻求解决问题的更好方式。托马斯杰斐逊大学的乔治·布雷纳德博士联合团队开展了光照效应研究[144]。他们发现人类的眼睛包含一种光敏蛋白——视黑素蛋白，它不同于杆状细胞和锥状细胞，对短波长的蓝光最敏感。增加或减少白光中的蓝光比例，可以提高警觉或者改善睡眠。他们研发了一个多功能 LED 照明系统（图 4-6-26），利用这些光照的效应，设计了三种不同的动态光照模式：其中标准白光照明（4 500 K，210 lx），主要提供充足的光照，保证宇航员在舱内进行的各种操作，保证高的视敏度；富含蓝光的模式（6 500 K，420 lx），增强警觉性，更好地协调生物钟；蓝光含量较少的光照模式（2 700 K，≤ 50 lx）用于睡前，让大脑放松下来，改善睡眠。随后他们将空间站上原有的荧光灯改成了这套 LED 灯具，不仅更加高效和安全，还可以有各种光线的变化。修复睡眠，改善机体的总体状态。

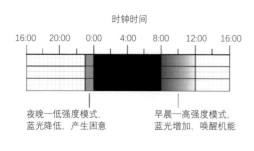

图 4-6-25 利于人员入睡和唤醒的动态光照模式　　图 4-6-26 NASA 模拟昼夜变化的照明系统

科学家们将对这套系统的接受度，以及对航天员的视觉、睡眠、警觉、节律、健康状况等一系列影响作用进一步评估。

另外，俄罗斯国际空间站"黎明号"舱体中也安装了新的照明器，它将复制 5 月 15 日春季这一天的光线变化。莫斯科科学院生物医学问题研究所联合俄罗斯能源火箭太空公司承担了该项目的试验。从心理学和生理学的角度，既考虑了亮度的变化，也考虑了色彩对人的影响。仿照地球条件的灯光会创造心理舒适感，促进作息节律的调节，从而研制出可变光能的光源。科学家认为，相关技术将有利于宇航员的健康——确保正常的作息节律和心理舒适感。光亮的动态变化将模仿地球昼夜——早晨、白天和夜晚 [147]。安装新灯具将对宇航员的健康产生积极影响。

来自中国空间技术研究院载人航天总体部的张天湘、李皖玲、程钊等人，针对航天员长期在轨的生理和心理因素，提出了一种可以应用于空间站舱内的 LED 情景照明系统方案。从总体方案、场景模式、光源和控制、通信及软件框架方面进行了方案设计，并对方案进行了试验验证。初步结果表明，该情景照明系统更加符合人体生理和心理需求，能够实现远程控制，有望提高航天员在轨舒适度，提高空间站任务效能 [148]。

人类太空探索的高光时刻

1. NEEMO 计划

NEEMO 是 NASA 极端环境任务行动（NASA Extreme Environment Mission Operations）的缩写，是准备未来月球和火星等太空探索的一项模拟任务（图 4-6-27）。每次派遣宇航员、工程师和科学家组成的小组在世界上唯一的海底研究站 Aquarius 水下实验室中居住，每次最多 3 周。该实验室位于佛罗里达礁岛群国家海洋保护区，是一个水下栖息地（图 4-6-28）。

图 4-6-27　NEEMO 计划标志

2. "太空 180"大科学试验

该试验负责人是载人航天工程航天员系统副总设计师李莹辉，2016 年由中国航天员科研训练中心和深圳太空科技南方研究院主导，16 个国内外单位共同参与的"绿航星际"4 人、180 天受控生态生保系统集成试验。实现了 4 名志愿者所需全部氧气、大部分水和食物实现再生式供给。"绿航星际"平台 14 个子系统运行可靠，5 类 25 个品种植物茁壮生长，635 台（套）参试设备稳定工作，2 大学科 21 个参试项目有序实施，获取了大量详实可靠的试验数据和资料，深化了我国对于第三代航天环境控制与生命保障系统技术的认识。

图 4-6-28　NEEMO 第 21 次任务（始于 2019 年 7 月 21 日，共 16 天）

3. "月宫 365"实验

由北京航空航天大学生物与医学工程学院刘红教授团队研制的"月宫一号"是我国第 1 个、世界上第 3 个月球基地生命保障人工闭合生态系统基地实验装置。曾在 2017—2018 年完成了为期 370 天的"月宫 365"实验，由此创下世界上时间最长、闭合度最高的密闭生存实验纪录，也是世界首个成功的四生物链环人工闭合生态系统（图 4-6-29）。为我国未来探测月球、火星打下了坚实的技术基础。"月宫"内部的工作区和休息区照明采用了能够模拟日光的 LED 光源，植物舱也设计了利于植物生长的特殊光照。

图 4-6-29 北京航空航天大学月球基地生命保障人工闭合生态系统基地实验装置

4. 航天医学基础与应用国家重点实验室

该实验室是中国航天员科研训练中心承担建设任务的国家级科研机构，针对微重力、空间辐射等航天特因环境导致的危害航天员健康的医学问题，开展长期、系统、深入的研究，发展健康维护技术与手段，以降低航天飞行的医学风险。

5. 中国航天员科研训练中心

中国航天员科研训练中心作为世界第三大航天员中心，是我国载人航天领域内医学与工程相结合的综合型研究机构，拥有航天医学基础与应用和人因工程两个国家级重点实验室。承担了航天员选拔训练、医学监督和医学保障、飞船环境控制与生命保障系统研制、航天服与航天食品研制、大型地面模拟试验和训练设备研制等多项重要任务，被誉为"中国航天员成长的摇篮"。

6. 日本"希望号"JEM 实验舱

日本"希望号"JEM 实验舱（Japanese Experiment Module, JEM）是日本首个太空实验舱，主要研究项目为太空微重力，也关注医药、生物、生物技术和通信等领域（图4-6-30）。由日本宇宙航空研究开发机构于 2001 年 9 月制造完成，也是国际空间站上最大的舱组。

图 4-6-30　日本"希望号"JEM 实验舱　　　　图 4-6-31　"哥伦布"实验舱内部结构图

7. 欧洲"哥伦布"实验舱

"哥伦布"实验舱（Columbus Laboratory）是继美国"命运号"(Destiny Laboratory) 之后的第二个国际空间站实验舱，它由欧洲 10 个国家的 40 家公司共同参与制造，是欧洲航天局最大的国际空间站项目（图 4-6-31）。"哥伦布"实验舱装备有多种实验设备，能开展细胞生物学、太空生物学、流体和材料科学、人类生理学、天文学和基础物理学等多方面的实验。

8. 神舟飞船

神舟飞船系我国自行研制。神舟飞船采用三舱一段，即由返回舱、轨道舱、推进舱和附加段构成，由 13 个分系统组成。神舟系列载人飞船由专门为其研制的长征二号 F 火箭发射升空，发射基地是酒泉卫星发射中心。第一艘载人飞船是神舟五号，将航天员杨利伟送入太空（图 4-6-32）；神舟七号载人飞船首次实施中国航天员出舱活动；神舟八号无人飞船成功执行与天宫一号的首次自动空间交会对接任务；神舟九号实施的首次载人空间交会对接（图 4-6-33、图 4-6-34）；神舟十号首次开展我国航天员太空授课活动；神舟十一号进行了航天员在太空中期驻留试验，驻留时间首次长达 30 天。

图 4-6-32　中国进入太空的第一人杨利伟

图 4-6-33　神州九号航天员刘旺、刘洋和景海鹏执行任务过程

图 4-6-34　神舟九号返回舱

9. 国家人因工程重点实验室

中国载人航天工程航天员系统总指挥兼总设计师陈善广是该实验室负责人。人因工程研究是载人航天工程的重要基础支撑，载人航天器、舱外航天服等工程研制都需考虑到航天员生理和心理特性，体现出人机协同的设计理念。长时间失重、狭小密闭环境、有害气体、辐射等恶劣作业环境对航天员影响尤为突出，加强对航天飞行中人的防护需求和能力

变化规律进行系统地研究，突破生命保障关键技术，提高中国载人航天工程整体研究与应用水平（图 4-6-35）。

图 4-6-35　人因工程国家重点实验室标志　　　　图 4-6-36　NASA 人体研究项目标志

10. NASA 人体研究项目

NASA 人体研究项目（Human Research Program）是 2005 年美国航空航天局根据美国"空间探索新构想"而启动的一项研究计划。人体研究项目主要通过国际空间站医学研究、空间辐射、航天员健康对抗措施、探索医学能力、空间人的因素和适居性、行为健康与绩效六个方面的研究来减少航天员健康和绩效的风险，并以此建立航天员航天飞行健康标准的依据基础（图 4-6-36、图 4-6-37）。

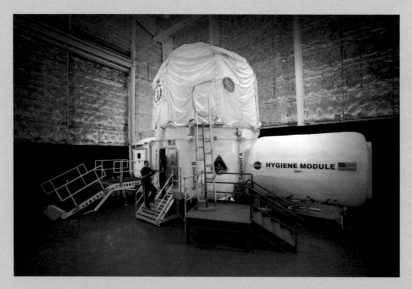

图 4-6-37　人类探索研究项目深空模拟舱外观

参考文献

[1] Chang Chai . 从中国绿色建筑发展史到国际绿建大会 [EB/OL]. (2018-01-29) . https://www.construction21.org/china/articles/h/ 从中国绿色建筑发展史到国际绿建大会 .html.

[2] 王清勤，邓月超，李国柱，等 . 我国健康建筑发展的现状与展望 [J/OL]. http://kns.cnki.net/kcms/detail/11.1784.N.20200204.2308.082.html. 科学通报，2020-02-23.

[3] 汪安安，李阳 . 国内外健康建筑的理念标准与实践探索 [J/OL]. http://www.chinaqking.com/yc/2018/1063834.html. 建筑学研究前沿，2018-03-02.

[4] Ranson R P. Guidelines for Healthy Housing[J]. World Health Organization, 1988. 1:259.

[5]World Health Organization. Housing and health guidelines[R].Geneva: WHO, 2018.

[6] 王清勤，孟冲，李国柱 . T/ASC 02—2016《健康建筑评价标准》编制介绍 [J]. 建筑科学，2017, 33(002):163-166.

[7] 世界卫生组织 . 近四分之一的疾病是由环境暴露造成的 [EB/OL]. (2006-06-16). https://apps.who.int/mediacentre/news/releases/2006/pr32/zh/index.html.

[8] Colomina B. X-ray Architecture[M]. Zürich: Lars Müller Publishers, 2019.

[9] The International Ultraviolet Association.IUVA Fact Sheet on UV Disinfection for COVID-19[R/OL]. (2020-04-27). https://iuva.org/IUVA-Fact-Sheet-on-UV-Disinfection-for-COVID-19/>.

[10] International Commission on Illumination. CIE Position Statement on Ultraviolet (UV) Radiation to Manage the Risk of COVID-19 Transmission[EB/OL]. (2020-05-12). http://cie.co.at/files/CIE%20Position%20Statement%20-%20UV%20radiation%20%282020%29.pdf>.

[11]International Commission on Non-Ionizing Radiation Protection. ICNIRP Guidelines on limits of exposure to ultraviolet radiation of wavelengths between 180 nm and 400 nm (incoherent optical radiation)[J]. Health Physics, 2004, 87(2): 171-186.

[12] IEC/CIE.IEC 62471:2006/CIE S 009:2002 Photobiological safety of lamps and lamp systems[S].International Electrotechnical Commission, 2006./International Commission on Illumination, 2002.

[13] Fonseca M J, Tavares F. The bactericidal effect of sunlight[J]. The American Biology Teacher, 2011, 73(9): 548-552.

[14] Fahimipour A K, Hartmann E M, Siemens A, et al. Daylight exposure modulates bacterial communities associated with household dust[J]. Microbiome, 2018, 6(1): 1-13.

[15] Dai T, Gupta A, Murray C K, et al. Blue light for infectious diseases: Propionibacterium acnes, Helicobacter pylori, and beyond?[J]. Drug Resistance Updates, 2012, 15(4): 223-236.

[16] Maclean M, MacGregor S J, Anderson J G, et al. High-intensity narrow-spectrum light inactivation and wavelength sensitivity of Staphylococcus aureus[J]. FEMS microbiology letters, 2008, 285(2): 227-232.

[17]Fujishima A, Honda K. Electrochemical photolysis of water at a semiconductor electrode[J]. Nature, 1972, 238(5358): 37-38.

[18] Wolverton B C, Johnson A, Bounds K. Interior landscape plants for indoor air pollution abatement[R]. MS : National Aeronautics and Space Administration, John C. Stennis Space Center Science and Technology Laboratory,1989.

[19] Sullivan J A , Deng X W . From seed to seed: the role of photoreceptors in Arabidopsis development[J]. Developmental Biology, 2003, 260(2):289-297.

[20] 中华人民共和国教育部 . 教育部等八部门印发《综合防控儿童青少年近视实施方案》的通知 [EB/OL]. (2018-08-30). http://www.moe.gov.cn/s78/A17/moe _797/201908/t20190830_396649.html.

[21] 瞿佳，侯方，周佳玮，等 . 近视防控教室 LED 照明专家共识 [J]. 照明工程学报 ,2019,30(06):36-40+46.

[22] 陈荣凯，江海棠，毕嘉琦，等 . 2011—2014 年深圳市宝安区中小学校教室采光照明与学生视力不良的关系 [J]. 预防医学论坛，2016, 22(2): 131-133.

[23] 宋俊生 . 教室采光照明对学生视力的影响 [J]. 中国学校卫生 ,1996,17(5):355-355.

[24] 蒋思彬，王政和，余红，等．教室灯光改造对中小学生视力及视力不良的影响 [J]. 照明工程学报，2019, 30(03): 15-18.

[25] GB 7793—2010. 中小学校教室采光和照明卫生标准 [S]. 北京：中华人民共和国卫生部，2010.

[26] FAGERHULT.An inclusive learning environment[EB/OL]. （2019-12-10）. https://www.fagerhult.com/knowledge-hub/light-guides/schools-and-learning-environments/classrooms/.

[27] DB31/T 539—2020. 中小学校及幼儿园教室照明设计规范 [S]. 上海：上海市场监督管理局，2020

[28] 李振霞，沈天行．多媒体教室的光环境实测调查 [J]. 照明工程学报,2009,(02):46-50.

[29] Hinterlong J E, Holton V L, Chichen Chiang, et al. Association of multimedia teaching with myopia: A national study of schoolchildren[J]. Journal of Advanced Nursing, 2019, 75(12) :3643-3653.

[30] 游杰，夏伟，陈伟峰，等．基于模糊综合评判法的学校多媒体教室光环境评估 [J]. 中国学校卫生，2016, 37(03): 428-431.

[31] GB 50033—2013. 建筑采光设计标准 [S]. 北京：中华人民共和国住房和城乡建设部，2013.

[32] 杨春宇，梁树英，张青文．调节和预防大学生季节性抑郁情绪的光照研究 [J]. 灯与照明，2013, 37(01): 1-3+11.

[33] 林怡，戴奇，邵戎镝，等．办公空间光环境设计趋势——人员需求的平衡与技术迭代的探索 [J]. 照明工程学报，2018, 29(03): 1-5+16.

[34] 黄海静，韩璐．老年人电脑 VDT 使用现状及照明要求调研分析 [J]. 照明工程学报，2020, 31(01): 176-183.

[35] The Well Building Standard.i67Electric Light Glare Control [EB/OL]. （2020-05-20）. https://v2.wellcertified.com/wellv2/en/light/feature/4.

[36]ANSI/IESNA-RP-1–04. American national standard practice for office lighting [S]. New York：American National Standards Institute, Illuminating Engineering Society of North America, 2013

[37]Sheedy J E, Smith R, Hayes J. Visual effects of the luminance surrounding a computer display[J]. Ergonomics, 2005, 48(9): 1114-1128.

[38] DaeWha Kang Design. The Shard Living Lab [EB/OL]. （2019-2-28）. https://www.daewhakang.com/project/the-shard-living-lab/.

[39] Schlangen L J M. CIE position statement on non-visual effects of light: recommending proper light at the proper time[R].Vienna: CIE,2019.

[40] Stefani O, Cajochen C. Should We Rethink Regulations and Standards for Lighting at Workplaces? A Practice Review on Existing Lighting Recommendations[J]. Frontiers in Psychiatry, 2021, 12: 671.

[41] DIN SPEC67600-2013. Biologically effective illumination-design guidelines[S]. Berlin:German Institute for Standardisation, 2013.

[42] 陆文虎．利于办公人员情绪健康与工作绩效的人工光环境设计研究 [D]. 上海：同济大学，2020.

[43] T/CIES 030—2020. 中小学教室健康照明设计规范 [S]. 北京：中国照明学会，2020.

[44] 郑宏飞．重庆地区机械工厂光环境现状分析和研究 [J]. 产业与科技论坛，2017,16(22):92-93.

[45] Gosling W A . To Go or Not to Go? Library as Place[J]. American Libraries, 2000, 31(11):44-45.

[46] Henri Juslén, Tenner A . Mechanisms involved in enhancing human performance by changing the lighting in the industrial workplace[J]. International Journal of Industrial Ergonomics, 2005, 35(9):843-855.

[47] 胡韵荻. LED 曝光对流水线工人生理节律的影响研究 [D]. 重庆：重庆大学,2017.

[48] 沈琦译．照明健康与工作效率 [J]. 中国照明电器，2001, 02(2):21.

[49] 严永红，何思琪，胡韵荻，等．班前 LED 光暴露对流水线工人警觉性、注意力和情绪影响研究 [J]. 南方建筑，2019, (3):70-75.

[50] 于永民，张宇，冯伟一．环境色彩对槽筒操作工人视觉疲劳的影响研究 [J]. 科技信息，2010, 000(003):79,50.

[51] Ranson R. Healthy housing: a practical guide[M]. Oxfordshire:Taylor & Francis, 2002.

[52] Acosta I, Campano M Á, Molina J F. Window design in architecture: Analysis of energy savings for lighting and visual comfort in residential spaces[J]. Applied Energy, 2016, 168: 493-506.

[53] Sugino T, Yamada H, Kajimoto O. Effects of a Combination of Wooden Interior and Indirect Lighting in the Bedroom on Improving Sleep Quality and Attenuating Fatigue[J]. Japanese Journal of Complementary and Alternative Medicine, 2015, 12(2): 55-64.

[54] Lee K A, Gay C L. Can modifications to the bedroom environment improve the sleep of new parents? Two randomized controlled trials[J]. Research in nursing & health, 2011, 34(1): 7-19.

[55] Papamichael K, Siminovitch M, Veitch J A, et al. High color rendering can enable better vision without requiring more power[J]. Leukos, 2016, 12(1-2): 27-38.

[56] 房媛, 贺晓阳, 曹帆, 等 . 中日韩住宅照明联合调查报告——2011-2015 期间研究进展 [A]// 海峡两岸第二十二届照明科技与营销研讨会专题报告暨论文集 , 2015.

[57] LRC.Survey Results Now Available! More Daytime Light = Better Sleep and Mood[EB/OL]. (2020-06-15). https://www.lrc.rpi.edu/resources/newsroom/pr_story.asp?id=464#.YM26mb0zY2z.

[58] Rivkees S A, Mayes L, Jacobs H, et al. Rest-activity patterns of premature infants are regulated by cycled lighting[J]. Pediatrics, 2004, 113(4): 833-839.

[59] GB 50034—2013. 建筑照明设计标准 [S]. 北京 : 中华人民共和国住房和城乡建设部 , 2013.

[60] Berman S M, Navvab M, Martin M J, et al. Children's near acuity is better under high colour temperature lighting[C]//CIE Midterm Meeting and International Lighting Congress. 2005, 16.

[61] 董英俊, 张昕 . 唤醒照明研究综述与应用展望 [J]. 新建筑 , 2019(5):18-22.

[62] Rautkylä E, Puolakka M, Halonen L. Alerting effects of daytime light exposure–a proposed link between light exposure and brain mechanisms[J]. Lighting Research & Technology, 2012, 44(2): 238-252.

[63] Scheer F, Buijs R M. Light affects morning salivary cortisol in humans[J]. Journal of Clinical Endocrinology and Metabolism, 1999, 84: 3395-3398.

[64] 杨春宇, 刘炜, 陈仲林 . 住宅的人工照明与健康研究 [J]. 住宅科技 , 2001(10):10-13.

[65] Hanford N, Figueiro M. Light therapy and Alzheimer's disease and related dementia: past, present, and future[J]. Journal of Alzheimer's Disease, 2013, 33(4): 913-922.

[66] GB 51039—2014. 综合医院建筑设计规范 [S]. 北京 : 中华人民共和国住房和城乡建设部, 2014.

[67] 班淇超, 陈冰, Stephen Sharples, 等 . 循证设计策略在医疗建筑环境领域的应用研究 [J]. 中国医院建筑与装备, 2016 (10) :95-100.

[68] 弗罗伦斯 • 南丁格尔 . 世界科普巨匠经典译丛 (第 3 辑): 护理札记 [M]. 上海 : 上海科普出版社, 2014.

[69] ANSI/IES RP-29-16. Lighting For Hospitals And Healthcare Facilities[S]. New York: American National Standards Institute, Illuminating Engineering Society of North America, 2016.

[70] Giménez, Marina C, et al. Patient room lighting influences on sleep, appraisal and mood in hospitalized people[J]. Journal of Sleep Research, 2017, 26(2):236-246.

[71] New York University. Nurses sleep less before a scheduled shift, hindering patient care and safety[EB/OL]. (2019-12-10). https://www.nyu.edu/about/news-publications/news/2019/december/nurses-sleep-health.html.

[72] IATA 国际航协 2019 年度报告 (IATA's Annual Review 2019) [EB/OL]. (2019-12-10). https://annualreview.iata.org/.

[73] J Waterhouse, T Reilly, G Atkinson. Jet lag: trends and coping strategies[J]. The Lancet, 2007. 369(9567): 1117–1129.

[74] Torresi J, McGuinness S, Leder K, et al. Manual of Travel Medicine[M]. Basingstoke:Springer Nature, 2019.

[75] Reid K J, Abbott S M . Jet Lag and Shift Work Disorder[J]. Sleep Medicine Clinics, 2015, 10(4):523-535.

[76] IATA.Medical Manual 11th Edition-rev1 - IATA [R/OL]. (2018-06-20). https://pdf4pro.com/view/medical-manual-11th-edition-rev1-iata-home-1f8426.html.

[77] World Health Organization. Air travel advice[EB/OL]. (2020-04-27). https://www.who.int/ith/mode_of_travel/jet_lag/en/.

[78] Aerospace Medical Association. Medical Considerations for Airline Travel[EB/OL]. (2018-08-22). https://www.asma.org/publications/medical-publications-for-airline-travel/medical-considerations-for-airline-travel.

[79] Mayo Clinic. Jet lag disorder[EB/OL]. (2020-10-02). https://www.mayoclinic.org/diseases-conditions/jet-lag/symptoms-causes/syc-20374027.

[80] The American Academy of Sleep Medicine. What is jet lag? [EB/OL]. (2020-08-10). https://sleepeducation.org/sleep-disorders/jet-lag/.

[81] Revell V L, Eastman C I. Jet lag and its prevention[J]. Therapy in Sleep Medicine, 2012, Elsevier, 390–401.

[82] Waterhouse J, Atkinson G, Reilly T. Jet lag[J]. Lancet 1997, 350: 1611–16.

[83] Boivin D B, Czeisler C A. Resetting of circadian melatonin and cortisol rhythms in humans by ordinary room light[J]. Neuroreport, 1998, 9(5): 779-782.

[84] Chesson A L, Littner M, Davila D, et al. Practice parameters for the use of light therapy in the treatment of sleep disorders[J]. Sleep, 1999, 22(5): 641-660.

[85]Keystone J S, Freedman D O, Kozarsky P E, et al. Travel Medicine: Expert Consult-Online and Print[M].Amsterdam:Elsevier Health Sciences, 2012.

[86] Zhao F, Yang J, Cui R. Effect of hypoxic injury in mood disorder[J]. Neural plasticity, 2017:6986983.

[87] Li X Y, Wu X Y, Fu C, et al. Effects of acute mild and moderate hypoxia on human mood state[J]. Space Medicine & Medical Engineering, 2000, 13(1): 1-5.

[88] Winzen J, Albers F, Marggraf-Micheel C. The influence of coloured light in the aircraft cabin on passenger thermal comfort[J]. Lighting Research & Technology, 2014, 46(4): 465-475.

[89] Huebner G M, Shipworth D T, Gauthier S, et al. Saving energy with light? Experimental studies assessing the impact of colour temperature on thermal comfort[J]. Energy Research & Social Science, 2016, 15: 45-57.

[90] 杨彪. 民机驾驶舱光环境设计及视觉工效学研究 [D]. 上海：复旦大学，2011.

[91] 林燕丹，艾剑良，杨彪，等. 民机驾驶舱在恶劣光环境下的飞行员视觉工效研究 [J]. 科技资讯，2016, 014(013):175-176.

[92] 王素环 .LED 在民用飞机驾驶舱泛光照明中的应用 [J]. 照明工程学报 ,2015,26(06):14-18.

[93] Miles W R. Effectiveness of red light on dark adaptation[J]. JOSA, 1953, 43(6): 435-441.

[94] MSC/Circ 982. Guidelines on Ergonomic Criteria for Bridge Equipment and Layout [S]. London:International Maritime Organization,2000.

[95] IACS Rec.No.132 Human Element Recommendations for structural design of lighting, ventilation,vibration, noise, access and egress arrangements[S]. Oakbrook: International Association of Classification Societies,2018.

[96] GD 22—2013. 船舶人体工程学应用指南 [S]. 北京：中国船级社，2014.

[97] ABS 0102:2012. Guide for Crew Habitability on Ship[S]. American Bureau of Shipping, 2016.

[98] 李玲，解洪成，陈圻. 人因工程技术及其在舰船设计中的应用 [J]. 人类工效学 ,2007(01):43-45.

[99] 陈霞，刘双. 海军装备领域人因工程研究现状及发展 [J]. 舰船科学技术 ,2017,39(07):8-13.

[100] A Rothblum,D Wyatt.Night Vision And Nighttime Lighting For Boaters[EB/OL]. (2020-06-20). http://www.plaisance-pratique.com/IMG/pdf/6_-_Rothblum_-_Night_Vision_and_Nighttime_Lighting_for_Mariners_2_.pdf.

[101] 乔纳森·M. 罗斯. 海军舰艇设计和操作中的人因 [M]. 卢晓平，熊虎，张文山，译. 北京：电子工业出版社 ,2017.

[102] 柯文棋. 现代舰船卫生学 [M]. 北京：人民军医出版社 ,2005.

[103] 沈中伟. 地下空间中的建筑学 [J]. 时代建筑，2019, 5：23-26.

[104] Vähäaho I. Underground space planning in Helsinki[J]. Journal of Rock Mechanics and Geotechnical Engineering, 2014, 6(5): 387-398.

[105] 王剑宏，刘新荣. 浅谈日本的城市地下空间的开发与利用 [J]. 地下空间与工程学报，2006,3:349-353.

[106] Peila D, Pelizza S. Civil reuses of underground mine openings: a summary of international experience[J]. Tunnelling and Underground Space Technology, 1995, 10(2): 179-191.

[107] INHABITAT. Solatube Skylights[EB/OL]. (2006-12-28) .https://inhabitat.com/solar-tube/.

[108] 建筑人. 一款神奇的灯，在地下室坐拥阳光和蓝天 [EB/OL]. (2017-10-19). http://www.cityup.org/chinasus/lighting/hyzx/20171019/119443.shtml.

[109] Lighting Archives.Bluetooth deal to drive adoption of human centric lighting[EB/OL]. (2019-09-09). https://www.luxreview.com/2019/09/09/bluetooth-deal-to-drive-adoption-of-daylight-human-centric-lighting/.

[110] Wilson E O. Biophilia[M]. Cambridge: Harvard university press, 1984.

[111] CECS 45:92. 地下建筑照明设计标准 [S]. 北京：中国建筑科学研究院，1993.

[112] 北京市住房城乡建设委员会，北京市人民防空办公室，北京市应急管理局. 关于印发《北京市人民防空工程和普通地下室安全使用管理规范》的通知 [EB/OL]. (2019-08-12). http://www.gov.cn/xinwen/2019-08/12/content_5420730.htm.

[113] MC Finnegan, LZ Solomon. Work attitudes in windowed vs. windowless environments[J]. Journal of Social Psychology, 1981,115: 291-292.

[114] Roberts A C, Christopoulos G I, Car J, et al. Psycho-biological factors associated with underground spaces: What can the new era of cognitive neuroscience offer to their study?[J]. Tunnelling and Underground Space Technology incorporating Trenchless Technology Research, 2016, 55:118-334.

[115] 徐庆辉. 灯光就是魔术师！地下室秒变莱茵河畔 [EB/OL]. (2018-12-11). https://mp.weixin.qq.com/s/QxEe4yEq6i2eLsxbGEelvA.https://www.iald.org/About/Lighting-Design-Awards/2018-Award-Winners.

[116] 蒋正杰，张绪，马瑶瑶，等. 某部地下指挥所转进任务卫勤保障方法研究 [J]. 职业与健康,2019,35(11):1550-1553+1557.

[117] 郝永建，廖远祥，高志丹，等. 某部坑道驻训期间官兵健康状况调查 [J]. 解放军预防医学杂志,2015, 33 (6) :686.

[118] 郝洛西，曹亦潇，汪统岳. 旨在节律和情绪改善的健康照明研究与应用 [J]. 灯与照明，2019,43(1):6-10.

[119] Chen N, Wu Q, Xiong Y, et al. Circadian rhythm and sleep during prolonged Antarctic residence at Chinese Zhongshan station[J]. Wilderness & environmental medicine, 2016, 27(4): 458-467.

[120] 郝洛西，林怡，徐俊丽，等. 南极与照明科技 [J]. 照明工程学报,2014,25(1):1-7+152.

[121] Paul F U J, Mandal M K, Ramachandran K, et al. Interpersonal behavior in an isolated and confined environment[J]. Environment and Behavior, 2010, 42(5): 707-717.

[122] 陈楠. 长期居留南极中山站越冬队员昼夜节律、睡眠及心理的变化 [A]// 中国睡眠研究会第八届学术年会暨 20 周年庆典论文汇编. 北京：中国睡眠研究会,2014

[123] Kawasaki A, Wisniewski S, Healey B, et al. Impact of long-term daylight deprivation on retinal light sensitivity, circadian rhythms and sleep during the Antarctic winter[J]. Scientific reports, 2018, 8(1): 1-12.

[124] Pattyn N, Van Puyvelde M, Fernandez-Tellez H, et al. From the midnight sun to the longest night: Sleep in Antarctica[J]. Sleep medicine reviews, 2018, 37: 159-172.

[125]Palinkas L A, Houseal M, Rosenthal N E. Subsyndromal seasonal affective disorder in Antarctica[J]. Journal of nervous and mental disease, 1996,184(9), 530–534.

[126] Reed H L, Silverman E D, Shakir K M, et al. Changes in Serum Triiodothyronine (T3) Kinetics after Prolonged Antarctic Residence: The Polar T3 Syndrome[J]. Journal of Clinical Endocrinology & Metabolism, 1990, 70(4):965-974.

[127] 徐成丽，祖淑玉，李晓冬，等. 居留南极对考察队员血中甲状腺素和儿茶酚胺含量的影响 [J]. 极地研究,2001(04):294-300.

[128] 叶芊，闫巩固. 南极越冬队员极地生活适应及应对策略 [J]. 极地研究, 2010, 22(3): 262-270.

[129] Sandal G M, van deVijver F J R, Smith N. Psychological hibernation in Antarctica[J]. Frontiers in psychology, 2018, 9: 22-35.

[130] 闫巩固，叶芊. 极地环境中的心理学研究 [J]. 心理科学进展, 2009, 17(1): 227-232.

[131] Najjar R P, Wolf L, Taillard J, et al. Chronic artificial blue-enriched white light is an effective countermeasure to delayed circadian phase and neurobehavioral decrements[J]. PloS one, 2014, 9(7): e102827.

[132] Arendt J. Biological rhythms during residence in polar regions[J]. Chronobiology international, 2012, 29(4): 379-394.

[133] Corbett R W, Middleton B, Arendt J. An hour of bright white light in the early morning improves performance and advances sleep and circadian phase during the Antarctic winter[J]. Neuroscience letters, 2012, 525(2): 146-151.

[134] AECOM.Rhythm of light[EB/OL]. (2021-04-21). https://aecom.com/without-limits/article/rhythm-light/.

[135] Mairesse O, MacDonald-Nethercott E,

Neu D, et al. Preparing for Mars: human sleep and performance during a 13 month stay in Antarctica[J]. Sleep, 2019, 42(1): 206.

[136] 宋春丹. 水下90天：中国核潜艇的极限长航 [J]. 中国新闻周刊, 2018, 000(030):68-73.

[137] 燕锐, 肖存杰. 某潜艇舱室微生物本底调查和污染现状分析 [J]. 军事医学, 2013(06):17-19.

[138] Crepeau L J, Bullough J D, Figueiro M G, et al. Lighting as a Circadian Rhythm-Entraining and Alertness-Enhancing Stimulus in the Submarine Environment[J]. SSRN Electronic Journal, 2006.

[139] Wikipedia.Human mission to Mars[EB/OL]. (2021-06-05). https://en.wikipedia.org/wiki/Human_mission_to_Mars.

[140] Gundel A, Polyakov V V, Zulley J. The alteration of human sleep and circadian rhythms during spaceflight[J]. Journal of sleep research, 1997, 6(1): 1-8.

[141] Stampi C. Sleep and circadian rhythms in space[J]. The Journal of Clinical Pharmacology, 1994, 34(5): 518-534.

[142] JC McPhee, JB Charles. Human health and performance risks of space exploration missions: evidence reviewed by the NASA human research program[M]. Houston:NASA,Lyndon B. Johnson Space Center, 2009.

[143] Barger L K, Flynn-Evans E E, Kubey A, et al. Prevalence of sleep deficiency and use of hypnotic drugs in astronauts before, during, and after spaceflight: an observational study[J]. The Lancet Neurology, 2014, 13(9): 904-912.

[144] Santy P A, Kapanka H, Davis J R, et al. Analysis of sleep on Shuttle missions[J]. Aviation, space, and environmental medicine, 1988, 59(11 Pt 1): 1094-1097.

[145] Flynn-Evans E E, Barger L K, Kubey A A, et al. Circadian misalignment affects sleep and medication use before and during spaceflight[J]. npj Microgravity, 2016, 2(1): 1-6.

[146] NASA.Let There Be (Better) Light[EB/OL]. (2016-10-20). https://www.nasa.gov/mission_pages/station/research/let-there-be-better-light.

[147] 中国新闻网. 国际空间站俄舱体将安装照明器复制地球光照变化 [EB/OL]. (2019-04-02). https://world.huanqiu.com/article/9CaKrnKju1a.

[148] 张天湘, 李皖玲, 程钊. 一种大型载人航天器的情景照明系统设计 [J]. 载人航天, 2018, 24, 82(02):40-44.

图表来源

图 4-1-1 International WELL Building Institute
https://www.wellcertified.com/
图 4-1-2 HDR, Inc.
https://twitter.com/kimsosarch
图 4-1-3 Harvard T.H. Chan School of Public Health
https://9foundations.forhealth.org/
　　　罗路雅 译绘
图 4-1-4 Built environment plus
https://builtenvironmentplus.org/event/living-building-challenge-lbc-roundtable/
图 4-1-5 曹亦潇 绘
图 4-1-6 My ASD Child
http://www.myaspergerschild.com/2018/07/the-benefits-of-sensory-room-for-kids.html
图 4-1-7 Akito Goto, Hiroyasu Shoji
https://www.iald.org/News/Spotlight/IALD-MEMBER-SPOTLIGHT-MAY-2015
图 4-1-8 Led Rise
https://www.ledrise.eu/blog/uv-fluence-for-disinfection/
　　　曹亦潇 改绘
图 4-1-9 左图：Northwell Health
https://www.northwell.edu/news/ultraviolet-disinfection-97-7-percent-effective-in-eliminating-pathogens-in-hospital-settings-study-shows
　　　右图：Sustainable Bus
https://www.sustainable-bus.com/news/bus-disinfection-through-uv-lights-a-way-to-fight-coronavirus-in-shanghai/
图 4-1-10 左图：Belmar Technologies
https://www.belmartechnologies.co.uk/What-is-UV-Water-Disinfection.html

右图：enbio
图 4-1-11 李娟洁 绘
图 4-1-12 左图：Smiley.toerist
https://commons.wikimedia.org/wiki/File:Seoul_
City_Hall_green_wall_4.JPG
　　　　　右图：Natural greenwalls(New Psychi-
atric Department at Aabenraa)
https://en.naturalgreenwalls.com/portfolio/
psychiatric-hospital/
图 4-1-13 中国极地研究中心 供图
图 4-2-1 曹亦潇 绘
图 4-2-2 曹亦潇 绘
图 4-2-3 曹亦潇 绘
图 4-2-4 曹亦潇 改绘
图 4-2-5 曹亦潇 改绘
图 4-2-6 罗路雅 绘
图 4-2-7 罗路雅 绘
图 4-2-8 罗路雅 绘
图 4-2-9 德国欧科（ERCO）照明 供图
　　　　　罗路雅 改绘
图 4-2-10 罗路雅 绘
图 4-2-11 Pixabay
https://pixabay.com/zh/photos/welding-factory-
produce-palette-1628552/
图 4-2-12 周佳玮 摄
图 4-2-13 罗晓梦 绘
图 4-2-14 罗晓梦、罗路雅 摄
图 4-2-15 罗晓梦 绘
图 4-2-16 罗晓梦 绘
图 4-2-17 699pic
http://699pic.com/tupian-500839475.html?
图 4-2-18 罗晓梦 绘
图 4-2-19 罗晓梦 绘
图 4-2-20 Philips.com
http://www.lighting.philips.com.cn/cases/cases/
manufacturing/led-factory
图 4-2-21 罗晓梦 摄
图 4-2-22 罗晓梦 摄
图 4-3-1 王雨婷 摄
图 4-3-2 王雨婷 绘
图 4-3-3 郝洛西 摄
图 4-3-4 The Lighting Research Center
https://www.lrc.rpi.edu/resources/newsroom/pr_
story.asp?id=464#.YMyBpL0zYz2
图 4-3-5 施雯苑 绘
图 4-3-6 郝洛西 摄
图 4-3-7 左图：孟欣然 摄
　　　　　右图：彭睿阳 摄
图 4-3-8 邱鸿宇 摄
图 4-3-9 陈尧东 摄
图 4-4-1 曹亦潇 绘

图 4-4-2 郝洛西 绘
图 4-4-3 左上：徐俊丽 摄
　　　　　右上：郝洛西 摄
　　　　　下图：郝洛西 摄
图 4-4-4 Enbloc
http://www.enbloc-cleanrooms.com/cms/wp-
content/uploads/2017/07/1_ENBLOC-CLEAN-
LED-SMOOTH.pdf
图 4-4-5 胡文杰 摄
图 4-4-6 Winning-nature-trail https://www.
designindaba.com/articles/creative-work/
winning-nature-trail
图 4-4-7 郝洛西 摄
图 4-4-8 Architonic.com
https://www.architonic.com/en/story/light-
building-light-building-human-centric-
lighting/7001836
图 4-4-9 曹亦潇 绘
图 4-4-10 Light.philips
https://www.facebook.com/light.philips/photos/
pcb.1783082008412170/1783071361746568/?ty
pe=3&theater
图 4-4-11 郝洛西 摄
图 4-5-1 Wikipedia
https://en.wikipedia.org/wiki/Civil_aviation
图 4-5-2 Luxurytraveladvisor
https://www.luxurytraveladvisor.com/
destinations/14-amazing-facts-about-time-
zones
　　　　　曹亦潇 改绘
图 4-5-3 曹亦潇 绘
图 4-5-4 Apex.aero.
https://apex.aero/2020/03/06/vistara-
dreamliner-jetlite
图 4-5-5 来源文献：Winzen J, Albers F, Margg-
raf-Micheel C. The influence of coloured light
in the aircraft cabin on passenger thermal
comfort[J]. Lighting Research & Technology,
2014, 46(4): 465-475.
　　　　　曹亦潇 改绘
图 4-5-6 Jontsa73
https://www.youtube.com/watch?v=ZDTfS-
7BdnU
图 4-5-7 Trendszilla.net.
https://www.trendszilla.net/2018/06/05/5-
secrets-of-flight-attendants-you-need-to-
know-before-your-next-flight/
图 4-5-8 Dunja Djudjic
https://www.diyphotography.net/this-
breathtaking-photo-shows-rare-st-elmos-fire-
from-an-airplane-cockpit/

图 4-5-9 u/samueljohann
https://www.reddit.com/r/aviation/comments/7tmbg1/airbus_a350_cockpit_looks_amazing/
图 4-5-10 新浪新闻中心
http://share.wukongwenda.cn/question/6742263027569000718/
　　曹亦潇 改绘
图 4-5-11 ABC News: Rachel Riga
https://www.abc.net.au/news/2019-04-04/hmas-brisbane-australias-most-advanced-navy-warship/10969318
图 4-5-12 ShipInsight.Equipment is at the heart of vessel cyber security
https://shipinsight.com/articles/equipment-is-at-the-heart-of-vessel-cyber-security
图 4-5-13 左图：Picuki.com
https://www.picuki.com/media/2167894363760536570
　　右图：Andy Cross
https://www.bwsailing.com/night-moves/
图 4-5-14 曹亦潇 绘
图 4-5-15 曹亦潇 绘
图 4-5-16 国家海洋环境预报中心
https://www.sohu.com/a/276385121_115479
　　曹亦潇 改绘
图 4-5-17 罗路雅 绘
图 4-5-18 罗路雅 绘
图 4-5-19 曹亦潇 绘
图 4-5-20 Coelux
https://www.coelux.com/
图 4-5-21 Seoul-semicon
http://seoul-semicon.co.kr/cn/product/SunLike/
　　汪统岳 译绘
图 4-5-22 郭昱 摄
图 4-5-23 Architecturalrecord.com
https://www.architecturalrecord.com/articles/13378-hsbc-canteen-by-ttsp-hwp-seidel-and-licht-kunst-licht
图 4-5-24 北京日报
https://ie.bjd.com.cn/5b165687a010550e5ddc0e6a/contentApp/5b1a1310e4b03aa54d764015/AP5d0c477fe4b0c2880a5a1d4e.html?isshare=1
图 4-5-25 Paul Sorene
https://flashbak.com/light-therapy-for-naked-children-delicate-adults-sick-pigs-and-quacks-photos-1900-1950-41389/
图 4-6-1 EuroGeosciences
https://twitter.com/EuroGeosciences/status/767597218429865984

图 4-6-2 魏力 数据采集
　　李一丹 绘
图 4-6-3 妙星 摄
图 4-6-4 郝洛西 摄
图 4-6-5 Bof artchitekten
https://newatlas.com/bharathi-research-base/28498/
图 4-6-6 Outdoorstu
https://highexposure.photography
图 4-6-7 左图：Hugh Broughton Architects
http://www.sohu.com/a/124832058_556721
　　右图：AECOM
https://na.eventscloud.com/file_uploads/93b4d7d7f625021065629168edb7b878_MTS5AnnaRooney.pdf
图 4-6-8 妙星 摄
图 4-6-9 郝洛西 摄
图 4-6-10 中国极地研究中心 供图
图 4-6-11 新华网
http://www.stdaily.com/cxzg80/redian/2017-06/02/content_548446.shtml
图 4-6-12 Gettyimages.
https://www.gettyimages.cn/photos/submarine-control-room
图 4-6-13 Businessinsider.com
https://www.businessinsider.com/life-inside-nuclear-submarine-2016-11#seamen-in-their-bunks-on-the-vigilant-13
图 4-6-14 看点快报
https://kuaibao.qq.com/s/20200402A0KPYY00?refer=spider
图 4-6-15 The Herald
https://www.heraldscotland.com/news/14708427.inside-faslane-everyday-life-uks-contentious-base/
图 4-6-16 Dreamstime
https://www.dreamstime.com/submarine-cold-war-era-image118040591#ref781
图 4-6-17 左图：Conrad
https://www.conrad.com/p/osram-submarine-wet-room-diffusor-led-monochrome-g13-40-w-neutral-white-grey-1515039 adwo@hotmail.com
　　右图：lightingsourceled
http://www.lightingsourceled.com/led-underwater-boat-light/rgb-100w-led-boat-light.html
图 4-6-18 Geoffrey Morrison
https://www.cnet.com/pictures/a-tour-of-the-ballistic-missile-submarine-redoutable/29/?ftag=ACQ0249d8e&vndid=dailymail-us

图 4-6-19 NASA
https://www.nasa.gov/mission_pages/station/research/news/bassll/
图 4-6-20 NASA
https://www.space.com/31733-weightless-water-ping-pong-astronaut-video.html
图 4-6-21 Nationalgallery.org.uk.
https://www.nationalgallery.org.uk/paintings/joseph-wright-of-derby-an-experiment-on-a-bird-in-the-air-pump
图 4-6-22 Scienceintheclassroom
https://www.scienceintheclassroom.org/research-papers/curiosity-tells-all-about-mars-radiation-environment
　　　　罗路雅 译绘
图 4-6-23 Videos.space.com
https://videos.space.com/m/KaEd0qv3/new-led-lights-on-space-station-will-help-with-sleep-study-video%3Flist=9wzCTV4g
　　　　罗路雅 译绘
图 4-6-24 NASA
https://www.nasa.gov/mission_pages/station/research/astronauts_improve_sleep
图 4-6-25 Videos.space.com
https://videos.space.com/m/KaEd0qv3/new-led-lights-on-space-station-will-help-with-sleep-study-video%3Flist=9wzCTV4g
　　　　罗路雅 译绘
图 4-6-26 NASA
https://www.nasa.gov/mission_pages/station/research/let-there-be-better-light/
图 4-6-27 Nasa
https://nasa.fandom.com/wiki/NEEMO
图 4-6-28 Wikimedia
https://commons.wikimedia.org/wiki/File:NASA_NEEMO_21_Aquanaut_Crew.jpg
图 4-6-29 Agritecture.com
https://www.agritecture.com/blog/2018/5/18/china-wraps-up-1-year-mock-moon-mission-to-lunar-palace
图 4-6-30 Issstream
http://issstream.tksc.jaxa.jp/iss/photo/iss032e025171.jpg
图 4-6-31 OSCHINA

https://www.oschina.net/news/40351/iss-turn-to-linux?p=11
图 4-6-32 Chinadaily
http://www.chinadaily.com.cn/hqzx/2010-05/10/content_9829356.htm
图 4-6-33 Nasaspaceflight.com
https://www.nasaspaceflight.com/2012/06/chinese-long-march-2fg-launch-historic-shenzhou-9-mission/
图 4-6-34 新浪新闻
http://slide.news.sina.com.cn/c/slide_1_2841_24020.html#p=3
图 4-6-35 百度百科
https://baike.baidu.com/item/人因工程国家级重点实验室
图 4-6-36 NASA
https://www.nasa.gov/hrp
图 4-6-37 NASA
https://www.nasa.gov/hrp/images
表 4-2-1 曹亦潇 制
表 4-2-2 罗路雅 制
表 4-2-3 《建筑照明设计标准》（GB 50034—2013）
　　　　罗晓梦 制
表 4-3-1 《住宅建筑规范》（GB 50368—2005）
　　　　王雨婷 制
表 4-3-2 《建筑采光设计标准》（GB 50033—2013）
　　　　王雨婷 制
表 4-4-1 《综合医院建筑设计规范》（GB 51039—2014）
　　　　曹亦潇 制
表 4-4-2 陆云岚 制
表 4-5-1 来源文献：Waterhouse J M. Keeping in time with your body clock[M]. Oxford：OUP Oxford, 2002.
表 4-5-2 来源文献：王素环. LED 在民用飞机驾驶舱泛光照明中的应用 [J]. 照明工程学报，2015, 000(006):14-18.
表 4-5-3 《船舶人体工程学应用指南》（GD 22—2013）
表 4-5-4 《船舶人体工程学应用指南》（GD 22—2013）
表 4-6-1 郝洛西 制

第 **5** 章

世界卫生组织预测，到 2050 年，全世界 70% 的人口将生活在城市中。城市化是 21 世纪公共卫生的主要问题。城市面临着特有的健康问题，光污染与过度照明便包括其中。不适宜的城市照明对视觉、生理、心理健康造成的负面影响是多样化的，既有瞬时影响也有长期累积影响，既有可感知的损伤又有不可感知的潜在伤害。若不加以重视，都将导致非常严重甚至不可逆转的后果，城市的健康照明极其重要且迫切。

城市照明 健康人居

光与照明之于城市意义非凡。照明是城市迈入现代化的标志，从煤油灯到智慧灯杆，黄浦江畔的路灯见证了上海由临海小渔村向全球都会的蜕变。灯光是城市文化的聚焦与形象的展示窗口，风情万种的城市光影吸引着无数海内外游客和投资者驻足流连。照明消除了黑夜对人类生活和劳作的限制，拓展了人类活动的时间，灯火不熄的夜间经济，激发着城市活力，带来城市兴盛。灯光守护着城市安全，确保居民出行无忧，让夜归人的回家路不再昏暗与艰辛。照明推动城市产业发展，为新技术提供落地平台。2010 年 5 月 1 日，上海世博会盛大开幕，让 LED 半导体照明有了超大规模的集成示范应用，赋能半导体照明从新技术向新产业跨越。灯光在形式上不断突破，创造新鲜艺术体验。里昂灯光节、缤纷悉尼灯光音乐节享誉全球，它们不仅是视觉盛宴，也是最具价值与影响力的艺术创意输出平台，城市文创产业发展的沃土。

在城镇化建设、城市基础设施升级、国内外重大活动会议举办、照明和数字技术创新、夜间经济崛起等多重因素的助推下，我国城市夜景照明发展迎来爆发式增长。全国各级城市纷纷出台夜景照明规划，夜景照明建设项目的投资规模不断加大，盛大的城市灯光秀在全国各地接连上演，灯光艺术节掀起了一波又一波热潮，城市照明一度成为声量最高的舆论焦点，民众反应热烈，媒体高度关注。然而，在众声喧哗的城市舆论场中，有关城市照明还存在着炫光扰民、审美品位差、能源浪费、生态破坏等诸多反对、质疑的声音，呼吁着人们对于城市照明量与度的理性思考。

缺乏正确控制和管理的城市照明在城市风貌、生态、能源、气候、安全管理等多个方面存在严重负面影响，而在这些不利影响中，人居健康与每一个人最为息息相关，这是城市存续发展的基础，更是城市夜景设计和管控不容突破的原则和底线[1]。从顶层规划、研究设计、制造应用、检测评估到规范导则、维护管理，城市照明建设全周期中，人居健康理念应贯穿始终。

5.1 面向人居健康的城市夜景照明

城市照明是对城市的广场、道路、公园绿地、住宅区、商业办公区、旧传统街区、纪念性标志建筑以及山体、水体光环境的塑造，既有功能性又有景观性，既是科学也是艺术。科学求真，艺术臻美，城市照明追求视觉美观性与环境美学价值，追求人们夜间活动、通行需求得到满足的同时，也追求采用先进技术和科技手段，高效照明、节能降耗。随着社会的发展，城市照明研究与设计还关注到了另一个重要层面——人居健康。无论是各地被推上风口浪尖的灯光秀、不夜城建设、在审美和光污染方面饱受诟病的同质化大规模建筑媒体立面，还是民众纷纷投诉的道路监控补光灯亮度刺眼问题，城市照明对人居和健康的影响，已然引起了社会各界的关注和重视。城市照明建设的专业从业人员在积极参与讨论、发出自己声音的同时，更要进一步从科学机制上阐述城市照明与健康的关联，实证各类城市照明对健康的影响，探索城市照明的有效管控指标和方法，集科学家的思维、艺术家的创意以及为民生服务的热心为人居健康做出务实贡献。

5.1.1 城市照明建设：繁荣背后的隐忧

自古以来，灯火通明一直是城市繁荣的鉴证。每逢城市重大国际活动、节日庆典，常伴随景观照明的升级与展示，以最具视觉冲击的表达，彰显城市的魅力、实力与活力（图 5-1-1）。据中商产业研究院的统计数据，2018 年我国景观照明的产值突破千亿元，2016—2019 年共 4 年间，34 个省会级城市均组织了不同规模和主题的灯光秀活动（图 5-1-2）。而截至 2018 年，我国国内生产总值（GDP）排名前 50 的城市也均

图 5-1-1　上海虹口北外滩景观照明提升工程

进行过不同规模的灯光建设（图 5-1-3）。从与杭州 G20 峰会、厦门金砖国家峰会、青岛上合组织峰会、深圳经济特区建立 40 周年庆祝大会同期进行的夜景照明改造工程，到温州瓯江两岸核心段亮化夜游项目，城市夜景照明建设的规模与投资额不断突破新高，社会影响力及公众关注度持续增长。通过对 2018—2020 年 135 座历史文化名城在传统节日中的建设活动进行统计发现，110 座历史城市开展了夜景建设或灯光文化活动（图 5-1-4），进一步表明城市夜景照明行业的繁荣景象。夜间经济在 GDP 中所占比重不断加大，国家新型城镇化目标的提出，美丽中国、特色小镇落地推广，智慧城市建设全面提速，亦将拉动城市景观照明产业新的增长。

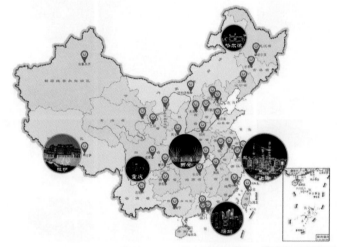

图 5-1-2　2016—2019 年 34 个省会级城市组织过灯光秀活动

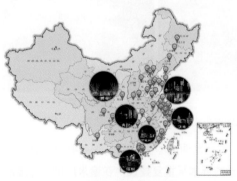

图 5-1-3　GDP 排名前 50 的城市均进行过城市级灯光建设（2018 年 GDP 数据）

图 5-1-4　110 座历史文化名城举行了夜景建设或灯光文化活动（2018—2020）

然而在我国众多城市夜景建设不断取得突破、灯光璀璨的背后，脱离实际、盲目兴建的城市景观照明形象工程使城市夜间风貌同质化、能源消耗和财政负担加重、城市生态破坏、夜间灯光扰民以及助长奢侈浪费等诸多问题浮出水面，城市的宜居性大幅降低。以湖南常德为例，其市长热线仅在 2018 年 3—8 月就接到了数十起关于"灯光扰民"的投诉，反馈问题涉及灯光秀干扰交通、夜间广告牌扰乱市民作息等多个方面[2]。光污染也在城市众多区域卷土重来、愈演愈烈，从 2012 年、2015 年、2019 年卫星所摄的城市光污染地图上可见，光辐射总量近年不断上升，间接反映出我国城市照明光污染的恶化趋势[3]（图 5-1-5）。

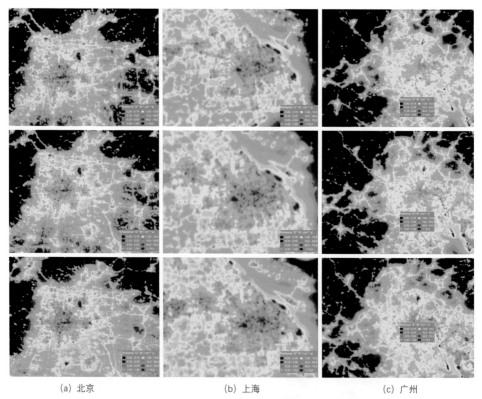

(a) 北京　　　　　　　　　(b) 上海　　　　　　　　　(c) 广州

图 5-1-5　2012 年 /2015 年 /2019 年我国城市光污染地图：北京、上海、广州

现状不容乐观，但亡羊补牢、为时未晚。城市照明应尽快回归理性，回归真实所需，协调照明数量与质量关系，避免"穿衣戴帽"式的低水平重复建设，在追求广度、速度的同时，更有尺度、有限度。

5.1.2　城市人居健康照明的进展与挑战

伴随着我国经济水平的提升，光照与照明技术的突破，得益于有关部门和产业各界的共同努力。近几十年，我国城市照明建设水平取得了跨越式的进步。城市照明规划、设计、管理得到大力重视，城市照明工程建设水平稳步提高。在丰富民众夜间生活、激发城市活力、拉动经济增长、推广宣传城市形象、促进文旅产业发展等方面取得了显著成效[1]。

照明技术与灯具设计创新成果涌现，城市照明质量有了极大改善，照明光源品质提升、灯具配光更加合理、光线从时间和空间上获得了更精准的控制。解决了路灯下路面"亮斑"问题，路面照度均匀，司机驾驶视觉舒适，消除了交通安全隐患。由路灯眩光和光线逸散等技术问题而导致的道路光污染顽疾亦得到了缓解。同时经过多年发展，我国已成为全球最大的半导体照明制造、消费和出口国家，近 50% 的传统光源被 LED 产品所取代，每年累计实现节电约 2 800 亿千瓦小时[4]。照明节能减排更引领了城市的低碳转型与可持续发展，推动着节约型、环境友好型社会的建设。

智慧照明发挥作用，依托 5G 网络、数据中心等新型基础设施建设，城市灯光实现了更智能的决策和更高效的控制和管理，大幅改善了城市公共服务水平，为创建智能健康型城市打下了良好基础。

然而，城市人居健康照明现状与未来喜忧参半。城市照明规模增长、技术升级催生出"过度照明""视觉污染""粗放建设"等诸多城市照明新问题。随着城市高质量转型，智慧创新、低碳生态、民生幸福、有机更新等亦成为全新发展主题，为城市照明规划、设计、运维、管理带来新挑战。

挑战 1：修复过度照明建设之殇

2019 年党中央"不忘初心、牢记使命"主题教育领导小组印发《关于整治 "景观亮化工程"过度化等"政绩工程""面子工程"问题的通知》，要求把整治"景观亮化工程"过度化等"政绩工程""面子工程"问题纳入主题教育专项整治内容。全国各地城市过度亮化的问题不仅造成国家财力和社会资源的浪费，助长好大喜功、铺张浪费的不良风气，更适得其反，严重影响城市的宜居舒适，带来多种健康问题。城市照明和公共卫生交叉研究从视觉、心理刺激、昼夜节律破坏、流行病等多个角度实证了不当的城市照明或将引发新一轮人居健康危机，过度照明管控是未来最重要的任务和挑战。

1）归还城市照明的昼夜节律

城市正失去昼夜节律，人们也在失去着健康。电力照明出现之前，人类夜间处于微光之下，晴朗夜空满月时刻的室外照度不过只有 0.1~0.3 lx，自然界的光暗节奏引导人们规律地修养生息，在黑暗夜间环境下充分休息。城市照明改变了人类的夜间生活规律，大幅增加了人类接触夜间光照的时间和长度，让人们的睡眠、行为发生了改变，昼夜节律受到影响，健康困扰随之而来。睡眠问题首当其冲，斯坦福大学莫里斯·M·奥哈永（Maurice M. Ohayon）和美国国家航空航天局艾姆斯研究中心克里斯蒂娜·米莱西（Cristina Milesi）针对 19 136 名 18 岁以上成年人睡眠状况进行的观察性研究显示，居民睡眠时间、清醒时间延迟、睡眠时间缩短、白天嗜睡增加和睡眠质量不满意度与 DMSP/OLS 夜间灯光遥感数据显示的户外光照强度存在显著的一致性 [5]。肥胖症、抑郁症、睡眠障碍、糖尿病、乳腺癌等疾病发病风险也随着区域夜间过度照明而出现。首尔大学学者敏金英（Jin-young Min）和民京博（Kyoung-bok Min）使用社区健康调查数据，研究了 113 119 名抑郁症状评估参与者和 152 159 名自杀行为评估参与者接触夜间户外照明的情况。结果显示，生活在高强度夜间室外照明环境的参与者比生活在农村地区低强度夜间照明区域的参与者抑郁症状增加 22%~29%、自杀意念增加 17%~27%，夜间光照强度和抑郁症状、自杀行为之间存在显著的剂量—反应关系 [6]。夜间过度照明所造成的健康影响和疾病风险并不全是能够在实验室研究中被观察到的急性危害，诸多严重的慢性健康伤害在不知不觉中累积，大规模的流行病学研究结论证明了这一事实。因此，人们在充分了解城市过度照明的危害之前，便应该采取积极的干预措施。

欧盟对城市照明的健康负效应高度重视，尤其是破坏性光照对人们昼夜节律、健康和幸福感的影响。世界知名的跨国科研和创新项目——欧盟"地平线 2020 研究和创新计划"资助了 500 万欧元用于城市健康照明 ENLIGHTENme 项目的研究（图 5-1-6）。ENLIGHTENme 是"公共卫生"项目集群的一部分，来自城市发展和健康研究相关科学领域的跨学科专家共同参与这一项目的研究，项目通过实验研究和定性的实地调查评估，收集户外照明对人体健康的影响——特别是容易发生昼夜节律紊乱的 65 岁以上老年人群健康影响的实证，阐明照明设计、城市设计和规划与人群心理健康、福祉和生活质量等诸多要素间的相关关系，从而提出创新的解决方案，规划健康的城市照明政策，确保将健康和福祉纳入到城市照明建设之中。ENLIGHTENme 项目通过一个开放的在线"城市照明和健康地图集"，收集和系统化城市照明的现有数据和优秀案例，对健康、福祉、

图 5-1-6　ENLIGHTENme 项目 Logo

照明和社会经济因素之间的相关性进行准确研究。并在意大利博洛尼亚、荷兰阿姆斯特丹和爱沙尼亚塔尔图分别建立了三个城市照明实验室开展深入研究。我们的健康城市建设也须尽快采取行动，与空气污染治理、绿地扩建一样，大力推进城市昼夜节律的修复。

2）寻找宜居舒适的城市灯光意境

除了非适时过度照明外，景观照明造成视觉污染也是突出问题（图 5-1-7）。城市视觉污染来源于不受控制和不协调的形式、颜色、光线、材料使用，以及异质视觉元素的积累，使得人造环境与城市景观丑陋和缺乏吸引力[1,7]，其负面影响包括注意力分散、尺度感丧失、眼疲劳、易怒和心理障碍、卫生和美学意识丧失等。近年来，大规模占领城市界面的建筑媒体立面是城市视觉污染的主要来源。建筑媒体立面由于有效的信息传播力和形象凸显作用，被诸多城市亮化工程竞相追逐，俨然成为地标建筑和商业区域的标配[1]。然而当媒体立面作为灯光景观被千篇一律地在楼宇上不加克制、毫无章法地大量使用时，其夺目视觉效果、缭乱动态，反而成为了视觉污染，对城市风貌与市民生活、出行造成了严重负面影响。此外，人与环境的互动之间存在着平衡，当这种平衡的强度被打破，将引起分心、厌恶及不适应感、行为障碍、悲观主义和心理疾病的增加[8]。人们身处户外空间四处张望或驻足凝视时，大脑将双眼捕获的信息进行知觉加工，不过人类信息加工系统的容量是有限的，这一容量因人而异，也因人的生理状态而异[9]。对于一些人群来说，视觉效果强烈、极具震撼力的巨大尺度建筑媒体立面，所形成的瞬时、高强度的持续信息输出也是一种超负荷的感官刺激，将造成精神疲倦、压力应激增强甚至引起头痛、癫痫发作、焦虑等神经行为反应[10,11]。媒体立面的感官刺激是一项绝不能被低估的城市照明健康要因。

图 5-1-7 城市照明视觉污染图示：杂乱无章的异质性元素构成

尽管已有相当多的研究关注了 LED 户外显示屏设置位置、亮度和动态变化的不合理现象，以及其对驾驶者的视觉干扰和对居住区形成的光侵扰影响[12-14]；国家标准《室外照明干扰光限制规范》（GB/T 35626—2017）[15]，以及北京、上海和深圳等城市的地方标准、管理办法也对此提出了一定管控要求。然而非静态、自发光并承载信息传播功能的媒体立面，对人视觉、生理、心理的刺激形式与泛光照明、道路功能照明等有一定差异。多栋建筑连续、大面积使用媒体立面产生的叠加影响不可忽略[1]。媒体立面照明参数满足现有规范的指标要求，并不意味着它毫无健康影响。有关各类城市环境中媒体立面面积、设置高度、视觉张角、发光形式、色彩构成、画面动态等参数的生理心理刺激效应研究还需开展，为更精细、更全面的指标管控提供依据。

城市景观照明并不是简单的以灯为景开展艺术创作，它需要对视觉景观、生态环境和行为场所多个角度进行完善考虑，才能愉悦心情、振奋人心。装饰性照明、彩色光和动态光在城市公共空间、景观、山体亮化中的盲目堆砌、粗放建设的案例屡见不鲜，离实现宜居舒适夜景环境的诉求相去甚远[1]。尽管各地照明规划、标准导则对城市景观灯光意向的美观性和舒适性非常重视，在照明手法、亮度限制、彩色光应用、照明重点要素等方面提出了详细建议，然而成效不及预期。一方面，光是一种特殊的媒介，景观照明实施效果难以借助设计规划方案充分表达，工程示范不可缺少。另一方面，设计人员及相关从业者整体科学、艺术知识积累、整体人文素养、设计理念需跟随不断进步的人居需求而提升，这需要更多普及教育工作的开展、更广泛的专业培训指导。郝洛西教授团队每个学期的"建筑与城市光环境"硕士生课程，已开放公开网络教学，授课教师与助教们对每节课程的内容都进行了精心准备，课程内容在阐述城市照明科学与艺术基本问题、分享团队多年来在城市光环境方面的研究与设计实践成果的同时，更邀请国内外学者与设计师，聚焦于前沿、热点问题展开讨论，期望在此方面贡献力量（图 5-1-8）。

图 5-1-8　同济大学"建筑与城市光环境"课程教学主题

挑战 2：破解"鱼与熊掌兼得"难题

城市照明中还存在着众多两难取舍的问题，有待寻找满足各方需求的妥善解决策略。随着城市建设由外延扩张向集约紧凑发展，生态融城、居住社区、工业园区、商业街区、公园绿地不再分离独立，而呈现出立体交叉、无缝衔接的空间关系，城市生活、生产、生态空间相互交融、相互重叠（图 5-1-9）。在有风景的地方兴起经济，在发展营商的同时保障民生，为使城市多元主体利益得到均衡保障，城市夜景照明建设和管理，需要在借鉴国际已有规范、导则和策略分区照明、分级管控的基础上，进行更精细的思考，避免笼统归类、一刀切的做法，从理念、政策、规划、技术、设计、行动等层面，面向细分照明对象，因地制宜、权时施策，差异化地开展深入细致的工作[1]。

道路监控补光灯使监控摄像机能够在夜间和昏暗环境下获得可清晰辨识的路面图像。但高亮补光光源造成人眼瞬时高强曝光，产生了极大的视觉不适。研究实测显示，许多监控补光灯的眩光阈值增量（TI）和眩光值（GR）大幅超标于国际照明委员会推荐的可接受值[16,17]，引起严重失能眩光，存在人眼损伤风险，并为交通安全事故埋下了隐患[1]。一方面城市安防需要监控补光灯清晰地记录违法违规，另一方面过亮补光的问题应得到良好解决，消灭盲区并解决光污染。解决好此类两难取舍问题，更需要城市照明行业贡献智慧，借助技术创新，兼得"鱼与熊掌"。

(a) 现代商业中心　　　　　　　　　　(b) 滨水景观绿带

图 5-1-9　城市核心区域滨水绿岸与商业中心交融建设

挑战 3：传递夜景灯光民生温度

城市照明是环境美化工程，更是重要的惠民工程。城市夜景照明品质关乎地标区域、重点片区的"大尺度"灯光夜景，更关乎老、旧、小、远、纵深腹地的"微街区"夜间光景。远郊、里弄、老小区、小街、小巷、小游园等是与百姓民生利益关联最为直接、最为密切的城市区域，也是"有路无灯""有灯不亮""光线逸散""路灯眩光"等城市照明问题发生最普遍、最频繁的城市区域。城市"微空间"与社区公共空间的优质照明缺失，直接导致儿童缺少适宜的夜晚课后活动场地、老人夜间休息受到打扰、居民们的出行与聚集交流受到影响，生活质量与幸福指数降低。营造近悦远来的美好环境，把力量与重心向街道与社区"下沉"应成为未来城市照明建设的主旋律，让人居健康融入城市血脉，渗透到城市的每个角落（图 5-1-10）。

（a）社区街巷　　　　　　　　　　　　　　　（b）小景观亮化

图 5-1-10　城市"微空间"的景观照明

面向人居健康的城市夜景照明挑战重重，任重道远但迫在眉睫，意义重大。然而城市与人居健康两个开放复杂巨系统①之间存在着多因素的交互影响。实现人居健康目标，是一项涉及面广、工作量大、组织难度大、程序繁复的系统性工作。未来的城市照明建设更需要政、产、学、研各层级、各专业领域凝聚意愿的共识，以改善民生、造福人类为目标，从顶层规划、研究设计、制造应用、检测评估到规范导则、维护管理，携手共商，通力合作，寻求公共政策、效益经济、技术创新与民生福祉相融合的解决方案[1]。

---

① 开放复杂巨系统：我国科学家钱学森教授于1990 年提出的概念。

5.2 媒体建筑设计思考

伴随着当今世界建筑思潮和设计方法的多元化，媒体技术成为一种新的建筑设计和广告传播手段。LED 技术的发展成熟带来其在建筑立面装饰的普及和媒体立面形式的创新开拓，城市夜间经济蓬勃发展，越来越多的地标性建筑在夜间利用媒体屏幕彰显城市夜景观特色、传递商业信息、聚集城市活力，"媒体建筑"成为城市的夜间地标、舆论中心，也改变着城市形象和空间环境。

建筑媒体立面由于有效的信息传播力和效果凸显作用，被诸多城市亮化工程竞相追逐，俨然成为地标建筑和商业区域的标配。而当媒体立面被千篇一律且不加克制地使用在建筑上时，其夺目的视觉效果、繁杂色彩及缭乱动态，给城市风貌与市民生活、出行造成了严重负面影响。LED 户外显示屏设置位置、亮度和动态变化的不合理设置，将对驾驶者的视觉和居住区造成光侵扰影响 [18-20]；而高密度、大面积媒体屏幕的应用，更对城市区域的宜居性、舒适性带来影响，因此，应从建筑设计源头、从媒体屏幕发光原理出发进行深入的探索，从根本上解决建筑媒体立面造成的光污染、过度照明和资源浪费等问题。本节以亮度指标为例，在探讨现行城市照明规范对媒体立面指标管控适用性的同时，还从重要视觉参数和城市空间的整合角度，探讨了建筑媒体立面设计中的关键要素，以期抛砖引玉，引起各界对这一问题的关注。

5.2.1 视野中的城市：视亮度与城市亮度

近年来，媒体立面类城市景观照明由于形式现代、信息传播效应强而被广泛应用。有关于传统（泛光）立面照明的控制指标研究已较为完备，并在城市照明管控中取得了一定执行效果，而针对媒体立面指标的管控仍在摸索阶段。现行的城市照明国标要求，能否指导媒体立面设计以及如何进行补充与优化值得深入地探索。郝洛西教授团队以城市照明标准《城市夜景照明设计规范》（JGJ/T 163—2008）为参考基准 [21]，对上海、宁波共 10 栋建筑媒体立面进行了亮度实测与主观评价调研研究，重点讨论满足了现行照明标准的媒体立面照明指标可否达到良好的主观满意度，并提出以更有效地反映观察者的真实视觉感受的视亮度作为评估指标，在建筑媒体立面照明评价与指标控制中进行使用，以提升城市照明评价体系的科学性与完整性 [22]。

　　该项研究共有 39 名上海市民和 36 名宁波市民参加，受访者均为年龄在 20~60 岁之间的中青年。研究中建筑媒体立面平均亮度的测定方法参考《城市夜景照明技术指南》一书 [23]，亮度测试点根据景物的实际情况选取，一般将造型不复杂的景物沿高度方向划分为 3~5 段，每段的亮度测量测试点一般不应少于 9 个，测点采取均匀布点（图 5-2-1）。亮度对比指"视野中识别对象和背景的亮度差与背景亮度之比"，计算公式为 $C=(L_o - L_b)/L_b$ 或 $C=\Delta L/L_b$（公式中变量为：C—亮度对比；L_o—识别对象亮度；L_b—识别对象的背景亮度；ΔL—识别对象与背景的亮度差。）[22,23]（图 5-2-2）；待测量的要素包括媒体立面发光亮度、背景墙面平均亮度、立面平均亮度、背景街区平均亮度（图 5-2-3）。研究在 100m 距离处使用 LMK 亮度相机（LMK Mobile）对 10 栋建筑的亮度进行逐一拍摄照片，并使用分析软件（LMK LABSOFT 4）获取 10 栋建筑媒体立面的最高亮度、最低亮度、平均亮度、背景天空平均亮度、背景街区平均亮度五项亮度相关指标（图 5-2-4）。数据测量与主观问卷一致性评估内容包括：平均亮度与主观评价的一致性、建筑媒体立面和背景天空的亮度对比与主观评价的一致性、建筑媒体立面和背景街区的亮度对比与主观评价的一致性三个部分（图 5-2-4）[22]。

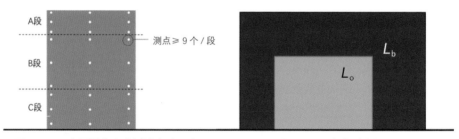

图 5-2-1　立面平均亮度测试方法示意　　　　图 5-2-2　亮度对比图示

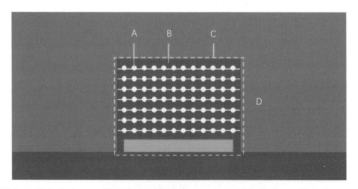

A：媒体立面发光亮度　B：背景墙面平均亮度　C：立面平均亮度　D：背景街区平均亮度

图 5-2-3　建筑媒体立面各要素示意

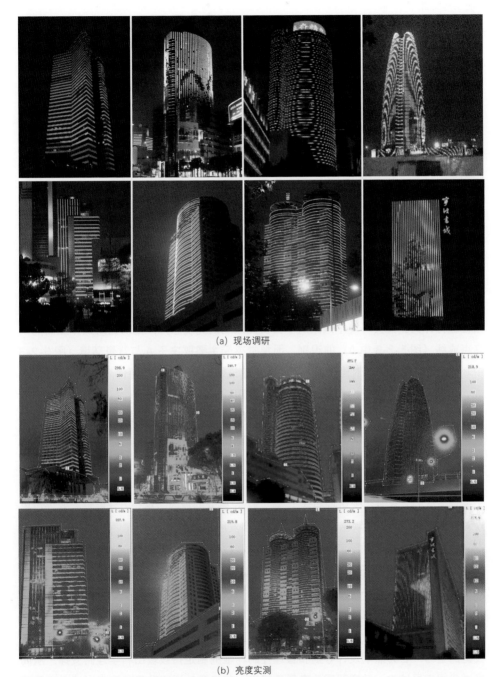

(a) 现场调研

(b) 亮度实测

图 5-2-4   建筑媒体立面现场调研与亮度实测

通过对调研数据的整理与总结，最终得出如下结论[22]：

（1）平均亮度与主观评价的一致性统计：10栋建筑媒体立面的平均亮度均满足标准的要求，但多数情况下受访者主观感受与标准要求的符合情况存在出入（不一致的比例分别为66.7%、43.6%、66.7%、55%、51.4%、70.6%、58.3%、69.7%、58.3%、63.9%）。

（2）建筑媒体立面和背景天空的亮度对比与主观评价的一致性统计：10栋建筑中，有6栋建筑的主观评价结论与标准要求的符合情况严重不一致（不一致比例分别为100%、84.4%、76.9%、61.1%、84.8%、63.9%），另外4栋也有较高的不一致性（不一致比例分别为30.8%、37.5%、20%、35.2%）。

（3）建筑媒体立面和背景街区的亮度对比与主观评价的一致性统计：10栋建筑中有6栋建筑的主观满意度结论与标准要求的符合情况严重不一致（不一致比例分别为100%、55.3%、100%、100%、84.8%、91.6%），另外3栋也有较高的不一致性（不一致比例分别为30.8%，37.5%，35.3%）。

调研结果表明，现行城市照明亮度评价方法对于媒体立面照明适用性存在不足，难以反映人眼视觉满意度和舒适性感受，需要一种新的方法，对媒体立面亮度设计的合理性进行评判。真实环境中人眼对于自发光照明的亮度感知，是对建筑媒体立面的明亮点或线（图5-2-3中A）的识别，而视觉感受主要取决于A与背景环境（图5-2-3中B或C）之间的明暗对比情况，因此对于建筑媒体立面亮度的评估，应优先考虑A/B或A/C的亮度对比情况，即L_A/L_B和L_A/L_C。后续以视亮度为标准，提出两项关于亮度对比的评价方法：立面最高亮度与背景暗墙面的亮度对比（L_A/L_B）、立面最高亮度与立面平均亮度（L_A/L_C），探讨现行评价标准结论与主观评价结论的一致性进行了再次分析。结果显示当以国标建议的"3~5"或"10~20"对比度为基准分别讨论L_A/L_B和L_A/L_C时，各建筑均严重超标，此结论解释了当建筑媒体立面平均亮度、亮度对比均满足国标关于平均亮度的要求时，受访者却有"过亮""偏亮"感受的原因，这一方法能够有效评价民众对媒体立面照明的主观感受，但需要进一步发展和完善[22]。

受实验条件与时间限制，调研研究中主观评价受访人数较少，尚不能形成统计层面的数据结论，但该研究所提出的以视知觉为导向的城市夜景照明评价方法对于城市照明标准的优化具有一定启发。随着新的照明技术与照明形式的不断出现，与之相适应的测量、评估方法也应得到更新。突破以风貌规划、工程建设为主导的城市照明管控思路，从人居健康的角度出发研究城市夜间照明的评价指标和管控方法是一项非常关键的工作，它为照明设计导则和管理控制标准的制定持续输出科学理论支撑，从而推进我国宜居城市、健康照明的高质量建设。郝洛西教授团队目前正在以城市夜景照明对民众影响最为直接的视觉舒适和情绪舒适为切入点，通过主观、客观结合的方式探讨城市媒体立面的发光参数对人眼与情绪的影响作用及其引起的生理、心理指标变化规律。研究包括国内外夜景照明管控指标系统性研究，以眼部生理数据为评估项的媒体立面照明视觉舒适研究，以心脏负荷为评估项的媒体立面照明情绪舒适研究，媒体立面不同亮度分级对视觉、情绪舒适度的影响，媒体立面播放内容不同动态方式及变化周期对视觉、情绪舒适度的影响，城市媒体立面照明场景不同光色、亮度、动态的建议值研究等六项内容。目前的实验室研究，已完成了 5 种不同亮度等级和 2 类光照动态共 10 种参数组合的媒体立面照明场景的情绪与视觉舒适性评估，并得出了初步的结论，对于媒体立面亮度水平、动态周期的视觉、情绪的舒适性影响获得了一定了解。目前的实验结果与我们以往由城市照明设计经验积累产生的认知存在出入，例如：媒体立面问题引起的视觉不适与情绪不适并非同时出现，情绪指标变化相较于视觉指标出现滞后；日常生活中个体对色彩的不同偏好，会影响到被试对灯光的（视觉、情绪）舒适度评估，但它的显著性并非如我们想象的那样突出，尤其在连续观看媒体屏幕一段时间以后。这不仅表明媒体立面过度照明具有危害性亟需科学管控，也说明了开展城市健康照明循证实验研究的重要意义。如图 5-2-5、图 5-2-6 所示。

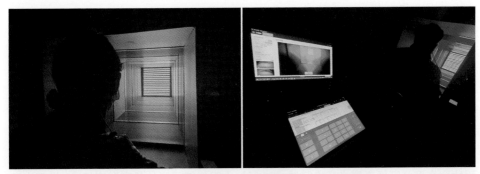

图 5-2-5　媒体立面视觉与情绪舒适人因实验过程

图 5-2-6　媒体立面视觉与情绪舒适人因实验场景

5.2.2 媒体立面视觉要素

1. 亮度

媒体立面的亮度是人眼看到的最为直观的因素，对城市居民的生理和心理都有着不可忽视的影响。媒体立面像素点的亮度选择是个复杂的问题（图 5-2-7），现场效果试验及安装调试是一项必要的工作。既要考虑周围环境的亮度水平，又要考虑人们的视看距离。

城市尺度下的媒体立面，服务半径远，受城市背景和天空亮度影响大，因而需要足够的亮度，保证其在一定距离上的可见度，达到信息传播的目的。但媒体立面亮度过高则会成为大面积的眩光源，干扰道路上司机驾驶，并影响附近居民休息，造成严重光污染[24]。

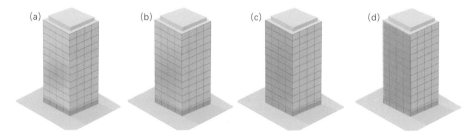

图 5-2-7　不同亮度媒体立面效果示意图（a-d：亮度由高到低）

建筑物泛光照明亮度推荐值或室内外照明效果的亮度值并不能完全地指导媒体立面的亮度设定。因此媒体立面的亮度指标控制需要针对性的研究作为支撑。

国际照明委员会技术报告 CIE 136-2000 Guide to the Lighting of Unban Areas（CIE 136-2000 城区照明指南），对商业区广告标志的最大亮度提出了建议（表 5-2-1），可提供一定参考[25]。美国照明研究中心（Lighting Research Center, LRC）的伊恩·列文（Ian Lewin）等人对户外 LED 数字显示屏的亮度控制指标进行了研究，基于北美照明工程协会亮度分区低亮度光环境区域（E2 区）人眼能接受到的最高照度标准，推算出不同尺寸和视距下的 LED 数字显示屏表面平均亮度限值（表 5-2-2）[26]。然而媒体立面

表 5-2-1　商业区广告标志的最大亮度建议

照明面积不宜超过下列尺寸	亮度（cd/m²）
0.5m²	1000
2m²	800
10m²	600
>10m²	400

表 5-2-2　LED 数字显示屏亮度建议标准

数字广告牌尺寸（ft）	视距（ft）	亮度（cd/m²）
11x22（3.3m x 6.6m）	150（45m）	300
10.5x36（3.15m x 10.8m）	200（60m）	342
14x48（4.2m x 14.4m）	250（75m）	300
20x60（6m x 18m）	350（105m）	330

注：括号中是换算成以 m 为单位的数据。

亮度的确定和其周边环境亮度关系紧密，特别是针对大面积联动式的楼体媒体立面群。媒体立面仅对亮度参数进行控制是不充分的，亮度对比也需要重点关注。

2. 解析度

LED 媒体立面图像的表现是借由一定密度规律组合的像素点实现的。对于 LED 显示屏来说，每个基本组成模块的像素间距、模块数量、基本单元排列方式等共同决定了屏幕的解析度（图 5-2-8）。屏幕的解析度越高，则画面的清晰度越高，也意味着更高的能耗。不过城市尺度的建筑媒体立面的设计和应用应区别于一般电子显示屏幕，解析度的高低并不直接决定艺术效果好坏。虽然建筑媒体立面像素点很少，但是可以通过多媒体设计人员的巧妙编排和网络开放式互动设计，在建筑立面上同样可以形成丰富而有趣的表现内容，图形、文字、动画、电脑小游戏等，成为引人入胜的夜间城市景观。因此确定媒体立面的解析度并没有一个标准的法则，应结合具体建筑的特征、媒体立面应用的位置、拟定的功能和视看需求，合理地选择像素点的位置和密度。

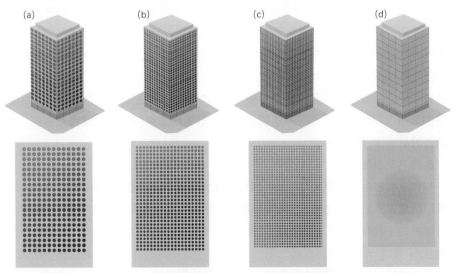

图 5-2-8　媒体立面解析度示意图（a-d：解析度由低到高）

3. 刷新频率

LED 媒体立面通过色彩的快速转变，亮度的频繁、瞬间变化，以及短时间内大量色彩图形信息的传递，给人的视觉和心理带来冲击。刷新频率是显示内容每秒被重复显示的次数，为了消除图像闪烁，全彩显示屏的刷新频率一般应大于 240Hz。有学者研究了空间视觉中的立体显示，阐明了立体视觉的形成原理[27]。根据人的双眼视差效应，发现在大屏幕中采用多缓冲和页面翻动技术，页面刷新频率达到 120Hz 时，可产生无闪烁的立体显示效果。另有学者提出，当户外大屏亮度超过 4000cd/m² 时，为了取得更好的视觉效果，刷新频率应不低于 400Hz；当亮度低于 4000cd/m² 时，采用 240Hz 的刷新频率显示效果较好[28]。也有市场研究人员从应用端基于 LED 芯片利用效能，评析了 LED 显示屏的视觉刷新频率、灰度级数两类显示效能指标的优化技术方案[29]。

相比其他视觉媒介，LED 媒体立面具有快速的视觉冲击，以及更强的诱目性，但它也会对受众视野范围内的其他目标物造成视看干扰。对快速车流、人流的空间，媒体立面不适宜使用快速的视觉冲击方式，否则会干扰受众对交通信息的获取，存在安全隐患。长时间、变化过快的媒体显示会造成视觉疲劳。在 LED 技术提供了多种可能性的同时，应该关注周围环境对媒体立面的功能需求，保障视觉环境的整体性和舒适度。

4. 色彩

不同颜色所发出的光的波长不同，当人眼接触到不同的颜色时，大脑神经作出的联想跟反应也不一样，因此色彩对人的心理有直接的作用，影响人们对环境的感知和反应[30]。饱和度是影响视觉舒适的主要颜色属性，过于鲜艳或高度饱和的色彩会引起负面的生理、心理响应。媒体立面色彩设计不仅需要筛选适合的主导光色，作为信息传递的媒介更应关注色彩的搭配、比例和数量控制。由于发光屏幕媒介与平面媒介所使用的混色原理不同，因此屏幕的最终呈现颜色和设计色彩存在差异。LED 媒体立面作为信息传达媒介，整体要求颜色更加清晰、鲜艳明亮，其面积比例、色相对比、冷暖对比等的应用，则需突出重点、形成视觉焦点。界面动态色的选择常使用互补色，以提高信息的易读性（图 5-2-9）。

5. 内容复杂度

媒体立面的内容复杂度与其颜色特性、几何特性、信息量特性等有关。首先，最为直观的视觉要素是颜色特征，与媒体立面颜色相关的复杂度由两方面决定：一是立面中所含颜色的丰富程度，颜色种类越多，则立面的图像也就相对越复杂；二是颜色在图像中的分布，即便是拥有相同光谱的媒体立面，其图像中颜色分布的分散或集中也决定着它的复杂程度。其次，媒体立面通过几何图形的轮廓勾勒、纹理填充、位置交错等，将所要表达的内容抽象于媒体立面图像之中，图像包含的点、线、面几何元素种类越繁杂、关系越交错，内容复杂度就越高。过于单调趋同的媒体立面内容将造成空间的乏味，悦目性差；而过于复杂的视觉信息刺激占用了较多的认知加工资源，同样带来了视觉疲劳以及对神经功能的影响[31]，如图 5-2-10 所示。

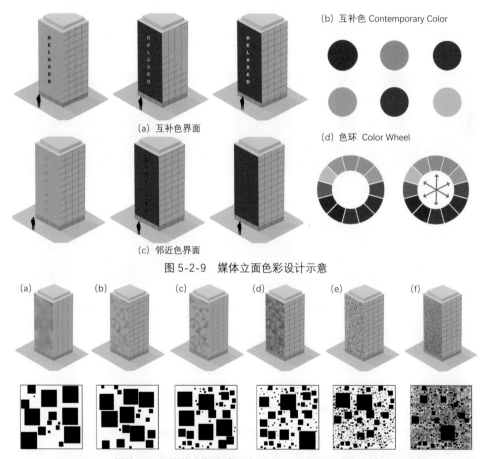

(a) 互补色界面

(b) 互补色 Contemporary Color

(c) 邻近色界面

(d) 色环 Color Wheel

图 5-2-9　媒体立面色彩设计示意

图 5-2-10　媒体立面图像信息复杂度示意图（a-f：显示图像复杂度由低到高）

5.2.3　LED 媒体立面与城市空间的整合

建筑外部媒体立面的设置要考虑所在区域的环境尺度，这对于媒体立面效果将产生直接的影响。针对城市、媒体立面、人三者的关系，可以将其环境的尺度分为近人尺度、街道尺度与城市尺度三种情况。城市媒体立面既可以置于建筑底部及低楼层区域、建筑中部区域及建筑楼身，也可以置于作为城市或区域地标的建筑顶部（图

5-2-11）。对于建筑底部及低楼层的媒体立面，设计上要从人群步行尺度考虑（图5-2-12），可采用高解析度的 LED 屏，适当进行细节设计，同时要注意防止眩光。位于建筑中部区域及建筑楼身的媒体立面，应从街区尺度考虑，采用中低解析度的 LED 屏，媒体立面要和建筑外立面进行整体性设计，同时要注意其对于居民区的光污染影响。置于建筑顶部的媒体立面，一般位于重要商办建筑顶部，且多为高层或超高层。其信息传播范围较广，且影响力较大。但由于距离较远，可以采用大面积、低解析度的 LED 屏，同时控制好亮度与画面刷新频率及辨识度。

(a) 近人尺度　　　　　(b) 街区尺度　　　　　(c) 城市尺度

图 5-2-11　不同空间位置的媒体立面示意图

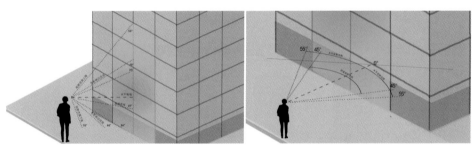

(a) 垂直视角分析　　　　　(b) 水平视角分析

图 5-2-12　步行尺度的媒体立面视看角度分析

1. 媒体立面的尺寸和比例

媒体立面在建筑立面上的比例，是直接决定信息呈现效果与传播广度的重要组织方式。首先需要明确建筑类型以及建筑受众的活动范围与数量，并根据建筑所处的城市区位、建筑群体空间特征以及周边环境的具体情况，确定媒体立面的大致尺寸。无论采用局部媒体立面还是整体媒体立面，都需要严谨地考量（图 5-2-13）。局部媒体立面是有选择性地在建筑立面选择一块适当的区域设置媒体立面；整体媒体立面是指建筑有一个及以上数量的立面被媒体立面包覆。

确定媒体立面的尺寸和比例时，应充分考虑媒体立面和建筑界面之间的协调，二者之间的面积对比关系、形态平衡和构成关系等，既要为信息表达提供足够的立面载体，又要寻求对信息传播最合适的刺激强度,避免造成建筑视觉要素的混乱[32],建立有秩序的城市夜景观。

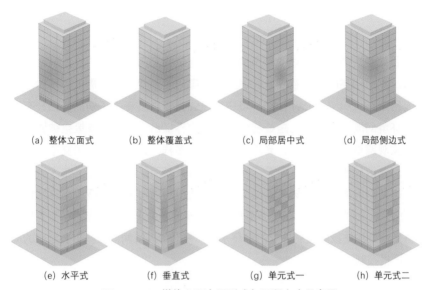

(a) 整体立面式　　(b) 整体覆盖式　　(c) 局部居中式　　(d) 局部侧边式

(e) 水平式　　(f) 垂直式　　(g) 单元式一　　(h) 单元式二

图 5-2-13　媒体立面布置形式与面积大小示意图

2. 环境对比度

同样参数的媒体屏在不同环境下呈现的效果也大相径庭。城市媒体立面基本使用时间为夜间,需要考虑天空光、周边建筑灯光以及内透光的影响;室内媒体立面则白天夜间都会使用,既要考虑室内空间是否有自然采光,也要考虑室内人工光源的影响。屏幕的亮度也应随着白天、黑夜的环境亮度变化进行调整(图 5-2-14)。

城市媒体建筑的公共性决定了其界面设计要素不仅要满足信息传达、空间引导等功能,也要关注公众的视觉健康、情感共鸣、艺术审美等心理和生理需求。城市空间、建筑空间和媒体立面三者相互关联的设计因素,应通过一定的规则和方法进行有机结合,相互协调, 从而实现人居健康的目的。

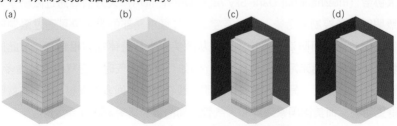

(a)　　　　　(b)　　　　　(c)　　　　　(d)

图 5-2-14　媒体立面与背景环境亮度对比示意

5.3 光污染：人类健康的无形杀手

令人目眩神迷的灯光讲述着都市的繁华，建筑物上闪烁跃动的媒体屏幕展现着经济的繁荣，然而明亮的城市夜晚，在满足人们零时差消费、工作需求的同时，却暗藏危机。光污染（Light Pollution）是环境中的过强光辐射或者不正确的光强分布所引发的一系列环境问题。光污染问题最初由国际天文界提出，缘于黑夜星空被城市亮光所遮蔽对天文观测造成严重干扰。光污染来源多种多样，如街道照明和交通、补光灯、探照灯、商业区照明、媒体立面等，其负面影响亦多而复杂，尤其是在人类健康与地球环境生态两个方面。城市树木的枯萎、野生动植物的消失、迁移鸟类的死亡以及人类头痛、疲劳、失眠、焦虑、肥胖乃至癌症等健康问题的出现皆与光污染有直接关系。科学家将光污染称作披着美丽外衣的健康杀手，并非耸人听闻，让城市亮起来的同时，必须对其严格控制。

5.3.1 光污染的成因及类型

光污染是继废气、废水、废渣和噪声等污染之外的另一种环境污染源，英美等国称之为"干扰光"，而在日本和中国台湾地区，光污染则被称为"光害"，不同于废气、废水、废渣等城市污染需要较长的治理修复周期，当予以足够重视并采取有效控制措施后，光污染问题能够较快地得到解决。因此，光污染的防治重点在于社会共识、科学管控、源头预防。

光污染多来自于城市照明中低效率、非必要的人造光源。路灯、楼宇景观照明灯、汽车灯、媒体立面以及日间建筑大面积玻璃幕墙、亮面石材墙体等对日光的反射均是光污染的可能来源。通过限制过度的城市照明是最为行之有效的光污染控制措施之一，国际暗天协会（International Dark-Sky Association，IDA）大力倡导通过限制室外照明亮度与照明时段来控制光污染，保护夜空。不过城市局部的光污染可通过限制照明来加以控制，但若要全面防治光污染，则需从源头入手与整体规划相结合。与此同时，城市环境恶化也会加剧光污染的负面影响，例如：雾霾天气时，空气中微粒增多，这一方面削弱了星光的亮度，另一方面城市照明光线在微粒之间多次反射，使原本就明亮的天空显得更明亮。而美国国家海洋和大气管理局的最新研究成果显示，光污染反过来也导致了城市空气质量的恶化。光污染会使大气中的物质发生化学反应，影响夜间空气的

(a) 无雾霾的夜空　　　　　　　　　　　(b) 有雾霾的夜空

图 5-3-1　空气污染加剧光污染

自清洁过程，从而使空气污染更加严峻，由此形成恶性循环（图 5-3-1）[33]。

　　光污染根据形成方式可分为白亮污染、人工白昼和彩光污染（图 5-3-2）。而基于其影响结果，可分为眩光、光入侵、天空辉光三种（图 5-3-3）。

　　白亮污染由城市里建筑物表面高反射率的玻璃幕墙、釉面砖墙、磨光大理石和各种涂料等装饰反射光线造成。这些材料的反射系数比深色或毛面砖石建筑材料的反射系数大 10 倍左右，远超人眼所能承受的范围。过于强烈的反射光所造成的眩光短暂失明，是造成城市交通事故的元凶，因此在受到阳光直射的城市区域，应严格限制玻璃幕墙的使用面积、安装方位或对其进行防眩处理，如设置遮阳装置、使用防眩玻璃等。

　　人工白昼是指直接由城市照明设施向天空照射的光线和地面反射光被大气中的尘埃和气体分子散射后的光线，使城市夜空亮度过高，如同白昼的现象，人工白昼减少了恒星或其他天体与天空背景的对比度，严重影响天文观测的同时，亦破坏了两栖动物、

(a) 白亮污染　　　　　　　　(b) 人工白昼　　　　　　　　(c) 彩光污染

图 5-3-2　光污染按形成方式分类

(a) 眩光　　　　　　　　　　(b) 光入侵　　　　　　　　　(c) 天空辉光

图 5-3-3　光污染基于影响结果分类

爬行动物、鸟类和哺乳动物生存所依赖的昼夜节律。

彩光污染是城市中彩色、闪烁的光源所构成的污染。彩光污染不仅会造成人体视觉和生理功能的损害，它造成的心理影响也十分突出。研究表明，歌舞厅、夜总会等夜间游乐场所频繁闪烁的彩色光线对眼睛和脑神经非常有害，它不但导致人的视力受损，还会引起头痛头晕、神经衰弱症状[34]。

宛若城市秀场的大面积动态彩色媒体立面在全国各地爆发式建设，其所导致的健康危害知识也应在公众间普及（图5-3-4）。我国对夜天光的研究和定量测量开展较早，技术和测试设备相对成熟。夜天光亮度计、夜天光观测光度仪、基于遥感技术的卫星图像分析等手段，都可对夜间天空光污染进行较准的测量。而眩光和彩光污染的评价方法和实测设备还有待完善，这类光污染防治的应用性技术将是未来的工作重心。

图5-3-4　大面积建筑媒体立面形成彩光污染

5.3.2　光污染造成的视觉损伤

眼睛是人体最精密脆弱的器官，城市照明中的眩光以及彩色光、动态光的不当使用，都将造成不同程度的视觉损伤。我国每年投入大量资源和人力用于国民视觉健康防护，改善视觉环境是其中一项根本工作，城市照明应尽可能有利于视觉舒适，降低视觉损害，为创造人人享有的健康城市环境作出贡献。

城市照明眩光干扰行人和驾驶者的视线，引起诸多与视觉疲劳相关的眼部不适症状，使视力、对比敏感度、色觉等视觉功能大幅削弱甚至丧失[35-37]。然而眩光还将导致更严重的后果。高强或长时间光照暴露与激光产生的光热、光化学和光机械效应使感光细胞凋亡，导致视网膜光损伤和功能退化，并加速白内障、老年黄斑变性等视觉疾病的发展[38]。还有研究指出，光照刺激诱发活性氧自由基产生，使视网膜细胞处于氧化应激状态，造成细胞死亡和生物膜溶解[39,40]。光照对视网膜的损伤具有累积效应。沃纳·K. 诺尔（Werner K. Noell）等在大鼠身上施加的 5 分钟时长光照，未对视网膜产生任何影响，但当曝光重复了 3~4 次以后，视网膜可发生重大损伤[41]。因此，照明眩光对人眼的长期危害性不容轻视，尤其是刺激不显著的眩光，当人们还未有所意识时，日积月累的视觉损伤已然产生[1]。

　　饱和度是影响视觉舒适的主要颜色属性，过量的鲜艳或高度饱和的色彩将引起负面响应。佐川健二（Ken Sagawa）研究了在 CRT 显示器上自然景物彩色图像的主观视觉舒适度，结果显示视觉舒适度与整体图像饱和度分布关系密切，饱和分量增加、视觉舒适度降低[42]。巴黎和京都等城市已通过法规来控制饱和色彩的使用。具有特定图案的图像会引起视看者的不适感，并出现异常的视觉扭曲，这种现象称为图形眩光（Pattern Glare）[43]，偏头痛、视觉应激症状患者对图形眩光刺激尤为敏感[1,44]。视觉系统适应自然图像，图像的傅里叶频谱（Fourier Amplitude Spectrum）斜率和振幅与自然图像不一致及图像空间频率过度对比将造成视觉不适。动态光方面，光线的频繁闪烁会迫使瞳孔频繁缩放，造成眼部疲劳，同时光的颜色过于复杂、色域过小或多色光变化过快，将引起人眼的分辨能力和适应能力的下降。动态光环境的背景亮度、视角和刺激速度变化都是光污染视觉干扰程度的影响因素[1,45]。

　　目前，色彩、图案、动态光运用于城市照明和建筑媒体立面所造成的影响还需进一步研究阐释，但其为视觉带来的瞬间或累积的健康风险却不能排除，规范标准应先行，防患于未然[1]。

5.3.3　光污染对昼夜节律的干扰

　　夜晚环境中，人工光的照射会产生影响睡眠、大脑神经兴奋、无法正常入眠等问题，进而造成头晕目眩、失眠、情绪低落等神经衰弱类病症。长期暴露在彩色光环境中，会干扰大脑中枢神经，使人产生恶心呕吐、血压升高、体温起伏、心急气躁等问题，严重损害人的生理功能和心理健康[1]。

　　人类的身体响应昼夜节律产生褪黑激素，其具有抗氧化特性、诱导睡眠、增强免疫系统、降低胆固醇，并有助于甲状腺、胰腺、卵巢、睾丸和肾上腺等的功能执行。过量的光线照射会抑制褪黑激素分泌，可能导致睡眠障碍和其他健康问题，例如压力、疲惫、头痛、焦虑增加等。有研究表明，节律被干扰后，还可能引发乳腺癌、生殖类癌症、肥胖等问题[1]。

晚间暴露在蓝光下对人体危害更大，目前大多数用于室外照明的 LED 景观灯具、LED 屏幕会产生过多的蓝光。哈佛医学院的学者称"如果蓝光对健康产生不利影响，那么环境问题以及对节能照明的诉求可能与个人健康诉求冲突。LED 灯比传统的白炽灯泡更节能，但也会产生更多蓝光"。2016 年。美国医学协会的报告表达了对室外照明蓝光照射的担忧，并推荐优选 3000K 色温及以下的照明。另外，相较于白炽灯等传统照明产品，LED 照明亮度和蓝光含量更高，将带来更严重的昼夜节律干扰，美国医学协会已经提出了富蓝 LED 路灯的使用禁令[46]。因此，针对不同场地和任务需要的差异化照明方案优化，应从室外照明系统光谱和配光设计的工作开始，并不断进行完善与深化[1]。

国际照明委员会于 2015 年、2019 年两次发布了关于光的非视觉效应声明[47]，声明建议应在适当的时间合理地照明。因为有大量研究表明夜间的光线会引起褪黑激素分泌的抑制，进而扰乱睡眠、打乱生物节律，以致催生出睡眠障碍、内分泌失调、免疫功能下降、抑郁情绪等诸多健康问题[1,48-50]。

晚间 100lx 的光照刺激，即可产生褪黑激素分泌抑制的作用效果，引起昼夜节律相位的移动[51]。目前，城市照明环境中许多区域的垂直照度已超过了这一数值。魏敏晨和戴奇等人联合实测了上海和香港两地 6 个商业区共 888 个测点的照明光谱和角膜照度，通过昼夜节律刺激值（CS）研究光照对褪黑激素分泌抑制的影响，结果显示上海和香港分别有 47% 和 86% 测点测得的 CS 值超过急性褪黑激素抑制的工作阈值（0.05），会对昼夜节律产生影响[52]。因此，合理控制光污染，提升城市室外光环境品质，可很大程度避免节律影响等问题，应受到广泛重视[1]。

5.3.4 光污染的情绪及认知影响

夜间过量的光照也会对情绪产生负面影响[50]。近年来，重度抑郁症的发病率有所上升或与光污染日益加剧有关。有学者基于国家环境信息中心提供的韩国室外夜间照明的卫星数据和韩国社区健康调查数据进行分析，发现夜间室外照明与韩国成年人的抑郁症状和自杀行为显著相关，居住在夜间室外光照较高地区的成年人出现抑郁症状和自杀行为的概率更高[6]。通过动物模型对夜间照明在情绪调节中的作用机制，可以进行相关的机理研究，低强度的夜间光照会对仓鼠引起抑郁症状并导致其学习和记忆能力受损；与白光和蓝光相比，暗红色的夜间光照对大鼠抑郁反应的影响有所降低[53,54]。另外，有学者利用虚拟现实技术，针对森林、沙漠和海洋三种类型的国家公园，分别建立了九种不同光污染程度的虚拟场景，通过主观评价打分得出光污染较低的场景下被试情绪更加积极且总体评价较好的结论 [1,55]。

　　夜间过量的光照暴露可能会损害认知能力，并导致过度困倦和情绪变化，在长期从事轮班工作的工人中，认知受损现象已经被证实 [56]：夜班工作者比常规工作者面临更高的疲劳、焦虑和抑郁症风险 [57]。年轻护士仅在夜班工作三个月后，就会产生无助、失控和冷漠等负面情绪 [58]。城市夜景照明光侵扰对人体情绪和认知的影响可能不及夜班工作环境中那么明显，但是其危害不可忽视，应推进相关研究，并积极运用于城市照明管控政策中，保障公众的情绪健康 [1]。

5.3.5　光污染引发的疾病风险

　　光污染对生理和行为产生有害影响并导致疾病，长期受到夜间过量光照增加了乳腺癌和前列腺癌等癌症的患病风险，还会引起代谢功能的紊乱，诱发心血管疾病、糖尿病、肥胖症等问题 [1,59-61]。

　　褪黑激素是人体抗氧化应激、免疫反应调节和免疫防御过程中的重要激素，同时它也是一种时间生物激素。光污染引起的夜间光暴露过量，直接影响人体生物节律，抑制夜间褪黑激素合成，患病风险随之升高。通过美国国防气象卫星（Defense Meteorological Satellite Program，DMSP）搭载的 Operational Linescan System（OLS）传感器获取的卫星图像数据，研究人员分析了室外夜间灯光的亮度等级与女性癌症发病之间的关联，研究结果显示夜间室外人工光照的强度增加，显著提高了女性乳腺癌的患病风险；与夜间灯光强度最低的国家相比，夜间光照最高的国家的女性患乳腺癌的发病风险要高出 30%~50%[62]。此外，夜间的室外照明水平与男性前列腺癌的发病率也存在着显著的正相关 [63]。同样，将 DMSP 提供的夜间灯光遥感数据，与世界卫生组织报告中有关女性和男性超重和肥胖发生率的国家数据结合分析，表明室外夜间照明强度与肥胖症发病也显著相关 [64,65]。奈良县立医科大学大林健二（Kenji Obayashi）等研究了在床头安装照度计，每分钟测量一次老人的夜间光照量，发现夜间的人工光照射与肥胖症和血脂异常显著相关，并明显提高了夜间的血压值 [66,67]。城市光污染已然影响到人们的健康生活，是公共健康风险因素的新来源 [68]。

　　光污染带来的疾病风险或许远远超出人们已有的认知范围。光污染甚至是传染病流行与散播的推手，圣母大学发表在《美国热带医学与卫生学》杂志（The American Journal of Tropical Medicine and Hygiene）上的研究显示，人工光增加了埃及伊蚊在夜间的叮咬行为，暴露在晚上的人造光下的蚊子，叮咬行为的可能性是没有光线暴露对照组的 2 倍 [69]。这种埃及伊蚊是对人类危害最大的蚊子之一，它是登革热、黄热病、寨卡病的重要传播媒介，其主要分布在全球热带地区，在我国的海南省、广东省雷州半岛、云南省的边境区域也有分布。南佛罗里达大学梅雷迪斯·克恩巴赫（Meredith E. Kernbach）的研究，也提供了光污染通过影响疾病宿主或传播媒介的生理行为从而驱动疾病传播的直接证据，梅雷迪斯·克恩巴赫连续四年于6—12月间，在美国佛罗里达州105个鸡舍收集了6468份哨兵鸡（无免疫能力的非观赏食用鸡，专用于监测养禽场疫病的鸡）身上的西尼罗河病毒抗体样品，结果显示没有光污染地区与强烈光污染地区的鸡相比，暴露在低水平夜间光污染中的鸡存在西尼罗河病毒的比例更高[70]。射向天空的光被大气粒子（灰尘、水蒸气）反射，并传播到更远的范围。这意味着生活在城市郊区和外围农村区域的居民，尽管未享受到炫彩夜景的视觉盛宴，却可能共同为城市过度照明建设付出健康代价。

5.3.6 城市光污染的管控

国际照明委员会很早就关注到光污染问题，1980年与国际天文联合会（International Astronomical Union，IAU）联合发表了CIE 001:1980 Guidelines for minimizing urban sky glow near astronomical observatories（CIE 001:1980 "减少靠近天文台的城市天空光"指导方针）[71]；国际照明委员会于2017年对出版物CIE 150:2003进行了改版更新，形成了CIE 150: 2017 Guide on the Limitation of the Effects of Obtrusive Light from Outdoor Lighting Installations（CIE 150: 2017 室外照明设施干扰光影响限制指南）[72,73]，指出了干扰光对自然环境、居民、交通、观光及天文观测的严重影响，并提出了干扰光的适用范围及其规范要求。CIE 234: 2019 A Guide to Urban Lighting Masterplanning（CIE 234: 2019 城市照明规划指南）明确将干扰光作为城市照明规划中重要的控制部分，需要明确制定应对光污染、天空光以及任何形式的干扰光的原则和策略，并指出干扰光包括眩光、高彩度的动态光，应在规划源头进行管控[1,74]。详见表5-3-1。

美国对光污染控制的管理法规较为完善，有关光污染控制的法律和法令在加利福尼亚州、华盛顿特区等通过，也有多个州已提交议案。法令中明确提出灯具截光要求、最低照明数量、运营时段、宵禁时段管理以及照明方式要求等。天空保护划定区内的要求则更为严格，要求避免产生任何非必要的灯光。日本和意大利等国也在城市室外照明节能及防止光污染方面制定了本国的规定。国际暗天协会、意大利CieloBuio保护夜空协调会等国际组织通过宣传保护暗天空理念、设立暗天空试验区，评选保护暗天空的个人、团体和地区、帮助没有立法的地区进行光污染立法等做法，来唤起人们保护夜空、避免光污染的意识，保护未被人工光污染的天空，进而起到在更大范围内改

表 5-3-1　国际照明委员会有关城市照明技术文件

序号	编号	现行技术文件
1	CIE 126-1997	Guidelines for minimizing sky glow
2	CIE 150:2017	Guide on the limitation of the effects of obtrusive light from outdoor lighting installations, 2nd Edition
3	ISO/CIE 20086:2019（E）	Light and lighting — Energy performance of lighting in buildings
4	CIE 234:2019	A guide to urban lighting masterplanning
5	CIE 222:2017	Decision scheme for lighting controls in non-residential buildings
6	CIE TN 007:2017	Interim recommendation for practical application of the CIE system for mesopic photometry in outdoor lighting
7	CIE 136-2000	Guide to the Lighting of Urban Areas

表 5-3-2　国内城市照明规范 / 标准

序号	编号	规范 / 标准
1	GB/T 38439—2019	室外照明干扰光测量规范
2	GB/T 35626—2017	室外照明干扰光限制规范
3	CJJ 45-2015	城市道路照明设计标准
4	JGJ/T 163—2008	城市夜景照明设计规范
5	DB31/T 316—2012	上海市城市环境（装饰）照明规范
6	DB11/T 388—2015	北京市城市景观照明技术规范
7	DB 29-71-2004	天津市城市景观照明工程技术规范
8	DB 50/T 234—2006	重庆市城市夜景照明技术规范

善照明环境质量的目的。

　　针对光污染问题，我国相关国家和地方标准、规范与导则已形成出台。上海市地方标准《上海市城市环境（装饰）照明规范》（DB31/T 316—2012），明确规定了住宅障害光的要求，为 2019 年上海"光污染第一案"的判决提供了依据[75]。国家标准《室外照明干扰光限制规范》[20]（GB/T 35626—2017）规定了与室外照明干扰光相关的城市环境亮度分区、干扰光分类、干扰光的限制要求和措施。为促进各类城市照明工程设计、施工、运行、维护和管理的科学化与规范化提供指导。为了保证 GB/T 35626—2017 的顺利贯彻执行，城市光污染影响能够得到科学的判定以及依法依规的治理，2019 年 12 月 10 日，国家标准《室外照明干扰光测量规范》[76]（GB/T 38439—2019）发布并于 2020 年 7 月 1 日实施。详见表 5-3-2。

　　光污染管控标准制定与实施应当注意到国外城市规模及城市光环境发展与国内情况的差异性，因此不宜直接沿用国外标准，应开展专门的研究，针对性地调研中国城市光污染的现状和成因，发现本土化的光干扰问题，对国标的制定进行科学的思辨与探索。国际照明委员会对于光环境亮度分区的设定在中国快速城市化发展的背景下是否适合中国的国情，特别是对于高亮度区是否应该针对中国城市等级再进行区别划分值得深入探讨。目前，城市夜景对光污染的相关国家规范和地方标准仍存在执行力度不足的问题。光污染问题有赖于夜间暗天空环境严格保护、规划布局优化调整、各行政区统筹协调等方面多措并举，难以通过规划、政策、标准、管理办法等常规行政管理手段达到治本之效，应当考虑通过立法来解决[1]。

5.4 城市光生态

过去一个世纪，环境生态变化的主要根源在于快速的城市化建设和城市人口的迅速增长，目前世界上有 55% 的人口居住在城市地区，到 2050 年，这一比例预计将增加至 68%（联合国 2018 年统计数据）[77]，更多的人口将陆续进入城市。在人类活动导致的环境压力下，生态系统正遭受无可挽回的破坏，热浪、洪水、干旱、台风、海啸……地球各处拉响生态警报，环环相扣的环境危机正在威胁着人类社会的存续。与土地利用、资源消耗、碳排放一样，夜间城市照明也是人类活动带来的最剧烈的环境变化之一，它所造成的影响不仅针对单个生物，更通过连锁效应危及整个生态结构系统。城市照明理应成为生态文明建设的重要环节，在保障人类生活环境的稳定和各类活动安全进行的同时，更应关注人与自然生态间的纽带关系，与自然和谐相处。

5.4.1　共建地球生命共同体

地球在其诞生的 46 亿年间，孕育了数以百万计的生物物种。人类历史在这条生命长河中不过是眨眼瞬间，却给地球气候及生态系统造成难以忽视的改变和破坏。地球家园正在经历着生物多样性危机。生物多样性受到人类活动影响，当前的物种灭绝速度，相对人类尚未开始活动的地质时期，达到百倍甚至千倍。如今，仅有很少的时间留给人们，来避免地球第六次物种大灭绝的到来。城市过度照明、光污染在生态系统破坏与生物多样性丧失中难辞其咎。生物节律存在于地球生命的基因序列中，动物依赖于环境昼夜交替的规律变化决定何时觅食、活动、休眠、交配[78]；植物根据环境光暗周期来开花、结果、生长、发育[79]；不具有复杂组织、器官的单细胞生物，如蓝藻，它们的光合作用、固氮活性、细胞分裂等生理过程都与昼夜节律有关[80]。光作为重要的能源与环境信息来源，亦影响着水生生态系统初级生产者的生物量和群落组成[81,82]。城市人工照明改变了夜间光线的数量和质量，使得城市夜空的光照强度和光谱组成与自然夜晚环境存在明显差异。人工光照发出的错误环境信号严重影响到物种的生命活动，是一种"生态应激源"，给生态系统的平衡带来巨大扰动。加利福尼亚大学的两位学者凯瑟琳·里奇（Catherine Rich）和特拉维斯·朗科尔（Travis Longcore）在他们合著的《夜间人工照明的生态后果》（*Ecological Consequences of Artificial Night Lighting*）一书中，论述了夜间照明给生态系统中哺乳动物、鸟类、爬行动物和两栖动物、鱼类、无脊椎动物以及植物带来的广泛负面影响，在生态学界引起了强烈的反响[83]。近年来，夜间照明对各种生物现象影响的实证研究数量也在持续增长，人们逐渐意识到"光生态问题"的重要性和严重性。

生命之网相通相连，共生共荣。生态系统是由生物群落及其生存环境共同组成的动态平衡系统。生态系统的各部分组成要素，人类、动植物、微生物、水体与气候环境相互影响、相互依存。城市光照除了对单个物种的生理、行为产生影响以外，从分子、个体生物到群落以至跨越种群，通过物种间的相互作用，城市光照直接或间接地对生态系统的结构和功能带来深远的影响，并最终危及到人居健康。许多植物开花结果依靠于昆虫授粉，夜行性鳞翅目昆虫是一类主要的传粉者，这类昆虫喜欢在光亮处聚集，夜间明亮的光照，吸引了昆虫的注意力，使它们忘记了自己要务在身，使植物结果数量巨幅下降[84]。人工光通过影响豆科植物的开花改变草食动物的丰度[85]。在昼夜节律交替的空间中，每个物种发挥各自的环境适应能力，用不同的昼夜生活方式维持生命。当夜晚被照亮，捕食者—猎物的动态平衡被打破，在其级联效应的影响和扩散下，农作物减产和人类群体疾病侵扰随之而来。这些发现提示人们，在城市照明建设中应建立人与自然关系的全新认知，在开发自然景观资源的同时，亦要充分考虑到对物种和

图 5-4-1　地球生命共同体

生态系统的科学保护，减少光照对动植物栖息地的影响，减少光污染对城市中山水林田湖草的破坏。尊重自然、顺应自然、保护自然，为实现人与自然的和谐共生贡献智慧与力量（图 5-4-1）。

5.4.2 城市照明对动物栖息的影响

国际上众多研究显示城市光污染对多种生物如两栖动物、鸟类、哺乳动物、昆虫乃至微生物都存在负面的甚至致命的影响。这种影响体现在许多方面：光污染扰乱夜行性物种的生活规律；增加了部分动物夜晚出行的可能，提高了被捕食的风险；促使迁徙动物迷失方向，并最终死于疲惫；改变动物所获得的四季更替的时空信息，影响繁殖能力，使它们错过完成交配等活动的最佳环境条件等。此外，生态系统内的物质循环和能量流动是通过错综复杂的食物链和食物网完成的，各类动物在此过程中均起着关键作用，而光污染对其中部分物种的影响，将直接影响整个生态系统的正常运作。

1. 加速"昆虫末日"的到来

昆虫可以说是维系生态系统平衡的中心，没有昆虫的世界，人类将被迫忍饥挨饿，土地将被粪便和动物尸体淹没，环境变化的信息将无从得知。然而光污染正在驱动昆虫走向末日。趋光是昆虫固有行为特征，大量昆虫（飞蛾、蜻蜓、甲虫、蚊子、黄蜂等）被照明吸引聚集，因无法飞离力竭而亡或被强光周围的高温烧死，一只小型的广告灯箱，每年可杀死数十万只昆虫；夜间人工照明使夜间活动昆虫错过求偶和交配的时间窗口，从而影响它们的正常繁殖过程，城市萤火虫的逐渐消失就是一个例子；夜间明亮的人工光也影响了飞蛾及其他夜行昆虫辨别方向的能力，让它们无法完成自己的传粉任务，也更容易被自己的天敌吃掉。

2. 威胁鸟类迁徙与繁殖

光污染让昆虫发生"飞蛾扑火"的惨剧，也给鸟类造成致命撞击。高反光玻璃幕墙和夜间建筑灯光让鸟类在城市中迷失方向，而被引诱"自杀"。全球每年上亿只鸟因撞击建筑而惨死。鸟类根据白昼长短判定季节变化，开始迁徙。夜间人工光照也带来鸟类迁徙行为的改变，让它们错过筑巢的最佳环境条件。

3. 影响哺乳动物健康

哺乳动物是人类所属的类群，正如光污染对人类视觉、生理、心理造成诸多健康影响和疾病负担，不当的城市照明也造成了哺乳动物节律紊乱和辨位能力、生存能力的下降。不过，光照剂量、光谱所引起的不同物种间的生物响应几乎是唯一的，在利用实验室生物和人类实验的结果来外推研究人工光照对野生动物负面影响时应注意到这一点。

这也提示城市夜间生态环境保护应根据不同物种的栖息状况，针对性地制定不同的科学方案。

4. 对两栖动物的可能伤害

两栖动物是陆地和水生生态系统的重要组成部分，它们对环境变化非常敏感，常被用作环境对野生动物影响性研究的相关模型。对人类不构成影响的建筑物和路灯的照明数量，却能够使蟾蜍在夜间无法入睡，阻碍青蛙产卵。大部分两栖动物喜好夜行（图5-4-2），野外环境的照明亮度增加，晚间动物如青蛙会丧失天然夜视能力，过强的照明甚至会导致其失明[86]；光害使夜行动物中的夜蛙和蝾螈的活动时间推迟，并引起其活动及交配时间变短[87]。

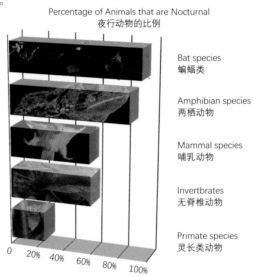

图 5-4-2　各类目动物中夜行动物所占比例

5.4.3　城市照明对植物生态的影响

植物不断适应光环境，以黎明黄昏、四季变化为线索，根据昼夜接替、日长变化环境光信号影响着植物生长发育、开花发芽、新陈代谢等关键物候事件的时间点。存在于根系、茎秆、枝条、叶片，遍布植物体内的各种光感受器负责捕捉和响应光环境信号的变化，包括从 UV-B 到远红外宽光谱范围内的光谱成分变化、光照方向变化、光周期变化等[88]。合理地使用光照可以更好地保护植物物种，使其更好地维护生态系统的稳定。植物照明特别是在园艺、农业照明领域，已根据不同植物、不同生长阶段所需要的光照研制出各种"光配方"，调控植物的生命活动，助力每种植物的最佳生长。而光污染等不适宜的照明，则会对植物生长存活造成严重负面影响，最终损害到整个生态链系统中的人类福祉。城市绿化是实现可持续人居健康的宝贵资源，在调节气候、净化空气污染、美化环境、陶冶身心等方面的作用举足轻重。不过持续不断的夜间照明正在扰乱树木的生长模式，让树木过早地发芽，导致根系不能提供充足的水分和养分，产生萎蔫、枯亡，或者致使落叶延迟，受到更严重的冻害影响。

近年，随着照明技术与产品的不断更新发展，大功率、高光效的光源不断问世，公众对夜间消费娱乐、文化生活丰富质量的需求不断提高，而它们也对植物生态带来多样性的负面影响和连锁负面效应，已日益引起广泛担忧。

1. 改变光合特性

光合作用是植物、藻类和一些细菌利用光能把二氧化碳、水或硫化氢转化为有机化合物，同时释放氧气的过程。在这种光合过程中，光是植物进行光合作用的能量来源和信息来源[89]。植物光合速率（衡量光合作用强弱的指标）因其所处不同环境而改变，如果光照不足，光合作用就不能有效工作，出现黄化症状[90]。然而，过多的光照会产生氧自由基并引起光抑制[91]，也会带来过高的热量，引起植物叶片干枯（图5-4-3）。与自然光相比，夜间光污染强度的光合有效辐射（PAR）对植物光合作用影响有限。然而当植物暴露在连续光照下时，其光合效率将发生改变并对植物的代谢和生成产生影响[92]。可见植物照明的生态保护，不应只从照明强度控制单一维度出发，更应从生态和生理过程进一步了解光照尤其是夜间低强度光照影响。

2. 与植物生长的关联

光既能促进植物生长，也会抑制植物的发育，关键在于其起到的正确诱导作用。根据对光强的适应能力，植物常可以分为阳生植物、阴生植物、耐阴植物。阳生植物在强光环境下健壮发育。阴生植物天然喜阴，需在较弱的光照条件下才能良好生长。

图 5-4-3　不当的道路照明设置引起城市树木的大面积枯黄

阴生植物的光饱和点较低，当光照过强时，它们将受到伤害。城市绿化系统中蕨类植物、地被植物以及香榧、铁杉等阴性木本，被大量配置在高密度城区采光条件较差的地带，来提高绿化面积，改善生态环境。不当的城市照明，将对这些植物造成伤害，例如：在大功率景观灯照射下，地被绿化出现大面积枯黄现象。

植物光质由植物照明的光谱组成，其对植物的生长发育、形态建成、生理生化特性、资源分配等均有调控作用[93-95]。植物对不同波长的光产生不同的行为反应，高强度红光和蓝光促进植物的光合作用，红光和远红光在控制植物光形态建成中发挥关键影响[96,97]。植物体内不同光合色素对光波的选择吸收决定了植物对光照强度、光谱功率、光照时刻和持续时间等方面的响应存在高度异质性。城市照明一方面通过选择具有特定光谱特征的光源，减轻人工光的生态影响；另一方面通过人工补光，调节光质、光强以及光照模式来促进植物的健康生长，是值得深入探索的城市生态修复手段。

3. 影响开花周期

植物对白天和夜晚时长（及变化）反应非常灵敏，夜间光环境的微小改变，植物也能感知出来——其体内存在一种蛋白质与色素相结合的物质——光敏色素[98]，光敏色素是测量植物光周期的"时钟"分子。许多植物通过黑夜的长短来控制花期，正是受到光敏色素的影响[99,100]。光敏色素有钝化型和活化型两种形式，其互相转化形成了植物接收外界的光信号来调节生长、发育、开花、避阴等一系列生理反应的内在机制，干扰植物花芽的自然过程。660nm 的红光会抑制短日植物开花，却可以诱导长日植物开花。人眼无法看到的远红光（730nm）可以诱导短日植物开花，也可抑制长日植物开花。而人工光源包含比例不同的红光或红外线，当其在夜晚长时间、高强度地照射植物时，就会干扰到植物花芽分化和开花的正常生理过程[101]。

4. 对植物昼夜节律现象的其他影响

与人体、动物一样，植物也拥有内源性生物钟及复杂的生物节律调控网络，并需要与外界环境保持同步，调节基因表达程序。除了开花和生长以外，整体生命周期中植物体几乎每一项的生理和发育过程都受到生物节律的调控，包括在日夜交替中进行的光合作用、呼吸作用，以及营养吸收、激素应答、糖类代谢、避阴反应等[102]。研究显示，受到环境污染与气候变化因素影响，树木休眠、冬芽等物候节律异常的问题不断出现，光污染和过度人工照明也是主要原因，夜间人工光照射足以诱导植物产生生理反应，影响其物候、生长形态和资源分配。植物叶片上的光受体，通过测量白昼、黑夜长短感知季节的变化，触发落叶与休眠等行为。生长在路灯附近的树木，在路灯持续光照和热辐射的干扰下，对秋季日长变化和降温反应迟钝，在秋天还会继续生长。

埃克塞特大学生态与保护中心的理查德·弗伦奇教授（Richard ffrench-Constant）团队调查了人工夜间光照量与梧桐树、灰树、橡树和山毛榉树四种树木发芽日期之间的关系，发现在夜间较明亮的区域树木发芽的时间提前了七天半，光污染让春天提前到来了。这让以树叶为食的昆虫、以昆虫为食的鸟类都受到了级联影响[103]。

5. 不同光谱光源对植物的影响

植物体内含有光敏色素、隐花素、向光素、UVR8 受体四种以上的光感受器（光受体）。光敏色素主要感受红光和远红光，负责光形态建成，调节生长、发育和开花过程；隐花素为蓝光和近紫外光区域的光受体，主要在控制植物光合作用、生长发育、昆虫和鸟类的磁场感应等方面发挥作用；向光素作为另一种植物蓝光受体，它在吸收蓝光后发生自磷酸化，参与植物向光反应和叶绿体运动；UVR8 则是 UV-B 特异光受体，调控植物对 UV-B 的防御和响应机制等。植物通过不同的光受体感受光信号，也对不同波长的光线表现出光谱选择性。各类城市照明光源发出的光线，包含不同光谱成分，也对植物体造成不同类型和强度的影响（表 5-4-1）。其中，高压钠灯会产生较多红色—红外线区域的光线对植物的生长造成较大伤害；荧光灯、汞蒸气灯主要发射光谱位于可见光谱的较短波长部分，对植物生长没有太强的影响，但是会吸引过多的昆虫[104]。

为了减少夜晚光污染对植物的影响，可从多个方面进行相关工作的落实。

（1）选定光源前须确定特定植物较为敏感的光谱范围和强度，结合区域植被的类型，对照明灯具、光源等进行筛选。针对植物较为敏感的光谱区域，合理调整光源辐射范围和强度，此过程中可能会涉及光源类型的调整，应作科学处理（表 5-4-1）。

（2）道路照明推荐截光型灯具，特别是郊外、农村等区域。由于会经过农田等生态区域，夜晚灯光长时间照明会影响周边农作物的正常节律，还可能影响多种同一环境中的动物，应严格控制溢散光，使光线投射到需要的地方，在条件允许的情况下应考虑分时段照明或感应照明，进一步降低不良影响。

表 5-4-1　不同照明光源对植物的影响

光源	波长	潜在影响
荧光灯	蓝光多、红光少	低
汞灯	紫光—蓝光	低
金属卤化物灯	绿光—橙光	低
白炽灯	红光、红外线	较高
高压钠灯	红光、红外线	高

（3）优选高效节能光源、灯具及控制系统，既符合绿色照明政策，又可以通过产品选型的把控防止光污染的产生，从而及实现生态环境与照明需求的有机协调。

5.5.4　城市照明与水生生态系统

水生生物群落与水环境构成的生态系统在碳循环和生物多样性维持过程中扮演着关键的角色。人类逐水而居、城市依水而立，世界上超过 50% 的人口生活在距离水体 3km 以内的区域，也使得淡水和海洋成为受到城市光污染影响最为严重的生态系统。以大型沿海城市的照明为例，夜间水体被城市灯光照亮，会导致海底生物群体的捕食行为增加；过量城市照明会使近陆区域的海洋栖息地光照水平增加，明显改变捕食者—猎物之间的动态平衡，其产生的级联效应将破坏整个海洋生态系统。

人造光会影响近 39% 的物种栖息状况，此数字包含了人造光对于不同物种的正负面影响。但许多由于人造光的照射而增加聚居面积的生物都属于令人讨厌的附着生物，如海生蠕虫等微生物、海藻以及很多会依附在船身、码头和水产养殖设备上的无脊椎动物[105]。附着生物数量因为人造光的照射而增加，不仅会破坏人造设施，也会对当地的海洋生态造成危害。人造光还会减少海鞘和刚毛虫等滤食性生物的数量，这些生物对维持海岸健全的生态系统十分重要[106]。如何科学地控制人工光对此类对象的干扰，是需要深入研究的内容。

5.5 智慧城市　健康照明

目前,世界正处于即将变革的分水岭,人工智能、物联网、大数据、量子计算、无人机等新一代信息与通信技术（ICT）逐一登场,城市运作和人类生活方式不断地被颠覆与重构。城市的规划、设计、管理、运营向着智能化演进,数字城市与物理城市逐步深度融合,城市迈向万物互联时代（图5-5-1）。全方位的数字技术赋能破解交通拥堵、环境污染、资源短缺等"城市病"困局;大数据为城市决策创造有力的科学支撑,人工智能拓展应用场景,挖掘城市潜力,成为智慧发展的核心动力;移动互联网构建城市的神经网络,实现人与人、人与物、物与物的信息交互、高效连接。云计算与边缘计算实时处理海量数据,支撑着安全、可靠、高效智能的城市

图 5-5-1　智慧城市概念图

运营。"大智移云①"共同服务于城市的精细化治理与创新发展,民生、政务、产业水平和经济建设得以全面提升。智能与连接无处不在,城市智能体渗透于人们的衣、食、住、行乃至呼吸,更美好的生活愿景将触手可及 [107]。

5.5.1　光与照明——智慧城市建设的最佳载体

城市照明是智慧信息技术赋能百业的一个缩影,也是智慧城市发展最初的一片沃土（图 5-5-2）。路灯是城市中分布最均匀、密集的基础设施,网络化地遍布各个街道与角落,成为城市万物互联的最佳端口。以 NB-IoT（窄带物联网）、PLC（电力线载波）、ZigBee 等通信技术作为支撑,对城市路灯进行智慧升级,可以方便快捷地搭建起城市信息感知、采集和发布网络（图 5-5-4）。智慧路灯使城市照明取得显著节能效益的同时,

---

① 大智移云:大数据、人工智能、移动互联网、云计算。

使其运维效率、维护成本、人力投入大幅降低。采用城市道路智慧照明系统后，以往需要 12 个人才能完成的道路照明巡检和排查工作，现在 5 个人即可完成。路灯的开闭和亮度调节能根据人 / 车流量、时间、天气、事件和城市活动来动态、灵活地规划与控制，可视化地呈现了城市运营的智慧转型。照明不再是路灯的唯一功能，设备终端接入将城市环境监测、视频安防、无线 Wi-Fi、城市广播、充电桩等多重功能灵活组合、集成一体，为城市民生、环境、公共安全等各个方面作出智能化响应和决策支持。目前，全国各地已经有 300 多个城市布点了智慧路灯（图 5-5-3）。随着 5G、6G 时代接踵而至，密集组网和小基站要求带动智慧灯杆的需求释放，千亿级的新增市场即将到来，城市照明的智能化蜕变蓄势待发。

图 5-5-2　城市智慧街区照明示意

图 5-5-3　河北省雄安新区智慧路灯落地应用

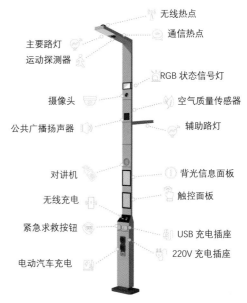

图 5-5-4　多功能智能灯杆示意图

从城市到社区再到单位和家庭，"智慧建筑""智慧家居"是智慧城市落地的最小单元（图 5-5-5）。光与照明是"智慧·建筑"空间最直观的展现方式。根据多样化生活场景的用光需求，智慧照明提供有益于身心健康的多模式光照，带来生活最舒适、最便捷的体验感。老人不必在黑夜中摸索灯具开关，跌倒摔伤风险大幅降低；通过安装照度传感器，自然光与人工照明协调补充，为教室提供恒定照度，让青少年的视觉健康得到时刻守护；照明、空调、安防、影音与更多的智能终端设备联动，整合室内物理环境要素，构成智能化的健康人居系统，疗愈光照、人体热舒适调节、噪声掩蔽、空气杀菌消毒一体化运行,消除建筑中光污染、噪声、病菌、空气污染等健康威胁。科技积蓄了足够的力量,为生活带来变革,结合智能照明的应用产品正走入千家万户,创造更具幸福感和获得感的人居体验。

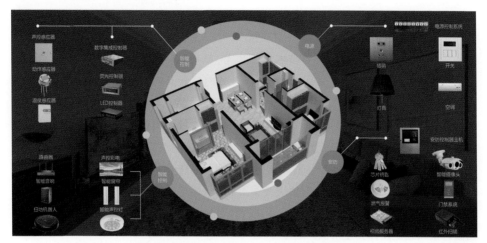

图 5-5-5　智慧家居智能光环境控制概念图

5.5.2　智能照明点亮宜居家园

　　城市建设的成与败、好与坏,并无放之四海而皆准的标准。智慧城市应依照城市产业、经济、文脉和建设特色呈现千城千面,让城市的个性化发展需求得到满足。与此同时,健康仍是人类追求和探索的永恒主题,也是智慧城市照明建设需践行的共同准则。

　　数字科技连接人居需求,智慧与创新碰撞无限可能,创造更多的城市人文关怀。普通人不再普通——以 GIS 为基础进行可视化动态城市照明管理,让小至街头巷尾的每个灯具都可以得到精细化的运行状态管理和及时的故障处置,让每个市民都能享受到安全、便利的出行体验;开放的数据和互动平台让市民参与到城市照明的规划与治理,甚至成为特色夜景的创作参与者;特殊人不再特殊——老年康养与无障碍设计、儿童成长需求与安全防护,都将得到全面的考虑;借助虚拟现实(VR)技术,老年、残障人士不出家门便可沉浸式地游览城市夜间美景,感受夜晚的城市心跳;多元化交互光艺术装置,让儿童的活泼天性和创造力能够充分发挥,从而鼓励儿童参与更多的户外活动,快乐成长。

　　智慧照明提升空间品质,点亮更生动的城市生活图景。纳入多种传感器的数字化城市照明管理平台激活城市数据,感知城市冷暖,根据光线强弱、人/车流量、气温、雨量和尘雾浓度调整照明方案,按需开启日出、日落、深夜、假日等城市照明模式,让夜间经济发展和休闲娱乐的光环境需求与光污染、过度照明管控得到良好平衡，让城市的舞台更精彩，市民的家园更和谐。在耀目光线、炫目色彩、跳动立面照明之外，恰到好处的智慧照明将成为另一张充满魅力的城市夜景名片。

5.5.3　人因健康驱动智慧照明决策

云服务、大数据、物联网等技术快速迭代，城市智慧照明从"0 到 1"，从"1 到 n"的建设快速完成，爆发式增长之后，更需寻求理性的成长方向。民生福祉是技术创新的根本目标。毕马威事务所（KPMG）调查了五个亚太地区城市 4192 个居民的智慧城市愿景，以完善的城市规划与设计来创造更美好的生活环境是半数以上市民的首要发展需求。"智慧"与"健康"在城市照明中深度融合将成为必然的趋势。

智能以人因驱动，以多样化的人居需求为切入点进一步应用场景深耕仍需进行。从初级的开关调光、光色变换到解决方案定制，从简单的信息采集、状态监控到智能决策，"问题 + 需求"导向、"技术 + 场景"联合，让智慧照明摆脱形式大于内容的局面，在概念植入之上发挥真正价值。

复杂的兼容和操作、缺乏统一的运行系统与接口标准，大幅降低了智慧照明的体验感，人们需要频繁地下载各种应用程序、在不同程序间反复切换、设置各种复杂网络连接才能享受到智能照明应用，使智能化本身带给人更多负担，这严重制约了智慧照明的普及应用。智慧所带来的绝不仅是锦上添花和新鲜感，理想的城市智慧照明应根据精准的用户画像、环境信息进行自主学习、自动适应；通过设备集成、互联互动从而无人化地自主运行，自然而然地成为生活的一部分，让技术对人生活的打扰降到最低。

5.5.4　时空大数据支撑的城市夜景建设

大数据时代的到来促进了城市研究方法和规划设计方法的颠覆性变革，在新的大数据环境下，来自商业、政府、社交网站和 App 的开放数据，成为城市设计方案分析、规划设计和管理决策的有力武器。智能灯杆、声光热传感器、高清监控摄像头等一系列环境信息数据挖掘、储存及可视化设备，也为感知城市物理环境、了解城市人口活动提供了信息支持，城市设计模式由静态的、一张蓝图绘到底的规划转向动态的、资源分配管理式的统筹运营。

夜景规划设计涉及经济、交通、环境、能源、管理等诸多方面的问题。夜经济发展背景下，定量地研究夜间城市运作规律，是合理配置资源、科学丰富业态、有效释放夜间消费潜力的前提。时空大数据相对于传统规划行业使用的人口普查、抽样问卷反馈、测绘等常规数据，其优势在于来源多样、样本量大、实时采集、不断更新，从而能够让设计者深度剖析复杂城市系统的运营状况，从而形成以人为本、需求导向的规划方案。

基于大数据的科学决策，每个城市、区域甚至城市街道都能拥有量身定制的照明方案，确保照明规划策略与区域的功能融合、空间整合，与产业特色及人口活动相匹配。其具体的做法包括智能路灯通过搜集城市道路的动态人、车流量和路径数据，辅助确定夜间城市主次道路的照明等级和光环境参数；根据消费数据、评价数据、观光打卡数据、交通出行量数据，测度夜间活力中心，搜集观光人群停留时间、路径，策划夜间特色主题活动；结合停车 App 数据疏导夜间高峰停车问题，实现精细化管理；结合共享单车 App 数据、夜跑打卡数据，追踪夜间步行、骑行者出行路径，优化夜间慢行交通体系，制定夜游线路，鼓励市民夜间出行；通过监测街道、公园绿地、广场的声、光、热、空气质量等舒适度数据，合理设置休闲座椅和光艺术装置。

多中心化是城市发展的时代走向，这有助于盘活城市整体夜间活力，疏解中心区域压力，解决高密度区域道路拥堵、环境污染问题。城市照明建设的有机疏散也是必然趋势，多中心的智慧城市照明建设与联动管控也将成为一片创新蓝海（图 5-5-6）。

图 5-5-6　上海市黄浦区多中心城市灯光秀概念示意

盛宴之后，长路前行，城市智慧照明的未来充满机遇与挑战。作为一项长期的系统性工程，面向人居健康的智慧照明顶层布局应与信息化建设和应用平台搭建共同推进[68]，多方力量需要共同参与，抓住信息与通信技术（ICT）升级换代"窗口期"提供的宝贵机遇，让城市智慧健康照明稳步推进，让更多的智能互联创新从概念走入现实，从实验室走入城市，造福于民。

参考文献

[1] 郝洛西，曹亦潇，汪统岳，等．面向人居健康的城市夜景照明：进展与挑战 [J]．照明工程学报，2019, 030(006):1-6,31.

[2] 刘清．广告招牌"亮瞎眼"灯光扰民待整治 [EB/OL]．(2018-08-17). https://www.sohu.com/a/248089138_645197.

[3] U.S. Air Force Space and Missile Systems Center.DMSP night light data[EB/OL]. (2020-09-10). https://www.lightpollutionmap.info/stats/#zoom=3&lat=4501453&lon=11144185.

[4] 中国之光网．揭晓！"高光效长寿命半导体照明关键技术与产业化"项目获国家科技进步奖一等奖 [EB/OL]．(2020-01-11). https://www.hangjianet.com/topic/15786465004370000.

[5] Ohayon M M, Milesi C. Artificial outdoor nighttime lights associate with altered sleep behavior in the American general population[J]. Sleep, 2016, 39(6): 1311-1320.

[6] Min J, Min K. Outdoor light at night and the prevalence of depressive symptoms and suicidal behaviors: a cross-sectional study in a nationally representative sample of Korean adults[J]. Journal of affective disorders, 2018, 227: 199-205.

[7] Wakil K, Naeem M A, Anjum G A, et al. A Hybrid Tool for Visual Pollution Assessment in Urban Environments[J]. Sustainability, 2019, 11(8): 2211.

[8] Bodur S Kucur, R Görüntü kirlilii üzerine[J]. Ekoloji Dergisi, 1994 ,12: 50-51.

[9] Ramsey N F, Jansma J M, Jager G, et al. Neurophysiological factors in human information processing capacity[J]. Brain, 2004, 127(3): 517-525.

[10] Goadsby P J, Holland P R, Martins-Oliveira M, et al. Pathophysiology of migraine: a disorder of sensory processing[J]. Physiological reviews, 2017, 30(4) 553-622

[11] Pheasant R J, Fisher M N, Watts G R, et al. The importance of auditory-visual interaction in the construction of 'tranquil space'[J]. Journal of environmental psychology, 2010, 30(4): 501-509.

[12] Min J, Min K. Outdoor artificial nighttime light and use of hypnotic medications in older adults: a population-based cohort study[J]. Journal of Clinical Sleep Medicine, 2018, 14(11): 1903-1910.

[13] Zielinska-Dabkowska K M, Xavia K. Global Approaches to Reduce Light Pollution from Media Architecture and Non-Static, Self-Luminous LED Displays for Mixed-Use Urban Developments[J]. Sustainability, 2019, 11(12): 3446.

[14] Tomczuk P, Chrzanowicz M, Jaskowski P. Procedure for measuring the luminance of roadway billboards and preliminary results[J]. LEUKOS, 2021: 1-19.

[15] GB/T 35626—2017. 室外照明干扰光限制规范 [S]. 北京：国家标准化管理委员会，2017.

[16] 何荣，邱卓涛．高校校园交通监控补光照明的眩光调查——以重庆大学为例 [J]．照明工程学报，2018, 29(04):136-141

[17] CIE 031-1976.Glare and uniformity in road lighting installations[S].International Commission on Illumination, 1976.

[18] Oviedo-Trespalacios O, Truelove V, Watson B, et al. The impact of road advertising signs on driver behaviour and implications for road safety: A critical systematic review[J]. Transportation research part A: policy and practice, 2019, 122: 85-98.

[19] Ngarambe J, Kim G. Sustainable lighting policies: the contribution of advertisement and decorative lighting to local light pollution in Seoul, South Korea[J]. Sustainability, 2018, 10(4): 1007.

[20] Sendek-Matysiak E. Influence of roadside illuminated advertising on drivers' behaviour[J]. Archiwum Motoryzacji, 2017, 77(3):149-162

[21] JGJ/T 163-2008. 城市夜景照明设计规范 [S]. 北京：中华人民共和国住房和城乡建设部，2008.

[22] 冯凯，郝洛西．媒体立面照明中亮度控制指标的评估与优化建议 [J]．照明工程学报,2021(01):87-97.

[23] 北京照明学会．城市夜景照明技术指南 [M]. 北京：中国电力出版社，2004.

[24] Čikić-Tovarović J, Ivanović-Šekularac J, Šekularac N. Media architecture and sustainable environment[C]//Keeping up with technologies to make healthy places: book of conference proccedings/[2nd International Academic Conference] Places and Technologies 2015, Nova Gorica: Faculty of Architecture, 2015: 171-178.

[25]CIE136-2000.Guide to the lighting of urban areas[S]. International Commission on

Illumination, 2000.

[26]Lewin I. Digital billboard recommendations and comparisons to conventional billboards[J]. Lighting Sciences. 2008.

[27] 刘立欣 , 刘亦菲 . 一个基于 PC 的计算机立体显示系统 [C].2003 全国数字媒体与数字城市学术会议 , 2003.

[28] 李熹霖 . 谈 LED 大屏的刷新频率和换帧频率 [J]. 现代显示 ,2004(01):22-26.

[29] 邱奕翔 . 从 LED 芯片评析 LED 显示屏的视觉刷新频率、灰度级数与 LED 利用率效能表现 [J]. 现代显示 ,2012(09):292-298.

[30]Elliot A J, Maier M A. Color psychology: Effects of perceiving color on psychological functioning in humans[J]. Annual review of psychology, 2014, 65: 95-120.

[31]Ioannucci S, Borragán G, Zénon A. Passive visual stimulation induces fatigue or improvement depending on cognitive load[J]. bioRxiv, 2020(11):390096.

[32] 吴维聪 . 世博会场馆 LED 媒体界面设计手法与发展趋势 [J], 照明工程学报 ,2011,22(1):42-48.

[33]Michael Bloch. Light pollution boosts air pollution[EB/OL]. (2010-12-16). http://www.greenlivingtips.com/eco-news/light-pollution-boosts-air-pollution.html.

[34]Fisher RS, Harding G, Erba G, Barkley GL, Wilkins A. Photic- and pattern-induced seizures: A review for the Epilepsy Foundation of America Working Group[J]. Epilepsia, 2005(46): 1426-1441.

[35]Mainster M A , Turner P L . Glare's Causes, Consequences, and Clinical Challenges After a Century of Ophthalmic Study[J]. American Journal of Ophthalmology, 2012, 153(4): 0-593.

[36]Villa C, Bremond R, Saint-Jacques E. Assessment of pedestrian discomfort glare from urban LED lighting[J]. Lighting Research & Technology, 2017, 49(2): 147-172.

[37] 唐永连 , 谷静芝 , 李少白 . 视觉环境中的光与色觉机理——防光污染与防近视（续）[J]. 中国眼镜科技杂志 , 2003(3):55-56.

[38]Mainster M A, Ham Jr W T, Delori F C. Potential retinal hazards: instrument and environmental light sources[J]. Ophthalmology, 1983, 90(8): 927-932.

[39]Yu D Y, Cringle S J. Retinal degeneration and local oxygen metabolism[J]. Experimental eye research, 2005, 80(6): 745-751.

[40]Contín M A, Benedetto M M, Quinteros-Quintana M L, et al. Light pollution: the possible consequences of excessive illumination on retina[J]. Eye, 2015, 30(2):255.

[41]Noell W K, Walker V S, Kang B S, et al. Retinal damage by light in rats[J]. Invest Ophthalmol, 1966, 5(5):450-473.

[42]Sagawa K. Visual comfort to colored images evaluated by saturation distribution[J]. Color Research &Application, 2015, 24(5):313-321.

[43]Monger L J, Wilkins A J, Allen P M. Pattern glare: the effects of contrast and color[J]. Frontiers in psychology, 2015, 6: 1651.

[44]Harle D E , Shepherd A J , Evans B J W . Visual Stimuli Are Common Triggers of Migraine and Are Associated With Pattern Glare[J]. Headache: The Journal of Head and Face Pain, 2006, 46(9):1431-1440.

[45] 刘鸣 , 马剑 , 苏晓明 , 等 . 动态干扰光对人的视觉、心理、情绪的影响 [J]. 人类工效学 , 2009, 15(4):21-21.

[46]Motta M. American Medical Association Statement on Street Lighting[J]. Journal of the American Association of Variable Star Observers (JAAVSO), 2018, 46(2): 193.

[47]CIE. position statement on non-visual effects of light: recommending proper light at the proper time[R/OL]. https://cie.co.at/publications/position-statement-non-visual-effects-light-recommending-proper-light-proper-time-2nd. 2021-05-21.

[48]Bedrosian T A, Nelson R J. Timing of light exposure affects mood and brain circuits[J]. Translational Psychiatry,2017,7 (1) : 1017.

[49]Chepesiuk R. Missing the dark: health effects of light pollution[J]. Environ Health Perspect, 2009, 117(1):A20-A27.

[50]Bedrosian T A, Nelson R J. Influence of the modern light environment on mood[J]. Molecular psychiatry, 2013, 18(7): 751-757.

[51]Zeitzer J M, Dijk D J, Kronauer R E, et al. Sensitivity of the human circadian pacemaker to nocturnal light: melatonin phase resetting and suppression[J]. The Journal of physiology, 2000, 526(3): 695-702.

[52]Chen S, Wei M, Dai Q, et al. Estimation of possible suppression of melatonin production caused by exterior lighting in commercial business districts in metropolises[J]. LEUKOS, 2019,16(2) :137-144

[53]Bedrosian T A , Weil Z M , Nelson R J . Chronic dim light at night provokes reversible depression-like phenotype: possible role for TNF[J]. Molecular Psychiatry, 2013, 18: 930-936.

[54]Legates T A , Altimus C M , Wang H , et al. Aberrant light directly impairs mood and learning through melanopsin-expressing neurons[J]. Nature, 2012, 491(7425):594-598.

[55]Benfield J A , Nutt R J , Derrick T B , et al. A laboratory study of the psychological impact of light pollution in National Parks[J]. Journal of Environmental Psychology, 2018,57(6):62-72.

[56]Marquie J C , Tucker P , Folkard S , et al. Chronic effects of shift work on cognition: findings from the VISAT longitudinal study[J]. Occupational and Environmental Medicine, 2015, 72(4):258-264.

[57]Kalmbach D A, Pillai V, Cheng P, et al. Shift work disorder, depression, and anxiety in the transition to rotating shifts: the role of sleep reactivity[J]. Sleep medicine, 2015, 16(12): 1532-1538.

[58]Healy D, Minors D S, Waterhouse J M. Shiftwork, helplessness and depression[J]. J Affect Disord, 1993, 29(1):17-25.

[59]Lunn R M, Blask D E, Coogan A N, et al. Health consequences of electric lighting practices in the modern world: A report on the National Toxicology Program's workshop on shift work at night, artificial light at night, and circadian disruption[J]. Science of the Total Environment, 2017, 607:1073-1084.

[60]Bauer S E, Wagner S E, Burch J, et al. A case-referent study: Light at night and breast cancer risk in Georgia[J]. International Journal of Health Geographics, 2013, 12(1):23.

[61]Kloog I, Stevens R G, Haim A, et al. Nighttime light level co-distributes with breast cancer incidence worldwide[J]. Cancer Causes and Control, 2010, 21(12):2059-2068.

[62]Stevens R G. Light-at-night, circadian disruption and breast cancer: assessment of existing evidence[J]. International Journal of Epidemiology, 2009, 38(4):963-970.

[63]Kloog I, Haim A, Stevens R G, et al. Global Co-Distribution of Light at Night (LAN) and Cancers of Prostate, Colon, and Lung in Men[J]. Chronobiology International, 2009, 26(1):108-125.

[64]Koo Y S, Song J Y, Joo E Y, et al. Outdoor artificial light at night, obesity, and sleep health: cross-sectional analysis in the KoGES study[J]. Chronobiology international, 2016, 33(3): 301-314.

[65]Rybnikova N A, Haim A, Portnov B A. Does artificial light-at-night exposure contribute to the worldwide obesity pandemic?[J]. International Journal of Obesity, 2016, 40(5): 815-823.

[66]Obayashi K, Saeki K, Iwamoto J, et al. Exposure to Light at Night, Nocturnal Urinary Melatonin Excretion, and Obesity/Dyslipidemia in the Elderly: A Cross-Sectional Analysis of the HEIJO-KYO Study[J]. The Journal of Clinical Endocrinology & Metabolism, 2013, 98(1):337-344.

[67]Obayashi K , Saeki K , Iwamoto J , et al. Association between light exposure at night and nighttime blood pressure in the elderly independent of nocturnal urinary melatonin excretion[J]. Chronobiology International, 2014, 31(6):779-786.

[68]Stevens R G , Zhu Y . Electric light, particularly at night, disrupts human circadian rhythmicity: is that a problem?[J]. Philos Trans R Soc Lond B Biol Sci, 2015, 370(1667): 1-9.

[69]Rund S S C, Labb L F, Benefiel O M, et al. Artificial Light at Night Increases Aedes aegypti Mosquito Biting Behavior with Implications for Arboviral Disease Transmission[J]. The American Journal of Tropical Medicine and Hygiene, 2020, 103(6): 2450-2452.

[70]Kernbach M E, Martin L B, Unnasch T R, et al. Light pollution affects West Nile virus exposure risk across Florida[J]. Proceedings of the Royal Society B, 2021, 288(1947): 20210253.

[71]CIE 001:1980. Guidelines for minimizing urban sky glow near astronomical observatories [S]. International Commission on Illumination, International Astronomical Union, 1980.

[72]CIE 150:2017.Guide on the Limitation of the Effects of Obtrusive Light from Outdoor Lighting Installations, 2nd Edition[S]. International Commission on Illumination, 2017

[73] 李媛、李铁楠 . CIE 150《室外照明设施干扰光影响限制指南》修订变化解析 [J]. 照明工程学报 , 2018, 029(006):40-45.

[74]CIE 234:2019.A Guide to Urban Lighting Masterplanning[S]. International Commission on Illumination,2019.

[75]DB31/T 316—2012. 上海市城市环境装饰照明规范 [S]. 上海 : 上海市质量技术监督局, 2012.

[76]GB/T 38439—2019. 室外照明干扰光测量规

范 [S]. 北京：国家标准化管理委员会 ,2020.

[77] United Nations Department of Economic and Social Affairs. World Urbanization Prospects Revision 2018[R].New York: United Nations,2019.

[78]Rusak B, Zucker I. Biological rhythms and animal behavior[J]. Annual review of psychology, 1975, 26(1): 137-171.

[79]McClung C R. Plant circadian rhythms[J]. The Plant Cell, 2006, 18(4): 792-803.

[80]Cohen S E, Golden S S. Circadian rhythms in cyanobacteria[J]. Microbiology and Molecular Biology Reviews, 2015, 79(4): 373-385.

[81]Falkowski P G, LaRoche J. Acclimation to spectral irradiance in algae[J]. Journal of Phycology, 1991, 27(1): 8-14.

[82] Khoeyi Z A, Seyfabadi J, Ramezanpour Z. Effect of light intensity and photoperiod on biomass and fatty acid composition of the microalgae, Chlorella vulgaris[J]. Aquaculture International, 2012, 20(1): 41-49.

[83]Catherine Rich , Travis Longcore. Ecological consequences of artificial night lighting[M]. Washington, D.C. : Island Press, 2013.

[84]MacGregor C J, Pocock M J O, Fox R, et al. Pollination by nocturnal L epidoptera, and the effects of light pollution: a review[J]. Ecological entomology, 2015, 40(3): 187-198.

[85]Bennie J, Davies T W, Cruse D, et al. Cascading effects of artificial light at night: resource-mediated control of herbivores in a grassland ecosystem[J]. Philosophical Transactions of the Royal Society B: Biological Sciences, 2015, 370(1667): 20140131.

[86]Buchanan B W. Effects of enhanced lighting on the behaviour of nocturnal frogs[J]. Animal behaviour, 1993, 45(5): 893-899.

[87]Perry G, Buchanan B W, Fisher R N, et al. Effects of artificial night lighting on amphibians and reptiles in urban environments[J]. Urban herpetology, 2008, 3: 239-256.

[88]Gates D M, Keegan H J, Schleter J C, et al. Spectral properties of plants[J]. Applied optics, 1965, 4(1): 11-20.

[89]Kirk J T O. Light and photosynthesis in aquatic ecosystems[M]. Cambridge: Cambridge University Press, 1994.

[90]Solymosi K, Schoefs B. Etioplast and etio-chloroplast formation under natural conditions: the dark side of chlorophyll biosynthesis in angiosperms[J]. Photosynthesis Research, 2010, 105(2): 143-166.

[91]Powles S B. Photoinhibition of photosynthesis induced by visible light[J]. Annual review of plant physiology, 1984, 35(1): 15-44.

[92]Terry K L. Photosynthesis in modulated light: quantitative dependence of photosynthetic enhancement on flashing rate[J]. Biotechnology and Bioengineering, 1986, 28(7): 988-995.

[93]Kami C, Lorrain S, Hornitschek P, et al. Light-regulated plant growth and development[J]. Current topics in developmental biology, 2010, 91: 29-66.

[94]Briggs W R. Physiology of plant responses to artificial lighting[J]. Ecological consequences of artificial night lighting, 2006: 389-411.

[95]Kulchin Y N, Nakonechnaya O V, Gafitskaya I V, et al. Plant morphogenesis under different light intensity[C]//Defect and Diffusion Forum. Zurich:Trans Tech Publications Ltd, 2018, 386: 201-206.

[96]Musters C J M, Snelder D J, Vos P. The effects of coloured light on nature[R]. Leiden2: CML Institute of Environmental Sciences, Leiden University, 2009.

[97]Parks B M. The red side of photomorphog-enesis[J]. Plant physiology, 2003, 133(4): 1437-1444.

[98]陈仲林.绿色照明工程 [J].重庆建筑大学学报 , 1997, (3) :84-88.

[99]Bünning E. Circadian rhythms and the time measurement in photoperiodism[C]//Cold Spring Harbor Symposia on Quantitative Biology. NY: Cold Spring Harbor Laboratory Press, 1960, 25: 249-256.

[100]Golonka D, Fischbach P, Jena S G, et al. Deconstructing and repurposing the light-regulated interplay between Arabidopsis phytochromes and interacting factors[J]. Communications biology, 2019, 2(1): 1-12.

[101]Ashdown I, Eng P, FIES S S. Botanical Light Pollution - Red is the New Blue[EB/OL]. (2016-10-20) . https://www.led-professional.com/resources-1/articles/botanical-light-pollution-red-is-the-new-blue.

[102]Srivastava D, Shamim M, Kumar M, et al. Role of circadian rhythm in plant system: An update from development to stress response[J]. Environmental and Experimental Botany, 2019, 162: 256-271.

[103]Ffrench-Constant R H, Somers-Yeates R, Bennie J, et al. Light pollution is associated with earlier tree budburst across the United Kingdom[C]// Proceedings of the Royal Society B: Biological Sciences. London:Royal Society, 2016, 283(1833): 20160813.

[104]FAU Astronomical Observatory.Light Pollution Harms Plants in the Environment[EB/OL]. (2021-02-06). https://cescos.fau.edu/observatory/lightpol-Plants.html.

[105]Davies T W, Coleman M, Griffith K M, et al. Night-time lighting alters the composition of marine epifaunal communities[J]. Biology letters, 2015, 11(4): 0080.

[106]Kate Wheeling.Artificial light may alter underwater ecosystems[EB/OL]. (2015-04-28). https://www.sciencemag.org/news/2015/04/artificial-light-may-alter-underwater-ecosystems.

[107] 华为 . NB-IOT 华为智慧照明解决方案白皮书 [EB/OL]. (2018-09-06). https://www.huaweicloud.com.

图表来源

图 5-1-1 杨赟 摄
图 5-1-2 代书剑 绘
图 5-1-3 代书剑 绘
图 5-1-4 代书剑 绘
图 5-1-5 https://www.lightpollutionmap.info
图 5-1-6 https://www.oengineering.eu/enlightenme/
图 5-1-7 曹亦潇 绘
图 5-1-8 曹亦潇 绘
图 5-1-9 葛文静 摄
图 5-1-10 郝洛西 摄
图 5-2-1 冯凯 绘
图 5-2-2 冯凯 绘
图 5-2-3 冯凯 绘
图 5-2-4 冯凯 摄
图 5-2-5 郝洛西 摄
图 5-2-6 郝洛西 摄
图 5-2-7 代书剑 绘
图 5-2-8 代书剑 绘
图 5-2-9 代书剑 绘
图 5-2-10 代书剑 绘
图 5-2-11 代书剑 绘
图 5-2-12 代书剑 绘
图 5-2-13 代书剑 绘
图 5-2-14 代书剑 绘
图 5-3-1 冯凯 摄
图 5-3-2 (a) (b) 冯凯 摄
图 5-3-2 (c) 摄图网
https://699pic.com/tupian-501609504.html
图 5-3-3 (a) 东网
https://hk.on.cc/hk/bkn/cnt/news/20190404/bkn-20190404195603213-0404_00822_001.html
图 5-3-3 (b) 人民号
https://rmh.pdnews.cn/Pc/ArtInfoApi/article?id=32329224
图 5-3-3 (c) swissinfo.ch
https://www.swissinfo.ch/chi/society/%E5%85%89%E6%B1%A1%E6%9F%93_%E5%9F%8E%E5%B8%82%E7%81%AF%E5%85%89%E6%B7%B9%E6%B2%A1%E5%A4%A9%E7%A9%BA%E7%9C%9F%E5%AE%B9/41696626
图 5-3-4 摄图网
https://699pic.com/tupian/dengguangxiu.html
图 5-4-1 曹亦潇 绘
图 5-4-2 代书剑 绘
图 5-4-3 Lamiot 摄
图 5-5-1 罗路雅 绘
图 5-5-2 张淼桐 绘
图 5-5-3 https://www.thepaper.cn/newsDetail_forward_4263480
图 5-5-4 张淼桐 绘
图 5-5-5 李仲元 绘
图 5-5-6 罗路雅 绘
表 5-2-1 Ian Lewin 制
　　　　 管梦玲 译
表 5-2-2 北美照明工程协会
表 5-3-1 邵戎镝 制
表 5-3-2 邵戎镝 制
表 5-4-1 冯凯 制

第 **6** 章

虽然光健康实践背后有着强有力的科学基础支撑，然而它的示范应用却困难重重。循证研究与设计构建了一座跨越鸿沟的桥梁，让光的健康效应在人居空间中转化，服务于人类的健康福祉。本章将系统概述光与健康循证实践，从问题出发、以应用导向的全链条的技术路线；从视觉质量、节律效应、情感与认知三个方面介绍光照健康效应的循证实验方法，并将郝洛西教授团队在实验研究中的心得体会与读者进行交流。

健康光照的循证研究与设计

　　理论机制与应用推广是光与健康研究和应用的两端，其间却存在着巨大的鸿沟。社会、经济、环境、个体行为和生物遗传等因素的综合影响导致生命全程中各类人群光照与健康需求的巨大差异，因此，很难找到一个适合所有对象的解决方案，每一次面向新对象的健康光照研究和设计都是一段新的征程。在建成环境对人体健康带来的多重因素交互作用叠加影响下，在实验室对干扰变项高度控制的环境中所获得的光健康理论和参数，很难直接应用到现实空间中，获得预期的效应，理论结果转化为光健康设计方案具有的健康干预效果，难以预测和评价。此外，光与健康理论机制研究和设计示范应用的各环节，往往分属于不同学科领域，还需寻找一种有效的模式，在复杂系统中梳理清晰脉络，整合研究、设计、应用各个环节，使交叉学科的知识融贯、数据融汇、技术融合[1]。

　　循证设计（Evidence Based Design, EBD）起源循证医学（Evidence Based Medicine, EBM）[1,2]。循证医学是利用科学手段获取证据，来确认医疗成效的一种方法，也是实证研究在医学上的应用，因此又称"实证医学"[1,3]。循证设计是循证医学与环境心理学结合形成的跨学科设计思想，它强调通过科学研究方法和统计数据来获得实证依据，从而进行决策，以实现最佳效果[4]；它以问题为导向，通过高度还原应用场景的实证研究，验证光照健康效应机理对目标人群所产生的作用效果，为目标空间确定健康效益最大化的光照参数组合和空间光环境设计方案，并在投入使用过程中不断地进行修正与优化，使各项具体的光健康目标得以实现[1]。循证思想贯穿于研究、设计、应用、评估整个过程，是理论研究向应用实践转化的必经之路（图 6-0-1），也是一把标尺，帮助建筑与光环境设计者们走出迷雾，让设计方案的各个节点有理可述、有据可循，让每项设计决策不再只是植入理念，而是创造实际的人居健康效益，使设计方案的独特性、针对性与创新性得以增强，解决光健康行业步入成熟期后所面临的同质化难题。

　　1984 年，德克萨斯大学建筑学院的罗杰·乌尔里希（Roger Ulrich）教授在《科学》（*Science*）杂志上发表了名为"窗外景观可影响病人的术后恢复"（View Through a Window May Influence Recovery from Surgery）的开创性研究成果，他基于对患者进行

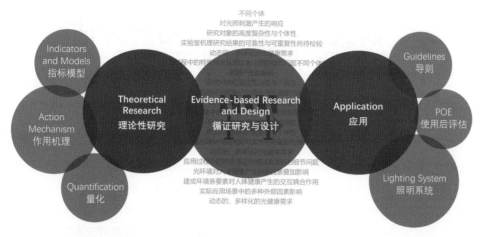

图 6-0-1　光健康循证研究与设计实现理论向应用的转化

的为期 10 年的随机对照实验，证明了病房窗外的自然景观比砖墙更有利于康复[5]，这项研究首次运用严谨的科学方法验证了医院物理环境设计与病患健康结果之间的关系，标志着"循证设计"理论的出现。近 30 年来，循证设计思想深刻影响着医院建设。美国、加拿大和英国的大型医疗机构纷纷加入了美国健康设计中心于 2000 年发起的"卵石项目计划"，致力于用循证设计的方法来指导医疗项目建设，提升护理质量、患者安全、员工安全以及环境安全[6]。循证思想也在医疗建筑之外的众多设计领域得到了普及，在教育建筑设计领域，人们尝试通过循证手段来了解物理环境如何影响学习过程以创造高质量的学习环境[1,7,8]。美国纽约市针对城市健康危机和公共健康问题提出的城市和建筑设计导则《积极设计导则》（Active Design Guideline），是健康城市建设的经典案例，亦受益于循证研究与设计所促成的政府部门、学术研究机构与非政府组织间的跨学科多方合作[9]。随着建筑与半导体照明市场不断从大规模增长向高技术含量、高附加值转型升级，以往单纯从空间形态、艺术表达方面入手的光环境设计已远远不够，它成为一项需要多部门，多学科协同的系统性工作，其复杂性远超设计师个人经验和单一学科知识体系所能掌控的范围，研究、设计、应用、运营、管理各环节间涉及大量的信息交换、任务交叉、知识共享，需要一个科学完善的跨学科、跨领域合作机制。循证研究与设计为各类组织机构、设计师、业主和最终用户间良好的沟通与产—学—研—用协作搭建了平台，理论证据及循证实验结果的共享与应用，使项目设计和实施过程中遇到的问题能够得到及时、准确地预测、评估和解决，并在协作中不断激发新思路和新方法。基于这些应用优势，未来循证设计光健康相关领域必将得到更深入的发展[1]。

6.1 "研究—设计—应用—评估"全链程光健康循证实践

光健康的循证研究与设计(Evidence Based Research and Design of Health Lighting, EBDHL)主要开展调查访问、循证实验研究、设计与开发、实验验证、示范应用和使用后评估五个环节工作 (图 6-1-1)。它是一个全链、系统的流程, 从"光环境因素对人体身心健康的多因素影响的定性、定量研究", 到"关键技术、设计策略和产品开发", 再到"示范应用和效果评价", EBDHL 让设计者们站在全局视角对决策进行优化, 很好地保证了实践成果的质量, 并提高了人力资源、物质资源的利用效率 [1]。

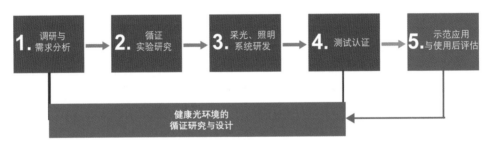

图 6-1-1 健康照明的循证实践流程

6.1.1 调研访谈

调研访谈目的在于全面系统地厘清目标空间的光环境状况、目标使用者的行为、生理和心理特征, 梳理光环境需求和健康干预需求的各个方面, 从而确定研究和设计目标, 同时调研访谈也是发现问题、实现创新的关键环节 [1]。

调研手段主要有文献普查、问卷采访 (图 6-1-2)、数据实测 (图 6-1-3、图 6-1-4)、观察与跟踪、建模模拟等。

文献普查是最为广泛的证据来源, 通过归纳、统计大量的相关文献, 形成对目标研究问题的基本认识, 了解研究问题的历史和现状。健康设计是一项跨学科的研究工作, 文献普查的内容不应仅仅局限于本专业的知识, 还需要参考医学和生命科学领域的大量资料, 如神经科学、脑科学、认知科学、解剖学等, 以获取知识储备。另外, 建筑和照明领域的技术更新迭代迅速, 研究前期应对前沿技术和理论方法进行了解, 了解

(a) 夜班护士视觉作业环境　　　(b) 心内科导管手术室作业空间　　　(c) 心内科重症监护病房睡眠环境

图 6-1-2　观察记录与问卷访谈

(a) 光谱显色指数测量　　　(b) 手术台照度测量　　　(c) 手术室墙面亮度测量

图 6-1-3　现状光环境实测调研

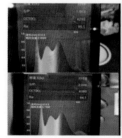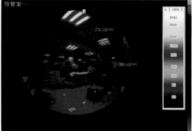

(a) 光谱彩色照度计　　　(b) 亮度相机　　　(c) 色度亮度计

图 6-1-4　现状光环境实测调研所用仪器

世界新一轮科技革命和产业变革的趋势、前沿实验手段，以及在循证设计方案中运用先进技术的可能性[1]。

　　数据实测调研工作主要是利用专业测量设备，详细记录空间照度、色温、空间光分布、眩光状况等照明数量与质量参数，以及全天候的自然采光状况，并与有关规范、标准进行比较分析，客观地评估当前光环境品质。

　　观察与跟踪调研重点在于研究者通过自身的感官或影像设备，直观了解并记录空间的功能特点、运营状况，使用者的行为特点，以及现状不良光照条件带来的负面影响。

与实验研究一样，它包括横断调研与纵向跟踪调研两种形式。横断调研是某个具体时间点或时间段内，对不同对象、多个调研指标和现状问题进行系统梳理。纵向跟踪调研是在一段较长时间周期的连续过程中（譬如产妇分娩、慢性病康复等）对调研环境中相同对象特定的视觉、生理、心理特点进行反复测量，追踪其健康状态的变化。纵向追踪调研让研究者从动态过程中发现更多目标对象的特质，催生出设计创新点。

问卷访谈是直接掌握目标使用者感受和需求的重要途径。问卷将人们对光环境的评价与需求拟成系统的问题或表格，提供了量化分析的基础，可使定性分析和文字叙述转化为定量的统计数据，为进一步的研究与设计提供有力依据。而访谈可根据交流时的具体问题和线索，调整调研内容，灵活性强。访谈过程中采访者可以直接观察受访对象的面部表情、动作神态，从而改变交流策略，让研究对象表达内心的真实想法，实现对隐藏于问卷结果背后信息的挖掘，更有利于发现研究与设计中需要解决的痛点问题。

开展光健康研究的调研工作，往往多种调研方法同时进行，以保证调研结果的准确、可靠和全面。面对多样化的环境条件和各类调研对象，光与健康研究的调研工作应采取灵活策略，并关注以下五个要点。

（1）选择有代表性的研究对象和问题，合理确定调研样本量及样本结构。

（2）根据不同的调研场景和对象，综合应用适宜的调研手段。

（3）问卷和访谈问题的设置应直观易懂，减少使用专业词汇，避免由于文字理解或语言交流造成误会与干扰。

（4）调研内容设置应精准和定量。问卷及访谈应避免问题过多或占用时间过长引起被采访对象的反感，不宜设计太多没有固定答案的问题。

（5）对同一研究问题，定性调研手段与定量调研手段应相互结合、相互佐证，取得全面准确的结论。

6.1.2 循证实验研究

已有光健康理论研究成果对于特定对象是否可产生同样的健康效益还需通过循证实验研究来证实。譬如我们了解到当人体的周期节律出现紊乱时，清晨明亮光线对于节律修复具有积极的作用，然而相同的光疗干预策略，对于生活作息类型完全不同的夜班工作护士、跨时区航旅人士、长期卧床老人等不同人群的节律紊乱症状是否具有同样的改善效果还有待探索。以指导应用为目标的健康照明循证实验研究，包括验证具有疗愈效应的光照刺激条件对特定人群所产生作用效果的基础实验研究，以及针对特定空间环境中对健康光照方案实际产生的生理、心理健康干预效果进行观察的循证设计研究两种主要类型。循证实验建立在大量已有的光健康机理研究和量化模型的基础之上，通过主客观相结合的实验研究方法，量化分析视觉、生理、心理指标对各种短时和长期累积的光照刺激所产生的响应，从而评估不同光照环境对人体身心健康产生的影响，得出应用于不同场景的健康光照技术参数组合，并建立健康效益最大化的光照环境设计原则 [1]。

实验研究是循证设计收集科学证据的最主要途径，实验结果的可信度和准确性将直接影响循证设计实践的成功与否。除了以问题导向、符合理论机制、目标清晰且具有学术和社会价值确定研究选题之外，搭建适宜的实验场景呈现光照刺激、合理筛选测量方法与变量指标、确定被试样本量和纳入排除标准、科学的数据统计和分析等，在光健康研究实践过程中同样举足轻重。

众所周知，涉及人体的研究难度极高。对于人体身心健康状态来说，光照刺激并非唯一影响因素，许多无关变量干扰了对结果的观察。著名的霍桑照明实验 (Hawthorne Studies) 的目的是研究光强变化对工人生产效率的影响，实验持续两年半，然而却非常遗憾，结果没有达到预期 [10]。根据研究目标，通过实验环境搭建、被试纳入排除、实验手段选择等来对各种不确定因素进行合理控制是实验成功的关键。

1. 实验场景搭建

根据研究目标，构建适宜的实验场景呈现光照刺激是光健康研究设计关注的一项重要内容。同心理学实验研究一样，光与健康实验研究通常有实验室实验和现场实验两种形式。在实验室实验研究中，研究者可以在严格控制额外变量干扰的情况下，精确地测量自变量与因变量间的因果关系，了解各项光照参数对被试带来的影响。初期许多光环境的实验室研究采用台式照明器或发光眼镜提供光照刺激 (图 6-1-5)，对空间环境的影响未予以足够关注，这使得光照实验刺激效果和现实环境应用效果间存在很大偏差。譬如较暗的墙壁会吸收更多的光线，而白色的房间表面将光反射到空间中，增加眼睛接收的光辐射量；房间体积、表面、家具和装饰材料的反射率，皆会影响到人眼视觉、生理及心理对光的响应 [11]。而光照的作用效果与人在空间中不同时段下的活动及位置密切相关，例如：病患多数时间卧床，天花板和四周墙面对光线的反射状况将影响到光照刺激的作用大小。空间尺寸、使用功能、界面光线反射对结果带来的影响难以通过缩尺模型或者搭建的空间片段来替代。因此，越来越多的研究选择在 1：1 高仿真还原应用场景的足尺实验空间中进行。郝洛西教授团队也搭建了医疗、办公、老年居室、密闭环境、地下环境等多种人居空间类型的光健康循证实验间 (图

图 6-1-5　郝洛西教授团队早期开展的光照对褪黑激素抑制的睡眠实验研究

图 6-1-6　足尺模拟病房的实验室进行健康照明研究

6-1-6)，房间的装饰、装修材料、室内布局、陈设依照现实场景配置，被试也尽可能地招募这些空间的使用人员作为被试，力求高度还原。

现场实验在实际应用场景下对各种光照策略的健康干预效果进行探讨。现场实验条件是开放的、动态的，尽管不像在实验室人造隔离环境中能够对各种无关变量进行良好控制，但实验过程中所有变量操作比较符合实际条件，以自然的方式进行，使研究者能够获得被试对光环境更真实的评价与反应。对于南极科考队员度夏与越冬、光照对眼科患者术后情绪应激缓解和工厂车间作业等难以在实验室里呈现的应用情境（图6-1-7)，以及验证 24 小时全天候疗愈光照对老人睡眠质量的改善效果，探讨光艺术媒体立面对心内科导管室手术病患术中依从性改善作用等使用后评估实验研究，往往适宜采用现场实验的形式。

随着硬件门槛降低，近眼显示、渲染处理、感知交互等技术的日渐成熟，虚拟现实技术（Virtual Reality，VR）在医学、军事、航天、考古等各领域研究中的应用热度

图 6-1-7　在南极长城站和工厂开展的健康光照现场研究

与日俱增。通过多源信息融合，VR 技术提供了具有实时性、高度沉浸感的临场视觉体验，可成为替代部分物理实验研究的可行方案。研究者可以借助 VR 手段快速、低成本地构建大量光照场景，获取大量研究数据，完成实验前期研究参数和场景的筛选工作，解决了实体实验室建设成本高、耗时长的难题。对于失能失智老人、重症病患等一些行动不便难以前往实验室的特殊研究对象，VR 技术使实验得以顺利进行。在上海市第三社会福利院养老单元光健康改造项目中，同济大学郝洛西教授光健康研究团队基于养老单元的真实空间场景构建了等比虚拟现实实验模型，设置大样本量色彩及照明方式场景（图 6-1-8），邀请了 17 名平均年龄在 82 岁的老人参与了实验研究，老人们通过虚拟现实场景的体验，分别对背景墙面、公共区域装饰色、私人区域主题色及窗帘颜色的设置进行主观评价与选择，最终确定了养老单元的颜色改造方案，并完成了实际施工。从投入使用的反馈来看，多数老人对改造后的色彩方案持满意态度，这也证明了虚拟现实作为实验手段的可靠性。近年来，复杂的动态光照环境估计、阴影真实性渲染、物体的表面材质属性估计等真实和虚拟空间光照一致性问题不断取得研究突破，现实光环境的光度和色彩数据已能够精准地在虚拟现实模型中映射，这意味着与在现实实验中一样，研究者可以在虚拟现实实验中定量化测量各项光环境参数的作用效果。可以预见，伴随 VR 技术的进一步应用，人居光环境的实验研究形式将迎来非常大的拓展与颠覆。

2. 被试纳入排除和样本量

　　光与健康实验研究被试选择和样本量分析通常基于两个方面的考虑：一是受时间、

图 6-1-8　在上海市第三社会福利院养老单元开展的光与色彩环境虚拟现实实验

经费限制影响的研究可行性因素，光与健康的实验研究都极为耗费人力、物力。随着研究内容的深入，越来越多的实验引入多通道生理信号采集设备、眼动仪、生化指标测量甚至细胞基因表达分析等多元化实验手段，帮助研究者更精准、更细致地分析人对光照刺激的响应，这些手段功能强大，但成本十分高昂。特别是涉及连续指标监测、效应长期观察的实验研究动辄花费数十万元，甚至数百万元。二是研究目标的实现，被试对象应根据实验研究目标选择，具有明确的标准，确保被试对象的同质性，尽量减少因被试选择不当而导致的偏倚。被试入选标准一般根据目标人群的人口学特征（性别、年龄）、临床特征（体征、基础健康指标）、空间与地域特征（居住地、生活环境）和时间行为特征（生物钟类型、作息规律）四方面因素确定。排除标准主要为了规避被试对实验进行的潜在不良影响及保护被试安全，将失访风险高、配合研究能力受限、发生不良反应风险高以及有过类似研究经历可能影响实验科学性、严谨性的人群排除在外。

　　当样本容量过小时，所得指标将不够稳定，实验结果受个体差异的影响较大，难以可靠地描述光照刺激作用，实验效能低。样本容量过大，花费的人力、物力、财力和时间较多，实验可行性将变差，同时还可能引入较多的混杂因素。同样，实验样本量的确定主要在于研究目的与经费、人力条件之间的平衡取舍。同时，数据变异性等统计学因素、业内相关研究可比性等也将对样本量规模产生影响。用最少的样本量成功实现研究目标则是样本量确定的总体原则。

3. 实验手段

光与健康研究的发展与神经科学、心理学、时间生物学、临床医学、建筑学、室内设计、社会学、人因学等学科平行共进，从倾向性评价、语义差别量表、多维量表、反应时测量到近年来各项实验研究被广泛采用和尝试的多通道生理信号反馈（眼电、心电、脑电、心率、脉搏、呼吸、肌电、皮肤电导、血氧等）、生化指标分析（褪黑素和皮质醇等生理激素浓度、肠道菌群分析等）和行为情感测量（面部表情识别、眼动分析和肢体运动识别等），多学科的实验研究手段被引入到光与健康的实验研究之中，研究者有了更加丰富的选择。"测量"在科学实验中的地位至关重要，信度（Reliability）与效度（Validity）则是实验测量的核心议题。实验手段能否稳定、可靠地测量到人体视觉、生理、心理响应光照刺激所产生的指标变化，能否正确地反映人体的健康、舒适状态，都是选择测量方法的关键。譬如，手环等穿戴式设备是否能够不间断地接收生理活动信号？相同的褪黑激素样本多次测量是否获得重复性的结果？脑电图（EEG）波动能否反映情绪变化的维度？需要在实验设计过程中获得尽可能完善的思考。适用于光照刺激视觉、节律、情绪和认知效应的实验手段和方法将分别在本书 6.2 节、6.3 节和 6.4 节中进行介绍。

6.1.3　照明系统研发与检测认证

设计研发与检测认证是光健康循证研究的成果产出环节。产品与解决方案的设计目标应立足于将光照环境作为安全无副作用的主动健康干预手段，使光照"视觉—节律—情绪"多维度的健康效益得以充分发挥，对人员存在的身心健康问题进行靶向干预。人因设计应贯穿于照明系统研发的全过程，人的能力、行为限制等相关信息应得到系统掌握，并将其应用于照明系统的研发制造当中[1]。灯具及其附件、控制系统和交互界面的设计要符合人的身体结构和生理心理特点，以实现人、机、环境之间的最佳匹配，保障不同条件下的人能有效、安全、舒适地进行工作与生活，提高人员的工作效率和系统使用效能。

随着光健康理论研究的深入，照明系统设计的范畴得到拓展，除关注视觉环境以外，更应关注节律修复和情绪调节的全方位需求。随着 LED 照明及其控制技术飞速发展，光谱定制和多场景照明得以实现，照明设计的维度相应增加，除了对产品和空间视觉形象进行设计，对空间单一照明场景参数进行选择以外，还应考虑时间维度，进行动态多场景照明设计，满足人们在不同时段、不同场合下多样化、个性化的用光需求。智能照明为大数据、云平台与云计算、无线通信、物联网、机器学习、虚拟现实、光

图 6-1-9 基于循证研究的产科空间智能照明方案

图 6-1-10 产妇分娩全过程纵向跟踪研究

学传感器、人机交互等众多前沿数字化信息技术提供了落地应用场景，而这些前沿技术应以改善民生福祉为出发点，与循证研究成果在照明系统中进行有机的集成应用（图6-1-9、图6-1-10），避免单纯的理念植入和炫技展示。此外，为了使研发成果得到更好的推广应用，降低经济成本，产品研制应尽可能地标准化、系列化、组合化和通用化。用通用标准件根据不同需求组合出多样化的技术解决方案。

在光健康循证实践中，检测认证也是必不可少的环节，以确保采光和照明系统的长期安全可靠。研发完成的灯具产品及其附件和控制设备，需委托国家授权的第三方检测机构进行检测，通过光生物安全评价，取得检测证书，并经有关单位工程验收合格后，方可投入使用（图6-1-11、图6-1-12）。

（1）以符合国家、省、市及行业现行相关法律法规和标准规范的规定作为基本要求，全面提升环境照明品质。

（2）完成研究与开发的灯具产品、配件及控制设备，应委托国家授权的第三方检测机构进行检测，取得检测证书。

（3）选择的照明灯具、镇流器等电器产品必须通过国家强制性产品认证。所选照明光源、镇流器等产品的能效值不得低于相关能效标准 2 级。

（4）根据国家有关管理办法，健康照明设计和改造项目完成单位工程验收、项目工程验收并须经安全评估，取得有关许可后，才能正式投入使用。

图 6-1-11　共同调试健康照明控制系统　　图 6-1-12　产科空间多场景健康照明控制方案讨论

6.1.4　示范应用与使用后评估

作为创新的探索性实践，示范应用是理论研究与技术开发成果实现产业化的途径和中试平台。与此同时，实践中产生的相关新技术与新产品也在应用中逐渐成熟，形成可复制、可推广的实施范例，因此在光与健康循证实践的全过程中示范应用占有举足轻重的地位。实现健康照明的示范应用需要"产、学、研、用"各环节的深度融合、协同创新，需要创新链条上、中、下游的耦合，需要创新环境与最终用户的对接，所以进行健康照明的示范项目不同于传统的照明工程，须突破学科壁垒，由多学科、跨领域团队共同完成。值得提出的是，建成环境与人居健康是一个复杂的研究系统，示范应用的效果、实现周期、经济成本具有一定不确定性，政策上在加大支持力度的同时，还需建立容错纠错机制，鼓励大胆探索。

使用后评估（POE）通过问卷、访谈和工作会议等组织方式，以及环境监测、空间监测和成本分析等客观手段，科学、严谨地对完成且使用过一段时间的建成环境进行评估，构成一个完整的信息反馈系统，全面鉴定设计成果对原初目标的实现状况以及对使用群体需求的满足情况[12]。POE 不仅对优化现有的健康照明设计，并为后期同类设计和决策提供客观依据具有重要的意义，更可以指导标准和设计规范的更新，因而是一项很有实际意义的工作。POE 的操作模式有三个层次，分别是指示性后评估、评价性后评估和诊断性后评估。指示性 POE 旨在快速反映健康照明设计的优劣之处，发现问题并反馈给用户，从而体现短期价值；评价性 POE 是为了对照明系统性能中更详细的问题提供评价和更具体、详细的优化建议，为适应性改造提供判断依据；诊断性 POE 提供更全面的评价，不仅针对项目本身的改进，也为现有规范导则提供数据和理论支持，具有长期价值。因此，一个项目往往会进行多次使用后评估研究，评估短期、中期和长期效应[13]。

POE 在 EBDHL 中包含五个维度，即健康效益、建成环境质量、产品、应用程序和社会经济效益，每个维度有若干的评分指标。评价小组应由各专业专家、设计者、使用者和营运管理人员组成，以确保评价结果的客观性和指导性（图 6-1-13）。

图 6-1-13　全链程光健康循证实践技术路线

6.2　光照视觉质量实验研究方法

　　健康光照循证实验研究目的是量化光照刺激对人体视觉、生理、心理、认知产生的影响，揭示光照指标与各项人因指标间的关联。成功的循证实验设计通过实验场景搭建、实验样本量限制、被试纳入排除等手段有效地消除主观性、个体差异性等无关变量影响；通过适宜的实验光照刺激呈现方式、光照场景展示顺序安排等成功地操纵自变量，通过科学精确的观察、分析因变量响应指标的变化，并通过合理选择的数据分析方法而实现。其中对人因指标对光照刺激响应之间可靠、准确的测量是标志着实验成败的关键。从"测量"的含义——按照某种规律，用数据来描述观察到的现象，即对事物作出量化描述。不难看出，测量手段和指标的选择往往决定了实验研究的方法与流程，6.2—6.4 小节对健康光照循证实验方法的介绍将围绕其展开。

　　满足视觉需求是光最基本的作用。在传统观念里，视觉功能往往代表着良好的视力，但随着科学的发展，人们进一步认识到，除了视物能力，视觉的好坏还体现在清晰度、舒适度、稳定性等更多维度上。视觉质量是眼视光医学上的概念，用来描述人眼整个视光系统的功效，并用于评判眼科治疗前后视觉能力的改善效果，在临床上视觉质量通过采用视锐度（视力）、对比敏感度函数、视野、立体视觉和色觉、视看感受等视觉心理物理学特性结合人眼的波前像差测量，从像差、散射和衍射等角度分析客观视功能指标的形式进行评价。同时，视觉质量也是计算机图形学中的一个基本问题，它的好坏根据计算模型获得图像质量色彩、清晰度、锐度、曝光、噪声（如灰度噪声、颜色噪声、空间噪声）等属性的量化值与人类主观观测值一致性来评估，旨在实现用计算机来代替人类视觉在不同环境下观看和认知图像的目标。

　　光度学与色度学的研究历史悠久，光与视觉响应方面已积累了成熟的研究手段，包括主观问卷、任务作业和以瞳孔反应为主的生理反馈评估为主的三类。光照视觉质量影响方面的循证实验研究，在沿用已有实验手段、借鉴眼科临床和计算机视觉领域实验手段的同时，亦根据以应用为导向的光健康研究目标不断地拓展，注视、扫视、眼睑张开值等眼动测量及其指标也被引入到光照视觉响应的实验研究之中。

　　光健康循证研究的内容主要集中在视觉功效、视觉舒适、视觉疲劳、视觉满意度四个方面，每类实验手段都将涉及主观与客观实验方法的结合应用。此外，光照诱导的角膜、晶状体、视网膜、感光细胞等视觉系统损伤实验研究多以光刺激动物模型、离体组织细胞和流行病学研究等形式开展，以功能或机理性问题研究为主，因此不属于我们开展的健康光照循证实验研究范围。

6.2.1　光与视觉功效相关实验研究方法

视觉功效指处理视觉信息的速度和准确性，通常用视觉作业内容可见性以及完成视觉作业的速度和精确度来评判。可见性也是视觉目标识别的容易程度，标准视力对数表、佩利·罗布森（Pelli-Robson）检查表等临床视功能测试被延伸应用到了光健康循证实验视觉可见性的实验中来，视力、对比敏感度、立体视力、颜色辨别力等是可见性评价的经典指标，来评估不同光环境下人眼视看能力的发挥，如在道路照明中对比敏感度测试评价了人们在雾中的驾驶能力，立体视锐度测试显示了人们辨别深度的能力等。

作业速度和精确度评判则基于对被试完成视觉任务情况的观察和分析，如阅读不同对比度印刷字母和数字的速度和准确性，搜索相同字母的所用时间以及对视觉刺激材料的反应时间等。"精确计时"是光与视觉功效实验设置中的关键问题。因此，视觉功效实验研究往往需要搭建专门的计算机程序或在视觉心理学研究工具中进行，可及时、精准地记录被试的任务反应。而针对特定应用场景的视觉功效实验研究，可将人员工作内容作为实验所执行的视觉任务，如研究驾驶舱照明的数字仪表盘识读、工厂流水线工人的产品加工作业等，如图 6-2-1、图 6-2-2 所示。

6.2.2　光与视觉舒适相关实验研究方法

视觉舒适由视觉质量决定。视看不清、视觉模糊、色彩和形状辨识困难、重影等

图 6-2-1　通过 8×8 舒尔特方格 (Schulte Grid) 实验，了解被试在光环境下的视觉功效

图 6-2-2　通过工人完成流水线加工作业的效率，评价工人在实验光场景下的视觉功效

视觉质量缺陷对视觉舒适感受影响巨大。因此，视觉舒适实验研究首先是对空间光照质量、数量分布是否满足使用者执行的视觉任务和活动需求进行评估，可通过现场测量、视功能参量评价、问卷量表等形式开展。在国际照明委员会的照明标准中，可用于评价室内照明环境视觉舒适性的相关指标包括眩光（灯具、日光、明亮表面）、照度水平（工作平面和周围环境）、亮度比和均匀性、显色指数、相关色温、光源闪烁控制、阴影遮蔽等。而空间明亮度、空间亮度分布、室内界面反射率等也是视觉舒适研究近年来关注的光环境因素。

视觉舒适度是人们对光照环境的生理、心理感受的舒适程度，其影响因素众多。开展光与视觉舒适相关实验研究的目的就在于建立光环境物理刺激量与舒适感受量之间的内在联系，生理、心理反应也被应用于衡量光环境的视觉舒适度。基于等级量表、语义差别量表、倾向性评价主观舒适度打分，对流泪、疼痛、刺痒、畏光、酸胀等眼部不适症状出现的情况进行判别，也是研究光环境视觉舒适影响的常用方法。近年来，通过脑电测量的中央神经系统和眼动测量的动眼神经系统活动也被作为视觉感知和认知过程中舒适度的评价手段。

6.2.3　光与视觉疲劳相关实验研究方法

不合适的光环境、长时间视近作业、过量视频显示终端使用将引起视觉疲劳症状的出现。视觉疲劳不仅仅是眼睛不适综合症状，还在多个方面产生关联影响。首先是视觉功效的下降，作业错误率增加、用时延长，视疲劳状况可通过观察视觉功效的变化实现。其次，视觉疲劳也是一种"生理疲劳"，引起中枢神经、自主神经活动水平和眼动功能及相关生理指标上的变化。因此，生理测量也可反映视觉疲劳的程度。反映人眼辨别闪光能力的闪光融合频率（Critical Flicker-Fusion，CFF），是一个心理物理量，与大脑的觉醒程度相关，疲劳状态下，人眼闪光融合频率将下降。而视觉诱发电位（Visual Evoked Potential, VEP）、脑电 EEG（α 波和 θ 波、θ/α 和 $\alpha+\theta/\beta$）等电生理信号的变化以及通过眼动或眼电 EOG 设备获得的眨眼频率、瞳孔大小、眼睑张开值变化状况也被许多视觉疲劳实验研究所采用。视觉疲劳的影响还包括主观感受方面，也是一种"主观疲劳"。因此视觉疲劳也通过主观评价的方式进行。视觉疲劳主观评价基于自我报告、李克特量表和语义差别分量表，主观评价问卷的设计应有明显的语义区分，以准确反映视疲劳程度。詹姆斯·E. 希迪（James E. Sheedy）研制的视觉疲劳感知量表是国际上较为公认的视疲劳评价量表。《视疲劳测试与评价方法　第 1 部分　眼视功能测试方法》（T/CVIA-09-2016）、《视疲劳测试与评价方法　第 2 部分　量表评价方法》（T/

CVIA-73-2019）等行业团体标准，侧重于评价长时间使用电子视觉显示终端产品和不同类型照明产品时，用户视知觉功能受到的影响，其中的测量方法也可作为实验研究的重要参考。

6.2.4 光与视觉满意度相关实验研究方法

视觉满意度包含对视觉功能满意度和空间视觉偏好满意度两种类型。视觉功能满意度研究与视觉功效、视觉舒适、视觉疲劳体验相互关联，与实验研究方法的应用也存在联系。另一类视觉满意度与视觉认知偏好相关。视觉认知偏好具有差异性，在儿童、青年、中年、老年、男性、女性及不同文化背景的各类人群中广泛存在，因此也是视觉环境与健康光照实验研究的重要组成部分。而在发光媒体立面的设计研究中，视觉满意度是非常重要的一个方面，界面图像像素密度、清晰度、内容主体、构图、主导光色、刷新频率、视觉张角等要素的确定往往由视觉满意度来决定。

以语义差别量表为代表的主观量表评价是视觉满意度研究的主要手段。量表内容主要由明亮、清晰、清醒、自在、温暖、温馨等描述空间光照环境特征和被试主观感受的形容词构成。被试对光照场景的满意度通过对量表内容词的出现词频和量表得分相关性综合分析得出。在人因工程学、心理学、认知学研究中广泛地应用眼动追踪技术，也是当下研究视觉偏好的热点研究手段。眼动反映了观察者注视点和注视时间的变化，并记录其顺序和频率，了解被试环境中信息的注意偏好。不过实验过程中注视时间、注视次数、视觉路径等眼动指标变化，具体如何反映视觉偏好，还需结合主观问卷做进一步解释（图 6-2-3）。

图 6-2-3 郝洛西教授团队进行的起居空间光环境视觉偏好实验研究

6.3 光照节律效应实验研究方法

医学领域称生物节律为"医学的第四维"，它是改善睡眠、代谢、免疫、炎症、老年退行性疾病相关病理或亚健康，以及提高药物、手术疗效和减少副作用的关键因素。以生物节律为基础的健康干预往往是个体化、精确化的健康干预，不同人类个体在自身存在的生物钟状态、光谱敏感度及反应特性上的差异，在以往的研究中，可以被充分地观察到[14-16]。光照节律性变化需与人体昼夜节律相吻合，将其节律光照干预草率运用于非目标群体，将是无用的，甚至是有害的。因此，准确地采集人体昼夜节律的数据，测量人体昼夜节律的中断程度或与外界环境的失调程度，并评价光照条件对昼夜节律系统的影响，成为光照节律效应实验研究的核心部分。

几乎在人体的所有生理功能中都能观察到昼夜节律的变化，不过受到活动、进食及其他环境因素的影响，能够用来表征中枢昼夜节律系统的相位、振幅和周期的生理指标比较有限。目前，褪黑素分泌水平、核心体温和休息活动周期是临床与实验研究中普遍采用的人体生物节律生理测量形式。睡眠日志、自我报告或观察者报告、问卷量表等非生理工具提供了不同于客观测量所获得的生理节律"时间记号"，让研究人员可以了解到引起昼夜节律变化的信息，因此也是不可或缺的。

由于不同的昼夜节律测量都需要在一定条件下遵循标准的流程进行，同时各项主观和客观指标对外界影响因素的敏感性也有所不同，每种节律测量的方法都具有它的优势和缺陷。因此确定节律光照实验研究的测量手段之前应充分地对如下问题进行考虑，结合使用多种主、客观研究方法，从而才能精确地了解到人体昼夜节律状况，实现研究目标。

(1) 待研究的节律指标，包括节律的相位、周期、振幅。

(2) 研究的目标人群，包括人群的生物钟类型、作息规律、年龄、健康状态。

(3) 节律指标的采集地点，高度控制干扰因素的实验室环境或日常生活场所。

(4) 实验研究的周期及节律指标的采样周期和频率，如 24 小时连续多次采集、单日定时采集、多日定时采集等。

(5) 研究资金。

(6) 采用节律测量方法对人体的侵入性程度。

6.3.1　睡眠日志与自我报告

自我报告和问卷量表是一种判断人体生物节律特征的低成本方法。该研究方法适用于广泛收集的大样本睡眠节律数据。

睡眠—觉醒周期是人类最显著的昼夜节律之一。睡眠特征的变化也反映了昼夜节律相位和振幅的变化。睡眠日志或睡眠日记是研究昼夜节律的主要自我报告方法，它以纸面或电子记录的方式，对人的睡眠模式和行为节律进行长时间的跟踪和详细记录，直观地描述人的睡眠节律特征，临床上用来诊断和补充评估不良睡眠习惯、睡眠障碍和识别昼夜节律失调。睡眠日志的内容应包括每日何时入睡、起床和清醒的时间等睡眠信息，以及活动行为的信息，例如日间打盹或锻炼的时间、咖啡因或酒精的摄入情况、服药情况等。睡眠日志应保持两周以上的连续记录（图 6-3-1）。匹兹堡睡眠质量指数（PSQI）、卡罗林斯卡嗜睡量表（KSS）、爱泼沃斯嗜睡量表（ESS）和斯坦福嗜睡量表（SSS）等睡眠监测与分析主观量表也经常被应用于光与健康的实验研究中，作为研究光照昼夜节律影响的非生理工具。

慕尼黑时间型问卷（MCTQ）、清晨型—夜晚型问卷（MEQ）和慕尼黑轮班工作者昼夜偏好问卷（MCTQ Shift）等用于评估人员的昼夜节律偏好或时辰类型。这些问卷本身并不评估昼夜节律的变化，但是节律光照刺激的作用效果跟人与人之间的作息类型差异也有关联。时间类型问卷帮助研究者筛选出极端晚睡型、极端早睡型等被试，减弱实验过程中被试个体差异带来的影响，也让实验设计更加精细化。

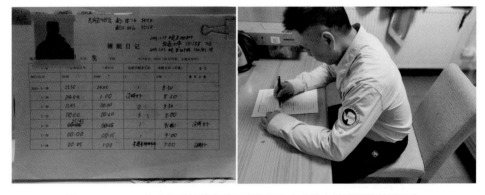

图 6-3-1　2013 年南极长城站光健康实验研究中在站人员填写的睡眠日志

6.3.2　褪黑激素分泌水平

褪黑素是松果体合成和释放的内源性激素。人类视交叉上核的昼夜节律不可直接测得，它通过外周标记物的时间节律来评估。不同于皮质醇、核心体温还受到行为、压力等因素影响，褪黑素分泌直接接受从昼夜节律振荡中枢视交叉上核到达松果体的复杂光敏感神经通路调控，人体褪黑素水平作为昼夜节律系统运行的生物标志，混杂变量少，被广泛采用[17]。褪黑激素可在血浆和唾液中检测，其代谢产物 6-硫氧基可通过尿液样本来测定。每种样本的采集方式都有其特定的环境和采样方法要求。如果 24 小时内每 2~8 小时采集一次褪黑激素，估算其每日分泌水平的变化趋势，探讨连续光照刺激对昼夜节律的累积影响，可通过采集尿液样本的形式进行。如果以光照刺激引起的昼夜节律相位变化等作为主要研究内容，需要每 10~30 分钟进行频繁采样的实验研究，褪黑素水平通常在血浆或唾液中测量。最常用的昼夜节律时间标志——暗光下褪黑激素分泌起始点(DLMO)使用血浆和唾液褪黑素水平测定，并且连续采集 5~6 小时，绘制褪黑激素浓度变化曲线。血浆中褪黑激素的浓度是唾液的 3 倍。在大多数情况下，确定 DLMO 的依据是褪黑素水平的绝对阈值，唾液中的绝对阈值通常为 3pg/mL，而血浆的临界值则为 10pg/mL。一些研究将血浆褪黑素水平看作是评价昼夜节律的"黄金标准"。由于采集血液样本对身体具有一定侵入性，也有研究者偏向采用唾液褪黑激素测量这一相对简便的方式（图 6-3-2）。

褪黑激素样本采集以后需要使用离心机和冷冻柜快速处理样品，保持其化学完整性，同时需在合格的实验室中进行标准检测，花费较高，操作流程也比较复杂，因此多在实验室中进行。

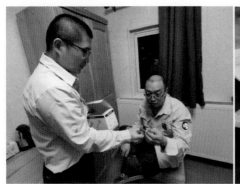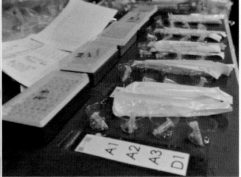

图 6-3-2　南极长城站、中山站光健康实验研究中采集唾液褪黑激素样本

6.3.3 休息—活动（睡眠—觉醒）体动记录

24 小时的睡眠—觉醒模式是最典型的休息—活动节律，是人体昼夜节律最显著的外在表现。多导睡眠监测 (Polysomnography，PSG) 是客观睡眠监测的"金标准"，通过在全夜睡眠过程中连续并同步监测脑电、眼电、心电、呼吸、血氧等广泛的生理变量，来客观地、科学地量化分析入睡潜伏期、觉醒次数和时间、睡眠时相、睡眠结构和睡眠效率等睡眠特征，发现睡眠呼吸障碍并确诊睡眠相关的神经病变。但 PSG 应用于循证实验有一定的局限性。使用 PSG 须在实验室和相关技术人员的监控下进行，被试身上连接许多电极和束带带来不适感，使其不能真正地进入自然睡眠状态。同时多导睡眠监测仪器价格昂贵，导致实验成本较高，不适用于大样本的实验研究（图 6-3-3）。在"睡眠—觉醒周期"与"休息—运动周期"之间存在着近乎一对一的相关性，通过持续测量肢体的运动量，能够推算出睡眠—觉醒周期，间接评价人体昼夜节律的振荡，体动记录仪基于这一工作原理，设置一定的时间间隔对每一间隔内的活动量进行加权计算，从而判定睡眠开始、偏移和中断的时间点，分析出睡眠效率、睡眠时间、觉醒次数等指标[18]。尽管体动记录仪无法像 PSG 一样监测人体的睡眠质量而进行临床的深入判断，但其体积小、易携带，提供了一个便捷、连续并在自然状态下的昼夜节律测量方法，在光与健康循证实验和诸多人体昼夜节律研究中应用广泛（图 6-3-4、图 6-3-5）。

目前市面上许多商用健康监测腕带都配置了活动监护仪，通过使用适当的算法来估计睡眠—觉醒周期，并可以与手机应用程序相连，记录每日睡眠数据，并生成可视化分析图表，是在现实生活中昼夜节律的低成本、高可行性研究方法。此外，市面上也出现了各类睡眠监测床垫，通过内置嵌入式传感器来跟踪睡眠质量，记录睡眠体征，

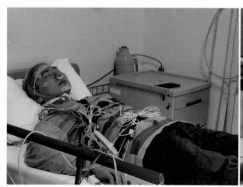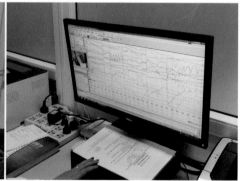

图 6-3-3 PSG 多导睡眠监测过程

(a) 体动记录仪　　　　　　　　　　　　　(b) 商用健康监测腕带

图 6-3-4　穿戴式睡眠监测设备

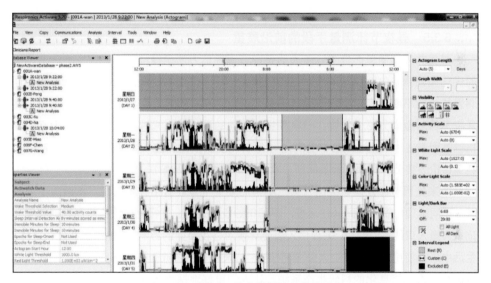

图 6-3-5　体动记录仪数据分析软件界面

在使用者毫无察觉的情况下进行睡眠监测，高度还原自然睡眠状态。然而各个品牌的睡眠监测产品种类繁多，数据监测差异较大，且多以健康护理为主要商用目的进行开发。作为实验用人体昼夜节律测量工具，其数据结果的可靠性，还需与 PSG 等高可信度睡眠监测手段的结果进行比对。

6.3.4　核心体温

核心体温白天升高，晚上降低的 24 小时周期性变化也包括完整的振幅和周期，同样也是人体昼夜节律系统的常用测量方式。核心体温振荡曲线的最低点被看作为昼夜节律周期的标志。核心体温是指人体内部温度，通过插入直肠的探针测量获得。人们日常生活中常用的腋下、口腔、额头和耳蜗的体温受着装、周围环境等多方面因素影响，与核心体温有一定差别。但测量外周体温的形式因对人体侵入性小，因此也可作为节律变化指标在循证实验中使用。在测量时，应尽量创造一个相对封闭的环境，减少外界温度的干扰。随着技术的创新，越来越多的非侵入式生理监测手段诞生。能够连续监测、记录并无线传输核心体温信号的微型胶囊于近年问世，并逐步在人因实验中展开应用。胶囊内置存储记忆功能，可存储上千组数据，被试只要口服摄入，1~2 天后再将胶囊从消化道排泄，即可在手机 App 上查看核心体温变化，而不用像褪黑激素浓度测量一样等待较长的化验周期。

6.3.5　昼夜节律测量手段的前沿展望

寻找并应用简单而成本效益高的昼夜节律评估方法是循证健康光照实验研究持续的优化和创新方向。随着人们对昼夜节律系统复杂性生物机制的认识逐步清晰和生理测量技术的不断进步，生物节律的测量方法也将被扩展。人们将不再局限于通过观察昼夜节律对激素分泌、体温、心率等生理活动的调控输出来评估生理节律。细胞的生物钟基因表达 [19]、肠道细菌丰度变化 [20] 等都将发展成为测量人体昼夜节律的精准手段，甚至评价昼夜节律需要连续不间断多次采集等问题也将被解决。

未来光照节律效应研究的对象也不再局限于个体或者小样本人群，将面向不同时区、不同地理位置、不同居住环境、不同年龄段的人群，进行更广泛的节律数据收集，记录大量人口的实时数据，来评估人居光环境对昼夜节律的影响。智能手机在现代工作、生活中广泛使用，每日产生大量"数字足迹"，未来它们将成为一个窗口，利用万物互联的优势，构筑信息化的科研生态系统，让人们更好地探索光环境等外在因素与生物节律之间的相互作用。

6.4 光照对情绪与认知行为影响的实验研究方法

情绪与认知皆是复杂的生理、心理现象，二者交互作用、相互依存。海马体、前额叶和顶叶等在认知加工中发挥核心作用的脑区同时参与情绪加工过程，而情绪的效价与激活度对知觉、注意、执行、控制和决策等认知行为亦有着显著影响。光照对大脑神经通路的调节，往往会产生情绪和认知行为的双重效应，因此探索光照对情绪与认知影响的实验研究方法手段、测量工具、评价指标，在很多情况下非常相似，甚至重合。情绪与认知行为是心理学、脑科学、神经认知科学及人因学与工效学等领域的研究热点，近年来它们的实验手段也得到了丰富多元的发展，既包括自我报告等主观手段，也包括以脑电及事件相关电位等多通道电生理信号测量，以及经颅磁刺激和磁共振功能成像、行为测量等诸多客观手段。

6.4.1　适于健康照明研究的光与情绪实验方法

情绪的表现是多层次的，包括生理唤醒、行为反应、面部表情或姿态及主观体验等。情绪本身也是多维度的，如积极—消极、愉快—不愉快。因此光照情感效应的实验研究方法非常多元，实验设计以特定的研究问题为基础，从多个角度、多个层次进行考虑，设计不同侧重点的实验场景、设置不同维度的自变量和因变量、选取有区别的主客观数据进行分析与综合评价[21]。

1. 实验场景

实验场景实际上是情绪研究中情绪的情景诱发材料，实验设计的场景变化能否诱发有效的情绪改变、情绪的改变幅度是否能被检测，是光与情绪实验研究在诱发手段上区别于其他情绪实验的特点。在实验场景设置中，情绪的极性和情绪体验的强度是必须注意的两个关键问题。

2. 情绪测量

情绪测量在光与情绪的实验研究中具有关键作用，情绪的测量方法从某种意义上来说就是光与情绪的实验方法，最常用的情绪测量方法有七种：理论研究法、自我报告法、生理测量法、临床测量法、发展测量法、音乐分析测量法及个人与文化差异测量法，其中适用于光与健康循证实验的测量方法主要包括自我报告法和生理测量法。生理测量主要包括自主神经系统测量（ANS）和中枢神经系统测量（CNS）。行为测量以面部表情识别及眼动行为追踪为主[21]。

1）自我报告法

自我报告法采用量表或问卷的形式进行情绪的评估与测量，是光与情绪实验中应用最普遍的实验方法。心理学及临床医学常用的焦虑自评量表（SAS）、抑郁自评量表（SDS）、汉密尔顿焦虑量表（HAMA）、汉密尔顿抑郁量表（HAMD）及 SAM 量表、VAS 量表、PrEmo（Product Emotion Measurement）等自陈测量工具等都是常用的情绪自我报告测量工具。而针对儿童、大/中/小学生、老年、病患等细分特殊群体以及极端特殊环境下作业而编制的情绪或症状量表也是健康光照研究中必要的主观情绪测量工具[21]。

2）自主神经系统测量与中枢神经系统测量

由于情绪自我报告法有较强的主观性，测量的情境、个体的差异、问卷的设计等，都会对情绪测量的结果造成较大影响。人类情绪的变化能引起自主神经系统和中枢神经系统的生理反应，皮肤电阻、心率、血压、心电图、呼吸、肌电、脑电图、事件相关电位、功能性磁共振成像、正电子发射断层扫描等都将随着情绪的改变而变化，实现客观的情绪测量(图6-4-1)。在医学和心理学领域这些手段已发展成为情绪实验方法，然而光与健康实验研究对上述多通道电生理信号和脑活动成像等实验手段的应用仍处于逐步探索阶段。生理数据与光照引起情绪变化的刺激强度量化关系仍没有形成共识，

图 6-4-1　健康光照情感效应实验中应用脑电图和近红外脑功能成像技术测量被试情绪反映

还需结合主观情绪测量结果进一步阐释。个体差异问题在情绪实验研究中同样是非常大的影响因素，在单独被试身上所出现的光照刺激响应，很可能来源于被试疾病或特质方面的特异变化，并不能说明是光照刺激所产生的效应。从统计学的角度，低可信度的测量加上小样本被试数量，将增加研究结果的假阳性率，因此还需通过增加样本数量或重复性实验验证所得结论的正确性。

　　3）行为反应测量

　　情绪状态与行动倾向相互联系，某些情绪状态可能具有不同的身体行为特征，如骄傲和尴尬情绪分别与夸张和瘦小的身体姿势有关。这使得人们可以从声音特征、面部表情、眼动行为和全身姿态推断出一个人的情绪状态。基于光照刺激可能引起的情绪倾向改变和情绪波动幅度，面部表情识别和眼动追踪的情绪测量手段，在光与健康的循证实验中得到相对较多的尝试。同济大学郝洛西教授光健康研究团队进行的"眼科日间手术术后情感疗愈光照界面循证设计研究"和"缓解产后负面情绪的情感疗愈光照研究"中分别运用面部表情识别和眼动追踪的手段，探索不同发光界面的光度、色度参数带来的情绪响应（图 6-4-2）。利用 FaceReader 面部识别软件，被试的面部表情、视线方向和头部朝向，代表的情绪倾向 (愉快、悲伤、厌恶、惊讶、愤怒等) 及其所代表的情感态度能够被分析得出，但也存在被试情绪变化没有从微表情特征点运动上反映出来的情况。同时对于不同人和不同文化而言，面部表情传达的情感含义也有一定区别，因此仍需结合主观问卷与量表，综合分析实验结果。眼动设备可产生大量数据，包含注视、眼跳等行为观察数据，也包含瞳孔直径、眨眼频率等生理反馈数据。因此，数据的筛选分析非常重要，应带有明确目的地分析数据，同时排除具有干扰的无效数据。

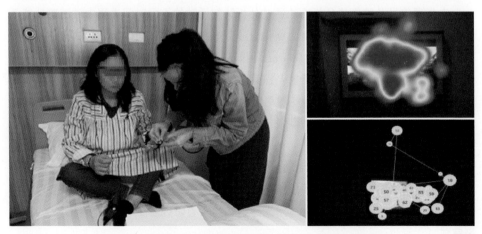

图 6-4-2　利用眼动设备研究发光界面图像对产妇情绪的影响

6.4.2　光照与脑认知加工实验研究方法概论

每年引领世界科学的十大前沿科学问题发布，脑科学必占一席之地。脑科学是国际科学研究最热门也是最具挑战的领域。随着神经成像和生物信息处理手段日益丰富，脑科学研究逐步也从对大脑结构与功能认识，向更深层次的神经认知和神经系统扩展：从"认识大脑"——解析大脑图谱结构和动态运行机理；到"保护大脑"——征服脑神经衰退性疾病与精神性疾病，改善人口健康水平；再到"优化大脑"——调节大脑通路连接与沟通，增强学习记忆、决策行为能力，推动人类的进化。脑认知研究在科学、经济、社会和军事领域有着重大价值，在人居健康方面有着广阔应用。认知加工调节也是光照极为重要的非视觉功效，相对于改善情绪与节律方面的健康光照研究，聚焦于大脑神经调节功能与认知加工方面的健康光照研究，方兴未艾，必将为光与健康领域的研究发展带来深远影响。

脑科学研究具有学科交叉和综合的特点，光照认知效应研究的实验方法也强调各种实验手段的相互渗透与结合应用。在实验心理学中广泛应用的认知行为方法和借助脑功能研究设备的生理信号及影像分析方法，以及它们的结合应用是主要的实验手段。

光照与脑认知加工实验研究的主要内容包括感知与关注、运动和行为、记忆和学习、语言和思考等，与光环境视觉功效实验研究的内容有一定重合，通过观察被试在实验中执行快速序列视觉呈现任务、视觉搜索任务、空间线索化任务、刺激反应一致性任务、定向遗忘任务等实验范式任务的情况和主观感受，来评价光环境带来的影响。但不同于后者关注视觉质量和视觉功能，认知效应实验以不同光照条件下任务绩效与认知负荷测量为导向，因变量指标根据任务而设定。

电生理信号及脑影像分析方法通过分析认知活动的不同时间进程中被试脑功能活动的变化信息来评估认知作业能力与作业疲劳水平。每种不同的研究方法与仪器，都有不同程度的时间敏感—空间敏感特征。例如脑电图、事件相关电位具有时间敏感特征，研究问题偏重希望了解时间因素时，探索被试在同一光照场景或动态光照场景下认知状态的变化，则适合使用时间敏感性强的方法记录。而当研究光照刺激对个体认知加工相关脑区活动强度的影响时，则需选取空间敏感性较高的研究方法，如磁共振功能成像、经颅磁刺激等[22]。

认知行为往往需要视知觉活动参与，眼动追踪技术也已被引入许多实验研究之中。不过应用这些丰富的实验手段，还需要结合医学、生物、解剖以及实验心理学中的实验设计知识才能完成，更加注定光与认知的实验研究需要一个多学科交叉的团队来完成。

6.5 循证人因实验与伦理关怀

光与健康循证实验研究是以各类健康人群或病患作为被试对象，人为地控制实验场景，定性、定量地观察和研究在特定光环境下，人的身心健康状态及各项重要视觉、生理、心理指标变化的科学过程。光与健康循证实验除了应恪守学术规范、具备科学严谨性之外，还必须考虑另一个重要问题——科学伦理，这是科学实践须遵循的职业准则。任何将人类或动物的生命作为研究一部分的实验项目，都将或多或少地引发伦理问题（图 6-5-1）。

图 6-5-1　科学研究与伦理之间的平衡与取舍

伦理审查也是循证实验设计的一个重要环节，多数研究项目的实验方案都需提交给相关伦理委员会，并通过审批方可立项和进入研究阶段。光与健康研究涉及的伦理问题应关注如下几个方面。

6.5.1　实验开展的前提——知情同意与自愿

在实验开始之前，实验者必须将实验的目的、方法、预期好处以及潜在危险等信息真实、清晰、充分地告知被试或其代理人，给予他们足够的时间理解和提出疑问，实验者应对这些问题作出回答，对于儿童、早产儿、失智失能老人、无意识患者等缺乏或丧失知情同意能力的被试，则应把相关信息告知其家属、监护人。被试参与实验应完全自愿，并签署知情同意书。通过欺骗、强迫、经济诱惑等非正常手段，招募被试参与实验，都是道德或法律不允许的行为。知情同意不仅体现在实验开始之前，也体现在实验的过程中，在试验的任何阶段被试都可以退出实验，并不需要陈述理由，同时被试后续获得社会福利和疾病治疗的权益不应受到任何影响。

6.5.2　最严重的伦理问题——保护被试的安全、健康

1920 年，美国的心理学家约翰·布罗德斯·华生（John B. Watson）及其助手在医院中挑选了一名 9 个月大的婴儿进行了当时引起轩然大波的条件反射刺激实验——小艾伯特实验（Little Albert Experiment），他们把小艾伯特放在房间中间的桌子上，同时把实

验室白鼠放在靠近小艾伯特的地方，允许他随意玩弄、触摸。在后续的测试中，每当小艾伯特触摸白鼠时，华生及实验人员便在小艾伯特身后用铁锤、铁棒敲击，制造出巨大的响声。小艾伯特听到声响后，表现出极大的恐惧，并大哭起来，经过多次刺激以后，小艾伯特非常痛苦，将脸趴在地上。实验结束以后，小艾伯特不仅看见白色的老鼠表现出恐惧，他看到相似材料的事物，例如毛茸茸的兔子玩具、棉花甚至圣诞老人的胡须都十分恐惧，也就是说他对白鼠的恐惧泛化到了许多相似事物上（图 6-5-2）。后续研究人员想了解该实验对小艾伯特成长发育造成的不良后果，然而由于小艾伯特在 6 岁时因脑水肿去世了，结果无从得知，悲剧为科研人员敲响警钟，保护被试免于伤害必须贯穿于科研行为的始终。

(a) 首次接触实验白鼠，   (b)条件刺激出现，   (c) 条件反射影响，随后生活中
    小艾伯特未感到恐惧   引起恐惧反应   看见类似物体均感到恐惧

图 6-5-2 "小艾伯特"心理实验过程图示

光与健康实验目的应准确而清晰，以提升人群健康水平、促进人居健康为目标导向，遵循科学伦理有利于医学和社会的发展伦理原则。实验过程应尽可能做到对被试有利无害。实验研究设计必须认真评估其对个人和群体造成的风险与负担，并建立完备的干预与保障措施，以应对实验过程中突发的风险与特殊状况。同时，实验中健康风险的可能影响与持续时间应告知被试，并在实验完成后对被试进行随访与跟踪。随着光照刺激对人体神经环路的影响与调控机制被不断地阐明，越来越多的光与健康循证实验以病患、儿童、产妇等特殊群体以及密闭、地下等特殊场所作为研究场景和对象，因此实验设计在招募被试时应对他们生命体征、依从性等进行谨慎评估，确定适合参与实验的人选，避免意外风险的发生。与此同时，为了对实验过程中被试的健康状况进行监测，对突发情况做出及时处置，实验中引入医疗团队变得日益重要。

大量光健康研究课题最初的探索通常先在动物被试身上进行机理研究和效应测试。还有许多光照刺激研究对人体有明显伤害，或条件受限的实验，以动物作为被试的情况也非常普遍。这些实验研究也应对动物的福利给予尊重，遵守国际上公认的实验动物替代

（Replacement）、减少（Reduction）和优化（Refinement）"3R 原则"，降低非人道实验方法的使用频率和危害程度 [23]。

6.5.3　未来科研的伦理挑战——隐私原则

随着光与健康研究方法不断丰富，实验者可以通过越来越多的多源数据整合分析，更深入、更全面地了解光照刺激带来的人体健康响应。实验者不仅获得了包括有关于被试个人心理、人格特征、婚姻家庭状况、健康 / 疾病等基础个人数据信息，更可通过问卷量表、生化指标检测、脑电图等脑成像技术与生理信号反馈技术等多样化实验手段了解到被试无意识的心理特征、爱恋和暴力倾向、隐藏疾病、日常行动轨迹等个体敏感信息，甚至这些信息可以在被试毫不知情的情况下就被采集，隐私信息的泄露，将使被试生活受到打扰，甚至受到歧视。在网络技术发展、信息高度共享的当下，科研实验隐私保护面临着巨大挑战。一方面，实验者应采取必要的保密、保护措施，保证实验数据的安全，防止泄露。另一方面，数据采集应聚焦于研究问题，减少对被试非必要的个人信息获取。

6.5.4　研究者的责任与义务——诚信正直

光健康循证实验可被看作是为了证明光照所具有的健康效应通过实验手段来搜集证据的过程。实验人员要特别注意研究方法和立场的客观性，尽量减少或消除方法中的偏见，不捏造或遗漏数据、伪造结果。由于实验条件和资金的限制，很多光与健康实验都是小样本实验。同时，研究光照刺激对人体产生的作用，往往受到个体差异及时间环境等非实验因素的干扰而难以获得显著结果，此时更应保持警惕，恪守实验规则标准，消除预设立场、主观偏见和个人经验的影响，严谨设计实验方法与流程，公平随机筛选和分配被试，完整解读实验结果。

科学研究往往风险与收益并存。伦理为规避风险、谨慎预防、推动研究顺利进行而存在，绝非为了冷却探索和创新的热情。探讨实验过程中的伦理问题，也并不是划清对与错、是与非的界限，而是在实验者的研究目标与参与者最佳利益中寻求平衡与取舍。

参考文献

[1] 郝洛西，曹亦潇．面向人居健康的光环境循证研究与设计实践 [J]. 时代建筑，2020(05):22-27.

[2] 吕志鹏，朱雪梅．循证设计的理论研究与实践 [J]. 中国医院建筑与装备，2012, 013(010):24-29.

[3] 维基百科．循证医学 [EB/OL].（2021-03-12）. https://zh.wiki-pedia.org/wiki/%E5%BE%AA%E8%AF %81%E5%8C%BB%E5%AD%A6.

[4] 方圆．循证设计理论及其在中国医疗建筑领域应用初探 [D]. 天津：天津大学，2013.

[5]Ulrich R S. View through a window may influence recovery from surgery[J]. Science, 1984, 224(4647): 420-421.

[6]Joseph A, Kirk Hamilton D. The Pebble Projects: coordinated evidence-based case studies[J]. Building Research & Information, 2008, 36(2): 129-145.

[7]Wohlfarth H. Colour and Light Effects on Students' Achievement, Behavior and Physiology[M]. Edmonton:Alberta Education, 1986.

[8]Mirrahimi S, Ibrahim N L N, Surat M. Effect of daylighting on student health and performance[C]//Kuala Lumpur: Proceedings of the 15th International Conference on Mathematical and Computational Methods in Science and Engineering, 2013: 2-4.

[9]Tianyuan L, Yan S. Evidence-based Design And Multi-stakeholders Cooperation In Healthy City Planning: Healthy Public Space Design Guideline, NewYork[J]. Planners, 2015(06):27-33.

[10]Hart C W M. The hawthorne experiments[J]. The Canadian Journal of Economics and Political Science/Revue canadienne d'Economique et de Science politique, 1943, 9(2): 150-163.

[11]Cuttle C. A fresh approach to interior lighting design: The design objective-direct flux procedure[J]. Lighting Research & Technology, 2018, 50(8): 1142-1163.

[12]维基百科．使用后评估 [EB/OL].（2020-12-17）. https://zh.wikipedia.org/wiki/%E4%BD%BF%E7%94 %A8%E5%BE%8C%E8%A9%95%E4%BC%B0.

[13] 汪晓霞．建筑后评估及其操作模式探究 [J]. 城市建筑，2009 (7): 16-19.

[14]Santhi N, Thorne H C, Van Der Veen D R, et al. The spectral composition of evening light and individual differences in the suppression of melatonin and delay of sleep in humans[J]. Journal of pineal research, 2012, 53(1): 47-59.

[15]Sletten T L, Revell V L, Middleton B, et al. Age-related changes in acute and phase-advancing responses to monochromatic light[J]. Journal of biological rhythms, 2009, 24(1): 73-84.

[16]Phillips A J K, Vidafar P, Burns A C, et al. High sensitivity and interindividual variability in the response of the human circadian system to evening light[J]. Proceedings of the National Academy of Sciences, 2019, 116(24): 12019-12024.

[17]Dijk D J, Duffy J F. Novel approaches for assessing circadian rhythmicity in humans: A review[J]. Journal of Biological Rhythms, 2020, 35(5): 421-438.

[18]Reid K J. Assessment of circadian rhythms[J]. Neurologic clinics, 2019, 37(3): 505-526.

[19]Akashi M, Soma H, Yamamoto T, et al. Noninvasive method for assessing the human circadian clock using hair follicle cells[J]. Proceedings of the National Academy of Sciences, 2010, 107(35): 15643-15648.

[20]Parkar S G, Kalsbeek A, Cheeseman J F. Potential role for the gut microbiota in modulating host circadian rhythms and metabolic health[J]. Microorganisms, 2019, 7(2): 41.

[21] 曾堃，郝洛西．适于健康照明研究的光与情绪实验方法探讨 [J]. 照明工程学报，2016 (05): 1-8.

[22] 王毅军．基于节律调制的脑—机接口系统——从离线到在线的跨越 [D]. 北京：清华大学，2007.

[23]Russell W M S, Burch R L. The principles of humane experimental technique[M]. London: Methuen & co. ltd, 1959.

图表来源

图 6-0-1 郝洛西 绘
图 6-1-1 曹亦潇 绘
图 6-1-2 徐俊丽 摄
图 6-1-3 彭凯 摄
图 6-1-4 周娜 摄
图 6-1-5 王茜 摄
图 6-1-6 郝洛西 摄
图 6-1-7 左图：魏力 摄
　　　　 右图：罗晓梦 摄
图 6-1-8 陈尧东 绘
图 6-1-9 曹亦潇 绘
图 6-1-10 曹亦潇 绘
图 6-1-11 CLAUS 摄
图 6-1-12 CLAUS 摄
图 6-1-13 曹亦潇 绘

图 6-2-1 罗路雅 摄
图 6-2-2 罗晓梦 摄
图 6-2-3 陈尧东 摄
图 6-3-1 左图：郝洛西 摄
　　　　 右图：魏力 摄
图 6-3-2 左图：魏力 摄
　　　　 右图：郝洛西 摄
图 6-3-3 曹亦潇 摄
图 6-3-4 曹亦潇 摄
图 6-3-5 曹亦潇 摄
图 6-4-1 左图、中图：曾堃 摄
　　　　 右图：曹亦潇 摄
图 6-4-2 邵戎镝 摄
图 6-5-1 曹亦潇 绘
图 6-5-2 曹亦潇 绘

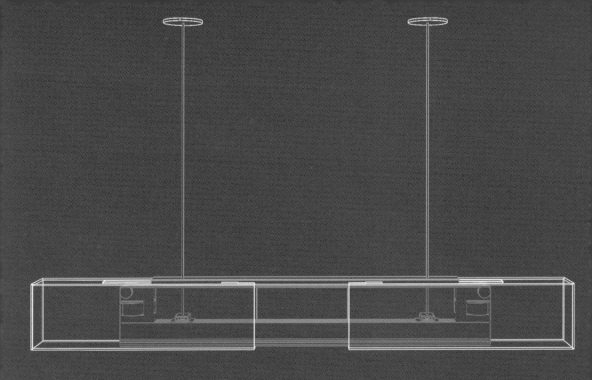

第7章

　　随着绿色建筑发展进入了新的阶段，人们日益增长的健康需求、"健康中国"的战略指引、人口老龄化等社会现实问题、环境恶化带来的公共健康威胁以及突发公共卫生事件的广泛影响，引发了行业对人居健康与建筑环境关系的进一步思考。本章中的设计实践将光作为环境的积极要素，传播光健康理念，促进人居健康示范，进行半导体超越照明的集成创新应用。

光与健康的设计与实践

从开展第一个光健康设计工程实践——"上海市第十人民医院心内科介入手术室、重症监护室情感性健康照明改造工程"以来的 15 年里, 郝洛西教授团队在循证理论的指导下, 关注光照"视觉功能、生理调节、情绪干预"三个方面的积极健康作用, 重点以儿童、老人、病患、产妇等特殊脆弱的人群及极地、地下等存在诸多健康不利因素的特殊环境为对象, 完成了 20 余项光健康设计实践, 类型涵盖学校、医院、养老机构以及极地科考站区等。光健康为郝洛西教授团队的光环境研究与设计开辟了一个全新的视角, 让我们去思考光艺术与技术如何碰撞, 能够为社会、为民生创造价值。经过不断地摸索和改进, 最终郝洛西教授团队建立了问题为导向, 从研究、设计到应用的全链条技术路线, 提出了人居光环境的主动式健康干预理论;建立了以中国人群为应用对象的健康光照关键技术体系, 并自主研发了一套"旨在情绪与节律改善的健康型光照系统"。我们的实践项目与研究成果有幸获得了中国轻工业联合会科技进步奖一等奖、上海市科技进步奖二等奖、中照照明奖科技创新奖一等奖等 10 余项省部级及学会奖励, 亦获得了良好的应用反馈。郝洛西教授团队亦将持续在这一领域深耕, 希望终有一天, 光的健康效应与机理能够更广泛地走出实验室, 作为普惠的民生福祉, 服务于全龄健康促进、宜居家园建设、国计民生与国防建设 (图 7-0-1)。

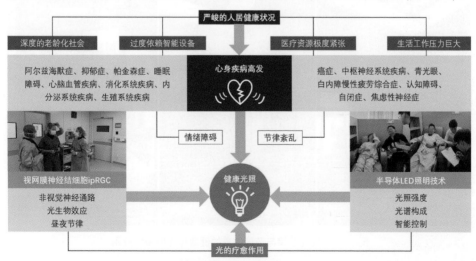

图 7-0-1　光健康研究的必要性与理论技术基础

7.1 旨在情绪与节律改善的健康型光照系统

在14项国家、省部级科研项目及校企合作的资助下，郝洛西教授团队以问题为导向，联合医疗、南极科考、社会福利及照明工业领域的机构团体，共同开展建筑学、医学、色度学、人因工程学等多学科交叉集成研究，探索人因健康照明的关键要素，针对特定人群、空间，以及光照和色彩的视觉、情感、生理效应展开循证实验，获得第一手中国人群对疗愈光照刺激响应的数据，通过实证分析得出有效改善人体生物节律及情绪状态的光照技术参数组合。在媒体立面显示技术、光介质层与媒体立面构造技术、节律效应的调光技术、多模式照明控制技术、光谱能量分布SPD配比技术五项关键技术上进行重点研究，最终形成了一套"改善情绪及节律的健康型光照系统"（图7-1-1、图7-1-2），并完成了系统在中国南极科考站、上海市第十人民医院心内科导管手术室及重症监护室、上海长征医院急诊部手术中心、新余第一人民医院、厦门莲花医院妇产科和上海市第三社会福利院（阿尔兹海默症患者）等地的示范应用，获得了极地科考队员以及病患、医护人员的良好反馈，取得了显著的社会经济效益。

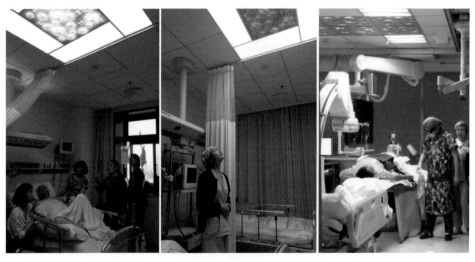

图 7-1-1 旨在情绪与节律改善的健康型光照系统应用

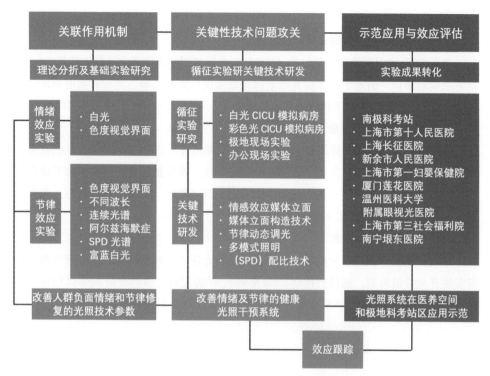

图 7-1-2　旨在情绪和节律改善的健康型光照系统研发技术路线

　　"光照系统"由节律模块、情绪模块、智能控制模块三个部分构成。节律模块同时提供高品质的室内功能照明和节律刺激光照。情绪模块为情感性光照界面,应用了"光介质层以及基于该光介质层的媒体立面构造技术""光照情感效应媒体立面显示技术"两项专利技术。智能控制模块为内置可编程控制器,可根据光照疗愈需求,精准控制光照强度、光照时间、光照时长、光源色温以及空间光分布等技术参数,实现了人工健康光照的目标靶向动态控制。

　　如下为系统五项关键技术的简要介绍。

1. 光介质层以及基于该光介质层的媒体立面构造技术

　　该项技术 LED 发光屏发出的光线透过中间光介质层,在面层上投射出具有特殊图形效果的图像,让低像素 LED 层也可呈现高质量的清晰艺术化效果。

2. 光照情感效应媒体立面显示技术

　　基于针对特定群体、特定空间中的循证实验研究,确定发光界面的亮度、主导光色、色彩构成、变化周期、变化速率等参数,并定制显示内容,对负面情绪起到缓解及疏导的效果。

3. 节律效应动态照明调光控制技术

基于"半导体照明光谱功率分布（SPD）对我国被试褪黑激素水平抑制的影响研究"等多项实验研究，确定了节律白光照明的光照强度、照明光谱、光照时间时刻表，基于特定空间、人群所需的节律光照需求，建立 24 小时全天候动态节律照明策略。

4. 健康照明 LED 光谱能量分布配比技术

基于复旦大学工程与应用技术研究院戴奇研究员提出的 RGBW 四色 LED 白光混光算法，本技术的研发团队筛选了能够同时满足舒适、高质量视觉作业要求和节律调节需求的不同色温白光照明光谱，针对中国特定人群（年龄、性别、健康状态）和人居建筑空间类型定制了光谱应用菜单。

5. 多模式照明控制技术

精准控制光照强度、光照时间、光照时长、光源色温和空间光分布等照明参数，可实现开关按键控制、触摸式控制、"非接触式"手势控制、移动终端 App 远程控制多种控制形式，灵活地满足多样化健康照明场景需求（图 7-1-3）。

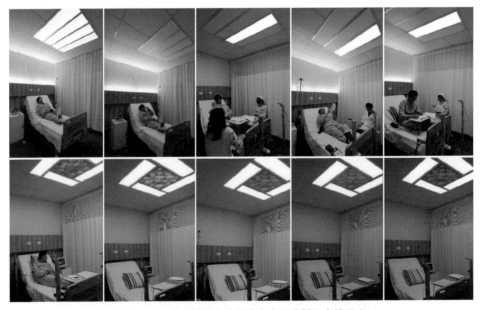

图 7-1-3　心内科重症监护病房光环境循证实验研究

7.2 南极长城站、中山站健康光环境改造

　　科考站是南极科考队员在极端环境下的生命健康防护所。在寒冷冰川雪原、极昼极夜交替的南极洲，科考设施提供的健康防护尤为重要。极地特殊的自然环境严重威胁着科研人员的身心健康，南极科考站的健康疗愈环境技术不可或缺。光，不论是自然光，还是人工光，都与科考人员的工作、生活紧密相关。我们从光的视觉功能、情感作用、生物效应三方面，整合不同维度的光，创造出健康的南极科考站室内光环境。基于此，我们总结了针对南极极端环境的光环境设计方法，并深入研究了面向南极科考的疗愈光照策略，为科考人员送去健康，护航极地科考事业再攀高峰。

7.2.1　长城站室内光环境改造循证实践

　　2012 年，郝洛西教授参加了第 29 次南极度夏科考队，并在国家"863"高技术研究发展计划（项目批准号：2011AA03A114，新材料技术领域"高效半导体照明关键材料技术研发"重大项目）的支持下，于长城站完成了"LED 照明的非视觉生物效应和对人体生理节律的影响"实验研究（图 7-2-1、图 7-2-2）。在此期间，郝洛西教授对长城站生活栋的室内照明进行了改造提升（图 7-2-3），包括就餐区域的整体照明改造和双人间宿舍的光健康改造等，获得了第一手用于研究不同光谱组成对人体生物周期和生理节律影响中国人种的人因数据。此次实践重点在于在南极的特殊环境下研究光照与人体昼夜节律之间的关系，并总结出南极站区的照明设计方法。

　　实验和改造过程持续了 6 周时间，共有 7 位科考队员参加了实验。在克服了种种困难之后，郝洛西教授与其他科考队员共同完成了改造及实验。改造前的长城站使用的是荧光灯，色温普遍偏高，由于现场光健康实验研究和光环境改造工作中存在灯具损坏或色温不一致的情况，不符合健康照明环境的要求。考虑到南极环境的特点、运输成本、施工成本及维护成本等问题，改造灯具全部选择低碳环保 LED 光源，可以在长城站现场直接更换，并可以最大限度满足循证实验要求。

　　循证实验分为三个阶段：第一个阶段为被试适应期；第二个阶段通过现有的灯具进行实验，并收集唾液、体动记录、主观评价量表等；第三个阶段为更换灯具后，重复第二阶段的过程。实验结束后，收集到的唾液样本最终通过"雪龙号"运回国内并进行

医学分析，以确定不同光谱组成 SPD 对褪黑激素的影响。更换后的 LED 灯具可以改变色温和照度，用于进行更深层的实验研究。通过现场的反馈及后续收集到的主观评价量表来看，改造后的光环境提升了科考队员的视觉舒适度，提高了室内照度，并且双人间内光色的选择更加适宜科考队员放松身心，整体上提升了室内空间品质（图 7-2-4）。除此之外，郝洛西教授团队还研发了一系列情绪调节灯具，为单调的南极科考环境增添了丰富的色彩（图 7-2-5）。

实际应用中，主要是通过光环境的色温与照度的变化来实现人工光的干预。科学的人工光干预方式应该在清晨用高色温、高照度的光环境起到唤醒的作用，同时能影响褪黑素分泌曲线的相位，让人体昼夜节律更加稳定；工作时间仍然保持高色温、高

图 7-2-1 参与实验的长城站科考队员

图 7-2-2 长城站非视觉生物效应实验过程

图 7-2-3 长城站生活栋健康光环境改造

图 7-2-4　长城站健康型灯具应用

图 7-2-5　调节情绪的彩虹台灯

照度的光环境，提高工作效率；而在休闲时间及夜晚，保持低色温、适中照度的光环境，缓解工作压力，保证睡眠质量。

7.2.2　中山站室内光环境改造

在长城站室内光环境改造的基础上，郝洛西教授团队跟踪访问了第 34 次科考队员并开始在中山站开展后续实验研究，在科考队出发前，郝洛西教授团队还设计了主观调查问卷并发放至"雪龙号"，对"雪龙号"的照明情况进行了调查。"雪龙号"需要在南大洋进行海洋科考，并多次穿越海况最为复杂的"魔鬼西风带"，科考队员的身心状态受到严峻的挑战。调查"雪龙号"室内光环境，为未来的"雪龙号"舱室光改造奠定了基础。

中山站的环境比起长城站更加极端，极昼极夜影响更显著。根据之前的长城站实验结果，郝洛西教授团队研发了一套针对中山站越冬队员的极地 LED 情绪调节光照媒体界面（图 7-2-6），并通过第 34 次南极科考队员的远程帮助，完成了中山站的现场改造及实验，用于验证特定光谱组成对人体节律的修正，再一次验证了改造后的室内光环境对科考队员的身心健康可以起到正向调节的作用。

7.2.3 南极站区光环境设计方法

基于在南极站区的多项循证研究，郝洛西教授团队总结了南极站区疗愈光环境设计方法。

1. 光源与灯具

方便运输、方便维护、使用寿命长、抗震、抗冲击、绿色环保、照度和色温可变，通过控制电路达到多种照度以及光谱的变化效果。

2. 人工光健康干预

总体理念是模拟正常的"日出而作，日落而息"的自然光照环境，通过非视觉生物效应对褪黑素的影响，来调整科考队员的昼夜节律。科学的人工光干预方式应该在清晨用高色温、高照度的光环境起到唤醒的作用，同时能影响褪黑素分泌曲线的相位，改善人体昼夜节律；工作时间仍然保持高色温、高照度的光环境，提高工作效率；而在休闲时间及夜晚，保持低色温、适中照度的光环境，缓解工作压力，保证睡眠质量。

3. 增加色彩与互动

科考队员长期处于单调的环境中，视觉被"剥夺"，容易产生情绪问题。南极站区可以通过在极夜的时间适当引入彩色光和动态光，用来丰富视觉体验，改变单调的光照环境，起到调节情感的作用。

4. 一体化设计与日光利用

既有科考站提倡在现有的基础上进行光环境改造，将灯具替换为健康型照明灯具，并尝试加入彩色光与光艺术互动装置。新建科考站需要在建筑设计阶段考虑照明一体化设计，尤其是自然光的利用，积极采用太阳能、风力发电等清洁能源，减少生态负担。

图 7-2-6　中山站 LED 情绪调节媒体界面

最长的夜，最靓的光——献给南极科考队员的光艺术装置 [1]

2013年，同济大学建筑学专业二年级"建筑物理·光"课程的"光影构成"光艺术装置设计主题作业以"最长的夜、最靓的光"为题。选课学生在6周17个学时的有限时间内，以小组合作的形式完成光艺术装置的设计、制作、搭建和点亮。装置以LED颗粒为光源，以南极站生活中的废旧物品为材料，利用光与色彩的疗愈力量，为在极昼极夜、白色荒漠、高寒低氧恶劣环境下生活的科考人员，提供身心健康支持，如图7-2-7所示。

图7-2-7 "建筑物理·光"课程的光艺术装置设计主题作业"最长的夜，最靓的光"

南极科考设施智能人因健康设计

　　聚焦南极复杂严苛环境给科考队员身心健康带来的多重挑战，以问题为导向、人因研究为基础、智能技术为工具、南极科考设施为载体，全面提升南极站区室内环境品质与科考队员生命质量。发挥"理、工、医"交叉学科与产学研合作的协力共进优势，探索建立极地站区智能人因健康支持与环境调控系统，自主研发主动式健康干预关键技术，促进科考设施人机系统健康防护效能的最大化发挥，如图 7-2-8 所示。

图 7-2-8　南极智能人因健康科考站研发计划（上海市 2020 年度"科技创新行动计划"社会发展科技攻关项目）

7.3 上海市第十人民医院心内科导管手术室健康光环境改造

　　精神心理与心血管系统之间存在着紧密联系，心血管疾患和心理健康症状常常互为因果，医学上称之为"双心"问题。情绪和心理应激压力导致人体交感神经亢奋，引起血压上升、心率加快与应激激素释放，增加心脏负荷 [2-4]，心内科病患特别是手术病患过重的心理负担，将影响到治疗进程和预后结果 [5]。在生物—心理—社会现代医学模式的指导下，心理护理已成为心内科医疗的重要环节。

　　目前临床上降低患者紧张、焦虑情绪的心理护理常常通过沟通宣教、语言激励或行为指导，来改变患者对治疗和手术的看法，从而建立信心的形式进行。经过实证研究，上述心理护理能起到使患者抑郁、焦虑和压力症状得到改善的效果 [5-7]。然而我国优质医疗资源有限，一线三甲医院重点科室医护人员的临床治疗工作多处于超负荷状态，很难在现有工作强度下增加对病患的心理护理任务。同时接受过多关于治疗流程的信息也可能增加患者的焦虑、恐惧情绪并影响睡眠。发掘和验证新的病患心理干预模式需求迫切。

　　普拉布·沃多诺（Prabu Wardono）等人曾通过数字情景模拟及主观问卷，评价光、色彩和装饰物对社交感知、社交行为和情绪的影响，结果表明，光照环境对情绪的影响最为显著 [8]。飞利浦照明研究中心（Philips Lighting Research）在病房内安装了全天照度、色温动态变化的照明系统，通过心血管病患者住院期间的各项生理指标变化，验证了光照环境可以起到提高患者的正面情绪及满意度同时缩短入睡时间的作用 [9]。将具有真正疗愈作用的情感性照明作为综合性护理干预措施的一部分，引入心内科医疗空间，来安抚病患焦虑、抑郁、烦躁的负面情绪，帮助病患克服对治疗的担忧与恐惧，从而提升病患体验和医疗效果是设计师和医护人员共同的愿望。郝洛西教授团队自 2012 年 9 月以来，与上海市第十人民医院心血管内科共同开展了一系列情感效应光照的研究与设计，并在心内科介入手术室和心内科重症监护病房完成了"改善情绪与节律的健康照明系统"探索性与创新性的落地应用实践。心内科光健康方案关键部分"医用光照情感效应媒体立面"（Healthcare Emotional Media Interface，HEMI）通过智能控制，以及光与材料的相互作用，将医疗护理、色彩感知和照明体验结合在一起。依托于循证实验结果，HEMI 可根据不同使用者的需求，变化光色、亮度、图案，预设不同场景模式，营造个性化定制的情感疗愈环境，为医疗空间的情感性设计注入了新的概念。

7.3.1 项目概况

上海市第十人民医院心血管内科是集心脏病诊疗、教学、科研于一体的全方位、综旨型、国际化的心内科综合性临床科室，以心血管疾病介入治疗，包括冠心病介入治疗、心律失常射频消融术、先天性心脏病的介入治疗等为主攻方向。项目改造空间心内科导管检查及介入治疗手术室承担着医院重中之重学科最重要的治疗任务。

心内科介入手术技术难度高、操作精细、过程紧张，医护人员在手术期间，精神与体力均承受着巨大的压力。同时多数介入手术采取局部麻醉，患者手术过程中意识清楚，手术操作将对其造成情绪刺激。项目组在前期调研中了解到，患者在术前与术中的高度紧张将带来血管收缩等一系列问题，使操作进程暂停，手术时间延长。因此在不影响手术室功能照明指标的前提下，光健康设计方案大胆引入了彩色的光照情感效应媒体立面安装于手术床上方天花板——医护与病患的视野区域内，让病患跟随界面的舒缓变化调整呼吸，转移注意。医护人员连续高强度紧张作业中的精神压力可得到缓解。2012 年，郝洛西教授团队完成的第一间心导管手术室光健康改造取得了非常好的效果反馈，HEMI 有效缓解了患者术中的紧张焦虑情绪，提升了他们手术的依从性，界面色彩的变化从视觉上对病患具有唤醒诱导的作用，促进了医护人员与病患的沟通，一定程度上避免了治疗中迷走神经反射的发生。基于对第一间心导管室的改造经验和使用者的反馈意见，后续完成了第二间心导管室和术前等候空间的情感性光照设计与工程应用。这是一次探索性的迭代式设计实践，为 HEMI 推广应用到其他医院手术空间和其他类型医疗空间奠定了理论与实践基础。

7.3.2 心导管手术室情感性光照设计

1. 改造前光环境现状

心导管手术室平面尺寸为 7.8m×8.4m，大型数字减影血管造影机居中放置。顶部为 600mm×600mm 模数石膏板吊顶，嵌入式荧光灯盘作为功能性照明。设计保持原有功能性照明不变，不影响各医疗设备的使用，并考虑到介入手术采取局部麻醉的情况。

原手术操作间由荧光灯提供整个空间的一般照明，无影灯提供手术台重点照明。空间整体感觉较暗，且未达到规范要求。经测量，导管室一手术台（距离灯具所在平面2m）平均水平照度为 348lx，影像显示屏垂直照度为 110lx；导管室二手术台平均水平

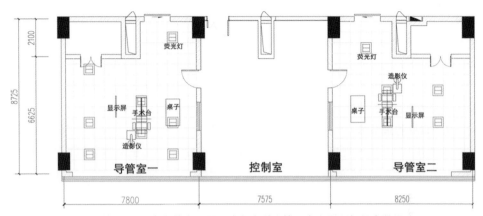

图 7-3-1　上海市第十人民医院心内科导管手术室平面灯具布置图

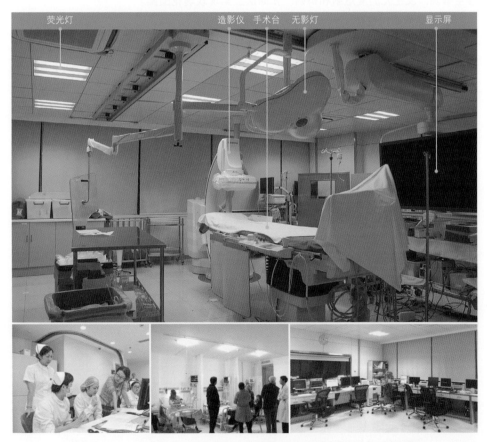

图 7-3-2　上海市第十人民医院心内科导管室光与色彩改造前及现场调研

照度为 300 lx，影像显示屏垂直照度为 65 lx。两间导管室灯具布置如图 7-3-1 所示，空间光照分布不均匀，灯具发光面、顶棚表面、墙面表面亮度对比较大，易造成视觉不舒适。顶棚荧光灯未做防眩光处理，易给仰面躺卧的病人造成头晕目眩的感觉。空间整体色调以白色、灰色为主，过高的色温使得手术室视觉上显得非常冷清。周边复杂的仪器、交织的电线以及造影仪器近距离运转的轰鸣声容易加剧患者的紧张情绪（图 7-3-2）。

2. HEMI 构造系统

玫瑰花 HEMI 的外观尺寸为 600 mm×600 mm×120 mm（长 × 宽 × 厚）。其构造由三层组成：低像素间距的 LED 基层、介质层、面层。介质层为喷上黑漆的马口铁，并镂空雕刻三种尺寸大小的同心圆。面层为半透明亚克力匀光板，能很好呈现投影光线，且视看柔和不刺眼。当 LED 基层发出的光线通过刻有圆形纹路的介质层时，光线透过镂空缝隙，发生光的漫透射和折射，在面层上呈现玫瑰花图案。

3. 情感性照明场景

HEMI 的电源开关与手术室功能照明分开，单独控制，方便操作与使用。6 个灯具由一个控制器统一控制，每个场景模式均提前预设于控制器的 SD 卡中，便于替换更新。通过控制面板和遥控器，方便地调控 LED 媒体立面的开与关、亮度、场景模式等，易于操作，基本实现了一键式操作。针对不同年龄、性别的使用人群喜好和心理特征，可选择不同的场景模式，显示不同的色彩和亮度。例如，光色设置上，将用于老人的光色设置为明亮且柔和的黄色，成年女性为浪漫的紫色、粉色，成年男性为利于保持镇静的蓝色、绿色，儿童则为五彩斑斓的彩色。

亮度设置上进行了适当提高，但最终亮度依据使用者主观评价的视觉舒适度来确定，并与手术室功能性照明和造影仪的显示屏亮度等相协调。

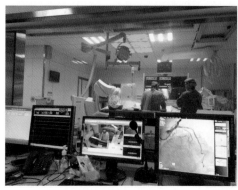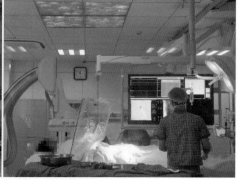

图 7-3-3　上海市第十人民医院心内科导管室—改造后光环境实景

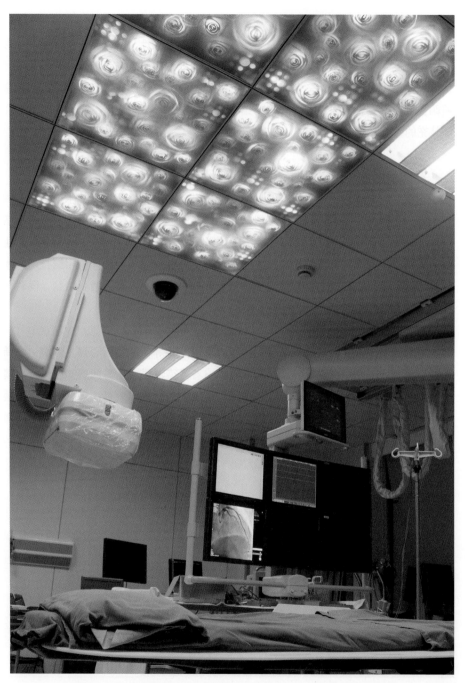

图 7-3-4　上海市第十人民医院心内科导管室二改造后光环境实景

4. 实践总结

上海市第十人民医院心导管室的健康光环境改造设计，从视觉人体工学和色彩心理学的角度入手对情感性光照媒体立面进行了精细化的研究与设计，并根据病患和医护人员的使用后评估，对彩色光饱和度、亮度和动态变化参数进行了调整。手术室的照明控制以及控制界面设计同样需要结合手术流程进行细化思考，是未来光健康实践须补充的重要部分（图 7-3-3、图 7-3-4）。

7.3.3 术前等候空间情感性光照设计

等候空间是病患手术前等待的场所，十院心内科没有设置专门的术前等候空间，一般患者会被护工提前推到手术室门外的走廊空间等候，等候时间依据前一位患者的手术进展状况而不同，一般为 15~30 分钟。等候过程没有家属的陪伴，对环境的陌生，使病患易产生害怕、紧张的情绪。我们主张将功能性照明与照明体验相结合，为术前等候的患者设计 LED 光艺术媒体立面，以分散病患注意力，缓解紧张情绪；同时为高强度工作的医护人员营造轻松的工作氛围。

1. 设计概念

研究表明，通过提高等候环境的吸引力可以减少等待的负面心理。环境中的特定元素，如光照、色彩、声音等，已被证明影响着等待过程中的时间感知。医疗环境质量的改善对提高医疗质量具有综合的作用。环境中的积极因素可让病患分心以减轻他们的压力，并使生理系统发生积极变化，如降低血压。若患者让视觉、听觉等刺激占

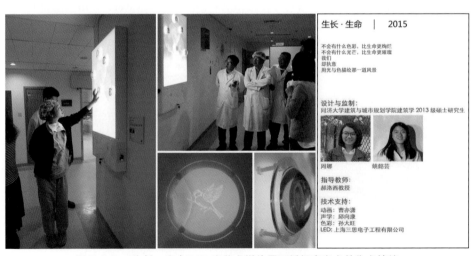

图 7-3-5 "生长·生命"LED 光艺术媒体界面缓解病患术前焦虑情绪

据自己的思想，他们的压力就会减小，因为他们能想到的是接触到的刺激而不是在等候。因此，光艺术媒体立面的设计综合了灯光形式、色彩、图案设计和声音等多方面，以期为单调、冰冷的等候空间带来些许温暖。

LED 光艺术媒体立面的设计灵感来源于心脏病诊断常用的冠状动脉造影图。将完整的冠状动脉造影反转并进行艺术化处理，得到的图像就像一棵生机勃勃的树木，寓意"生长·生命"（图 7-3-5）。通过光与材料的相互作用，用光呈现出树木的形象。利用 LED 光色可变，易于控制的特点，通过动态的视频，伴随着舒缓的音乐，表现出树木的生长、生命的律动。并用透镜将冠状动脉的重要节点进行强调，放大代表生命活力的"小鸟"图案，丰富了艺术的表现力。设计中我们将病患及其家属害怕看到的心脏造影图用艺术化的形式进行表现，既代表了心内科的特色，也给病患及其家属传递正面美好的情绪，以缓解他们在等候过程中害怕、担心等负面情绪。

2. 应用场所

考虑到让医护人员能对术前病患进行观察，上海市第十人民医院心内科术前等候空间为导管室外的走廊及走廊旁凹进的通道空间，天花安装节能灯照亮整个空间。走道宽 2.8 m，是连接手术室的主要走道，医护人员、病患家属走动较多。而凹进通道区域宽 4.8 m，人通行量较少。因此，为避免对主走道的通行影响，LED 光艺术媒体立面安装于相对独立的凹进区域墙面，安装位置进入手术区域即可看到，距离地面 1 m 处。站立的医护人员、病人家属和躺卧病患均可观看，减弱了白色墙面的冰冷感，以缓解术前病患等候的焦虑、紧张，营造舒适的医疗环境。

3. 构造系统

"生长·生命"LED 媒体立面的尺寸为 645 mm×1 265 mm×115 mm（长 × 宽 × 厚）。其构造由三层组成：低像素间距的 LED 基层、介质层、面层。LED 发出的光，通过介质层的作用，以及面层材料的选择性呈现，形成独特的艺术效果。

LED 基层是由 LED 发光点阵构成，通过数字化控制系统智能控制 LED 发光点阵的亮度、色彩。介质层是影响成像的重要因素，其材料的选用、形式的使用都经过了反复的推敲和试验方以确定。由于树木的形象需要表现树枝等细节，光靠控制低像素的 LED 亮与暗来呈现图像是无法体现细节的。利用高反光性的金属材料，将主要树干的区域进行围合，金属的阻挡及多次反射将光线聚集于想要突出区域，树干形象得以凸显。金属片宽度也有一定控制，太宽会增加装置的厚度，太窄又会降低突出区域的亮度。经过多次试验效果比对确定了金属片的宽度和厚度面层，不单起到承载光的作用，也对成像的效果起到重要的影响。为丰富最后呈现的效果与细节，面层选用半透明亚克力板进行心脏造影图案喷绘处理。为突出树木各枝干形象，该区域透光率应最大，因此将普通图案进行了图底反转处理，树木部分不喷墨，背景部分进行喷墨。通过喷墨量来控制透光量，以体现画面透光不同的层次感。试验过程对面层材料的选择和喷墨量的多少进行了不同尝试。材料选择上，最初使用的透明亚克力板虽然喷墨后有一定匀光效果，但透明处能看到 LED 颗粒。因此，最终选用透光率为 50% 的匀光板，呈现效果柔和又无眩光。冠状动脉各重要节点处，采用订制透明亚克力凸透镜进行强调，突出放大底层小鸟图像，起到一定戏剧性艺术效果。选用的透镜材料质轻且保证了画面的统一感。

综合考虑材料特性、成像清晰度、媒体立面厚度控制等因素，最后确定三层之间的距离。装置由乳白色不锈钢包边形成箱体，上部为显示画面、下部为控制设备。

4. 控制系统

"生长·生命" LED 光艺术媒体立面控制面板设置于装置侧面，外接电源插头通电，方便安装与控制。控制面板上分别设置装置的电源开关与音响开关。媒体立面动态效果的实现是通过将带有音频的视频提前预设于与 LED 基层连接的工业电脑中，并设置好视频播放对应于 LED 基层的坐标，即可在 LED 基层上播放对应动态画面。文件的传输与坐标设置通过外置 PC 电脑用网线与工业电脑连接，也便于播放文件的更新替换。提前设置好工业电脑后，只要装置通电，LED 基层即可自动识别预设文件进行播放，一键式操作简捷方便。由于工业电脑没有音响设备，另设置小型音响与工业电脑连接，可同时播放音乐，并可单独控制声音开关与大小。所有的控制设备均统一设置于装置下部的设备存放空间。

5. 画面设计

媒体立面画面居中设计形似树木的冠状动脉造影，五处关键节点有不同姿势的小鸟，下部为冠状动脉介绍及心脏病患者需注意的事项，也起到宣传教育作用。鉴于 LED 光艺术媒体立面使用的便捷性和适合不同人群的心理需求，装置视频内容设计围绕生长和生命的主题设置情节变化。

动态画面由各处小鸟的点亮开始，树木开始生长，同时也模拟了心脏血液的流动。此后，通过树木色彩的变化演绎一年四季的变化。色彩心理学表明，色彩对情绪起到调节作用。选用色彩主要通过绿色、蓝色、紫色、黄色让病人感受活力、镇静、浪漫、温暖等情绪，从而让病人感到手术空间的亲和性，有助于缓解因对环境的陌生而带来的紧张感、恐惧感。这些色彩均对病患和医护人员的负面情绪起到一定的缓解作用。不同季节模式间的色彩自然渐变过渡，画面和谐统一（图 7-3-6）。

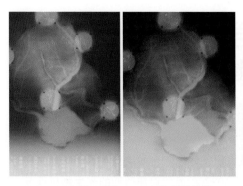

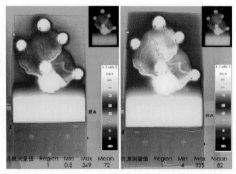

图 7-3-6　"生长·生命"LED 光艺术媒体界面
　　　　　显示效果

图 7-3-7　"生长·生命"LED 光艺术媒体界面
　　　　　亮度分析

媒体立面表面亮度依画面显现的重要性不同而设置，冠状动脉图形最亮，文字部分其次，背景部分较暗。画面不同表面亮度的处理通过匀光板的匀光，形成层次丰富而又统一的效果。媒体立面表面平均亮度与环境照明相协调，保证使用者的视觉舒适度。现场安装完成后，测得装置不同光色表面平均亮度分别为 72 cd/m^2（绿色）、82 cd/m^2（红色）、82 cd/m^2（紫色）、98 cd/m^2（蓝色），如图 7-3-7 所示。

6. 实践总结

"生长·生命" LED 光艺术媒体立面经过了概念设计、草模试验、材料选择、电路设计、视频设计、产品制作、效果调试、现场安装等多道工序，历时半年得以完成，从灯光、色彩、声音等方面对心血管内科的术前等候空间进行了综合改善。从医护人员的评价来看，光艺术媒体立面一定程度上改善了等候空间的单调与冰冷感，但音乐设置上类型应更丰富些，表现形式应更柔和些，这有待在以后的实践中进行完善。这次实践不仅从光照方面对等候空间的医疗环境进行了改善，还结合了色彩和音乐等元素，为医疗空间情感性光照设计与实践提供了新的思路。

7.4 温州医科大学附属眼视光医院医教楼改扩建健康照明工程

郝洛西教授团队承担的"十三五"国家重点研发计划——面向健康照明的光生物机理及应用研究（国家重点研发计划 2017YFB0403700"面向健康照明的光生物机理及应用研究"子课题 2017YFB0403704"健康照明产品的循证设计与示范应用"）的研究成果示范应用于课题合作单位温州医科大学附属眼视光医院医教楼改扩建工程中。温州医科大学附属眼视光医院成立于 1998 年，是目前国内规模最大、层次最高、最早开展视觉科学研究的医疗科研机构之一，经过 20 余年发展，医院建立了教学、科研、产业、公益、推广为一体的眼视光健康医疗体系。光与视觉健康关联紧密，此项在国际顶尖水平的专业眼科医院开展的照明工程实践是光健康理念的最佳宣传和展示窗口[10]。

根据医院办医理念和发展导向，经过与医院领导和眼视光专家们的多次讨论，项目确定了"阳光多巴胺，健康光'视'界"的设计目标，旨在关注低视力人群视觉与情感的全方位需求。针对眼科医疗全流程的健康光照循证研究与设计，创造具有眼科特色的医疗环境，引领医院建筑的健康照明设计；通过光来营造支持性环境，提升病患就医体验。功能照明上，项目重点关注了眼科医疗空间高精细视觉作业的要求和高品质照明，避免不良光照刺激的视觉健康影响。情感照明方面，项目面向视觉障碍人群的实际问题与需求提出了低视觉负荷舒缓型情感照明创新理念（图 7-4-1）[10]。

图 7-4-1　温州医科大学附属眼视光医院健康照明工程落成效果

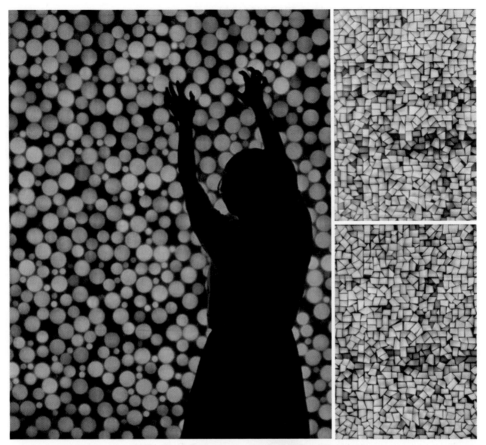

图 7-4-2　光艺术色盲图局部

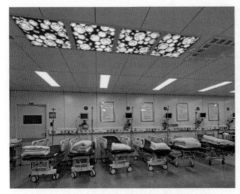

图 7-4-3　眼科术后观察室情感照明

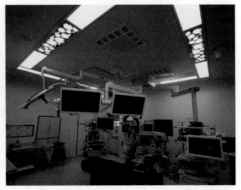

图 7-4-4　眼科手术室情感照明

7.4.1 低视觉负荷的情感照明创新设计

视觉健康问题带来的疾病负担与生活质量影响涉及多个方面，而不仅仅是视力损失。眼睛是心灵的窗户，异常情绪是多种眼疾的典型症状表现，也是诱发视觉疾病症状的原因。视觉—情绪加工的神经环路间存在直接投射[11]，白内障、糖尿病视网膜病变、黄斑变性、视网膜色素变性、视神经萎缩和青光眼等眼睛的病理改变也对大脑负责情绪处理的前额叶皮质与皮质下结构产生功能性影响[12]。行为能力限制、人际交往障碍等一系列生活压力应激事件也加重了病患的情绪问题。然而，感觉障碍往往伴随认知能力的衰退。缺少循证基础的情感照明造成的过度视觉刺激除了对人眼造成损害以外，还将增加大脑的工作负荷，影响认知、判断，引起负面情绪甚至诱发癫痫等症状[13]，如图7-4-5所示。因此，郝洛西教授团队提出了针对眼科医院的低视觉负荷情感照明理念，即通过环境调整，简化和降低空间中的视觉干扰，并营造符合眼科病患视觉能力与认知水平的空间环境。同时，通过对亮度、色彩、图像复杂度、图像层次排列以及动态变化等一系列情感界面光照要素的循证研究，郝洛西教授团队定制设计了一系列既能够传达积极情感视觉信息又避免过度刺激的光照媒体立面，安装于医疗楼门诊大厅、候诊厅、诊室、麻醉室、手术室，为患者就医全流程提供情感支持[10]（图7-4-2—图7-4-4、图7-4-6）。

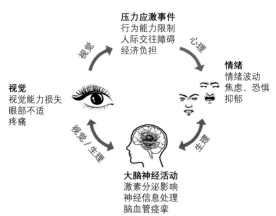

图 7-4-5 视觉问题对生理和心理叠加影响

7.4.2 阳光"多巴胺"，色彩变奏曲

医院设计门诊大厅是第一形象窗口，是患者在整个就医流程中最先接触到的医院空间。门诊大厅建筑空间进深大，采光面积小，仅依靠自然光将使室内光线昏暗，视觉感受沉闷。鉴于此，照明方案立足于将最舒适的自然光引入室内，让阳光"多巴胺"为

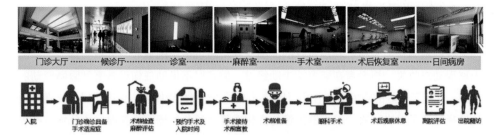

图 7-4-6　关注眼科医疗全流程的光健康设计方案

患者注入活力与信心，开始他的康复旅程。

　　大厅发光顶棚提供充足光线，均匀照亮空间。大厅采用了气候响应式光环境设计，白光照明根据室外气候和自然光线强弱变化，综合利用人工光和自然光，践行节能减排目标，更促使人体在仿真自然光环境中产生积极的情绪响应（图 7-4-7）。同时门诊大数据与智能照明控制集成，中心彩色光圈大小随门诊量增减而变化，使医院运营信息艺术化、可视化呈现，患者与医院环境形成互动。周一至周日的主题色彩变换，为患者和医护创造彩色心情（图 7-4-8）。

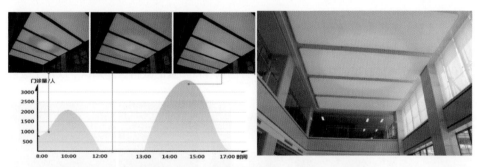

图 7-4-7　门诊大厅"阳光大数据"照明设计方案

图 7-4-8　门诊大厅周一至周日情感照明主题色示例

7.4.3 世界上最美的"眼睛"

医教楼候诊厅安装的一组光照媒体立面基于眼科医院特点而设计，它以五大洲不同人种的眼睛作为素材，利用特殊的光栅材料，通过多层图像和导光板叠加，在平面上展现动态效果，视看者在装置前走动经过，便可以不借助任何设备看到眼睛眨动的效果，起到了很好的空间导向作用（图 7-4-9）。光栅柱镜厚度、曲率半径、光栅节距的选择经过了多次试验，以控制图像的变化速度，避免光栅图像重叠、黑色纵纹产生眩晕视感 [10]。

7.4.4 渐变色舒缓型光照界面

在紧张、烦躁等高唤醒度情绪状态下应避免过多的信息刺激，使得注意力处于超负荷状态。因此麻醉室、眼科医生办公室等空间采用了内容简单、视觉信息量小的渐变色舒缓型光照界面来使医护和病患得到情绪放松（图 7-4-10）。界面面层选用了具有特殊光学性质的多层共挤聚酯膜，光线透过薄膜发生多次反射和干涉，产生了在不同距离、不同角度下，不断变换的丰富色彩效果 [14]。

7.4.5 光艺术色盲图

光艺术色盲图媒体立面设置于门诊二楼、三楼扶梯口处，它将眼科色盲检查图像艺术化，能活跃空间氛围，又可以向患者科普色觉异常筛查的眼科医疗知识；既用于缓解

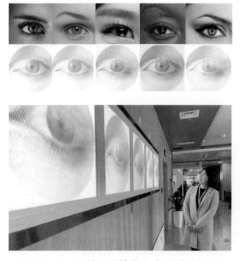

图 7-4-9 "世界上最美的眼睛"光艺术装置　　图 7-4-10 渐变色舒缓型光照媒体立面

医院的紧张气氛，舒缓患者焦虑情绪，又突出眼科特色，塑造医院的人文形象。为了避免对患者的视觉刺激和辨识图案时跌倒或发生意外，界面色彩选择低饱和度颜色，并严格控制亮度,同时界面图案也比色盲色弱测试图像更醒目,更易辨识。通过色彩报时设计，界面可在每天不同时间段，呈现不同色彩组合的图案，在特殊节假日和事件下，呈现专门的创意互动，并可进行持续性创作。投入使用的色盲图光艺术界面，出乎意料地受到了病患和医护的欢迎和好评，已成为医院文化的衍生品和"网红打卡地"（图 7-4-11）。

7.4.6　眼科手术室多场景照明

眼科手术涉及大量的显微镜下操作，因此需要独特的手术室照明方案来满足高精

图 7-4-11　"十二生肖"光艺术色盲图媒体立面

密眼科手术操作的专业要求（图 7-4-12）。通过手术观摩与医护采访，不同眼科医生完成不同手术时对手术室光环境的需求和偏好存在差别。因此，眼科手术室照明在选择最高品质照明光源，提供均匀、明亮、舒适的照明以外，还考虑了灵活的多场景照明形式以满足不同医生的操作要求。例如进行眼底手术时，环境照明可被调至暗光操作模式，手术中心区呈现聚光灯式照明效果，使医生全心全意专注于显微镜下的操作，而其他手术人员的操作不会受到影响。此外，考虑到眼科手术为无菌手术，应在百级洁净手术室进行，洁净要求极高，多场景健康照明系统特别设置了紫外病菌消杀模式，在无人的情况下开启。

图 7-4-12　眼科手术室多场景照明方案

7.4.7 眼科日间病房的健康照明

对于精密的眼科手术来说，术后护理十分关键，在清洁、舒适的环境中安静休养，可有效减少术后并发症的发生，加速伤口的恢复。日间病房的环境光线由间接照明灯具提供，柔和的漫反射光均匀地洗亮空间，避免了普通日间病房病床上方平板灯、筒灯的直射强光对患眼的刺激。同时每个床位上方都配置了一块以温州市花山茶花为主题的情绪调节光照界面，病患可根据自己的术后状态和色彩偏好切换"术后休养""检查治疗"等情感照明模式。不同模式情感界面色彩，通过在日间病房完成的现场循证实验研究确定，如图 7-4-13、图 7-4-14 所示。

图 7-4-13 眼科手术病患光照情感界面色彩偏好眼动实验研究

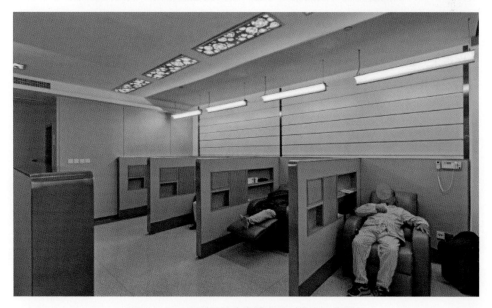

图 7-4-14 眼科日间病房健康照明策略示范应用

7.5 河南科技大学第一附属医院 血液科病房疗愈光环境改造

在癌症治疗和康复的漫漫长路上，患者和医护人员都面临着巨大身心负担。病程长、治疗过程痛苦、并发症多、治愈率低、病死率高是这种令人闻风丧胆的恶性疾病的典型特征。人们对癌症的消极认知和误解，亦加重了患者的心理负担，严重影响治愈与康复的进程。每个癌症患者都需要得到全方位生理、心理的健康支持。郝洛西教授团队在位于洛阳市的河南科技大学第一附属医院（以下简称"一附院"）血液科病房开展了光健康循证研究与工程实践，期望用光的疗愈力量为癌症病患带来更多的生命支持与希望。

7.5.1 迫在眉睫，亟需改善的住院医疗环境

恶性肿瘤患者的平均每次住院时间在 12~17 天之间，病房是患者与疾病抗争的主要阵地，良好的病房环境对疾病康复可起到较大的促进作用。然而，我国是全球癌症发病率、死亡率较高的国家，面临着每年 380.4 万的新增病例，每天超过 1 万人癌症确诊，癌症医疗资源匮乏、配置不均的问题更加凸显[15]。大量中西部城市三甲医院癌症病房一床难求，超负荷运转。由于床位周转困难和财政支持有限，许多医院尤其是老旧院区的癌症住院单元环境始终难以得到有效的改善。郝洛西教授团队在血液科病房开展了光与色彩对癌症病患就医体验影响的调研与问卷采访工作。多数病人反映密集的护理和临床治疗、病房内摆放的诸多输液用品和治疗器械，以及医疗设备运行与病床呼叫噪声使病房环境氛围紧张而沉重；照明水平不足、照明质量低、照明器具陈旧既无法满足临床需求，又传递负面的视觉信息和消极的空间体验，同时加大了医院感染风险；拥挤而嘈杂的病房，让病患接受过多的外界刺激，心理负荷增加，引发精神疲劳。除了引起患者的身心不适，不良住院环境更将成为不利因素，降低病患对治疗的依从性，阻碍康复进程（图 7-5-1）。提出对临床治疗影响最小化同时又健康舒适、经济可靠的病房环境改造方案对此类癌症住院患者来说已迫在眉睫。

图 7-5-1　血液科住院单元改造前室内光环境

7.5.2　旨在提升癌症病患生命质量的疗愈光照

负面情绪和睡眠障碍是癌症病患康复中遇到的持久性困扰。然而，为取得良好的癌症治疗和康复效果，正常的昼夜节律和积极的心理状态必须得到保证。一方面，抗癌药物的治疗效果往往与治疗时间有关，例如名为 PD-0332991 的抗肿瘤药物在早晨治疗比晚上更有效果 [16]。另一方面，负面情绪或将改变人体免疫系统和内分泌功能，动物研究中，小鼠的慢性压力模型证明了压力环境增加了卵巢癌的肿瘤负荷以及癌细胞浸润性生长能力 [17]。然而，疾病诊断、入院治疗、放化疗反应、药物毒副作用和慢性疼痛的影响，让病患的睡眠障碍和负面情绪问题的发生率大幅高于其他人群。鉴于此，疗愈光照方案以睡眠质量改善和负面情绪纾解为目标，对病房、护士站、走廊空间光环境进行了改造提升，调整了空间光照的数量与分布，进行了情感光界面的定制，为血液科病房营造了一个恢复性室内环境，让光与色彩发挥抚慰身心的作用，帮助患者尽快从疾病的冲击中恢复。引导患者将注意力从病痛中转移，树立积极健康的生命态度，如图 7-5-2—图 7-5-4 所示。

郝洛西教授团队向一附院血液科先后发放了 70 份病患问卷和 25 份医护问卷，并对血液病患每日治疗流程和日常活动进行了随访跟踪。经过与血液科医护的多次讨论，结合已有文献，总结了每日各时段患者的生物节律和情绪调节目标及相应的光环境需求，定制了晨起唤醒、日间检查、日常活动、睡前静养、夜间检查五个疗愈光照场景。同时病患也可根据个人需要自行调节环境照明亮度和情感照明光色。

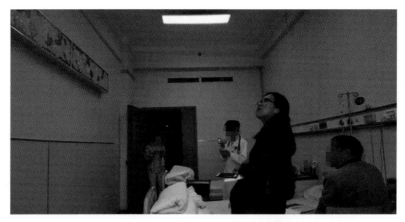

图 7-5-2 病房光健康改造后实景

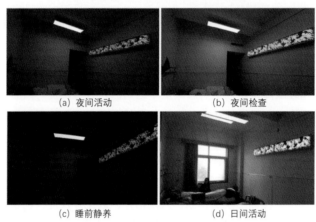

(a) 夜间活动　　　　　　　　　(b) 夜间检查

(c) 睡前静养　　　　　　　　　(d) 日间活动

图 7-5-3 病房多模式光照场景

图 7-5-4 情感媒体立面放置位置视线分析

7.5.3　地域特色的情感光照界面定制

"千年帝都、牡丹花城"，牡丹是洛阳的城市名片，也是深受当地人们喜爱的文化符号。由于审美偏好和情绪效价存在联系，具有自然元素的环境刺激更易引起正面的情绪反应。因此情感光照媒体立面图像选择了当地居民喜闻乐见的牡丹盛放作为显示内容，将利于病患康复的外界自然元素，引入冰冷且充满未知感的病房，带来良好的情绪体验（图 7-5-5）。考虑到癌症患者由于体力限制，住院期间较长时间在病床上休养。因此设计将媒体立面布置在病床对墙，且仰卧时的自然视线高度处，媒体立面尺寸基于标准模数和病人视觉张角确定，在病床休养时视看光照界面时能具有舒适视感。

7.5.4　病房走廊中的暖光

由于治疗周期长、治疗效果不可预测加上地区医疗资源有限，血液科病房床位几乎常年处于紧张状态，大量患者只得在走廊加床治疗。改造前，为满足夜间医护临床治疗需求，走廊顶部面板灯夜间常开，病患平躺于加床，高亮度、低色温白光环境带给病患视觉不适，也给睡眠休息造成极大影响。改造方案在扶手处加装间接照明灯提供环境亮度，深夜时段无特殊情况时开启，原有面板灯关闭，既满足了医护夜间查房巡视和基本治疗操作时的视觉需求，又通过柔和暖色间接光线，营造了温馨、舒适的

图 7-5-5　"牡丹花"情感性媒体立面图案显示效果

图 7-5-6　走廊光健康改造实现效果

休息环境。同时条形 LED 安装与维护快捷简单，以很小的改造成本，取得了良好的空间效果，提升了病患满意度（图 7-5-6）。

7.5.5　守护血液科的"平安夜"：护士站与治疗室健康照明

血液科中大量输液、输血、化疗等多种静脉治疗工作需要夜间持续进行，危重症患者亦需要 24 小时的无间断照护。血液科医护承担高负荷的临床治疗任务，日夜守护

图 7-5-7　夜间护士站节律照明

病患的生命安全。然而有违于人体生物节律的繁重夜班工作，对于医护人员体力、脑力和心理承受能力来说也是极大的挑战。护士站健康照明以应对夜间轮班诱发的困倦、疲劳和压力以及减小护理差错风险为目标，在护士站天花板上配置了两套标准化的情绪及节律健康光照调节系统，限定出立体的虚空间，作为光疗区域（图 7-5-7）。其中节律光照系统特别设定了夜间工作和清晨唤醒两个光照场景，夜间工作提供满足护士基本办公需求的光线，保证视觉舒适和工作环境的温馨感。清晨唤醒在夜间特定时段开启，通过具有高强度节律效应的光照刺激，缓解夜间轮班造成的影响，让医护人员的身心健康也得到关怀。

7.6 城市养老公寓健康光环境示范工程

我国养老服务业巨大的市场潜力吸引着众多机构对养老产业的加速布局，市场上养老社区产品不断涌现。医疗健康服务对于患有慢性病、失能或半失能老年的人群来说极为重要，将生活照料和康复关怀融为一体的医养结合思想将成为养老机构设计的必然趋势。营造健康光环境是最易取得直接效果的"乐龄"设计策略，亟待通过更多的专业研究，进行推广应用。

养老公寓健康光环境示范工程根据"适老化、安全性、疗愈性、智能化"四项设计原则，提出了三项设计目标：①打造具有适老特色的现代国际养老疗愈环境；②树立养老空间光健康标杆形象；③将智能与健康照明理念有机融入老年康养环境。除了对空间光环境设计的精细考虑以外，在项目开展前期，设计团队还对老人在渐进性老化过程中，视觉和生理功能的退行性改变与特殊心态进行了全面梳理，提出了面向健康活跃老人、半失能老人、失能失智老人的光环境设计具体目标，借助光的疗愈力量，打通健康养老的"最后一公里"[10]。

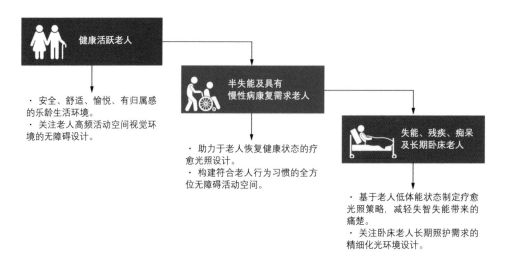

图 7-6-1 健康活跃老人、半失能老人、失能失智老人的健康光环境设计目标

7.6.1 城市养老公寓健康设计创新理念

基于让老人融入都市生活的理念，除了养老公寓外，项目还结合了商业配套、长租公寓、商务办公等业态，致力于树立中国的创新型健康养老社区标杆。同济大学健康设计跨学科团队协同合作，在对适老化细节进行优化的同时，并全面探索声、光、芳香多感官疗愈在老人居室健康设计中的应用。

7.6.2 医养结合的养老公寓功能空间光环境设计

郝洛西教授团队基于"养老机构健康光环境循证设计研究""老年节律健康光照研究""面向长期照护需求的老年健康光照"三项实验研究，提出了实现设计目标的五个对策：①关注老人健康，引领适老空间光健康设计；②提升入住老人居住体验及医务服务人员满意度的人性化光照设计；③以需求为导向的智能互联多场景照明解决方案；④"视觉—生理—心理"光多维疗愈效应的实际应用；⑤有助于视觉健康和节律调节的光源光谱选择。

1. 入口门厅

入口门厅是连接室内外的过渡空间，也是展示养老院文化、实力、理念的重要窗口，在入口门厅光环境设计中特别关注了以下三点：适当提高照度，减小与室外亮度差，注意亮度平缓过渡；作为对外联系的窗口可适当设置艺术化的照明，并强化设计主题；提供色温和照度可调的动态照明。设计中将背景墙梧桐树壁画与照明相结合，通过编程模拟日光的年变化、日变化，包括动态、光色、方向和强度（图 7-6-2）。

2. 餐厅

餐厅作为老人就餐的主要场所，照明设计要点为色调柔和、宁静，有足够的亮度；采用适当装饰照明来强调氛围和营造情调；此外，显色性应足够好，让菜品在灯光的照耀下更加的诱人，从而激发老人的食欲。餐厅的使用时间有限，为了造价考虑，因此在餐厅只设置功能照明，不考虑照度、色温可调的动态节律照明。方案中将天花上的筒灯改为 600mm×1200mm 的面板灯，每组三个拼接，一共六组沿餐厅短轴布置，在面板灯两侧布置筒灯进行局部补充照明。此外，餐厅端部的梧桐树壁画也采用和洽谈区相同的做法（图 7-6-3）。

3. 公共活动区

公共活动区作为老人白天的主要活动场所，照明设计上考虑了灯光对节律及情绪的调节作用，设置了不同光疗愈模式；并对不同的活动内容定制了相适应的照明方式。公共活动区中阅览区、手工和书法区、多功能室和钢琴区三大相对独立的功能片区通

图 7-6-2　入口门厅模拟自然多场景照明效果图及照明方式示意

图 7-6-3　多场景照明效果示意

过活动隔断隔开。照明设计对公共活动区的可调节性功能布局进行了回应，采用三圈灯带限制出了三个相对独立的区域，整体上风格又和谐统一，灯带内部各居中布置3组、每组6个节律面板灯（600 mm×600 mm），各区的灯具可分开进行控制。此外，在钢琴区设置筒灯进行重点照明，轨道灯对背景墙进行照明，如图 7-6-4 所示。

| (a) 日出、日落 | (b) 早晨 | (c) 中午 | (d) 阴天 |

图 7-6-4　公共活动区灯具布局及节律调节模式

4. 护理双人间和康复室

作为老人长期居住的场所，老人居室的灯光着重考虑了节律及情绪调节作用；起夜需设置感应式夜灯，色温选择暖色温，照度不宜过高，以免影响老人休息；应设置不同模式，为护理人员工作、患者夜间活动等创造便捷条件；此外，控制面板的设计要大而清晰，颜色与墙面颜色对比度要大，便于老人识别。对于卫生间的光环境设计，由于卫生间是老人最易发生跌倒危险的地方，并且夜晚老人起夜较多，无疑也加剧了风险，照明设计应考虑到在老人主要活动区应完全避免产生阴影，照度应适当提高；夜灯可循着老人去卫生间的路线布置，起到引导作用；夜灯应采用感应式，不影响老人正常休息；可考虑色温和照度可调的动态照明，如图 7-6-5 所示。

康复室照明突出无障碍设计，除了增加环境光照水平，房间墙面也选择了哑光浅色饰面，一方面使光线能够在空间中均匀散射，另一方面也减少眩光（图 7-6-6）。

作为适老化光健康设计的示范应用项目，项目的设计得到政府、业主和意向购房老人等各方的认可支持，并已投入使用。

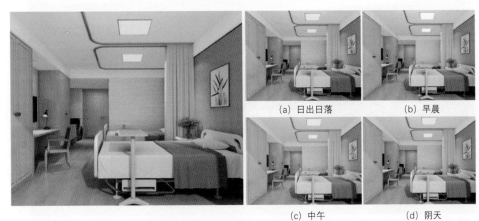

| (a) 日出日落 | (b) 早晨 |
| (c) 中午 | (d) 阴天 |

图 7-6-5　护理双人间光照模式

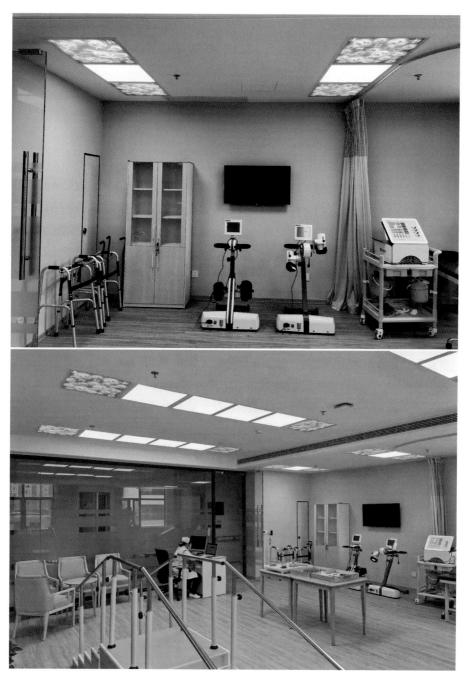

图 7-6-6　康复室健康照明现场效果

7.7 顾村中心校资源教室光与色彩设计

中国自 20 世纪 80 年代以来形成了以特殊学校为骨干、大量附设特殊班与随班就读为主体的特殊教育格局。在随班就读工作的开展中，资源教室成为随班就读工作支持保障体系的关键环节。2003 年，教育部基础教育司发布了《关于开展建立随班就读工作支持保障体系实验县（区）工作的通知》，提出要以随班就读儿童较多的学校为单位建立资源教室，同时资源教室应配有专职或兼职教师。2017 年，《特殊教育提升计划（2017—2020）》重点选择部分普通学校建立资源教室，配备专门从事残疾人教育的教师 [18]。

资源教室是在普通学校中设置，专为特殊学生提供适合其特殊需要的个别化教学的场所，教室有专门推动特殊教育工作的资源教师，以及配置各种教材、教具、教学媒体、图书设备等。具有为特殊教育需要学生提供筛查评估、教育康复、学习辅导和心理辅导等功能，目的在于满足学生的特殊教育需要 [19,20]。资源教室被认为是融合环境中为特殊儿童提供专业特殊教育服务必不可少的环节 [21]。资源教室对特殊学生提供的服务主要包括资源教学、心理辅导以及为随班就读学生进行教育评估和对普通班教师开展在职培训。新型的资源教室应当调动环境中的一切积极要素，营造健康光环境是最应采取的关爱儿童设计策略，亟待通过更多的专业研究，进行广泛应用。

7.7.1　项目概况及设计需求

上海市宝山区顾村中心校是一所具有近百年历史的城镇中心校，学校有 32 个教学班，近 1400 名学生。学校坚持 " 一切为了孩子，为了孩子的一切 " 的教育原则，关注教师与学生的共同成长，注重 " 名师工程、学习工程、健康工程 " 的建设。本次设计的资源教室由以前的多功能教室改造而来，主要为了给特殊儿童随班学习提供优质的资源，关爱特殊儿童（图 7-7-1）。

7.7.2　调动环境中的灯光与色彩要素，呵护特殊儿童身心健康

郝洛西教授团队以"平等、公平、自由"为设计原则，在满足老人光环境设计需求的基础上，提出了关注特殊儿童健康，引领资源教室空间光健康，提升师生教学体验感的人性化光照的设计目标，将光与空间进行一体化整合设计。响应教育部门保护视觉

图 7-7-1　上海市宝山区顾村中心校资源教室改造前环境

健康的照明需求，关爱儿童视力健康；提升师生教学体验感的人性化光照设计；提出关爱儿童心理和活动的智能多场景照明解决方案。

1. 公共区：利于儿童情绪疏导和节律改善的智能健康照明系统

健康照明系统由情绪调节光照媒体立面、动态调节光照界面和智能控制界面组成。其中，情绪调节光照媒体立面可以实现多种色彩模式的变化，既能针对性缓解儿童的紧张、焦虑等负面情绪，协助心理教师对儿童进行情绪疏导；又能帮助长期高负荷工作的教师放松身心、缓解疲劳。而动态调节光照界面选用高显指、可调亮度和色温的LED芯片，既可满足房间教学、辅导、游戏等功能性照明需求；又可根据教学活动场景的使用需求调节灯具色温和照度，模拟一天中自然光的变化，实现自然采光与室内照明的动态平衡。灯具采用直下式的配光设计，可实现高效的工作面照明，灯具表面做防眩处理，营造柔和舒适的光照氛围。智能控制界面则实现了亮度、色温、色彩各项参数的平滑调节，让师生享受最智能的光，如图 7-7-2 所示。

2. 游戏区：低视觉负荷舒缓型的情感性光照界面

在儿童游戏区的墙面上安装了低视觉负荷舒缓型的情感效应光照界面，在舒缓情绪的同时，不增加视觉负荷，还可以实现彩虹廊道的幻彩效果，吸引儿童的注意力。该装置采用柔和渐变色彩的光照界面，表面材料为特殊的多层塑料复合薄膜，利用光干涉原理，在光线照射下，各层次间的折射和干涉形成多角度层式色泽变化，如同天空彩虹般的效果。该装置的神奇效果在于人眼不同的观看距离和角度下，表面膜基材本身丰富的光效应会呈现出完全不同的颜色效果，提高儿童参与探索的趣味性和互动性，如图 7-7-3 所示。

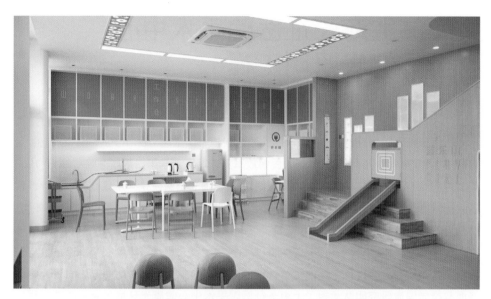

图 7-7-2　上海市宝山区顾村中心校资源教室公共区照明

图 7-7-3　上海市宝山区顾村中心校资源教室游戏区照明

7.8 上海长征医院手术中心健康照明工程

　　上海长征医院的前身是 1900 年德国医生埃里希·宝隆（Erich Paulun）创办的"宝隆医院"，1958 年 9 月列编为"中国人民解放军第二军医大学第二附属医院"，并于 1966 年 9 月，经上海市批准对外称"上海长征医院"。上海长征医院是一所集教学、医疗、科研为一体的三级甲等医院，医疗技术力量雄厚，拥有骨科、神经外科、肾内科、泌尿外科、整形外科、急救科等六大传统优势学科，获得数十项医疗成果奖，其中军队、上海市重大医疗成果奖 30 余项，并多次获得国家科技进步奖、中华医学科技奖殊荣。世界首例断肢再植动物实验以及中国内地第一例公开报道的变性手术在此完成。同济大学郝洛西教授光健康研究团队承担了上海长征医院手术中心健康光环境与色彩改造工程，团队以手术的精确程度开展健康照明的工程实践，旨在创造医疗空间最高级别的照明品质。

　　照度水平、光源显色性和墙面色彩环境是决定手术室医生护士视知觉感受的三个核心要素，如果处理不当，将导致医生护士视觉疲劳，专注力下降，甚至造成操作失误，让手术事故风险大幅增加。图 7-8-1 为改造之前的 9 号手术室，由于光与色彩环境的设计问题，医护人员屡次向院方反映他们在手术操作过程中出现眩晕、头疼、恶心等不适症状。郝洛西教授团队前往现场进行实测分析发现（图 7-8-2），手术室原有灯具由于品质不合格及长时间开启，发热量过高，导致 LED 光源荧光粉性能衰减，出现了色温漂移问题，房间显色指数 Ra 只有 70 左右。同时手术室墙地面，天花板选择了颜色、反射率相似的大面积蓝色，引起了医生和护士的视觉失重感，诱发眩晕。团队项目参与人员深知这项工程责任重大，从设计、施工和应用三方面高度重视，对光环境品质严格把关，以医护高强度连续手术作业下的身心健康需求为导向，针对手术操作流程与细节开展循证研究，并与院方、工程总包、手术室空气净化系统工程方反复沟通、配合协作，以确保完工后手术室的可靠运行。

　　时间是手术室改造项目面临的最艰巨挑战。对于长征医院这样的上海市中心医院手术部来说，停止一天的运转，便意味着数条生命错失挽救时机。为保证手术中心的正常运营，健康照明改造项目工期非常紧张，需要在极其有限的一晚时间内完成所有照明系统的安装及调试工作。健康照明系统制造、安装团队在医院领导的支持下，连

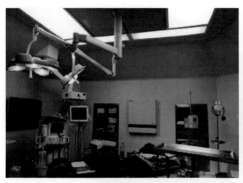

图 7-8-1 9 号手术室使用大面积蓝色造成了医
护人员的视觉失重感

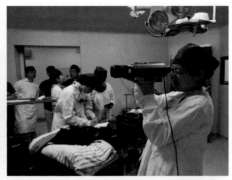

图 7-8-2 郝洛西教授团队研究生对问题手术
室光环境进行实测

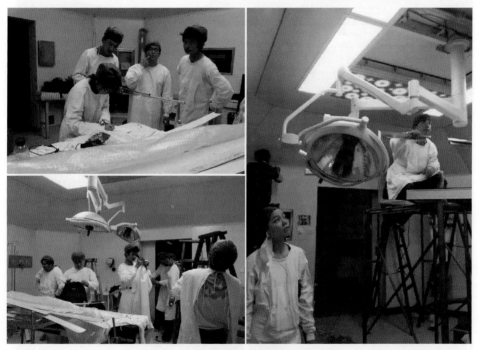

图 7-8-3 手术室健康照明改造工程连夜施工

夜协同作战，解决了灯具吊筋与吊顶内其他设备管线安装冲突、智能控制信号传输不
稳等诸多问题，并对显色性、手术台照度、墙面反射率、眩光等关键照明指标进行了
实测调整。郝洛西教授光健康研究团队不辞辛苦、履职尽责、配合默契，通过了严峻
考验，完美地将项目各项健康光照的设计目标落地，也为团队后期多项医疗建筑健康
照明示范应用工程的顺利进行奠定了良好基础，如图 7-8-3—图 7-8-6 所示。

改造后   改造前

图 7-8-4　上海长征医院手术中心手术室改造前后对比图

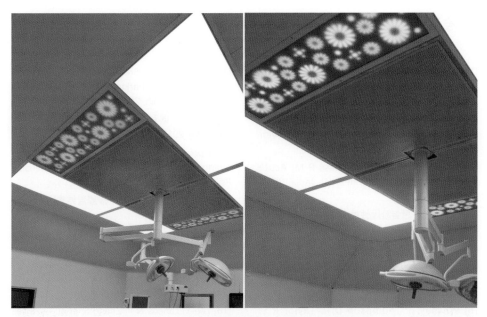

图 7-8-5　上海长征医院手术中心情感性照明局部图

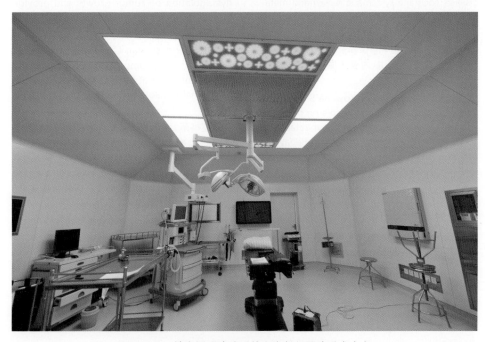

图 7-8-6　健康照明改造后的上海长征医院手术中心

参考文献

[1] 郝洛西. 同济大学建筑学专业建筑物理光环境教学成果专辑 [M]. 上海：同济大学出版社，2016.

[2] Sirois B C, Burg M M. Negative emotion and coronary heart disease: A review[J]. Behavior modification, 2003, 27(1): 83-102.

[3] Torpy J M, Burke A E, Glass R M. Acute emotional stress and the heart[J]. Jama, 2007, 298(3): 360-360.

[4] 代倩. CCU 患者阶段性的心理护理 [J]. 当代医学,2010,16(24):109.

[5] Salzmann S, Salzmann-Djufri M, Wilhelm M, et al. Psychological Preparation for Cardiac Surgery[J]. Current Cardiology Reports, 2020, 22(12): 1-10.

[6] Whalley B, Thompson D R, Taylor R S. Psychological interventions for coronary heart disease: cochrane systematic review and meta-analysis[J]. International journal of behavioral medicine, 2014, 21(1): 109-121.

[7] 张素英，袁金霞. 心内科介入治疗患者心理护理干预效果研究 [J]. 内蒙古医学杂志，2013, 45(2): 240-241.

[8] Wardono P, Hibino H, Koyama S. Effects of interior colors, lighting and decors on perceived sociability, emotion and behavior related to social dining[J]. Procedia-Social and Behavioral Sciences, 2012, 38: 362-372.

[9] Giménez M C, Geerdinck L M, Versteylen M, et al. Patient room lighting influences on sleep, appraisal and mood in hospitalized people[J]. Journal of sleep research, 2017, 26(2): 236-246.

[10] 郝洛西，曹亦潇. 面向人居健康的光环境循证研究与设计实践 [J]. 时代建筑，2020(05):22-27.

[11] Diederich N J, Stebbins G, Schiltz C, et al. Are patients with Parkinson's disease blind to blindsight?[J]. Brain, 2014, 137(6): 1838-1849.

[12] 张丽芝. 眼科病人的心理护理 [J]. 医药卫生（文摘版），2017 (02): 00232.

[13] Lipowski Z J. Sensory and information inputs overload: behavioral effects[J]. Comprehensive Psychiatry, 1975, 16(3):199-221.

[14] 王佩璋，王澜. 多层光干涉膜层结构的研究 [J]. 塑料,2004(04):70-73.

[15] Bray F, Ferlay J, Soerjomataram I, et al. Global cancer statistics 2018: GLOBOCAN estimates of incidence and mortality worldwide for 36 cancers in 185 countries[J]. CA: A Cancer Journal for Clinicians, 2018, 68(6): 394-424.

[16] Lee Y, Lahens N F, Zhang S, et al. G1/S cell cycle regulators mediate effects of circadian dysregulation on tumor growth and provide targets for timed anticancer treatment[J]. PLoS biology, 2019, 17(4): e3000228.

[17] Thaker P H, Han L Y, Kamat A A, et al. Chronic stress promotes tumor growth and angiogenesis in a mouse model of ovarian carcinoma[J]. Nature medicine, 2006, 12(8): 939-944.

[18] 赵梅菊. 美国资源教室对学习障碍儿童教学质量的分析与启示 [J]. 残疾人研究,2018,2:79－85.

[19] 汤盛钦. 特殊教育概论：普通班级中有特殊教育需要的学生 [M]. 上海：上海教育出版社，2002.

[20] 王红霞. 资源教室建设方案与课程指导 [M]. 北京：华夏出版社，2017.

[21] 徐美贞，杨希洁. 资源教室在随班就读中的作用 [J]. 中国特殊教育，2003, 4(40): 13-14.

图表来源

图 7-0-1 罗路雅 绘
图 7-1-1 郝洛西 摄
图 7-1-2 郝洛西 绘
图 7-1-3 郝洛西 摄
图 7-2-1 郝洛西 摄
图 7-2-2 陈迎浚 摄
图 7-2-3 陈迎浚 摄
图 7-2-4 郝洛西 摄
图 7-2-5 妙星 摄
图 7-2-6 吴雷钊 供图
图 7-2-7 来源文献：郝洛西. 同济大学建筑学专业建筑物理光环境教学成果专辑 [M]. 上海：同济大学出版社, 2016.
图 7-2-8 李一丹 绘
图 7-3-1 周娜 绘
图 7-3-2 周娜 摄
图 7-3-3 郝洛西 摄
图 7-3-4 郝洛西 摄
图 7-3-5 周娜 摄
　　　　周娜 绘
图 7-3-6 周娜 摄
图 7-3-7 周娜 摄
图 7-4-1 郝洛西 摄
图 7-4-2 郝洛西 摄
图 7-4-3 胡文杰 摄
图 7-4-4 温州医科大学附属眼视光医院 供图
图 7-4-5 曹亦潇 绘
图 7-4-6 曹亦潇 绘
图 7-4-7 曹亦潇 绘
图 7-4-8 曹亦潇 摄

图 7-4-9 上图：曹亦潇 摄
　　　　下图：郝洛西 摄
图 7-4-10 郝洛西 摄
图 7-4-11 郝洛西 摄
图 7-4-12 郝洛西 摄
图 7-4-13 汪统岳 摄
图 7-4-14 胡文杰 摄
图 7-5-1 郝洛西 摄
图 7-5-2 曹亦潇 摄
图 7-5-3 曹亦潇 摄
图 7-5-4 曹亦潇 绘
图 7-5-5 曹亦潇 摄
图 7-5-6 邵戎镝 摄
图 7-5-7 邵戎镝 摄
图 7-6-1 曹亦潇 绘
图 7-6-2 彭凯 绘
图 7-6-3 彭凯 绘
图 7-6-4 彭凯 绘
图 7-6-5 彭凯 绘
图 7-6-6 郑芸 摄
图 7-7-1 邵戎镝 供图
图 7-7-2 邵戎镝 供图
图 7-7-3 邵戎镝 供图
图 7-8-1 郝洛西 摄
图 7-8-2 周娜 摄
图 7-8-3 郝洛西 摄
图 7-8-4 郝洛西 摄
图 7-8-5 郝洛西 摄
图 7-8-6 郝洛西 摄

后记

　　郝洛西教授团队的光与健康研究工作已经开展了 15 年余，人居健康光环境一直是团队关注的核心点。团队多年来通过极地、医院、养老、起居、办公等人居空间的光照环境设计研究及示范应用，将光与照明从视觉工效拓展到情绪、睡眠、认知、节律等方面，充分发挥光的疗愈作用，调动环境中一切积极因素调节和改善人们的身心状态。在"健康中国"国家战略的指引下，团队的光与健康研究以推动改变传统的被动医疗向主动健康状态的转变为目标，从最迫切需要良好光环境却最易被忽视的"硬骨头"——病房、手术室等空间开始，开拓性地将循证设计研究方法应用到光健康研究中，从理论研究到设计实践全链程无缝衔接，在各类典型空间中进行了示范应用。

　　健康照明多应用于医院、养老院，这里面向的人群也较特殊，身体的病痛、心理焦虑和恐惧、无用感是病患和老人常见的感受，而医护和照护人员工作强度大、面临巨大的精神和心理压力，医院中各类陌生的精密仪器也会加剧病人的距离感和隔离感，空间中人和环境的关系极为复杂，涉及视觉、情绪和节律问题，因此只有依赖实验研究厘清关联。实验研究基于循证设计的思想，明确照明设计中需要解决的实际问题，通过实验过程量化最佳光照环境参数，建立健康光照的理论基础，给健康照明的研究与设计提供以空间性能与人体客观反应和真实数据作支撑的解决方案。同时健康照明实验研究与人密切相关，实验前应通过伦理审查，保护医护及病患的权益。

　　郝洛西教授团队在循证设计与研究方面进行了有益的探索与实践，而研究成果真正地落地，需要经过产品研发、产品生产、产品检测，结合室内空间的光环境开展针对性设计、应用场景设计、使用后评估的产学研协同全过程。具体到每个步骤还包括更多环节，如产品的研发需要经过 LED 芯片筛选、电路设计、控制系统的开发、首模的制作，这些环环相扣的环节，才能真正验证研究成果的适用性、精准性，同时逆向反馈修正研究的结论，形成研究—实践—反馈闭环。如果缺乏这些示范应用的过程，我们的研究就会成为无源之水、无本之木。

　　郝洛西教授的光与健康研究，将建筑光环境与人体健康联系起来，为健康照明领域的发展开辟了新的思路，夯实了理论基础，提供了数据支撑。回首 15 年历程，我们的健康照明研究才刚刚开始，还需孜孜以求，继续不懈探索，让人因照明、疗愈照明的理念更广泛地应用于实践，真正为民生服务。

同济大学郝洛西教授光健康研究团队设计总监

2021 年 3 月 20 日